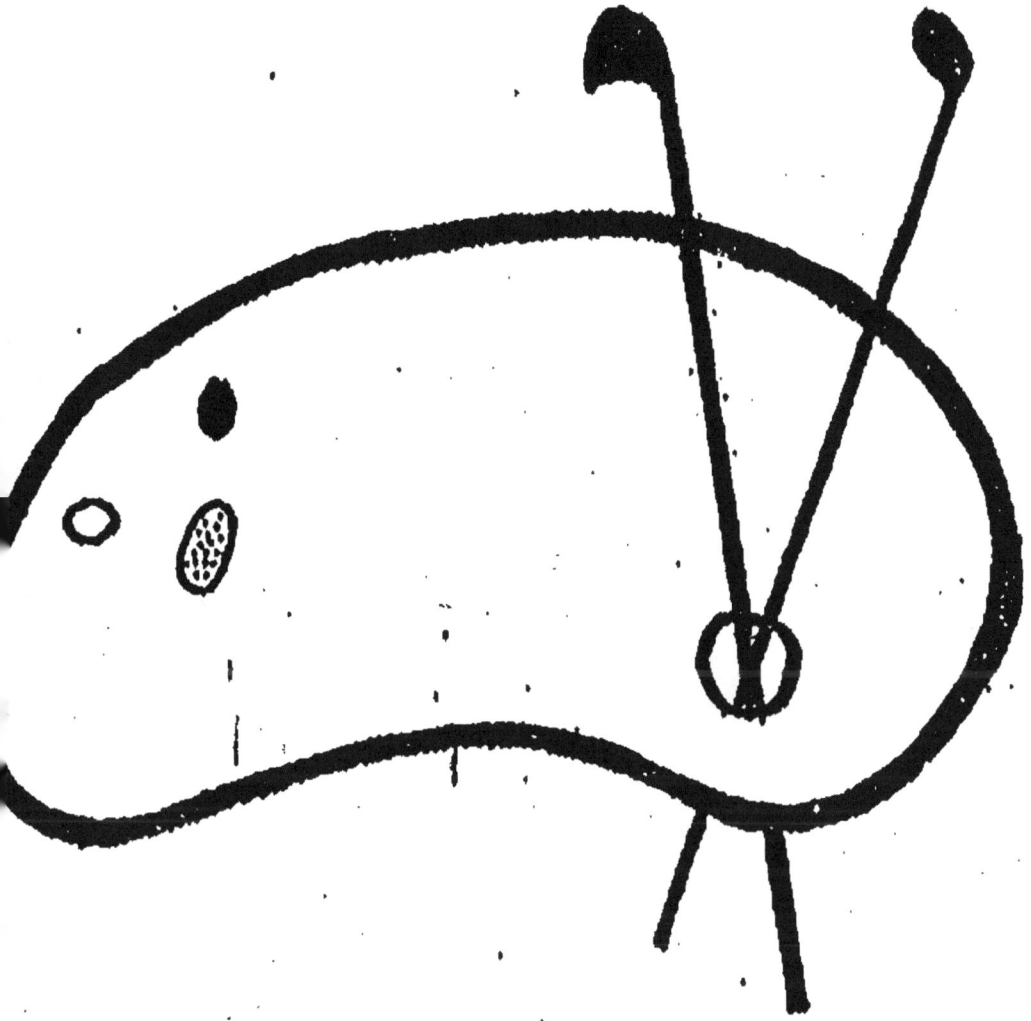

COUVERTURE SUPERIEURE ET INFERIEURE
EN COULEUR

COURS COMPLET

D'ENSEIGNEMENT SECONDAIRE SPÉCIAL

NOTIONS

DE CHIMIE

COURS COMPLET
D'ENSEIGNEMENT SECONDAIRE SPÉCIAL

NOTIONS
DE CHIMIE

RÉDIGÉES

Conformément aux programmes officiels de 1866

PAR MM.

F. MALAGUTI	H. FABRE
RECTEUR DE L'ACADÉMIE	PROFESSEUR DE CHIMIE
DE RENNES	AU LYCÉE D'AVIGNON

TROISIÈME ANNÉE

LES SELS ET LES MÉTAUX

TROISIÈME ÉDITION

PARIS

LIBRAIRIE CHARLES DELAGRAVE

58, RUE DES ÉCOLES, 58

1876

Tout exemplaire de cet ouvrage non revêtu de ma griffe sera réputé contrefait.

NOTIONS
DE CHIMIE

MÉTAUX

CHAPITRE PREMIER

SELS EN GÉNÉRAL

1. Difficulté de définir ce qu'il faut entendre par sels. — A l'époque où elle est introduite dans la science, une expression n'est et ne peut être que l'image plus ou moins fidèle de l'idée contemporaine. Si les connaissances progressent, si l'observation s'enrichit de faits nouveaux et que le langage reste stationnaire, un moment arrive où le mot ne rend plus l'idée ou ne la rend que d'une manière si imparfaite, qu'il devient très-difficile de s'entendre. L'expression de sel, si fréquente en chimie, en est un exemple frappant.

Pour le fondateur de la chimie, Lavoisier, un sel consistait dans l'association de deux composés oxygénés, l'un acide, l'autre base. Combiné avec l'oxygène, le soufre donne un composé, acide sulfurique, rougissant le tournesol et doué d'une saveur aigre ; combiné avec l'oxygène, le potassium donne la potasse, ramenant au bleu le tournesol rougi et douée d'une saveur caustique. L'association des deux corps oxygénés, acide sulfurique et potasse, fournit un nouveau composé, sulfate de potasse, dans lequel les propriétés de l'acide et les propriétés de la base se neutralisent mutuellement, de sorte que le produit final n'a plus de saveur aigre ni de saveur caustique, plus d'action sur le tournesol bleu ni sur le tournesol rougi. Le sulfate de potasse peut être regardé comme le type des matières salines au point de vue de Lavoisier. Par une généralisation inévitable, on est amené à reconnaître comme bases des composés oxygénés qui n'ont pas de saveur caustique, qui ne ramènent pas au bleu le tournesol rougi, tels que l'oxyde de zinc, l'oxyde de fer, l'oxyde de plomb, etc., parce que ces composés remplissent les fonctions chimiques de la potasse, c'est-à-dire s'associent à l'acide sulfurique, et en masquent les propriétés. On est pareillement conduit à appeler acides, malgré l'absence de la saveur aigre et le défaut d'action sur le tournesol, certains composés oxygénés qui se combinent avec la potasse et en dissimulent les propriétés, comme le fait l'acide sulfurique ; tels sont l'acide silicique, l'acide antimonique, etc. La logique nous amène ainsi à appeler du même nom d'acides, n'importe leur saveur et leur action sur le tournesol, tous les composés oxygénés dont les fonctions chimiques sont celles de l'acide sulfurique dans le sulfate de potasse, et à appeler bases, sans se préoccuper de leur saveur et de leur action sur le tournesol rougi, tous les composés oxygénés dont les fonctions chimiques sont celles de la potasse. Le mot sel, tel que l'entendait Lavoisier, prend alors une large extension et n'en reste pas moins parfaitement défini. *On appelle sel tout composé d'un acide et d'une base.*

Mais cette définition, qui paraît d'abord d'une lucide simplicité, est fort loin de répondre aux besoins actuels de la science. Les faits de toute part débordent les premières théories de la chimie, le mot n'est plus d'accord avec l'idée. Le prototype des matières salines est évidemment le sel vulgaire, le sel marin, dont l'homme fait usage de temps immémorial pour relever la saveur de sa nourriture ; c'est de lui que nous vient l'expression générique de *sel*. A l'époque de Lavoisier, le sel de cuisine était considéré comme résultant de la combinaison d'une base, la soude, avec un acide oxygéné inconnu. Il rentrait donc très-naturellement dans la catégorie des composés salins. Des recherches ultérieures ont établi que le sel marin ne renferme ni acide ni base, mais simplement un métalloïde, le chlore, associé à un métal, le sodium; de sorte qu'à s'en tenir à la définition consacrée par un long usage, le prototype des sels est exclu des matières salines, le sel n'est plus un *sel*. Cette étrange contradiction entre les faits progressifs et le langage stationnaire, nous montrerait assez à elle seule combien il est difficile d'obtenir la précision scientifique avec des termes auxquels on voudrait absolument conserver leur sens primitif. D'autre part, que sont, au fond, les composés salins d'un acide et d'une base? Ce sont des associations de deux composés oxygénés. Mais certains composés sulfurés se combinent aussi deux à deux, et, d'ailleurs, le soufre présente avec l'oxygène des analogies manifestes. La logique la plus pressante exige donc le terme de sel pour désigner ces combinaisons entre composés sulfurés ; et, en effet, parallèlement aux *oxysels* ou sels vulgaires, résultant d'un acide et d'une base, l'un et l'autre oxygénés, se classent les *sulfosels*, résultant de l'association de deux sulfures, l'un faisant fonction d'acide, l'autre fonction de base. Pour de semblables motifs, on reconnaît des *chlorosels*, des *iodosels*, des *bromosels*, etc. Sans poursuivre plus loin, on voit déjà quelles difficultés suscite la définition rigoureuse du mot *sel*. Nous reviendrons bientôt sur ce sujet, et, pour le moment, sans autre explication, nous comprendrons dans la catégorie des sels, non-seulement les sels vulgaires, les oxysels, mais aussi les chlorures, les iodures, les sulfures, les bromures, etc., et enfin les sulfosels, les chlorosels, etc. Ces derniers, toutefois, de très-faible importance, ne sont mentionnés ici que pour satisfaire aux rigueurs de la logique.

2. **Double décomposition**. — Deux sels mis en présence, dans des conditions convenables, peuvent se décomposer mutuellement, et constituer deux sels nouveaux par un échange réciproque d'éléments. Cette réaction, l'une des plus importantes

de la chimie, prend le nom de *double décomposition*. — Dissolvons dans de l'eau, d'une part, du sulfure de potassium KS, et d'autre part, du chlorure de cuivre CuCl. La première dissolution est incolore; la seconde est d'un vert bleu. Le mélange des deux liqueurs noircit à l'instant, et, par le repos, laisse déposer une matière noire pulvérulente, qui est du sulfure de cuivre CuS. Le liquide surnageant est incolore, et renferme, dissous, du chlorure de potassium KCl. Les deux sels primitifs, sulfure de potassium et chlorure de cuivre, ont donc échangé leurs éléments et constitué de la sorte deux composés nouveaux, le chlorure de potassium et le sulfure de cuivre. Avant la réaction, on avait KS et CuCl; après la réaction, on a KCl et CuS. On peut, comme il suit, représenter graphiquement cette double décomposition :

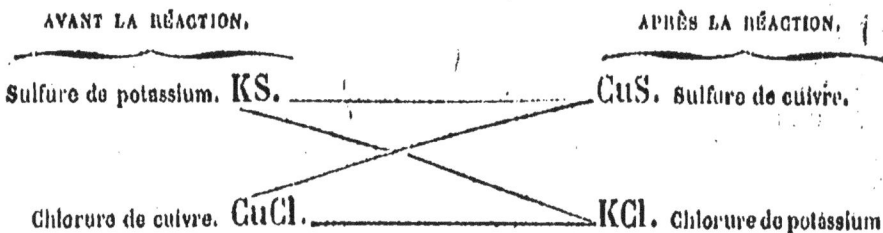

AVANT LA RÉACTION.   APRÈS LA RÉACTION.

Sulfure de potassium. KS. _____ CuS. Sulfure de cuivre.

Chlorure de cuivre. CuCl. _____ KCl. Chlorure de potassium

Il est visible que la double décomposition a lieu entre un équivalent de sulfure de potassium et un équivalent de chlorure de cuivre. Pour qu'il n'y ait, après la réaction, aucun excès de l'un ou de l'autre des deux corps employés, il faut que le mélange soit fait dans la proportion d'un équivalent de l'un pour un équivalent de l'autre. Si le sulfure de potassium prédomine, la double décomposition aura toujours lieu, mais la liqueur finale contiendra l'excès de sulfure de potassium sans emploi. Elle contiendrait du chlorure de cuivre non décomposé, si ce dernier sel dépassait la proportion voulue.

Mélangeons maintenant une dissolution de sulfate de potasse avec une dissolution de chlorure de baryum. Les deux liqueurs incolores et parfaitement limpides l'une et l'autre, se troublent, deviennent laiteuses, par leur mélange, et laissent déposer une matière blanche, lourde, qui est du sulfate de baryte.

Le liquide surnageant contient alors du chlorure de potassium. Avant la réaction, on avait donc du sulfate de potasse KO,SO^3 et du chlorure de baryum $BaCl$; après la réaction ou le double échange, on a du sulfate de baryte BaO,SO^3 et du chlorure de potassium KCl. Entre les deux composés primitifs, que s'est-il échangé? Le métal, et rien de plus. Le potassium du sulfate de potasse a pris la place du baryum, pour faire, avec le chlore, du chlorure de potassium; et le baryum, abandonnant le chlore, a pris la place du potassium, pour constituer du sulfate de baryte. Si donc on veut mettre en évidence dans le sulfate de potasse les deux parties échangeables par double décomposition, il faut mettre d'un côté le métal seul, et de l'autre, en un seul groupe, l'ensemble des éléments non métalliques. En d'autres termes, le sulfate de potasse formulé par KO,SO^3, lorsqu'on a spécialement en vue la génération du sel, résultant de l'association de la base KO et de l'acide SO^3, se formule par $(SO^4)K$, quand on se laisse guider par les faits de la double décomposition. On met entre parenthèses l'ensemble des éléments non métalliques qui s'accompagnent dans la double décomposition, et on laisse en dehors de ces parenthèses la partie métallique échangeable pour un autre métal. Au fond, ces deux manières symboliques de représenter le sulfate de potasse KO,SO^3 et $(SO^4)K$, ne diffèrent pas l'une de l'autre; chacune nous renseigne, d'une manière identique, sur la nature des éléments qui entrent dans le sel et sur les proportions en poids de ces éléments; seulement, la première a principalement en vue de faire ressortir l'association d'une base KO à un acide SO^3, pour constituer le sel, et la seconde met en évidence les parties de l'édifice salin qui s'échangent par double décomposition. Mais ni l'une ni l'autre de ces formules ne peut prétendre à représenter l'architecture moléculaire du sel, à nous renseigner sur le mode d'arrangement qu'affectent entre eux les éléments du sulfate de potasse, car nous ne savons rien encore sur la constitution intime des corps, sur leur édifice atomique. Nous pourrons donc les employer indifféremment, suivant le degré de clarté qu'elles prêteront à l'exposition. En formulant le sulfate de potasse par $(SO^4)K$, nous représenterons graphiquement, comme il suit, la double décomposition que nous venons de décrire.

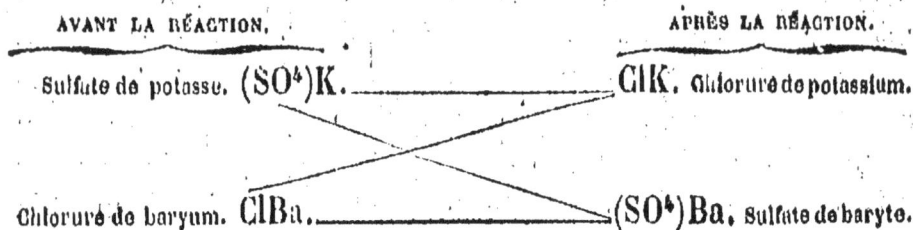

AVANT LA RÉACTION.	APRÈS LA RÉACTION.

Sulfate de potasse. $(SO^4)K$. ⟶ ClK. Chlorure de potassium.

Chlorure de baryum. $ClBa$. ⟶ $(SO^4)Ba$. Sulfate de baryte.

Soient actuellement deux dissolutions, l'une de sulfate de potasse KO,SO^3, l'autre d'azotate de baryte BaO,AzO^5. Comme dans le cas précédent, le mélange devient fortement laiteux et laisse déposer une poudre blanche, qui est du sulfate de baryte. Quant au liquide surnageant, il contient de l'azotate de potasse. Il paraîtrait ici qu'il y a échange de bases et non simplement de métaux, que la potasse abandonne l'acide sulfurique pour se combiner avec l'acide azotique, et que la baryte de son côté abandonne l'acide azotique pour se combiner avec l'acide sulfurique. Du moins les résultats sont les mêmes que s'il y avait en effet échange de bases. Mais par analogie, les réactions précédentes doivent nous faire admettre de préférence qu'il se produit un simple échange de métaux. Nous sommes ainsi amenés à formuler le sulfate de potasse par $(SO^4)K$ et l'azotate de baryte par $(AzO^6)Ba$ et à représenter par le tableau suivant la double décomposition entre les deux sels.

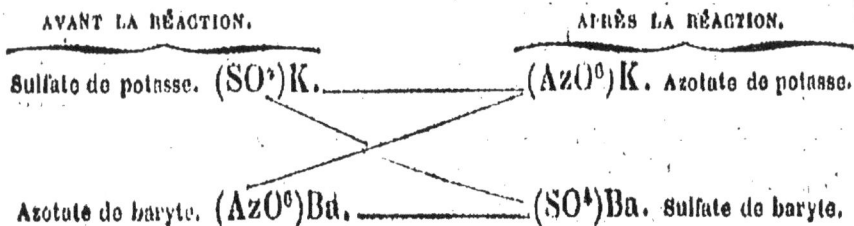

AVANT LA RÉACTION.	APRÈS LA RÉACTION.

Sulfate de potasse. $(SO^4)K$. ⟶ $(AzO^6)K$. Azotate de potasse.

Azotate de baryte. $(AzO^6)Ba$. ⟶ $(SO^4)Ba$. Sulfate de baryte.

Au nombre de ses avantages, cette notation a au moins la généralité; elle assimile de la manière la plus naturelle la double décomposition actuelle aux doubles décompositions précédentes, où l'échange des éléments non métalliques d'une part et des éléments métalliques de l'autre, est incontestable. Ce n'est pas la potasse KO qui remplace la baryte BaO, c'est le métal K qui remplace le métal Ba et réciproquement, c'est un métal qui vient prendre la place d'un autre comme dans les réactions qui précèdent. Avant d'admettre cependant d'une manière définitive que le sulfate de potasse se dédouble en un groupe d'éléments non métalliques SO⁴ et en métal K, que l'azotate de baryte pareillement se scinde en AzO⁶ et Ba, au lieu de supposer, comme une longue habitude en est prise, que le sulfate de potasse et l'azotate de baryte se dédoublent en acide SO³ ou AzO⁵ et en base KO ou BaO, échangeables tout d'une pièce, recueillons d'autres données qui confirment cette manière de voir, données que nous puiserons dans la décomposition des sels par la pile.

3. **Décomposition des sels par la pile.** —Dans un tube à deux branches (fig. 1), nous introduisons une dissolution de chlorure de cuivre et dans le liquide nous faisons plonger les extrémités en platine des fils conducteurs d'une pile. Sous l'influence du courant, le sel se décompose : le métal Cu se porte sur le fil négatif, le chlore Cl se porte sur le fil positif.

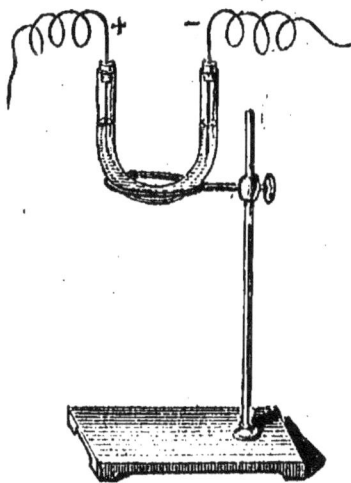

Fig. 1.

A la dissolution de chlorure de cuivre, substituons-en une autre de sulfate de cuivre. Le métal Cu se porte encore sur le fil négatif, tandis que de l'acide sulfurique, accompagné d'un dégagement d'oxygène, apparaît autour du fil positif.

Par l'action du courant, le sel se dédouble en métal Cu du côté négatif du tube, et en acide sulfurique SO³ plus de l'oxygène O, dont l'ensemble SO⁴ se porte du côté positif.

Introduisons enfin dans le tube une dissolution de sulfate de potasse colorée par du sirop de violette, dont la teinte bleue vire au rouge par les acides et au vert par les alcalis. On voit bientôt le liquide rougir autour du fil positif et dégager de l'oxygène, pendant qu'il verdit autour du fil négatif et dégage de l'hydrogène. Cet oxygène et cet hydrogène peuvent être fort naturellement rapportés à la décomposition de l'eau, qui en effet se dédouble par l'action du courant en oxygène du côté positif et en hydrogène du côté négatif. Abstraction faite du dégagement gazeux qui paraît d'abord étranger à la question, il reste la coloration rouge, preuve de l'apparition d'un acide autour du fil positif, et la coloration verte, signe de l'apparition d'une base autour du fil négatif. Le sulfate de potasse, à ne consulter que les premières apparences, semble donc réellement se scinder en acide sulfurique SO^3 et en base KO. Mais rappelons-nous que la décomposition du sel se passe ici au sein de l'eau, et qu'en outre le potassium décompose l'eau à froid, avec dégagement d'hydrogène et formation de potasse. Alors les faits secondaires qui viennent compliquer la décomposition du sulfate de potasse s'expliquent de la manière la plus simple. Comme les sels précédents, le sulfate de potasse se dédouble, par l'action du courant, en partie non métallique SO^4, qui se porte sur le fil positif, et en partie métallique K, qui se porte sur le fil négatif. Le groupe non métallique SO^4 laisse dégager de l'oxygène O et se réduit à l'acide SO^3 qui, au contact de l'eau ambiante, devient de l'acide sulfurique ordinaire $(SO^4)H$, cause de la coloration rouge prise par le liquide du côté positif de l'appareil. Le métal K décompose l'eau, fait dégager de l'hydrogène et se convertit en potasse KO, qui verdit le liquide dans la branche négative du tube. L'expérience d'ailleurs confirme pleinement ces déductions. Dans le tube à deux branches, on verse d'abord du mercure ; et par-dessus le mercure, on introduit, mais d'un côté seulement, une dissolution concentrée de sulfate de potasse. Puis on fait plonger le fil négatif d'une puissante pile dans la branche à mercure et le fil positif dans la branche à sulfate de potasse. Le sel se dédouble : son métal K se porte sur le fil négatif, et là il se combine avec le mercure ambiant sans éprouver d'altération puisqu'il n'est plus en contact avec l'eau. Le mercure s'épaissit, cesse de couler, et quand l'expérience est terminée, on peut, en distillant l'amalgame, chasser le mercure et obtenir le potassium isolé. La loi est donc générale : *toutes les fois qu'un sel est décomposé par la pile, le métal se porte sur le fil négatif, et le métalloïde ou l'ensemble des métalloïdes sur le fil positif.* Ce dédoublement fondamental peut être accompagné de réactions accessoires provenant soit de ce que le métal décompose le dissolvant, soit de ce que les éléments non métalliques contractent entre eux de nouvelles associations; mais, en réalité, un sel quel qu'il soit se scinde toujours par la pile en métal et en partie non métallique.

4. Radicaux. — La décomposition par double échange, confirmée par la décomposition au moyen de la pile, établit que le sulfate de potasse se dédouble en SO⁴ et K, que l'azotate de baryte se dédouble en AzO⁶ et Ba, que le chlorure de sodium se dédouble en Cl et Na, etc, c'est-à-dire en partie non métallique simple ou composée et en partie métallique. Or, on nomme *radicaux* ces parties échangeables par double décomposition. Un radical peut être constitué par un corps simple ou bien par un groupe plus ou moins complexe de corps simples. Ainsi le sulfate de potasse est formé d'un radical composé et non métallique SO⁴ et d'un radical simple et métallique K. Il en est de même pour l'azotate de baryte ; mais le chlorure de sodium ClNa est formé de deux radicaux simples, Cl et Na. D'autre part un radical est tantôt un corps isolable, simple ou composé, ayant une existence propre; tantôt c'est un groupe théorique qui s'échange de toutes pièces dans les doubles décompositions, mais n'a pu jusqu'ici être obtenu à l'état isolé, indépendant ; tels sont les radicaux SO⁴ et AzO⁶. Il ne faut donc pas toujours associer au mot de radical l'idée d'un composé ayant une existence à part, individuelle, bien que certains radicaux complexes puissent s'obtenir isolément ; généralement on ne doit voir dans cette expression qu'une manière concise de désigner les deux parties d'un sel échangeables par double décomposition.

5. Définition des sels. — Ces principes reconnus, on définit ainsi les sels avec la précision et la généralité qui se prêtent le mieux aux exigences actuelles de la science. On nomme *sels tous les corps formés d'une partie non métallique simple ou composée et d'une partie métallique, pouvant s'échan-*

ger par double décomposition. On peut dire encore avec plus de concision et en se basant sur la définition des radicaux : *un sel résulte de la combinaison d'un radical non métallique et d'un radical métallique.*

Dans ces définitions se trouvent compris les oxysels : sulfates, carbonates, azotates, etc. ; les sulfosels, les chlorosels, etc. , les sulfures, chlorures, iodures, etc. Si l'on peut leur reprocher quelque chose, c'est une rigueur de logique qui rompt avec les usages scolaires et fait appeler sels des composés où rien ne nous a préparés à voir la constitution saline. Citons quelques exemples. Le sel marin, chlorure de sodium, est évidemment un sel et il serait absurde de l'appeler autrement, puisque c'est lui qui donne le nom générique à la série entière des composés salins. Le chlorure de cuivre, le chlorure de fer, enfin tous les chlorures métalliques sont aussi des sels, aux mêmes titres que le chlorure de sodium. Mais l'hydrogène doit être considéré comme un métal, puisqu'il en remplit les fonctions chimiques ainsi que nous l'avons établi dans le volume qui précède. De quel nom alors appeler le chlorure d'hydrogène, si ce n'est du nom de sel? Si l'expression chlorure d'hydrogène était usitée dans la science, l'esprit ne verrait aucune difficulté à lui associer l'idée de composition saline, pas plus qu'il n'en trouve au sujet du chlorure de sodium. Mais le chlorure d'hydrogène s'appelle acide chlorhydrique et dès lors il y a conflit entre le langage et la logique, entre le mot et le fait. Passons sur ces discordances, résultat inévitable des difficultés de réforme dans une langue consacrée par un long usage et démontrons que l'acide chlorhydrique doit rationnellement être envisagé comme un sel, pour les mêmes motifs que le chlorure de sodium.

Si dans une dissolution d'azotate d'argent, on verse une dissolution de sel marin, une double décomposition s'effectue et l'on obtient du chlorure d'argent, qui se précipite en épais flocons blancs d'apparence caséeuse, et de l'azotate de soude qui reste en dissolution. L'égalité chimique suivante, où nous continuons à mettre entre parenthèses les radicaux composés, exprime cette double décomposition.

$$(AzO^6)Ag \;+\; ClNa \;=\; (AzO^6)Na \;+\; ClAg.$$

| Azotate d'argent. | Chlorure de sodium. | Azotate de soude. (Reste en dissolution.) | Chlorure d'argent. (Se dépose.) |

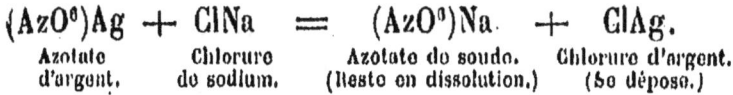

Les deux métaux Ag et Na se substituent l'un à l'autre, et les deux sels primitifs, azotate d'argent et chlorure de sodium, se trouvent remplacés par deux nouveaux sels, azotate de soude et chlorure d'argent.

Au lieu de chlorure de sodium, introduisons maintenant du chlorure d'hydrogène ou acide chlorhydrique dans la dissolution d'azotate d'argent. La réaction est absolument la même, à cela près que le métal hydrogène joue le rôle du métal sodium. Il se forme de l'azotate d'hydrogène $(AzO^6)H$ au lieu de l'azotate de sodium $(AzO^6)Na$, et il se précipite du chlorure d'argent.

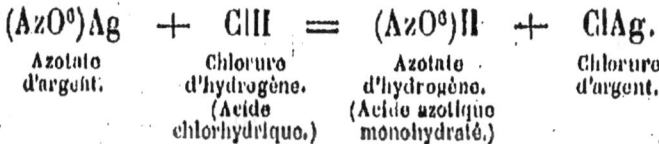

$$(AzO^6)Ag \;+\; ClH \;=\; (AzO^6)H \;+\; ClAg.$$

| Azotate d'argent. | Chlorure d'hydrogène. (Acide chlorhydrique.) | Azotate d'hydrogène. (Acide azotique monohydraté.) | Chlorure d'argent. |

Puisque l'acide chlorhydrique fait le double échange à la manière des composés salins et se comporte en particulier de la même façon que le sel marin, la logique, plus exigeante encore que les usages reçus, veut que nous l'envisagions comme un sel. Autant faut-il en dire de l'acide iodhydrique, de l'acide bromhydrique, de l'acide sulfhydrique, etc. Si, en effet, dans une dissolution de sulfate de cuivre, nous introduisons indifféremment soit du sulfure de potassium, qui sans doute aucun est un sel, soit de l'acide sulfhydrique, nous aurons des réactions exactement similaires. Il se déposera du sulfure de cuivre en poudre noire, et il restera dans la liqueur du sulfate de potasse si nous nous sommes servis du sulfure de potassium, ou bien du sulfate d'hydrogène, c'est-à-dire de l'acide sulfurique hydraté, si nous avons employé le sulfure d'hydrogène.

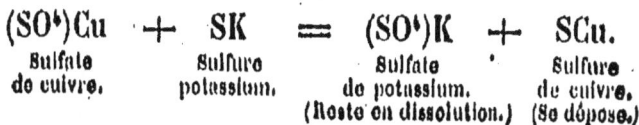

$$(SO^4)Cu \;+\; SK \;=\; (SO^4)K \;+\; SCu.$$

| Sulfate de cuivre. | Sulfure potassium. | Sulfate de potassium. (Reste en dissolution.) | Sulfure de cuivre. (Se dépose.) |

$$(SO^4)Cu \;+\; SH \;=\; (SO^4)H \;+\; SCu.$$

Sulfure
d'hydrogène.
(Acide
sulfhydrique.)

Sulfate
d'hydrogène.
(Acide
sulfurique hydraté.)

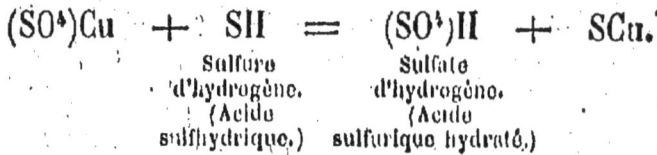

Nous nous bornerons à ces quelques exemples et nous rappellerons, en finissant, que tout corps qui se scinde en une partie non métallique simple ou composée, et en une partie métallique, échangeables par double décomposition, doit être logiquement appelé sel, à moins de tomber dans des restrictions vagues, dans des exceptions non motivées, aussi fatigantes pour la mémoire que peu profitables à la science.

6. Lois de Berthollet. — Le mot sel étant pris dans l'acception large que nous venons d'exposer, les lois de Berthollet ont pour but de prévoir la réaction qui doit se passer entre deux composés salins mis en présence l'un de l'autre dans des conditions favorables. Au grand soulagement de la mémoire, que nous éviterons, autant que possible, d'accabler sous une masse de détails, ces lois se résumeront pour nous en une seule que voici : *Lorsque deux sels sont en présence l'un de l'autre, s'il peut y avoir un changement d'état par l'effet du double échange, ce double échange a lieu et les deux sels se décomposent mutuellement en produisant deux nouveaux sels.*

Les deux composés salins peuvent agir directement l'un sur l'autre; mais d'ordinaire ils sont d'abord dissous dans l'eau et se trouvent ainsi à l'état *liquide*. Le changement d'état a lieu s'il se forme un composé *solide* insoluble dans l'eau, ou bien un composé *gazeux*. L'usage de la loi de Berthollet présuppose donc la connaissance des composés solides solubles ou insolubles dans l'eau, ainsi que la connaissance des composés gazeux. D'ailleurs l'insolubilité dans l'eau, milieu où d'habitude les réactions salines se passent, ne doit pas être considérée comme absolue; il suffit que le nouveau composé soit moins soluble que le composé primitif. Enfin, à l'aide de la chaleur, l'état gazeux peut se manifester, bien qu'impossible à froid.

7. Composés gazeux, ou solubles dans l'eau, ou insolubles. — Nous mentionnerons ici, au point de vue de la règle comme au point de vue de l'exception, uniquement les composés d'une certaine importance et nous élaguerons tout ce qui est d'un intérêt secondaire. Nos propositions sont donc loin d'être absolues, mais elles comprennent la grande majorité des corps, elles embrassent tout ce qui est d'un usage fréquent.

Sont *gazeux :* l'ammoniac, l'acide chlorhydrique, l'acide sulfhydrique, l'acide sulfureux, l'acide carbonique, l'acide azotique à l'aide de la chaleur. Le carbonate d'ammoniaque et le chlorure d'ammonium sont également volatils à l'aide d'une certaine chaleur.

Sont *solubles dans l'eau :* les oxacides, excepté l'acide silicique, et, à un moindre degré, l'acide borique; tous les composés du potassium, du sodium et de l'ammonium, métaux dont il n'est plus question dans ce qui suit; tous les chlorures, excepté le chlorure d'argent, et, à un moindre degré, celui de plomb; tous les azotates; tous les sulfates, excepté le sulfate de baryte, le sulfate de plomb, et, à un moindre degré, le sulfate de chaux.

Sont *insolubles dans l'eau :* tous les oxydes et leurs hydrates, excepté la chaux, la baryte, la magnésie, faiblement solubles; tous les sulfures, excepté les sulfures de calcium, de baryum; tous les iodures; tous les carbonates; tous les phosphates.

Avec ces données, nous allons examiner avec quelques détails ce qu'on appelle vulgairement l'action d'un acide, d'une base, et d'un sel sur un autre sel, bien qu'en réalité ce soit dans tous les cas une réaction, un double échange, entre deux sels.

8. **Action d'un acide sur un sel.** — Trois cas peuvent se présenter : 1° *le changement d'état est amené par la formation d'un acide gazeux.*

Faisons agir de l'acide sulfurique sur du sel marin, $(SO^4)H$ sur ClNa. Un corps gazeux, acide chlorhydrique ClH, peut résulter du double échange entre les radicaux des composés mis en présence. Un changement d'état est donc possible, et par suite la décomposition a lieu. Cette réaction est précisément celle que l'on met en usage pour obtenir le gaz acide chlorhydrique.

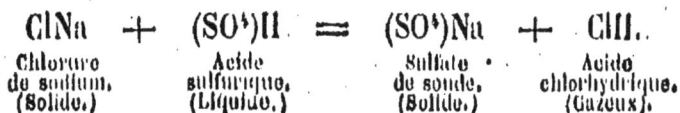

$$ClNa \quad + \quad (SO^4)H \quad = \quad (SO^4)Na \quad + \quad ClH.$$

Chlorure de sodium.	Acide sulfurique.	Sulfate de soude.	Acide chlorhydrique.
(Solide.)	(Liquide.)	(Solide.)	(Gazeux).

En traitant le sulfure de potassium par l'acide azotique, on aurait une réaction du même genre et le dégagement d'un produit gazeux, acide sulfhydrique.

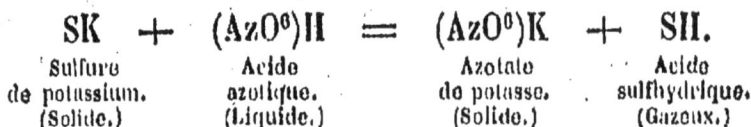

$$SK \ + \ (AzO^6)H \ = \ (AzO^6)K \ + \ SH.$$

Sulfure de potassium. (Solide.)	Acide azotique. (Liquide.)	Azotate de potasse. (Solide.)	Acide sulfhydrique. (Gazeux.)

Quelquefois l'intervention de la chaleur est nécessaire pour amener le changement d'état en volatilisant le nouveau produit. Si l'on chauffe un mélange de salpêtre, azotate de potasse, et d'acide sulfurique, il se forme du sulfate de potasse et il se dégage des vapeurs d'acide azotique. C'est la réaction usitée pour préparer l'acide azotique.

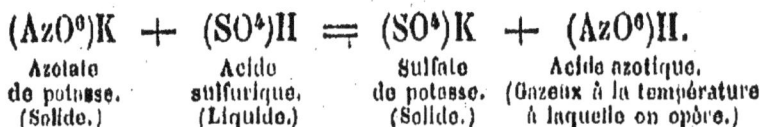

$$(AzO^6)K \ + \ (SO^4)H \ = \ (SO^4)K \ + \ (AzO^6)H.$$

Azotate de potasse. (Solide.)	Acide sulfurique. (Liquide.)	Sulfate de potasse. (Solide.)	Acide azotique. (Gazeux à la température à laquelle on opère.)

L'acide carbonique, l'acide sulfureux et d'une manière générale tous les acides gazeux, s'obtiennent par une double décomposition similaire aux précédentes. C'est ainsi qu'un carbonate et qu'un sulfite quelconques traités par un acide, dégagent le premier du gaz carbonique, le second du gaz sulfureux.

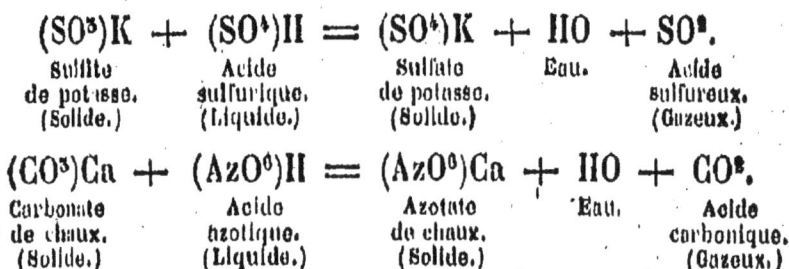

$$(SO^3)K \ + \ (SO^4)H \ = \ (SO^4)K \ + \ HO \ + \ SO^2.$$

Sulfite de potasse. (Solide.)	Acide sulfurique. (Liquide.)	Sulfate de potasse. (Solide.)	Eau.	Acide sulfureux. (Gazeux.)

$$(CO^3)Ca \ + \ (AzO^6)H \ = \ (AzO^6)Ca \ + \ HO \ + \ CO^2.$$

Carbonate de chaux. (Solide.)	Acide azotique. (Liquide.)	Azotate de chaux. (Solide.)	Eau.	Acide carbonique. (Gazeux.)

Contrairement à la notation ordinaire, nous n'assemblons pas en un seul groupe les éléments de l'eau et de l'acide anhydre sous la forme $(SO^3)H$ ou bien $(CO^3)H$, parce que ni l'un ni l'autre de ces groupes n'a une existence stable à la manière de l'acide sulfurique et de l'acide azotique hydratés $(SO^4)H$ et $(AzO^6)H$, mais se dédouble spontanément en eau HO et en acide anhydre, SO^2 gaz sulfureux, ou CO^2 gaz carbonique.

2° *Le changement d'état résulte de la formation d'un acide insoluble dans l'eau.* C'est ce qui arrive, par exemple, quand on verse un acide quelconque dans une dissolution de silicate de potasse ou dans une dissolution concentrée et chaude de borate de soude. L'acide silicique insoluble, et l'acide borique peu soluble à froid, se précipitent de la dissolution

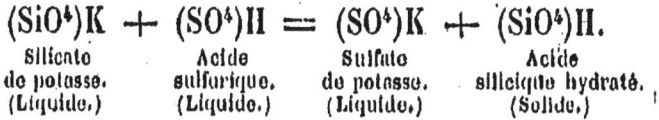

$$(SiO^4)K + (SO^4)H = (SO^4)K + (SiO^4)H.$$

Silicate de potasse. (Liquide.)	Acide sulfurique. (Liquide.)	Sulfate de potasse. (Liquide.)	Acide silicique hydraté. (Solide.)

La qualification de liquide appliquée dans cet exemple au silicate de potasse et au sulfate de potasse, signifie que ces corps sont dissous dans l'eau. Il en sera de même pour les divers composés salins dissous dans ce liquide.

3° *Le changement d'état est amené par la formation d'un sel insoluble,* le mot sel étant pris dans sa signification vulgaire, c'est-à-dire désignant un composé d'un acide et d'une base. Nous versons de l'acide sulfurique dans une dissolution de chlorure de baryum. Du double échange, il peut résulter du sulfate de baryte, sel insoluble. La double décomposition doit donc avoir lieu. Et, en effet, le mélange des deux liqueurs blanchit à l'instant et laisse déposer du sulfate de baryte.

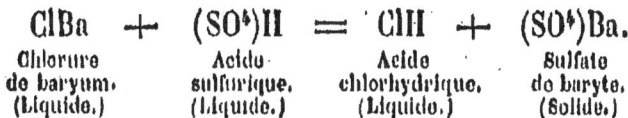

$$ClBa + (SO^4)H = ClH + (SO^4)Ba.$$

Chlorure de baryum. (Liquide.)	Acide sulfurique. (Liquide.)	Acide chlorhydrique. (Liquide.)	Sulfate de baryte. (Solide.)

9. Action d'une base sur un sel. — Trois cas sont encore à examiner. 1° *Le changement d'état résulte de la formation d'un composé gazeux.* C'est ce qui arrive quand on traite un sel d'ammoniaque par la chaux, la potasse, etc. Il se forme un sel de la base employée et il se dégage de l'ammoniaque. Ainsi le sel ammoniac, chlorure d'ammonium, symboliquement représenté par ClAm, se dédouble par l'action de la chaux vive de la manière suivante :

$$ClAm + CaO = ClCa + AmO.$$

Sel ammoniac.	Chaux.	Chlorure de calcium.	Oxyde d'ammonium.

Mais l'oxyde d'ammonium résulte de l'association d'un équivalent de gaz ammoniac et d'un équivalent d'eau :

$$AmO = AzH^4O = AzH^3 + HO.$$

D'autre part, une fois dégagé de la combinaison saline, il se dédouble spontanément en eau et en gaz ammoniac. Par conséquent, la réaction d'une base puissante, potasse, soude, chaux, etc., sur un sel ammoniacal, met en liberté du gaz ammoniac et de l'eau, avec formation d'un nouveau sel.

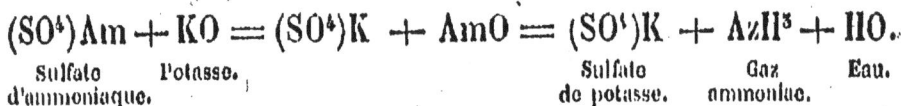

$$(SO^4)Am + KO = (SO^4)K + AmO = (SO^4)K + AzH^3 + HO.$$

| Sulfate d'ammoniaque. | Potasse. | | Sulfate de potasse. | Gaz ammoniac. | Eau. |

2° Le changement d'état résulte de la formation d'un oxyde ou mieux *d'un hydrate d'oxyde insoluble*. Dissoutes dans l'eau, la potasse, la soude, la chaux, la baryte, l'ammoniaque, etc., sont à l'état d'hydrates, c'est-à-dire sont combinées avec un équivalent d'eau et doivent se formuler ainsi : KO,HO, NaO,HO, CaO,HO, BaO,HO, AmO,HO, etc. Ou bien, en mettant entre parenthèses le radical composé échangeable tout d'une pièce par double décomposition : $(HO^2)K$, $(HO^2)N$, $(HO^2)Ca$, $(HO^2)Ba$, $(HO^2)Am$, etc. De même, les protoxydes hydratés non solubles, tels que celui de fer, de cuivre, etc., doivent se formuler par $(HO^2)Fe$, équivalent à FeO,HO, et par $(HO^2)Cu$, équivalent à CuO,HO.

Dans une dissolution de sulfate de cuivre $(SO^4)Cu$, versons une dissolution de potasse $(HO^2)K$; le double échange peut amener la formation d'un composé insoluble, hydrate d'oxyde de cuivre $(HO^2)Cu$. La double décomposition doit donc avoir lieu. Effectivement, le mélange des deux liquides laisse précipiter une matière solide d'un bleu cendré, qui est de l'hydrate d'oxyde de cuivre.

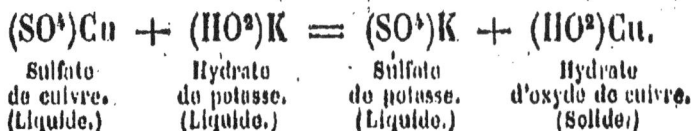

$$(SO^4)Cu + (HO^2)K = (SO^4)K + (HO^2)Cu.$$

| Sulfate de cuivre. (Liquide.) | Hydrate de potasse. (Liquide.) | Sulfate de potasse. (Liquide.) | Hydrate d'oxyde de cuivre. (Solide.) |

Quelques-uns des hydrates d'oxyde obtenus par une réaction de ce genre sont solubles dans un excès du liquide alcalin et, une fois précipités, se dissolvent si l'on continue à verser du réactif. Ainsi, l'hydrate d'oxyde de cuivre se dissout dans l'ammoniaque en excès avec une superbe coloration bleue; les hydrates d'alumine, d'oxyde de zinc, d'oxyde de plomb, se dissolvent dans un excès de potasse.

3° *Le changement d'état résulte de la formation d'un sel insoluble.* Si l'on verse une dissolution de baryte dans une dissolution de sulfate de potasse, on obtient de l'hydrate de potasse et du sulfate de baryte insoluble. De même, de l'eau de chaux versée dans du carbonate de soude, produit de l'hydrate de soude et du carbonate de chaux insoluble.

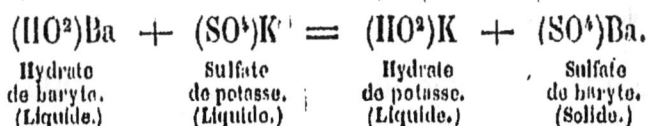

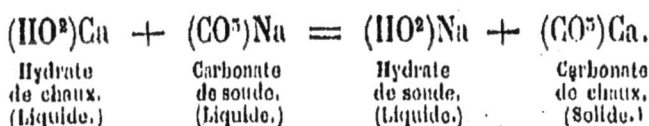

$$(HO^2)Ba + (SO^4)K = (HO^2)K + (SO^4)Ba.$$

Hydrate de baryte. (Liquide.)	Sulfate de potasse. (Liquide.)	Hydrate de potasse. (Liquide.)	Sulfate de baryte. (Solide.)

$$(HO^2)Ca + (CO^3)Na = (HO^2)Na + (CO^3)Ca.$$

Hydrate de chaux. (Liquide.)	Carbonate de soude. (Liquide.)	Hydrate de soude. (Liquide.)	Carbonate de chaux. (Solide.)

10. Action d'un sel sur un autre sel. — Dans la réaction d'un sel sur un autre sel, le changement d'état peut résulter : 1° *de la formation d'un sel volatil* dans les conditions de l'expérience. Parmi les sels volatils, il n'y a d'importants que le carbonate d'ammoniaque et le chlorure d'ammonium ou sel ammoniac. On chauffe un mélange de chlorure de baryum et de sulfate d'ammoniaque. Il se forme du chlorure d'ammonium volatil à la température à laquelle on opère, et il reste du sulfate de baryte.

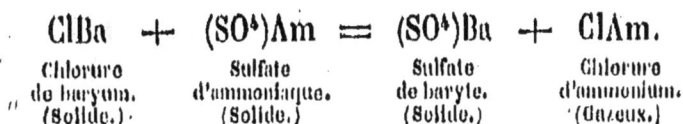

$$ClBa + (SO^4)Am = (SO^4)Ba + ClAm.$$

Chlorure de baryum. (Solide.)	Sulfate d'ammoniaque. (Solide.)	Sulfate de baryte. (Solide.)	Chlorure d'ammonium. (Gazeux.)

2° *Le changement d'état résulte de la formation d'un sel insoluble.* On mélange deux dissolutions, l'une de sulfate de fer, l'autre d'azotate de baryte. Il se forme du sulfate de baryte insoluble et il reste en dissolution de l'azotate de fer.

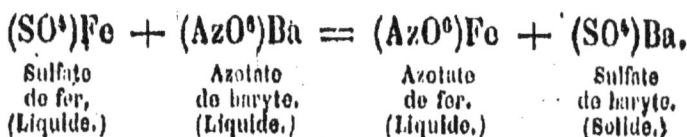

$$(SO^4)Fe \,+\, (AzO^6)Ba \,=\, (AzO^6)Fe \,+\, (SO^4)Ba.$$

| Sulfate de fer. (Liquide.) | Azotate de baryte. (Liquide.) | Azotate de fer. (Liquide.) | Sulfate de baryte. (Solide.) |

Mélangeons encore une dissolution d'iodure de potassium avec une dissolution d'azotate de plomb. Il se formera un précipité d'iodure de plomb d'un beau jaune, et il restera en dissolution de l'azotate de potasse.

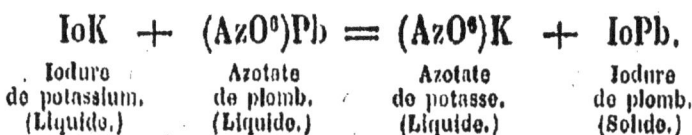

$$IoK \,+\, (AzO^6)Pb \,=\, (AzO^6)K \,+\, IoPb.$$

| Iodure de potassium. (Liquide.) | Azotate de plomb. (Liquide.) | Azotate de potasse. (Liquide.) | Iodure de plomb. (Solide.) |

Soit, encore un mélange de sublimé corrosif, chlorure de mercure, et d'iodure de potassium, l'un et l'autre dissous dans l'eau. Il se précipite de l'iodure de mercure d'un magnifique rouge, et il reste en dissolution du chlorure de potassium.

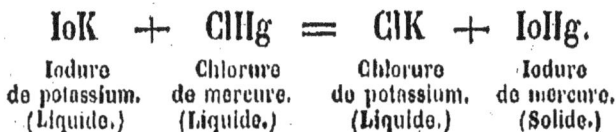

$$IoK \,+\, ClHg \,=\, ClK \,+\, IoHg.$$

| Iodure de potassium. (Liquide.) | Chlorure de mercure. (Liquide.) | Chlorure de potassium. (Liquide.) | Iodure de mercure. (Solide.) |

3° *Le changement d'état résulte de la formation de deux sels insolubles.* Ce cas est assez rare ; cependant on peut en citer un exemple sans sortir du domaine des corps qui nous sont déjà plus ou moins familiers. On mélange deux dissolutions, l'une de sulfate d'argent, l'autre de chlorure de baryum. Deux sels insolubles se forment par le double échange : du sulfate de baryte et du chlorure d'argent. Si le mélange est fait équivalent pour équivalent, le liquide qui surnage après le dépôt du précipité est de l'eau simplement.

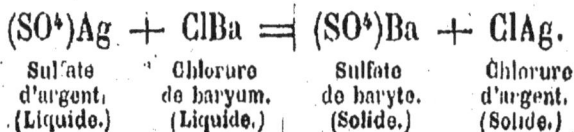

$$(SO^4)Ag \,+\, ClBa \,=\, (SO^4)Ba \,+\, ClAg.$$

| Sulfate d'argent. (Liquide.) | Chlorure de baryum. (Liquide.) | Sulfate de baryte. (Solide.) | Chlorure d'argent. (Solide.) |

11. Conclusion de ces développements. — Pour ne pas trop nous écarter des usages scolaires, nous venons d'examiner isolément l'action d'un acide, d'une base, d'un sel sur un sel; les mots : acide, base, sel, ayant leur signification vulgaire. Dans cet examen, neuf cas se sont présentés, chacun pouvant servir de texte à une loi spéciale. En creusant plus avant la question, il aurait même été facile d'augmenter le nombre des cas et, par suite, le nombre des lois de Berthollet, au grand désavantage de la mémoire, qui finit par être accablée. Mais cette marche pesante nous paraît trop pénible; aussi nous faisons-nous un devoir de revenir un instant en arrière, pour montrer comment tous les détails dans lesquels nous venons d'entrer se résument en une loi unique. Donnons au mot sel la signification large qui comprend les acides hydratés, les hydrates d'oxyde, les oxysels, les chlorures, iodures, sulfures métalliques, parmi lesquels doivent être compris les hydracides; puis examinons une à une les diverses égalités chimiques qui précèdent. Nous verrons que, dans tous les cas, la réaction se passe entre deux sels, et que si l'échange entre les radicaux, les uns de nature métallique, les autres de nature non métallique, peut amener un changement d'état, la double décomposition a lieu.

Pour prévoir ce qui doit arriver, tout se borne donc, comme nous l'avons dit en débutant, à examiner si un composé insoluble ou volatil peut résulter du double échange entre les deux sels mis en présence. Prenons, au hasard, quelques exemples, sans nous préoccuper dans lequel des neuf cas examinés ils rentrent. On fait agir une dissolution de chlorure d'ammonium ClAm sur une dissolution de sulfate d'argent $(SO^4)Ag$. Qu'arrivera-t-il? Du double échange il peut résulter du sulfate d'ammoniaque soluble $(SO^4)Am$, et du chlorure d'argent insoluble ClAg. La double décomposition doit avoir lieu, puisqu'il peut y avoir un changement d'état; et elle a lieu, en effet. — On verse une dissolution d'hydrate de potasse $(HO^2)K$ dans une dissolution d'azotate de soude $(AzO^6)Na$, que se passera-t-il? Rien; car le double échange donnerait de l'hydrate de soude $(HO^2)Na$ et de l'azotate de potasse $(AzO^6)K$, l'un et l'autre solubles. Le changement d'état étant impossible, la double décomposition n'a pas lieu. —Enfin, on verse de l'acide chlorhydrique dans une dissolution d'azotate de plomb. Du double échange entre ClH et $(AzO^6)Pb$, il peut résulter du chlorure de plomb ClPb, qui est peu soluble. Si donc la dissolution est concentrée, si le dissolvant est en petite quantité, il pourra y avoir un changement d'état par la formation du chlorure de plomb insoluble, et la double décomposition aura lieu.

RÉSUMÉ

1. *Un sel*, comme l'entendaient les premiers chimistes, *résulte de la combinaison d'un acide avec une base.* Cette définition manque de généralité; elle ne répond plus aux besoins de la science.

2. Certains composés, mis en présence dans des conditions convenables, se décomposent mutuellement, et, par un échange réciproque d'éléments, constituent des composés nouveaux. Cette réaction prend le nom de *double décomposition*. Les corps qui font entre eux la double décomposition se scindent en partie métallique et en partie non métallique, simple ou composée. Ainsi le sulfate de potasse KO,SO^3, échange K pour un autre métal, et SO^4 pour une autre partie non métallique. Si l'on veut mettre en évidence les deux parties du sulfate de potasse échangeables par double décomposition, on a recours à la notation $(SO^4)K$.

3. Les corps qui font la double décomposition sont scindés de la même manière par l'action de la pile. *Le métal se porte sur le fil négatif, et le métalloïde, ou l'ensemble des métalloïdes, sur le fil positif.*

4. On nomme *radicaux* les parties échangeables par double décomposition. Un radical peut être constitué par un seul corps simple, ou par un groupe de corps simples, se déplaçant tout d'une pièce; il peut exister réellement et être isolé, ou n'avoir qu'une existence théorique.

5. *Un sel résulte de la combinaison d'un radical non métallique avec un radical métallique*; ou, ce qui revient au même, mais avec moins de laconisme : *on nomme sels tous les corps formés d'une partie non métallique simple ou composée, et d'une partie métallique, pouvant s'échanger par double décomposition.*

6. Les lois de Berthollet se résument en celle-ci : *Lorsque deux sels sont en présence l'un de l'autre, s'il peut y avoir un change-*

ment d'état par l'effet du double échange, ce double échange a lieu, et les deux sels se décomposent mutuellement en produisant deux nouveaux sels. Le mot sel est pris ici dans l'acception étendue du paragraphe 5.

7. L'usage de la loi de Berthollet présuppose la connaissance des composés salins gazeux, solubles dans l'eau, ou insolubles, afin de prévoir si un changement d'état est possible.

8. Un acide décompose un sel : 1° s'il peut se former un acide gazeux ou volatil; 2° un acide insoluble; 3° un sel insoluble.

9. Une base décompose un sel : 1° s'il peut se dégager une base volatile; 2° s'il peut se précipiter une base insoluble ; 3° s'il peut se former un sel insoluble.

10. Un sel décompose un sel : 1° s'il peut se former un sel volatil; 2° s'il peut se précipiter un sel insoluble ; 3° s'il peut se précipiter deux sels insolubles.

11. Tous ces cas particuliers sont parfaitement assimilables entre eux si l'on donne au mot sel sa large acception. Ils se déduisent de la loi unique énoncée au paragraphe 6.

CHAPITRE II

GENRES SALINS

1. Le genre d'un sel est déterminé par le radical. — Un sel, nous venons de le voir, résulte de l'association d'une partie métallique et d'une partie non métallique simple ou composée, échangeable tout d'une pièce par voie de double décomposition. A cette partie non métallique est donné le nom de radical. L'ensemble des sels ayant même radical, mais différant par la partie métallique, constitue un *genre* salin. Ainsi le genre des chlorures embrasse tous les sels dont le radical est le chlore Cl, n'importe la nature de la partie métallique. Les chlorures de sodium, de fer, de zinc, d'ammonium, etc., etc., forment le genre des chlorures. Pareillement tous les sels dont le radical est SO^4, comme le sulfate de fer, le sulfate de cuivre, le sulfate de potasse, etc., etc., forment le genre des sulfates. Le genre se subdivise en espèces, déterminées par la nature de la partie métallique. Ainsi dans le genre salin des azotates, dont le radical est AzO^6, la partie métallique peut être indifféremment du potassium K pour l'azotate de potasse, du sodium Na pour l'azotate de soude, du plomb Pb pour l'azotate de plomb, de l'argent Ag pour l'azotate d'argent, etc. A chacun de ces métaux et même à chacun de leurs oxydes salifiables s'il y en a plusieurs, correspond une espèce saline particulière du genre azotate. Déterminer le genre d'un sel, c'est rechercher la nature de son radical; déterminer l'espèce d'un sel, c'est rechercher la nature de son métal. La détermination spécifique suppose la connaissance de propriétés métalliques dont l'étude viendra plus tard. Pour ce motif, nous n'en parlerons pas encore. Mais la détermination générique trouve ici sa place. Dans les recherches de cet ordre, on a recours à un petit nombre de réactions bien tranchées, caractéristiques de chaque genre salin. Nous allons les exposer pour les sels les plus importants.

2. **Caractères des chlorures.** — Les chlorures, à quelques rares exceptions près, sont solubles dans l'eau. Chauffés avec de l'acide sulfurique, ils dégagent du gaz acide chlorhydrique, qui se convertit en fumées blanches à l'air. Dissous dans l'eau, ils sont faciles à reconnaître avec l'azotate d'argent. Le mélange des deux dissolutions donne en effet un précipité floconneux, blanc, d'apparence caséeuse, soluble dans l'ammoniaque, dans l'acide azotique et caractérisé surtout par sa propriété de prendre rapidement une teinte d'un noir violacé aux rayons du soleil. Ce précipité est du chlorure d'argent. Si le corps à expérimenter est insoluble dans l'eau, on le chauffe avec du carbonate de soude. Si c'est un chlorure, il se forme du chlorure de sodium soluble dans l'eau et l'on fait alors intervenir la réaction si caractéristique de l'azotate d'argent.

3. **Caractères des Iodures.** — Les iodures alcalins sont solubles dans l'eau, les autres ne le sont pas. Pour reconnaître

un iodure dissous dans l'eau, on peut employer diverses réactions, toutes d'une netteté parfaite. Avec l'azotate de plomb, un iodure soluble donne un précipité d'un beau jaune, iodure de plomb; avec le bichlorure de mercure ou sublimé corrosif, il donne un précipité d'un superbe rouge vermillon. Mais la réaction la plus sensible, celle qui permet de constater de simples traces d'iodure dans une dissolution, consiste à mettre dans la liqueur un peu d'empois d'amidon et à ajouter quelques gouttes d'eau de chlore. Le chlore déplace l'iode, et celui-ci, mis en liberté, forme avec l'amidon un composé bleu insoluble d'une coloration intense. Toute liqueur qui bleuit par l'addition de l'empois d'amidon et du chlore renferme un iodure. Dans le cas d'un iodure insoluble dans l'eau, on chauffe le corps avec du carbonate de soude, et l'on obtient ainsi de l'iodure de sodium, qui est soluble et permet de recourir à la réaction par l'empois et le chlore.

4. **Caractères des fluorures.** — Chauffés dans un vase de platine ou de plomb avec de l'acide sulfurique concentré, les fluorures dégagent du gaz acide fluorhydrique, qui corrode une lame de verre exposée à son action. Chauffés avec du sable ou du verre pilé et de l'acide sulfurique concentré, ils produisent un composé gazeux, fluorure de silicium, qui se décompose au contact de l'eau et donne une gelée de silice.

5. **Caractères des sulfures.** — Les sulfures sont insolubles dans l'eau à part les sulfures alcalins, et les sulfures de calcium, de baryum. Traités par un acide, les sulfures solubles dégagent de l'hydrogène sulfuré, reconnaissable à son odeur d'œufs pourris, à son inflammabilité, à sa propriété de noircir certaines dissolutions métalliques, par exemple, les dissolutions des sels de plomb. Le précipité noir qui se forme dans ces conditions, est du sulfure de plomb. Les sulfures solubles agissent directement sur les sels solubles de plomb, azotate, acétate. Par double échange, il se forme encore du sulfure de plomb. Ces réactions caractéristiques, dégagement de gaz à odeur d'œufs pourris par l'intervention d'un acide quelconque, précipité noir obtenu avec les dissolutions plombiques, ne peuvent être directement utilisées quand le sulfure est in-

soluble. Le corps est alors chauffé avec du carbonate de soude. Il se forme du sulfure de sodium soluble, qui permet l'emploi des précédentes réactions.

. **6. Caractères des sulfates.** — Tous les sulfates, solubles ou insolubles chauffés dans un creuset avec de la poussière de charbon et du carbonate de soude, donnent du sulfure de sodium, qui dégage de l'hydrogène sulfuré par l'action d'un acide. La caractéristique des sulfates est ainsi ramenée à la caractéristique des sulfures. Les sulfates solubles dans l'eau, et ce sont de beaucoup les plus nombreux, se reconnaissent rapidement au moyen des sels de baryte solubles, chlorure de baryum et azotate de baryte. Le mélange des deux dissolutions devient laiteux et laisse déposer un précipité blanc, lourd, qui est du sulfate de baryte. L'apparition d'un précipité blanc ne suffit pas pour affirmer que le sel expérimenté est un sulfate. Les carbonates, en effet, ainsi que les phosphates donnent également un précipité blanc avec les sels solubles de baryte ; mais ce précipité, carbonate de baryte, phosphate de baryte, est soluble dans l'acide azotique, tandis que le sulfate de baryte ne l'est pas. Il faut donc pour compléter la recherche, verser de l'acide azotique sur le précipité. S'il ne se dissout pas, on a réellement un sulfate. La réaction par le chlorure de baryum ou l'azotate de baryte peut être également employée avec les sulfates insolubles. Il faut alors les chauffer avec du carbonate de soude, qui devient sulfate de soude, soluble dans l'eau et par conséquent apte à la réaction par les sels de baryte.

. **7. Caractères des sulfites.** — Traités par l'acide sulfurique, les sulfites dégagent du gaz acide sulfureux, reconnaissable à son odeur de soufre en ignition.

8. **Caractères des azotates.** — Les azotates fusent sur les charbons allumés et produisent une vive déflagration, occasionnée par l'oxygène de l'acide décomposé. Mais cela ne suffit pas pour caractériser ce genre de sels, car les chlorates fusent pareillement. Trois réactions principales servent à reconnaître les azotates. Premièrement, un azotate mélangé avec de la limaille de cuivre et de l'acide sulfurique, dégage des vapeurs rutilantes d'acide hypoazotique. L'acide sulfurique met l'acide azotique en

liberté; celui-ci se porte sur le cuivre, et l'oxyde devient lui-même bioxyde d'azote, qui, au contact de l'air, se transforme en vapeurs roussâtres d'acide hypoazotique. — Secondement, la liqueur bleue qui résulte de la dissolution de l'indigo dans l'acide sulfurique, se décolore et devient d'un roux sale au contact d'un azotate. L'acide sulfurique met en liberté l'acide azotique, et celui-ci, d'une action si énergique sur les matières végétales, attaque l'indigo et le détruit. Cette réaction est d'une grande sensibilité. Déposons sur une capsule en porcelaine une goutte de la dissolution sulfurique d'indigo, mettons dans la goutte bleue une minime parcelle d'un azotate et nous verrons la coloration passer au roussâtre. — Troisièmement, on dissout du sulfate de protoxyde de fer, couperose verte, dans de l'acide sulfurique concentré; quelques gouttes d'une liqueur contenant des traces d'un azotate, donnent à cette dissolution une teinte rose, ou brune, suivant la quantité de l'azotate.

9. Caractères des chlorates. — Les chlorates déflagrent sur un charbon allumé encore plus vivement que les azotates. Mélangés avec du charbon, ou du soufre, ou du phosphore, ils détonent violemment sous le choc du marteau. Un mélange de chlorate et d'un corps très-combustible, par exemple de résine en poudre, prend feu par l'addition d'une goutte d'acide sulfurique. Tous ces faits, déflagration, détonation, combustion, sont le résultat du dégagement de l'acide chlorique, composé très-instable et très-riche en oxygène.

10. Caractères des carbonates. — Tous les carbonates font effervescence avec les acides par le dégagement de leur gaz carbonique. Toutefois, l'effervescence à elle seule n'est pas suffisante pour caractériser ce genre de sels, car les divers composés salins d'où peut se dégager un acide gazeux font également effervescence. Tels sont les sulfites lorsqu'ils abandonnent leur acide sulfureux par l'action d'un acide plus énergique, les sulfures, lorsqu'ils dégagent de l'acide sulfhydrique, etc. Mais le gaz carbonique se reconnaît à ce qu'il ne répand pas de fumées blanches à l'air, à ce qu'il n'a pas sensiblement d'odeur, à ce qu'il trouble et blanchit l'eau de chaux. Enfin les carbonates alcalins, les seuls solubles, donnent avec l'eau de chaux un précipité blanc de carbonate de chaux, soluble avec effervescence dans l'acide chlorhydrique ou l'acide azotique.

11. Caractères des phosphates. — Les phosphates à trois équivalents de base sont insolubles dans l'eau, excepté les phosphates alcalins. Ceux-ci donnent avec l'azotate d'argent, un précipité jaune de phosphate d'argent, soluble dans l'acide azotique. La réaction suivante est encore plus sensible. On verse dans la liqueur soupçonnée contenir un phosphate, une dissolution de molybdate d'ammoniaque dans l'acide azotique. Un précipité jaune se forme sous l'action d'une douce chaleur. Quant aux phosphates insolubles, on les convertit d'abord en phosphate de soude soluble en les chauffant avec du carbonate de soude. On utilise alors les précédentes réactions.

RÉSUMÉ

1. Le *genre* d'un composé salin est constitué par le radical, et l'*espèce* par le métal. Déterminer le genre d'un sel, c'est déterminer la nature de son radical.

2. Chlorures. — Avec l'azotate d'argent, précipité blanc, semblable à du fromage frais, noircissant à la lumière solaire, soluble dans l'ammoniaque.

3. Iodures. — Coloration bleue avec l'empois d'amidon et la dissolution de chlore.

4. Fluorures. — Par l'acide sulfurique, dégagement du gaz acide fluorhydrique, qui corrode le verre.

5. Sulfures. — Par un acide quelconque, dégagement du gaz hydrogène sulfuré, reconnaissable à son odeur d'œufs pourris. Précipité noir avec les sels de plomb.

6. Sulfates. — Avec le chlorure de baryum ou l'azotate de baryte, précipité blanc, insoluble dans l'acide azotique.

7. Sulfites. — Par l'acide sulfurique, dégagement du gaz acide sulfureux, reconnaissable à son odeur de soufre brûlé.

8. Azotates. — Décolorent la dissolution sulfurique d'indigo; donnent des vapeurs rutilantes avec la limaille de cuivre et l'acide sulfurique; colorent en rose ou en brun la dissolution de couperose verte dans l'acide sulfurique.

9. Chlorates. — Déflagrent vivement sur les charbons incandes-

cents; mélangés avec le soufre, le charbon, etc., détonent sous le choc du marteau; leur mélange avec de la résine prend feu au contact de l'acide sulfurique.

10. Carbonates. — Font effervescence avec tous les acides. Le gaz dégagé n'a pas sensiblement d'odeur et blanchit l'eau de chaux.

11. Phosphates. — Précipité jaune avec l'azotate d'argent; précipité jaune avec le molybdate d'ammoniaque dissous dans l'acide azotique.

Pour se prêter aux réactions caractéristiques, les composés salins insolubles dans l'eau sont préalablement convertis en un sel de soude du même genre, sel toujours soluble. On y parvient en chauffant le composé salin avec du carbonate de soude.

CHAPITRE III

ÉQUIVALENTS CHIMIQUES

1. Composition et décomposition, complémentaires l'une de l'autre. — Dans de l'eau acidulée avec de l'acide sulfurique, mettons quelques lames de zinc dont le poids soit connu. Il se dégage de l'hydrogène, que l'on recueille et que l'on pèse avec soin. Que se passe-t-il ici? Est-ce une simple décomposition de l'eau, que le zinc et l'acide provoquent par leur présence, sans remplacer eux-mêmes l'édifice chimique détruit par un autre édifice similaire? Non, ce n'est pas ainsi que les choses se passent : l'eau n'est pas dédoublée en ses éléments par l'acide et le métal, restant étrangers à une réédification qui remplace la première. Détruire, en chimie, c'est reconstruire sous de nouvelles formes; décomposer, c'est recomposer avec d'autres matériaux; c'est substituer un groupement moléculaire à un autre groupement. La décomposition et la recomposition se supposent l'une l'autre, elles s'accompagnent, elles sont complémentaires; mais, suivant l'idée qui nous préoccupe, l'un ou l'autre des deux faits est en général perdu de vue. Est-il question d'obtenir de l'hydrogène? nous attaquons l'eau par l'acide sulfurique et le zinc, et nous disons l'eau est décomposée, en reléguant à l'arrière-plan, en oubliant même le nouveau composé, sulfate de zinc, qui prend naissance avec les ruines partielles du corps détruit. Voulons-nous, au contraire, obtenir du sulfate de zinc? l'opération est conduite absolument de la même manière; mais, dans ce cas, notre esprit s'arrête sur la genèse du sel et laisse à l'écart la destruction complémentaire, celle de l'eau. Tour à tour, suivant nos préoccupations, le même conflit chimique est donc une analyse ou une synthèse, une dissociation d'éléments ou bien une association. Mais, dans tous les cas, nous détruisons pour construire, nous construisons pour détruire; en outre, très-fréquemment l'édifice détruit et l'édifice qui lui succède sont d'une étroite similitude, non au point de vue des propriétés physiques, hors de cause ici, mais au point de vue plus caractéristique des fonctions, des allures chimiques. Dans l'exemple d'où nous sommes partis, quel est en réalité l'édifice détruit? Est-ce l'eau? Nullement : c'est l'association de l'eau avec l'acide sulfurique, c'est le sulfate d'eau ou, en termes plus rigoureux, le sulfate d'hydrogène. A ce composé, qui perd son hydrogène et plus rien, succède un composé similaire, le sulfate de zinc. Le métal zinc se substitue au métal hydrogène, il prend sa place, il remplit ses fonctions et conserve à l'édifice chimique sa structure saline. Permettons-nous une image, grossière il est vrai, mais enfin frappante. Un pan de mur, édifice de maçonnerie, se compose de quelques moellons calcaires empilés avec ordre. On enlève un de ses moellons et on le remplace par un bloc soit de marbre, soit de terre cuite, soit de bois, etc., plus lourd ou plus léger, dur ou tendre, précieux ou à vil prix indifféremment, mais qui remplisse exactement la cavité laissée par le moellon. Comme construction, la maçonnerie n'a pas changé : elle était mur avant, elle est encore mur après. Toutefois, dans ses caractères de détail, quelque chose évidemment est changé. Ainsi du sulfate de zinc et du sulfate d'hydrogène. Lorsque le premier succède au second, l'édifice salin se conserve le même, à cela près qu'un élément remplace un autre élément pour en remplir le rôle; nous dirions presque qu'un moellon de nature différente vient occuper le vide laissé par un autre dans la maçonnerie chimique.

2. Les éléments se remplacent suivant des proportions en poids constantes. — Une question de balance intervient de rigueur dans ses substitutions d'un élément à un autre. Quel est, par exemple, le poids du zinc nécessaire pour remplacer l'hydrogène dégagé et rétablir l'édifice salin dans sa primitive architecture? quel est enfin le poids du métal dépensé pour le poids du gaz recueilli? A un certain moment, l'hydrogène obtenu est pesé; les lames de zinc le sont aussi. Elles pèsent moins qu'au début. Ce qui leur manque représente le poids du zinc qui a pris la place de l'hydrogène et se trouve actuellement à l'état de sulfate de zinc dissous dans l'eau. On trouve ainsi que pour 1 gramme d'hydrogène obtenu, 33 grammes de zinc manquent aux lames. On recommence les pesées à une autre période de l'observation, plus tôt, plus tard, n'importe. Le résultat se maintient invariable : pour chaque gramme d'hydrogène dégagé, 33 grammes de zinc sont convertis en sulfate. La conséquence de ce premier fait est évidente : le moellon zinc qui se substitue au moellon hydrogène et en remplit les fonctions dans la construction chimique, pèse 33, le second pesant 1; ou bien, en laissant le langage figuré, il faut 33 parties en poids de zinc pour remplacer 1 partie en poids d'hydrogène.

Plongeons maintenant une lame de zinc dans une dissolution de sulfate de cuivre. La liqueur d'abord bleue s'affaiblit en teinte et finit par devenir complétement incolore; en même temps du cuivre se dépose en poudre rougeâtre. Un moment arrive où la dissolution, aussi incolore que de l'eau, ne renferme plus de sulfate de cuivre et contient à sa place du sulfate de zinc uniquement. La réaction actuelle est du même ordre que la précédente : à un composé salin détruit succède un autre composé salin, dans lequel le zinc remplit la même fonction que le cuivre dans le premier. On avait au début du sulfate de cuivre et du zinc; la réaction terminée, on a du sulfate de zinc et du cuivre. Déterminons le poids perdu par la lame de zinc, et le poids du

2.

cuivre précipité. Nous trouverons que, pour 33 grammes de zinc convertis en sulfate, le sel primitif a déposé 31^{gr},75 de cuivre. Donc, le zinc sous la proportion de 33 en poids peut indifféremment se substituer à l'hydrogène dans la proportion de 1, ou bien au cuivre dans la proportion de 31,75.

Plongeons enfin des lames de zinc dans une dissolution d'azotate d'argent. Il se dépose de l'argent métallique, et bientôt la liqueur ne contient plus une trace de l'azotate primitif : le sel d'argent est remplacé par un sel congénère de zinc. La substitution de métal à métal se fait à raison de 33 parties de zinc pour 108 parties d'argent. Autant de fois 33 grammes de zinc disparaissent dans la réaction, autant de fois il se dépose 108 grammes d'argent.

En nous bornant à ces quelques exemples, on voit qu'un poids déterminé de zinc se substitue à un poids déterminé d'un autre métal, hydrogène, cuivre, argent, et régénère, sous d'autres aspects, le composé salin primitif que sa présence a détruit. L'édifice chimique qui perd 1 partie en poids d'hydrogène, ou 31,75 parties de cuivre, ou 108 parties d'argent, se reconstruit avec 33 parties de zinc venant prendre la place du métal expulsé, c'est-à-dire qu'il se forme avec le nouveau métal un composé congénère du composé primitif, sulfate, azotate, etc.

Hors du domaine des oxysels, les mêmes substitutions ont lieu et exactement dans les mêmes proportions. Décomposons-nous de l'acide chlorhydrique par le zinc? Pour 1 gramme d'hydrogène expulsé de la combinaison, 33 grammes de zinc disparaissent, convertis en chlorure de zinc, qui remplace le chlorure primitif, chlorure d'hydrogène. Plongeons-nous quelques lames de zinc dans une dissolution de chlorure de cuivre? Le cuivre est expulsé et se dépose; le zinc en prend la place et forme du chlorure de zinc. Pour 31,75 parties de cuivre éliminées de la combinaison, 33 parties de zinc passent à l'état de chlorure. Et ainsi de suite, n'importe le genre de combinaison. Donc en toute circonstance, un même poids de zinc 33, peut être substitué, pour en remplir les fonctions, à un invariable poids d'hydrogène 1, ou de cuivre 31,75, ou d'argent 108, etc.

En ne tenant compte que des fonctions chimiques, du rôle rempli dans la combinaison, on peut dire que 33 parties en poids de zinc *équivalent* à 1 partie en poids d'hydrogène, ou bien à 108 d'argent, etc. On dirait des matériaux de nature différente et par conséquent de poids différent, qui peuvent se substituer l'un à l'autre dans une construction sans en changer le plan primitif. C'est en ce sens qu'il faut entendre le mot *équivaloir*. Pour résumé, nous écrirons :

$$33 \text{ de zinc équivalent à } \begin{cases} 1 \text{ d'hydrogène.} \\ 31,75 \text{ de cuivre.} \\ 108 \text{ d'argent.} \end{cases}$$

3. Les proportions des divers corps équivalant à une même proportion d'un autre corps, s'équivalent entre elles. — Nous venons de voir que 1 partie d'hydrogène, 108 d'argent, 31,75 de cuivre, etc., peuvent être remplacées par la même proportion de zinc 33. En d'autres termes, chacun des trois métaux équivaut, sous la proportion qui lui correspond, à la proportion 33 de zinc. De quelle façon maintenant se comportent les trois métaux, hydrogène, cuivre, zinc, se substituant l'un à l'autre? Interviennent-ils dans leurs mutuelles réactions avec les quantités pondérales déterminées par comparaison avec le zinc? Précisément, et c'est ce qui donne son immense valeur à l'ordre d'idées que nous tâchons d'élucider ici. — On fait passer un lent courant d'hydrogène sur du sulfate d'argent chauffé. L'argent est mis en liberté, l'hydrogène prenant sa place. Il distille donc du sulfate d'hydrogène, c'est-à-dire de l'acide sulfurique monohydraté, et il reste dans l'appareil de l'argent métallique. Or, pour 1 gramme d'hydrogène intervenant dans la réaction, il y a 108 grammes d'argent métallique expulsé du sulfate primitif. —De même, si l'on plonge des lames de cuivre dans une dissolution d'azotate d'argent, de l'argent métallique se dépose, et, à la place du sel primitif, il se forme de l'azotate de cuivre. Pour 108 grammes d'argent déposé, 31^{gr},75 de cuivre sont enlevés aux lames et convertis en azotate. —Ainsi 1 d'hydrogène et 31,75 de cuivre, équivalant déjà à une même proportion de zinc 33, s'équivalent entre eux puisqu'ils déplacent la même proportion d'argent 108.

Ce petit nombre d'exemples nous permet de présenter le verbe *équivaloir*, dans son acception chimique, sous des aspects qui lui donnent son acception vulgaire. Ce terme signifie valoir également, posséder même valeur, même puissance. La puissance se mesurant d'après les effets produits, aux mêmes effets correspond la même puissance. Or, si l'on se propose d'expulser d'une combinaison un poids déterminé d'argent par la substitution d'un nouveau métal au métal primitif, trois moyens se présentent d'après ce qui précède : l'emploi de l'hydrogène, ou du cuivre, ou du zinc, qui tous les trois, mais à proportion spéciale pour chacun d'eux, se substituent à une constante proportion d'argent. L'hydrogène dans la proportion 1, le cuivre dans la proportion 31,75, le zinc dans la proportion 33, ont même puissance, même valeur, enfin s'équivalent, dans le travail chimique qui consiste à déplacer l'argent des combinaisons où ce métal est engagé, car ils produisent les mêmes effets, c'est-à-dire mettent en liberté 108 d'argent. Permettons-nous encore une comparaison empruntée au domaine des faits vulgaires. Pour produire un même effet commercial, pour faire passer en notre propriété un objet de la valeur de vingt francs, on peut donner en échange soit une pièce d'or, dont la proportion en nombre est 1, soit des pièces de cinq francs dont la proportion en nombre est 4, soit des pièces de bronze de cinq centimes dont la proportion en nombre est 400. Au point de vue de la transaction commerciale, au point de vue de la vente et de l'achat, ces nombres de pièces 1, 4, 400 s'équivalent, quoique de nature, de propriétés et de poids différents. De même, sous le rapport de l'effet chimique produit, des fonctions remplies dans les combinaisons, 1 d'hydrogène, 33 de zinc, 31,75 de cuivre, etc., s'équivalent, bien que la nature, les propriétés, le poids diffèrent d'un métal à l'autre. Les éléments sont comme des monnaies chimiques dont la valeur est déterminée, non d'après le prix vénal que nous leur attribuons, mais d'après les proportions en poids qu'ils suivent dans les combinaisons. Tout en restant d'une irréprochable rigueur, la comparaison peut être poursuivie plus loin. En nos échanges, pour une même valeur, nous donnons en grand nombre et de la sorte sous un poids considérable, les monnaies de métal commun; et en petit nombre, sous un faible poids, les monnaies en métal précieux. Ainsi fait la nature avec les éléments, monnaie de l'ensemble des choses; seulement ses vues diffèrent des nôtres quant au prix attribué. Pour elle, l'hydrogène est le plus précieux des métaux à cause de l'immense rôle qu'il remplit, en particulier dans les êtres les plus élevés de la création, la plante et l'animal; elle l'emploie dans la plus faible des proportions, la proportion de 1, tandis que l'argent, l'or, le platine, objets de nos convoitises, mais de peu valeur dans ses ouvrages, sont prodigués dans les énormes proportions de 108, 98,18, 98,58. D'une manière générale, le rôle que remplit un élément dans la constitution des êtres est en raison inverse de sa proportion pondérale.

4. Substitution d'un métalloïde à un autre métalloïde. — Jusqu'ici notre attention s'est exclusivement portée sur la substitution d'un métal à un autre métal, et nous avons vu les éléments métalliques s'échanger suivant des proportions en poids invariables, caractéristiques pour chacun d'eux. Les métalloïdes, dont la démarcation avec les métaux est si difficile à tracer, doivent suivre et suivent, en effet, la même loi.

On fait passer un mélange de chlore et de vapeur d'eau à travers une colonne de fragments de porcelaine incandescents. Sous l'influence d'une haute température, l'eau est décomposée par le chlore; mais un autre composé se forme, remplaçant le premier : la décomposition, comme d'habitude, est accompagnée de la composition. A l'eau, oxyde d'hydrogène, succède l'acide chlorhydrique, chlorure d'hydrogène; et l'oxygène expulsé se dégage. Or, dans ce conflit chimique, 1 partie en poids d'hydrogène se combine avec 35,5 de chlore, et l'on recueille 8 parties en poids d'oxygène. Par rapport à la proportion 1 d'hydrogène, 35,5 de chlore et 8 d'oxygène s'équivalent par conséquent; c'est-à-dire que ces deux proportions différentes d'éléments différents peuvent se substituer l'une à l'autre. Et ce n'est pas seulement par rapport à l'hydrogène que cette substitution est possible : un oxyde métallique autre que l'eau subirait de la part du chlore une décomposition pareille. Il n'y aurait de changé que la proportion en poids du nouveau métal. Ainsi, l'oxyde de zinc, chauffé dans un courant de chlore, dégage son oxygène et forme du chlorure de zinc. A 33 parties de zinc, le chlore se combine dans la proportion de 35,5 ; et il se dégage 8 d'oxygène, tout juste autant qu'en fournit 1 d'hydrogène quand l'eau se décompose. — Si du chlore est dirigé dans une dissolution d'acide sulfhydrique, sulfure d'hydrogène, il se forme de l'acide chlorhydrique, et du soufre est mis en liberté. Ici encore, la proportion 1 d'hydrogène du composé primitif devient acide chlorhydrique avec la proportion 35,5 de chlore ; mais la quantité de soufre expulsée est représentée par un nombre spécial, par 16 ; de sorte que le chlore, suivant qu'il agit sur l'eau ou sur l'acide sulfhydrique, déplace 8 d'oxygène ou 16 de soufre. On a donc :

$$35,5 \text{ de chlore, équivalent à } \begin{cases} 8 \text{ d'oxygène,} \\ 16 \text{ de soufre.} \end{cases}$$

Réciproquement, les 8 parties d'oxygène et les 16 parties de soufre, équivalant à une même proportion de chlore 35,5, s'équivalent entre elles ; car si l'on fait intervenir le soufre pour expulser l'oxygène d'une combinaison, on trouve que pour 8 parties d'oxygène obtenu, isolé ou bien engagé dans un nouveau composé, 16 parties de soufre ont été employées. Si, au moyen de réactions convenablement choisies, on passe ainsi en revue la série des éléments, métalloïdes et métaux, on trouve pour chacun d'eux une proportion en poids spéciale, suivant laquelle il s'engage dans les combinaisons en se substituant à d'autres éléments.

5. Les proportions en poids suivant lesquelles les corps simples se substituent l'un à l'autre, sont aussi les proportions suivant lesquelles ils se combinent entre eux. — Par la voie de la substitution d'un élément à l'autre, nous venons de reconnaître qu'un métalloïde remplace un métalloïde, qu'un métal remplace un métal, suivant une proportion fixe, invariable pour chacun d'eux. Nous reproduisons ici les proportions des corps examinés.

Oxygène..	8	Zinc..	33
Soufre.	16	Cuivre.	31,75
Chlore.	35,5	Argent.	108
Hydrogène.	1		

Bien que cela ressorte des faits de substitutions que nous venons d'exposer, nous ferons remarquer que les proportions suivies par ces divers corps et tous les autres, pour entrer dans un édifice chimique en remplacement d'un corps expulsé, sont précisément les proportions suivant lesquelles ils s'associent entre eux. Ainsi, 8 d'oxygène s'associent à 1 d'hydrogène pour constituer de l'eau. Le même poids 8 d'hydrogène, fait combinaison avec 33 de zinc, ou 31,75 de cuivre, ou 108 d'argent, et forme un oxyde métallique. C'est avec la même proportion de chacun de ces métaux que le soufre s'associe, à raison de 16 parties en poids, pour constituer des sulfures; que le chlore se combine, dans la proportion 35,5, pour constituer des chlorures.

6. **Équivalents ou nombres proportionnels des corps simples.** — Il résulte de cet exposé que chaque corps simple est caractérisé par une proportion pondérale qui lui appartient en propre et le différencie des autres éléments tout autant que ses propriétés physiques ou chimiques. On se demande même si, par des causes à peine soupçonnées, le rôle chimique d'un élément et la proportion en poids suivant laquelle il fonctionne, ne sont pas sous une mutuelle et étroite dépendance. Ici, le nombre domine pour ainsi dire la matière. Dans ces fonctions, si variées qu'elles soient, chaque corps simple se manifeste avec son nombre proportionnel, aussi fixe que les aptitudes mêmes de la substance. Seule la loi des proportions multiples, source de l'infinie variété des composés, apporte des modifications à cette rigueur numérique. Mais alors le corps simple intervient dans la combinaison pour un multiple exact et fréquemment très-simple de sa proportion caractéristique. Toutes les fois qu'intervient l'oxygène, c'est dans la proportion de 8 en poids ou l'un de ses multiples; toutes les fois qu'intervient le soufre,

c'est dans la proportion 16 ou l'un de ses multiples; et ainsi de suite pour les autres corps simples. Les nombres 8 et 16 sont dits les *équivalents* ou *nombres proportionnels* de l'oxygène et du soufre. D'une manière générale, on appelle donc nombres proportionnels ou équivalents des corps simples les nombres qui expriment les proportions en poids suivant lesquelles ces corps se combinent entre eux, ou bien se remplacent mutuellement dans les combinaisons.

7. Équivalents rapportés à l'hydrogène ou à l'oxygène. — Dire que l'équivalent de l'oxygène est 8 et celui du soufre 16, sans préciser davantage l'état de la question, c'est affirmer simplement qu'une combinaison où entrent 8 parties en poids d'oxygène a pour similaire une autre combinaison où le soufre entre pour 16 parties; c'est reconnaître que pour expulser 8 grammes d'oxygène d'une combinaison et en tenir la place, il faut 16 grammes de soufre; c'est enfin, en simplifiant, reconnaître que, pour contracter association avec un poids déterminé d'un certain corps, n'importe lequel, il faut 2 fois plus de soufre en poids que d'oxygène. Mais les nombres 16 et 8 n'ont rien de précis hors de leur rapport, celui de 2 à 1, à moins qu'un point de départ arbitraire ne soit choisi. Dans la combinaison sulfurée, le soufre entre pour un poids double de celui de l'oxygène dans la combinaison correspondante oxygénée. Voilà le fait dans toute sa simplicité. Or, pour exprimer ce rapport du soufre à l'oxygène, le rapport de 2 à 1, il nous est permis d'adopter tels nombres que nous voudrons, à la condition expresse que le nombre attribué au soufre soit le double du nombre attribué à l'oxygène. Ainsi, les nombres 2, 4, 6, 8, 10, etc., peuvent indifféremment représenter le soufre si l'oxygène est représenté par les nombres 1, 2, 3, 4, 5, etc. Les équivalents des corps simples, ne le perdons pas de vue, sont des nombres abstraits : ils expriment de simples rapports de poids et non des poids réels, malgré l'expression de grammes dont nous nous sommes servis quelquefois pour reposer l'esprit. Peu importe donc la valeur de ces nombres, pourvu qu'il y ait entre eux constance de rapport. Doublons-les tous, triplons-les tous; divisons-les par 2, par 3 ou par tout autre nombre : il n'y aura rien de changé dans ce qu'ils expriment. Mais si l'un quelconque des corps simples est choisi pour point de départ et sert d'unité, forcément alors les équivalents des autres corps simples sont représentés par des nombres déterminés, dont la valeur dépend de celle qu'on attribue au nombre chef de file de la série. A ce point de vue, deux corps se sont partagé l'attention des chimistes : l'hydrogène et l'oxygène. En représentant par 1 l'équivalent de l'hydrogène, celui de tous les corps simples qui intervient dans les combinaisons pour la moindre proportion, on a l'avantage fort précieux de représenter les équivalents des autres corps simples par des nombres de faible valeur et, chose bien autrement remarquable, par des nombres fréquemment entiers. Alors 8 est l'équivalent de l'oxygène, 16 celui du soufre, 6 celui du carbone, 14 celui de l'azote, 31 celui du phosphore, 33 celui du zinc, 108 celui de l'argent, etc., etc. Des nombres fractionnaires toutefois apparaissent, assez nombreux même, tels que 35,5 pour le chlore, 31,75 pour le cuivre, etc. Quoi qu'il en soit, les nombres entiers sont pour le moins tout aussi fréquents; et cette merveilleuse simplicité là où devraient se trouver les rapports les plus disparates si les divers corps simples étaient réellement des substances sans rapport entre elles, conduit à la plus élevée des spéculations chimiques : celle qui consiste à regarder les divers éléments comme des manières d'être d'une substance unique, plus ou moins condensée, dont l'hydrogène serait le premier degré de condensation à nous connu. Nous ne ferons qu'indiquer en passant cette grandiose hypothèse, qui n'a pas encore l'assentiment de tous. Toute hypothèse à part, fausse ou fondée, les équivalents rapportés à l'hydrogène n'en sont pas moins remarquables par leur simplicité, et c'est la raison qui les fait généralement adopter. Les équivalents dont nous nous sommes servis ont toujours été rapportés à l'hydrogène.

Le rôle fondamental de l'oxygène, aussi bien dans la chimie organique que dans la chimie minérale, a porté les chimistes à représenter, par un nombre simple, d'un calcul facile, l'équivalent de ce métalloïde. C'est ainsi que 100 est devenu le nombre proportionnel de l'oxygène. Dans le cas où l'hydrogène sert de point de départ et a pour équivalent 1, l'oxygène a pour équivalent 8. On passe de 8 à 100, en multipliant le premier nombre par 12,5. L'équivalent de l'oxygène, devenu 100, étant ainsi rendu 12 fois et 5 dixièmes plus fort, il faut, pour que les rapports des nombres proportionnels des autres éléments ne varient pas, multiplier chacun d'eux par le même facteur 12,5. De la sorte, l'équivalent de l'hydrogène devient 12,5; celui du carbone devient 6×12,5 ou bien 75; et ainsi de suite. Les nombres ainsi obtenus ne disent rien de plus ni rien de moins que les nombres rapportés à l'hydrogène : ils expriment les proportions en poids suivant lesquelles les corps simples se combinent entre eux ; seulement, ces proportions sont représentées par des nombres plus forts et plus fréquemment aussi fractionnaires. Il est vrai qu'on a l'avantage de représenter l'oxygène par le nombre 100, d'un emploi si commode. Il est très-facile, on le comprend sans autre explication, de passer d'un système à l'autre. Veut-on de l'équivalent d'un corps rapporté à l'hydrogène, déduire l'équivalent rapporté à l'oxygène? On multiplie le premier nombre par 12,5. Veut-on faire l'inverse, revenir de l'équivalent rapporté à l'oxygène à l'équivalent rapporté à l'hydrogène? On divise le premier nombre par 12,5.

8. Notation chimique. — On est convenu de représenter l'équivalent d'un corps simple par l'initiale de son nom, soit seule, soit accompagnée d'une autre lettre pour éviter l'amphibologie lorsqu'elle est possible. Ainsi O représente l'oxygène; S, le soufre ; C, le carbone ; Ag, l'argent, As, l'arsenic ; Az, l'azote, etc. À chacun de ces symboles, deux idées invariablement doivent se rattacher : l'idée de substance et l'idée de proportion en poids. O ne signifie pas simplement de l'oxygène, mais bien 8 parties en poids d'oxygène; S rappelle à la fois la substance soufre et la proportion 16 en poids ; Ag signifie de l'argent sous la proportion pondérale 108 ; et ainsi pour les autres, les équivalents étant rapportés à l'hydrogène. Après les développements que nous avons donnés dans le volume qui précède, nous n'insisterons pas davantage sur cette notation et sur les services qu'elle rend à la science.

RÉSUMÉ

1. Détruire, en chimie, c'est reconstruire sous de nouvelles formes; décomposer, c'est recomposer avec d'autres matériaux; c'est substituer un groupement moléculaire à un autre groupement. La décomposition et la composition se supposent l'une l'autre, elles s'accompagnent, elles sont complémentaires.

2. Dans le conflit chimique cause d'une décomposition et de la composition complémentaire, les éléments se substituent l'un à l'autre, suivant des proportions en poids constantes.

3. Les proportions pondérales des divers éléments se substituant l'un à l'autre, s'équivalent, c'est-à-dire remplissent des fonctions chimiques similaires. Les proportions des divers corps équivalant à une même proportion d'un autre corps s'équivalent entre elles.

4. Les métalloïdes, comme les métaux, se substituent l'un à l'autre en proportions invariables.

5. Les proportions en poids suivant lesquelles les corps simples se substituent l'un à l'autre sont aussi les proportions suivant lesquelles ils se combinent entre eux.

6. On appelle *nombres proportionnels* ou *équivalents* des corps simples, les nombres qui expriment les proportions en poids suivant lesquelles ces corps se combinent entre eux, ou bien se remplacent mutuellement dans les combinaisons.

7. Les équivalents expriment des rapports de poids et non des poids effectifs. Ces nombres conservent la même signification, quelle que soit leur valeur, pourvu que leurs rapports soient les mêmes. Leur valeur numérique est arbitraire; elle dépend du point de départ adopté. Si l'équivalent de l'hydrogène est représenté par 1, les équivalents des autres corps simples sont des nombres peu élevés et fréquemment entiers. On représente aussi l'équivalent de l'oxygène par 100, ou $8 \times 12,5$. Les équivalents des autres corps simples, rapportés alors à l'oxygène, sont tous multipliés par le facteur commun 12,5.

8. L'équivalent d'un corps simple est représenté par l'initiale de son nom, suivie d'une seconde lettre caractéristique, lorsque l'amphibologie est possible. A ce symbole, on doit toujours rattacher deux idées : l'idée de substance et l'idée de proportion en poids.

CHAPITRE IV

OXYSELS

1. Signification des formules. — L'usage est de considérer un oxysel comme résultant de l'association d'une base avec un acide. C'est, en effet, ainsi que se passe habituellement la genèse saline. Met-on de l'acide sulfurique en rapport avec de la baryte, il y a combinaison et il se forme du sulfate de baryte. Pour rappeler, comme le fait déjà la langue parlée, cette association directe de l'acide avec la base, la langue écrite sépare dans ses symboles les deux parties constitutives du sel, et représente le sulfate de baryte par la notation SO^3,BaO. Mais une fois l'association contractée, peut-on affirmer que, dans le composé salin, la baryte a son existence propre en tant que baryte ; que, pareillement, l'acide sulfurique y conserve son groupement moléculaire et reste acide sulfurique? Est-on certain, en d'autres termes, que le sulfate de baryte est un édifice double, où l'acide et la base, accolés l'un à l'autre, conservent leur individualité chimique? En aucune manière, et ce qui le prouve, c'est que le sulfate de baryte peut résulter d'associations autres que celle entre base et acide sulfurique. L'acide sulfureux et le bioxyde de baryum engendrent du sulfate de baryte ; l'oxygène et le sulfure de baryum en font autant. Rien n'empêcherait donc de regarder le sulfate de baryte comme l'association de l'acide sulfureux SO^2 avec le bioxyde de baryum BaO^2, ou comme l'association du sulfure de baryum SBa avec de l'oxygène O^4. On aurait ainsi, suivant le mode de formation que l'on aurait en vue, trois notations différentes du sulfate de baryte, savoir : SO^3,BaO, SO^2,BaO^2, SBa,O^4. Laquelle des trois adopter de préférence aux autres? Les formules chimiques, remarquons-le bien, ne sont pas destinées à représenter l'arrangement moléculaire des composés, arrangement sur lequel nous ne savons rien encore ; elles ont pour but de rendre évidentes, de la manière la plus simple

et la plus exacte, les relations qui rattachent les corps entre
eux sous le rapport des transformations. La meilleure est
celle qui rappelle le plus d'analogies. Les chimistes donnent
donc la préférence à la première SO^5,BaO, non parce que le sulfate de baryte provient de la combinaison de l'acide sulfurique
avec la baryte, ce qui n'est pas toujours vrai, mais parce que ce
symbolisme a l'avantage d'éveiller en l'esprit le souvenir d'un
grand nombre de faits analogues : par exemple, que la même
base, baryte, peut être associée à d'autres acides, acide carbonique, acide azotique, acide phosphorique, et constituer de nouveaux sels, carbonate, azotate, phosphate ; que le même acide,
acide sulfurique, peut se combiner avec des bases autres que la
baryte, soude, potasse, chaux, etc., et constituer des composés
congénères. A ce point de vue, la formule qui met en évidence
d'une part l'acide, d'autre part la base, la formule SO^5,BaO
prime sur les autres, d'une généralité bien moins grande dans
leurs analogies. Veut-on, au contraire, porter l'attention sur la
manière dont les sulfates se décomposent par la pile et lorsqu'ils
font le double échange avec un autre sel? Alors on met d'un
côté le radical non métallique échangeable tout d'une pièce, et
de l'autre le radical métal. La formule du sulfate de baryte devient ainsi (SO^4)Ba. Dans ce qui suit, nous adopterons la notation qui met en évidence les deux groupes oxygénés, base et
acide, et cela sans autre motif qu'un peu plus de facilité dans
l'exposition ; ce qui n'empêchera pas de revenir à la formule par
radicaux si la clarté doit y gagner.

2. **Loi de Berzelius.** — Dès longtemps, nous le savons,
les combinaisons entre acides et bases se font en invariables
proportions. A 100 parties d'acide sulfurique anhydre, il faut,
pour constituer un oxysel, soit 78 parties d'oxyde de sodium,
soit 190 parties d'oxyde de baryum, soit 278 parties d'oxyde de
plomb, etc. Mais cette manière d'exprimer un fait général serait
tout à fait empirique, si l'on ne démêlait pas quelque rapport
constant entre les quantités des bases employées. Il était réservé
à l'illustre chimiste suédois, Berzelius, de faire cette découverte
en comparant l'oxygène des bases à celui des acides. Il trouva,
par exemple, que dans tous les sulfates, n'importe la nature du

métal et son degré d'oxydation, l'oxygène de l'acide est à celui de la base dans le rapport de 3 à 1; que, dans tous les azotates, l'oxygène de l'acide est à celui de la base dans le rapport de 5 à 1; etc. A la suite d'analyses, où l'ensemble des oxysels fut passé en revue, il formula cette loi :

Dans les oxysels, il existe un rapport simple et constant entre l'oxygène de la base et celui de l'acide; ou, ce qui revient au même, *les quantités pondérales des diverses bases qui salifient un même poids d'un acide renferment exactement la même quantité d'oxygène.*

Nos formules chimiques, conséquences des travaux de l'illustre Suédois, résument cette loi de la composition des oxysels sous une forme très-simple. Ainsi, la formule générale des sulfates ayant pour base un protoxyde est SO^3,MO, M désignant un équivalent d'un métal quelconque. Ce symbolisme met en pleine évidence la loi de Berzelius; il montre que l'oxygène entre pour 3 équivalents dans la composition de l'acide, et pour 1 seul équivalent dans la composition de la base; et que, par conséquent, l'oxygène de l'acide est à celui de la base dans le rapport constant de 3 à 1 pour tous les sulfates. De même, les azotates dans lesquels la base est un protoxyde, ont pour formule générale AzO^5,MO, M désignant toujours un équivalent d'un métal quelconque. On voit ainsi que, dans les azotates, l'oxygène de l'acide est à celui de la base dans le rapport de 5 à 1.

Si la base est à un degré supérieur d'oxydation, le rapport de l'oxygène de l'acide à celui de la base conserve sa même valeur : c'est toujours le rapport de 3 à 1 pour les sulfates, de 5 à 1 pour les azotates. Prenons pour base le sesquioxyde de fer, dont la formule est Fe^2O^3. Comme l'oxygène entre ici pour 3 équivalents, il faut que la proportion d'acide combinée avec cette base contienne 3 fois plus d'oxygène ou 9 équivalents pour le sulfate, et 5 fois plus ou 15 équivalents pour l'azotate. La formule du sulfate de sesquioxyde de fer est donc :

$$3SO^3,Fe^2O^3;$$

et celle de l'azotate de sesquioxyde de fer :

$$3AzO^5,Fe^2O^3;$$

c'est-à-dire que, pour salifier 1 équivalent de sesquioxyde de fer, il faut 3 équivalents d'acide sulfurique, ou 3 équivalents d'acide azotique, etc.

Dans les carbonates et les sulfites, le rapport de l'oxygène de l'acide à l'oxygène de la base est celui de 2 à 1. C'est ce qu'expriment les formules générales :

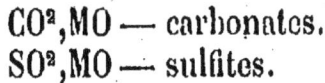

$$CO^2, MO \text{ — carbonates.}$$
$$SO^2, MO \text{ — sulfites.}$$

Dans les sulfates, chromates, borates, ce rapport est de 3 à 1 :

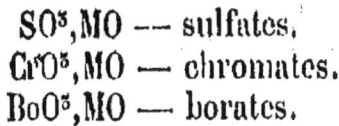

$$SO^3, MO \text{ — sulfates.}$$
$$CrO^3, MO \text{ — chromates.}$$
$$BoO^3, MO \text{ — borates.}$$

Dans les azotates, chlorates, ce rapport est de 5 à 1 :

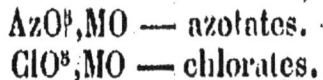

$$AzO^5, MO \text{ — azotates.}$$
$$ClO^5, MO \text{ — chlorates.}$$

3. Réactions du tournesol. — Le tournesol, dont le chimiste fait un fréquent usage pour reconnaître si une liqueur est alcaline, ou acide, ou neutre, est une matière colorante retirée de quelques lichens. Abstraction faite des impuretés que le tournesol commercial renferme toujours, ce corps est une combinaison saline où entrent de la chaux et un acide végétal, l'acide *litmique :* c'est, en d'autres termes, un litmate de chaux. Isolé, l'acide litmique est rouge ; combiné avec une base, il forme un composé bleu. Ce changement profond de coloration, suivant que son acide végétal est libre ou combiné avec une base, constitue le caractère auquel le tournesol doit son emploi chimique. Met-on de la teinture de tournesol en rapport avec un acide? La coloration bleue primitive passera au rouge, parce que le nouvel acide, plus énergique que l'acide litmique, expulsera celui-ci de la combinaison saline pour se substituer à sa place ; et dès lors l'acide végétal du tournesol, devenu libre, communiquera au liquide sa propre teinte, la teinte rouge. La coloration rouge sera, du reste, d'autant plus prononcée que l'acide agissant sur le tournesol sera plus énergique. Avec les acides puissants,

acide sulfurique, acide chlorhydrique, etc., la décomposition
du litmate bleu est complète, et la liqueur prend la teinte rouge
pelure d'oignon; avec les acides faibles, acide carbonique, acide
sulfureux, etc., la décomposition n'est que partielle, et la liqueur devient de teinte vineuse, mélange de rouge et de bleu.
Dans la teinture de tournesol rougie, l'acide litmique est libre.
Vient-on à le saturer par une base, un litmate se forme, et la
coloration rouge revient au bleu. Tel est le motif pour lequel
vire au bleu, au moyen des alcalis, la teinture de tournesol rougie par les acides.

4. **Neutralité, acidité, basicité des sels.** — La chimie
pratique se sert fréquemment des expressions de sel neutre, sel
acide, sel basique; expressions vicieuses, tendant à faire croire
qu'une même proportion d'acide tantôt se combine avec la quantité de base conforme aux lois de la chimie, tantôt avec une
quantité plus faible, tantôt avec une quantité plus forte. Suivant
cette manière de voir erronée, le sel où l'acide et la base entrent
en telle proportion que les propriétés de l'un soient complètement dissimulées par les propriétés de l'autre, est dit *sel neutre,*
c'est-à-dire indifférent aux réactifs colorés, parce qu'il n'exerce
d'action ni sur le tournesol bleu, ni sur le tournesol rouge. Le
sel où l'on suppose la présence d'un excès d'acide fait virer au
rouge le tournesol, et prend le nom de *sel acide.* Celui où l'on
suppose un excès de base ramène au bleu le tournesol rougi et
s'appelle *sel basique.* Mais y a-t-il, en effet, des sels avec excès
d'acide ou excès de base, ce qui serait en contradiction manifeste avec ce que la chimie a de plus solidement établi, savoir :
l'invariabilité des proportions pondérales suivant lesquelles les
combinaisons ont lieu. C'est ce que nous allons examiner.

On verse de l'acide sulfurique dans une dissolution de potasse,
goutte à goutte vers la fin, pour saisir l'instant précis où la liqueur n'a aucune action ni sur le tournesol bleu, ni sur le tournesol rougi. Un sel neutre est alors formé, le sulfate de potasse,
qui cristallise par l'évaporation du dissolvant, l'eau. Dans ce cas,
les propriétés de l'acide, relativement au tournesol, sont complétement dissimulées par les propriétés inverses de la base; et
celles-ci de même sont complétement dissimulées par les pro-

priétés de l'acide. Qu'il soit bleu ou qu'il soit rougi, le tournesol n'éprouve donc rien au contact du sulfate de potasse, sel vraiment neutre sous le rapport des réactions colorées. Cette neutralité parfaite est la conséquence forcée de la haute affinité l'un pour l'autre des deux corps combinés, acide sulfurique et potasse. Le faible acide végétal du tournesol rougi ne peut déplacer l'acide sulfurique, incomparablement plus puissant, et constituer avec la potasse un litmate bleu ; de même, l'acide sulfurique associé à une base aussi énergique que la potasse ne peut abandonner celle-ci pour se porter sur la chaux du sel bleu du tournesol et mettre en liberté l'acide litmique rouge. Acide puissant et base puissante, une fois combinés, sont donc sans action sur le tournesol, à cause de la haute affinité qui les unit. Mais que l'un des deux, l'acide ou la base indifféremment, n'ait qu'une faible tendance à la combinaison, et par cela même le sel est apte à la réaction coloré. — Ainsi, le sulfate de cuivre rougit le tournesol bleu : une certaine portion de l'acide sulfurique abandonne l'oxyde de cuivre, base plus faible, pour se porter sur la chaux du tournesol, base plus forte ; et la teinture rougit, parce que son acide litmique est mis en liberté. — Ainsi encore, le borate de potasse bleuit le tournesol rougi : une partie de la potasse abandonne l'acide borique, plus faible, se porte sur l'acide litmique, plus fort, et constitue du litmate bleu de potasse.

Cependant si l'on analyse les trois sels, le sulfate de potasse neutre au tournesol, le sulfate de cuivre à réaction acide, le borate de potasse à réaction alcaline, on les trouve tous les trois constitués suivant la loi de Berzelius. Tous se composent d'un équivalent d'acide associé à un équivalent de base, sans aucun excès ni de l'un ni de l'autre ; dans tous l'oxygène de l'acide est à celui de la base dans le rapport de 3 à 1. Les réactions par le tournesol bleui ou rougi ne signifient donc rien relativement à la constitution saline, constitution assujettie à une inflexible loi. Il y a là simple conflit entre acides et bases échangés suivant leur énergie relative.

5. **Sels doubles.** — D'autres motifs encore peuvent faire qualifier un sel d'acide ou de basique. Il n'est pas rare que deux

sels différents s'associent entre eux; il se forme alors ce qu'on nomme un sel double. Si l'on mélange, par exemple, deux dissolutions, l'une de sulfate de potasse, l'autre de sulfate de fer, le liquide commun laisse cristalliser un composé salin où se trouvent associés les deux sels primitifs, équivalent pour équivalent; composé dont la formule est $(SO^3,KO),(SO^3,FeO)$, et dont le nom est sulfate double de potasse et d'oxyde de fer. — Or, si dans une dissolution de sulfate neutre de potasse, on ajoute juste autant d'acide sulfurique qu'il en a fallu pour neutraliser la base, la liqueur laisse cristalliser un composé salin qui rougit fortement la teinture de tournesol et prend le nom de sulfate acide de potasse. Y a-t-il ici réellement une exception aux lois fondamentales, y a-t-il association de deux équivalents d'acide sulfurique avec un seul équivalent de base? En aucune façon : l'analyse démontre que le sulfate acide de potasse est un sel double analogue au précédent. L'un de ses deux équivalents d'acide est combiné avec la potasse; l'autre est combiné avec de l'eau, faisant fonction de base. C'est un sulfate double de potasse et d'eau. Sa formule est : $(SO^3,KO),(SO^3,HO)$.

L'eau, comme nous l'avons déjà dit bien souvent, peut, suivant les circonstances, faire fonction de base ou bien fonction d'acide. C'est un oxyde indifférent. Les sels doubles dans lesquels elle fonctionne comme acide prennent le nom de sels basiques, parce que, en ne tenant pas compte de l'eau, la base paraît s'y trouver en excès. Ainsi, ce qu'on nomme sous-sulfate de zinc contient, contrairement aux règles, deux équivalents d'oxyde de zinc pour un seul équivalent d'acide sulfurique. Mais l'exception n'est qu'apparente, car l'analyse établit que le second équivalent d'oxyde de zinc est associé à de l'eau, faisant fonction d'acide. La formule de ce composé salin est donc : $(SO^3,ZnO),(HO,ZnO)$. C'est une combinaison de sulfate de zinc et d'hydrate de zinc. — Pareillement, l'azotate basique de plomb est une association d'azotate ordinaire et d'hydrate d'oxyde, ainsi que l'indique sa formule : $(AzO^5,PbO),(HO,PbO)$.

6. **Sels à acides polybasiques.** — La plupart des acides ne renferment qu'un équivalent d'eau de constitution, qui peut être remplacé par un équivalent d'un autre oxyde métallique.

Tels sont l'acide sulfurique SO^3, HO et l'acide azotique AzO^5, HO. Si l'équivalent unique d'eau HO est remplacé par un oxyde métallique quelconque, ou mieux si l'équivalent unique d'hydrogène H est remplacé par un autre métal, le résultat de la substitution est un sulfate ou un azotate. Ces acides sont nommés acides *monobasiques*, ou mieux acides *monoatomiques*, parce que, dans leurs transformations salines, ils n'ont qu'une seule molécule d'hydrogène à échanger pour une molécule d'un autre métal arbitraire. D'autres acides ont plusieurs molécules d'hydrogène échangeables; il entre dans leur composition plusieurs équivalents d'eau. Ils sont dits acides *polybasiques* ou acides *polyatomiques*. Tel est l'acide phosphorique, au sujet duquel nous sommes déjà entrés dans quelques détails dans le volume qui précède. Il contient trois équivalents d'eau, échangeables en tout ou en partie pour des équivalents d'une autre base. Sa formule est PhO^5, $3HO$. Si à la place d'un équivalent d'hydrogène, ou de deux, ou de trois, on substitue un pareil nombre d'équivalents d'un autre métal, de calcium par exemple, on obtient les trois composés suivants :

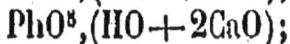

$$PhO^5, (2HO + CaO);$$
$$PhO^5, (HO + 2CaO);$$
$$PhO^5, (3CaO).$$

Le premier composé est dit phosphate acide de chaux; le second, phosphate neutre; le troisième, phosphate basique. Ces dénominations tendraient à faire supposer que dans le second composé salin, phosphate neutre, l'acide et la base sont associés suivant les proportions normales; que dans le premier, phosphate acide, l'acide est en excès; que dans le troisième, phosphate basique, c'est la base qui prédomine. Cependant ces exceptions ne sont qu'apparentes malgré les réactions diverses du tournesol; les trois catégories de sels sont également neutres, en ce sens que toutes les trois renferment les trois équivalents de base nécessaires à la saturation de l'acide phosphorique; seulement ces trois équivalents de base sont, dans le phosphate acide et dans le phosphate neutre, partiellement représentés par de l'eau.

De l'ensemble de cette discussion il résulte que la division des sels en *sels neutres, sels acides* et *sels basiques*, est toute fictive et n'a d'autre raison d'être que certaines réactions colorées d'une fort médiocre importance. En réalité, la composition des sels est régie par une inflexible loi.

7. Sels hydratés, efflorescents et déliquescents. — En cristallisant dans sa dissolution saline, un sel fréquemment s'associe avec une constante proportion d'eau que l'on nomme eau de cristallisation. Ainsi le sulfate de soude et le carbonate de soude contiennent dans la constitution de leurs cristaux 10 équivalents d'eau pour 1 équivalent de sel. Leurs formules sont : $SO^3, NaO + 10aq, CO^2, NaO + 10aq$. Le symbole *aq* employé pour désigner l'eau de cristallisation est formé des initiales du mot latin *aqua*, eau. Il est synonyme du symbole chimique HO. Combiné avec de l'eau, un sel est dit *hydraté;* dans le cas contraire, c'est un sel *anhydre*. L'hydratation, pour un même sel, peut varier suivant les circonstances de la cristallisation. Ainsi le sulfate de fer qui cristallise à la température ordinaire, dans une dissolution neutre, contient 7 molécules d'eau; il n'en contient que 3 s'il cristallise à 80° dans une dissolution acide.

Les sels anhydres exposés à l'air ne subissent aucune altération, si tant est qu'ils n'en éprouvent aucune action chimique. Les sels hydratés, au contraire, subissent des modifications dignes d'attention. Quand on abandonne à l'air sec de beaux cristaux transparents de sulfate de soude, bientôt leurs angles s'émoussent, leurs arêtes s'arrondissent, et leur surface se recouvre d'une poussière blanche. Cependant le sulfate de soude n'est pas décomposé : il abandonne seulement à l'air une portion de son eau de cristallisation, il se réduit en l'état qualifié d'*efflorescence*. Tout sel hydraté, qui perd sa transparence à l'air, se désagrège et tombe en poussière, est dit sel *efflorescent.*

On trouve des sels qui, tout en étant hydratés, absorbent au contraire de l'humidité au contact de l'air et se liquéfient. Ce sont des sels *déliquescents*. Tel est le carbonate de potasse, $CO^2, KO + 2aq$.

Ces deux propriétés opposées ne sont pas absolues. Le sulfate de soude nous en donne un exemple : exposé à l'air, le plus souvent il s'effleurit, mais quelquefois il s'humecte. Il s'effleurit lorsque l'air, étant peu humide, lui enlève de l'eau; il s'humecte lorsque l'air, étant très-humide, en laisse déposer sur les corps par suite d'un abaissement de température. L'efflorescence et la déliquescence d'un sel dépendent donc de l'état hygrométrique de l'air. Cela explique pourquoi le sel de cuisine est tantôt sec et facilement pulvérisable, tantôt humide au point de devenir liquide. Il est inutile de faire remarquer que tout cela est applicable seulement aux sels solubles dans l'eau.

8. Déshydratation des sels par la chaleur. — L'efflorescence à elle seule ne rend jamais un sel anhydre : pour l'amener à cet état, il faut faire intervenir une température élevée. L'eau de cristallisation ne se laisse pas expulser entièrement au même degré de chaleur. Le sulfate de fer cristallisé, $SO^3, FeO + 7aq$, abandonne 6 équivalents d'eau sur les 7 qu'il contient, lorsqu'il est exposé à la température de l'eau bouillante; mais il lui faut une chaleur beaucoup plus forte pour perdre le dernier équivalent d'eau et devenir anhydre. Lorsque, par la perte totale de son eau de cristallisation, un sel est devenu anhydre, la constitution chimique n'est pas altérée dans ce que l'édifice salin a de fondamental. Il n'en est plus de même lorsque l'eau fait elle-même fonction d'acide ou de base dans le composé salin. Cette eau, appelée *eau de constitution*, ne peut être expulsée par la chaleur sans que le sel même se décompose ou pour le moins se modifie. Le phosphate de soude ordinaire nous offre l'exemple d'un sel qui renferme de l'eau à deux états différents, ainsi que le dit sa formule :

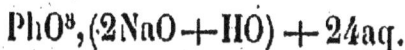

$$PhO^3, (2NaO + HO) + 24aq.$$

Retranche-t-on les 24 molécules d'eau de cristallisation, le sel est rendu anhydre, mais sa composition chimique n'est pas altérée; retranche-t-on la molécule d'eau fonctionnant comme base, on a du pyrophosphate de soude, substance toute différente du sel primitif.

Lorsqu'on expose à une chaleur suffisante les sels très-hydratés, ils abandonnent si facilement leur eau, qu'ils s'y dissolvent et éprouvent ainsi ce que l'on nomme la *fusion aqueuse*. Le carbonate de soude ordinaire subit ce genre de fusion à 34°.

Certains sels, bien qu'anhydres, *décrépitent* lorsqu'on les soumet à l'action de la chaleur. Qui n'a entendu le pétillement que produit le sel de cuisine jeté dans le feu. Ce bruit, appelé *décrépitation*, est dû à une faible portion d'eau mécaniquement interposée entre les lamelles cristallines du sel. La chaleur la réduit en vapeur qui brise et projette les parcelles salines s'opposant à son expansion.

9. **Action de la chaleur sur les sels anhydres.** — Presque tous les sels, naturellement anhydres ou devenus tels par une élévation de température, se liquéfient sous l'influence d'une forte chaleur, si toutefois ils ne sont pas décomposés. La fusion, dans ce cas, porte le nom de *fusion ignée*. Il est difficile d'établir des généralités relativement aux modifications que les sels anhydres éprouvent de la part de la chaleur, car elles varient suivant le degré de fixité de l'acide, son énergie chimique, le degré d'affinité qui lie l'acide à la base, et même selon la stabilité de la base elle-même. On peut cependant admettre, comme fait général, que tous les sels dont les acides sont décomposables par la chaleur ou facilement volatils, se décomposent lorsqu'ils sont exposés à une haute température. Ainsi les azotates, les chlorates sont décomposables par la chaleur; tous les carbonates, les alcalins exceptés, sont dans le même cas. Les sels à acide fixe sont au contraire très-stables : ainsi les phosphates, borates, silicates, bravent de hautes températures. Les sulfates, dont l'acide sans être fixe, ne se volatilise qu'à 325°, sont encore d'une stabilité remarquable lorsque leurs bases sont puissantes; mais ceux à base faible se décomposent avec plus ou moins de facilité.

10. **Action dissolvante de l'eau sur les sels.** — Au moment où les sels se dissolvent dans l'eau, tantôt il y a un abaissement de température, tantôt un dégagement de chaleur, tantôt enfin il n'y a pas de changement calorifique sensible. L'abaissement de température est un fait nécessaire, puisque tout corps,

pour passer de l'état solide à l'état liquide, nécessite une certaine quantité de chaleur, qui devient latente. Les mélanges réfrigérants, presque tous formés par des sels qui se dissolvent dans de l'eau ou dans des acides étendus, sont précisément fondés sur cette propriété. — Mais lorsque les sels, en se dissolvant, n'occasionnent aucun changement appréciable de température, ou même sont cause d'un dégagement de chaleur, il faut admettre l'intervention d'influences qu'il importe de préciser. Nous savons que le dégagement de chaleur, lors du contact des corps, est toujours un indice de leur combinaison. Rapportons cette notion au cas qui nous occupe et nous verrons que, si la température s'élève dans l'acte de la dissolution, c'est que le sel dissous se combine avec son dissolvant. Si l'on verse de l'eau sur du sulfate de soude anhydre SO^3, NaO, la température de la masse s'élève d'une manière très-sensible parce que dix équivalents d'eau se combinent avec une molécule de sel pour constituer le composé hydraté SO^3, NaO + 10 aq, que l'on obtient en cristaux par l'évaporation. Le dégagement de chaleur et l'hydratation du sel sont donc deux faits solidaires.

Que faut-il maintenant penser des sels qui, en se dissolvant, ne produisent aucun changement de température? Comme l'absorption de chaleur, c'est-à-dire le refroidissement, est un effet nécessaire du passage d'un corps de l'état solide à l'état liquide, il faut admettre que, dans le cas d'absence de manifestation calorifique, il y a parité entre la chaleur absorbée par le sel qui fond et la chaleur émise par le même sel qui s'hydrate. Le plus souvent, les phénomènes calorifiques que nous constatons lors de la dissolution des sels n'expriment que des différences. Si la chaleur provenant de l'hydratation l'emporte sur celle qui est absorbée par suite de la liquéfaction, la température s'élève; elle baisse au contraire lorsque la quantité de chaleur absorbée l'emporte sur la quantité émise; si l'absorption et l'émission s'équivalent, rien ne se manifeste. En dissolvant le même sel, on peut donc avoir tantôt un dégagement, tantôt une absorption de chaleur. Le chlorure de calcium, le carbonate de soude, le sulfate de soude, etc., produisent de la chaleur s'ils sont anhydres, du froid s'ils sont hydratés. Dans le premier cas, ils se dissolvent dans l'eau et s'y combinent ; dans le second cas, ils se dissolvent purement et simplement.

11. Solubilité des sels dans l'eau. — La solubilité des sels dans l'eau ainsi que dans les autres liquides, d'ailleurs très-peu nombreux, augmente généralement avec la température ; on trouve cependant des exceptions, mais de peu d'importance, comme le butyrate de chaux, dont la dissolution opérée à froid se prend en masse à 100°. Lorsqu'un liquide, après avoir dissous une certaine quantité d'un sel à une température donnée, refuse d'en dissoudre davantage, on dit qu'il est *saturé*. L'augmentation de solubilité des sels avec la température suit une marche souvent très-irrégulière. On trouve des sels dont le maximum de solubilité est très-éloigné du point d'ébullition de leur dissolvant ; tel est le sulfate de soude, plus soluble dans l'eau à 32° que dans l'eau à 100°. Le sulfate de chaux hydraté ou gypse présente un exemple d'un sel dont la solubilité, faible d'ailleurs, est la même de 10° à 100°. En sachant ce qui arrive pour le sulfate de soude, on a une idée de la marche irrégulière qu'un sel peut suivre lorsqu'il se dissout dans l'eau.

SOLUBILITÉ DU SULFATE DE SOUDE CRISTALLISÉ.

Température.	Sel cristallisé dissous par 100 gr. d'eau.
0°,00	12,17
+ 11,67	26,38
+ 13,30	31,33
+ 17,91	48,28
+ 25,05	90,48
+ 28,76	101,53
+ 30,75	215,77
+ 31,84	270,22
+ 32,73	322,12
+ 33,88	312,41
+ 40,15	201,44
+ 45,04	276,91
+ 50,40	202,35
+ 59,79	244,30
+ 70,01	229,70
+ 84,42	217,30
+ 103,17	210,20

De l'eau déjà saturée d'un sel peut encore dissoudre un nouveau sel. Ainsi l'eau saturée d'azotate de potasse dissout une quantité considérable de sel marin et même une certaine proportion d'un troisième ou d'un quatrième sel, pourvu que ces divers corps, par leur action mutuelle, ne produisent pas des composés insolubles. Plusieurs opérations industrielles et quelques méthodes analytiques sont fondées sur cette propriété. Ainsi, pour enlever au salpêtre ordinaire tout le chlorure de potassium qui le rend impur, on peut le laver avec une dissolution saturée de salpêtre. Le sel étranger se dissout et se trouve éliminé, l'autre reste puisque le dissolvant en est déjà saturé.

12. **Points d'ébullition plus élevés dans les dissolutions que dans les dissolvants.**—La présence d'un sel dissous élève le point d'ébullition de l'eau, fait digne de remarque, car on peut avoir ainsi des températures constantes supérieures à 100°, si toutefois on s'arrange pour que la vapeur, s'élevant de la masse liquide, y retombe sans cesse après s'être condensée et maintienne la dissolution dans un état constant. Le tableau ci-après contient les points d'ébullition de diverses dissolutions salines.

Noms des sels.	Proportion des sels pour 100 gr. d'eau.	Température de l'ébullition.
Chlorate de potasse.	61,5	+ 104,2
Chlorure de baryum.	60,1	+ 104,4
Carbonate de soude.	48,5	+ 104,6
Chlorure de potassium.	49,4	+ 108,3
Chlorure de sodium.	41,2	+ 108,4
Chlorhydrate d'ammoniaque	88,9	+ 114,2
Azotate de potasse.	335,1	+ 115,0
Chlorure de strontium.	117,15	+ 117,8
Azotate de soude.	224,8	+ 121,0
Carbonate de potasse.	205,0	+ 135,0
Azotate de chaux.	362,0	+ 151,0
Chlorure de calcium.	325,0	+ 179,5

13. **Dissolutions sursaturées.** — Faisons dissoudre, à l'ébullition, du sulfate de soude dans de l'eau. La proportion de sel dissoute est de 210^{gr},20 pour 100 grammes d'eau. On bouche le flacon qui renferme la dissolution bouillante et on

l'abandonne au refroidissement jusqu'à ce qu'il se soit mis en équilibre de température avec l'air extérieur, que nous supposons à 13°,20. A cette température, d'après le tableau de solubilité que nous venons de donner plus haut, 100 grammes d'eau ne dissolvent que 31^{gr},33 de sulfate de soude. En se refroidissant, la dissolution devrait donc, ce semble, laisser cristalliser l'excès de 210^{gr},20 sur 31^{gr},33 de sulfate de soude par 100 grammes de dissolvant. Or, rien de pareil n'a lieu : malgré le refroidissement, la dissolution se maintient limpide sans aucun dépôt salin ; elle conserve la même quantité de sulfate de soude qu'à l'état bouillant, c'est-à-dire sept fois plus environ que ne le comporte sa température actuelle. La dissolution est dite alors *sursaturée*, parce qu'elle renferme plus de sel qu'il n'en faudrait pour obtenir la saturation normale à la même température. Les dissolutions sursaturées, autant de sulfate de soude que de divers autres sels, présentent des propriétés extrêmement remarquables sur lesquelles s'est exercée la sagacité des chimistes.

Un ballon de verre est à demi rempli d'eau dans laquelle on dissout à chaud de l'alun autant qu'elle peut en dissoudre. Lorsque le liquide saturé est en pleine ébullition, le ballon est bouché avec un bon bouchon et aussitôt retiré de dessus le feu. Quelque temps encore l'ébullition continue dans le vase clos sans l'intervention d'un foyer de chaleur ; enfin le liquide se trouve à la température de l'air ambiant. La dissolution sursaturée est limpide, l'agitation ne la fige pas. Mais si l'on retire le bouchon, on voit immédiatement des cristaux se former à la surface de la liqueur, et en quelques instants la dissolution est transformée en une masse saline solide. En même temps la température du ballon s'élève d'une manière très-appréciable au toucher : froid tant qu'il est liquide, son contenu devient tiède lorsqu'il se solidifie. La chaleur latente nécessaire à la liquéfaction du sel, redevient chaleur sensible et se dégage par l'effet du retour du corps de l'état liquide à l'état solide. Toutes les dissolutions sursaturées présentent ainsi, à des degrés divers, une élévation de température au moment de leur brusque solidification. Nous ne nous arrêterons pas davantage sur ce fait intéressant, qui est du domaine de la physique ; notre attention doit se porter sur les causes de la cristallisation soudaine du liquide sursaturé.

On introduit dans un ballon une dissolution de sulfate de soude saturée à la température de 33° environ, c'est-à-dire à la température du maximum de solubilité ; et l'on couvre le goulot avec un verre de montre ou une petite capsule de porcelaine comme l'indique la figure 2, ou tout simplement avec un cornet de papier. Dès que le ballon est complétement refroidi, on enlève sans secousse la capsule, et peu après le liquide, jusque-là parfaitement fluide, se prend le plus souvent en une masse cristalline.

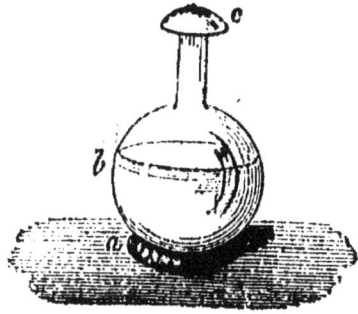

Fig. 2.

On prépare une dissolution saturée de sulfate de soude dans plusieurs ballons que l'on ferme, étant encore chauds,

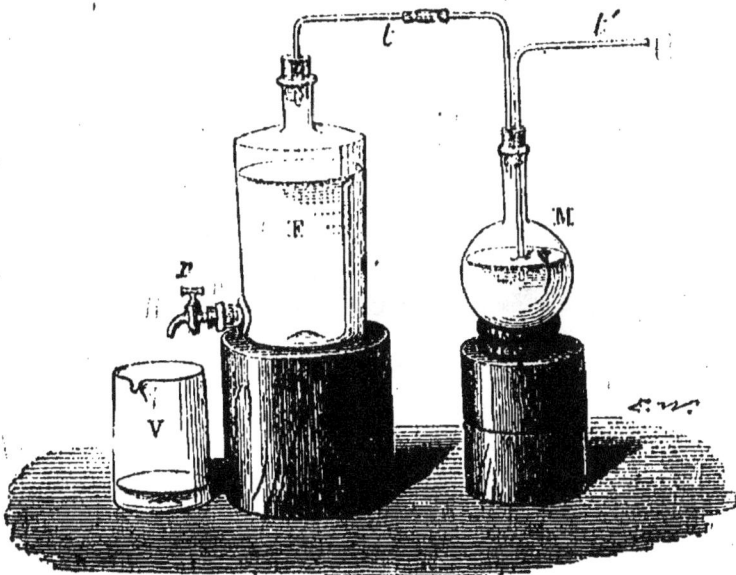

Fig. 3.

avec un bouchon portant deux tubes de verre courbés à angle droit. Un de ces tubes doit plonger au fond de la dissolution,

l'autre ne doit pénétrer que de quelques millimètres dans le col
de la fiole. Une fois le liquide froid, on met un de ces ballons
en communication, par le tube non immergé, avec un flacon aspirateur (fig. 3). Si l'on ouvre le robinet r, l'eau du flacon est
remplacée par de l'air qui, en traversant brusquement la dissolution sursaturée, la fige aussitôt. — On recommence l'expérience avec un ballon pareil, mais cette fois-ci le tube immergé dans la liqueur saline communique avec un tube à deux
branches d'une paire de centimètres de diamètre intérieur, d'un
développement de plus de 1 mètre et rempli de coton cardé

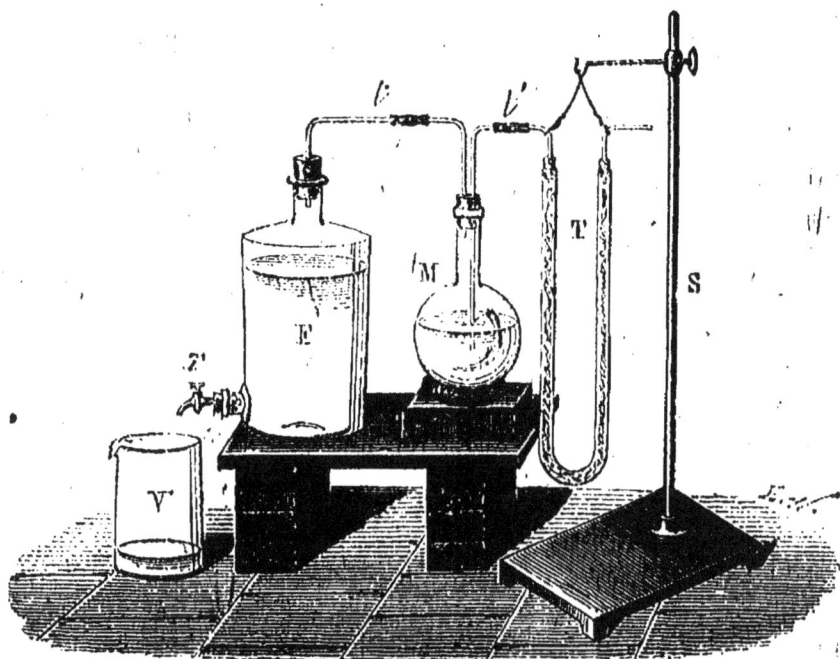

Fig. 4.

(fig. 4). A l'ouverture du robinet r, l'air appelé par le flacon
aspirateur traverse la colonne de coton, et de là passe, en l'agi-
tant, à travers la dissolution saline. Les conditions paraissent
être les mêmes et cependant la liqueur ne se fige pas.

Remplissons une éprouvette à pied ou un ballon d'une dissolution saturée de sulfate de soude et versons à la surface de la
liqueur une mince couche d'huile pour éviter le contact avec l'air.

On coupe dans un tube de verre plein deux baguettes pareilles. L'une est lavée très-soigneusement avec de l'eau distillée, l'autre est laissée telle quelle. La baguette lavée est plongée dans la dissolution froide ; elle n'amène pas la cristallisation. La baguette non lavée est plongée à son tour ; le plus souvent elle fait figer le liquide (fig. 5). Une seule baguette dont un bout a été lavé à l'eau distillée et l'autre non, amène les mêmes résultats inverses. Par le contact de son extrémité non lavée, elle provoque la solidification du liquide sursaturé ;

Fig. 5.

par le contact de son extrémité lavée, elle ne produit rien. On obtient des résultats identiques par l'intervention de la chaleur. Chauffons une extrémité d'une baguette de verre, laissons-la refroidir et plongeons-la dans la dissolution : elle n'agit pas, la solidification n'a pas lieu. Plongeons l'extrémité qui n'a pas été chauffée : aussitôt la liqueur se prend en masse. Rien de plus étrange, en l'absence d'une interprétation logique, que ces propriétés inverses des deux extrémités d'une même baguette de verre, dont l'une provoque une brusque solidification et l'autre ne peut la provoquer.

14. **Cause de la cristallisation soudaine des liquides sursaturés.** —/De tous les moyens propres à provoquer la solidification du liquide sursaturé de sulfate de soude, le plus prompt, le plus efficace, celui dont la réussite est infaillible, consiste à introduire dans la liqueur un cristal de sulfate de soude. Autour de ce noyau de l'édifice cristallin, s'éveille aussitôt, dans les molécules salines, la tendance à se grouper suivant un arrangement régulier, et la cristallisation se fait en s'irradiant de proche en proche à partir de ce centre d'attraction. La moindre parcelle de sulfate de soude suffit d'ailleurs.

Prenons en effet une baguette de verre qui, chauffée ou lavée, n'est plus apte à provoquer la cristallisation par son contact. Avec une de ses extrémités, nous touchons simplement un cristal de sulfate de soude ; nous enlevons ainsi quelques parcelles salines, si minimes, que toute appréciation en est impossible. Toutefois cela suffit : le bout inactif de la baguette est devenu actif par ce simple contact, il provoque maintenant la solidification.

Le sulfate de soude est très-efflorescent ; au contact de l'air sec, il se réduit en poussière impalpable. Il est dès lors hors de doute que les poussières d'un laboratoire doivent contenir des parcelles de ce sel, d'un emploi si fréquent, et que, par suite, elles doivent provoquer la solidification de la liqueur sursaturée. C'est en effet ce qui a lieu. Une pincée de poussière recueillie en un point quelconque d'un laboratoire fait solidifier les dissolutions sursaturées de sulfate de soude. La même poussière lavée avec de l'eau distillée et privée de la sorte des parcelles de sulfate de soude qu'elle pouvait contenir, est au contraire inactive, c'est-à-dire ne provoque pas la solidification. On se rend compte ainsi des singularités présentées par les deux bouts d'une même baguette de verre. Le bout lavé est inactif parce que l'eau a entraîné les poussières salines dont il pouvait être couvert après un séjour plus ou moins long dans un laboratoire ; le bout non lavé est actif à cause de la présence de ces poussières. L'influence de la chaleur s'explique avec la même facilité. Sur le bout devenu inactif par l'action de la chaleur, les particules de sulfate de soude ont perdu leur structure cristalline, et ne peuvent, dans leur état amorphe, devenir le point de départ d'un arrangement régulier qu'elles ne possèdent plus ; sur le bout non chauffé et actif, la structure cristalline n'est pas dénaturée, aussi les poussières y conservent-elles leur efficacité.

Enfin l'atmosphère d'un laboratoire doit tenir en suspension des particules de sulfate de soude effleuri. En tombant dans la liqueur sursaturée, ces particules salines provoquent la cristallisation. Tel est le motif pour lequel les dissolutions ne se figent pas tant qu'elles sont préservées de la chute des poussières aériennes, et se prennent souvent en masse solide quand on enlève le verre de montre, le cornet de papier ou l'opercule quelconque placé sur l'orifice du ballon. Il suffit, du reste, pour garantir la dissolution de ces poussières, d'armer le col du ballon d'un tube sinueux ou recourbé horizontalement, qui rende la chute verticale impossible. On peut se borner même à tenir le ballon couché sur le flanc. Dans ces conditions, malgré l'accès libre de l'air, la liqueur ne se fige pas. On se rend compte ainsi du rôle du coton cardé dans l'une des expériences que nous avons citées. En traversant une longue colonne de coton, l'air se tamise, se dépouille de ses poussières salines et devient ainsi inactif. Au contraire, s'il afflue dans la liqueur sans une épuration préalable, il entraîne avec lui quelques corpuscules salins, cause de la cristallisation.

Avec divers autres sels, on obtient des dissolutions sursaturées qui se comportent comme la dissolution de sulfate de soude. Elles se figent brusquement par le contact d'un cristal de la même substance ou pour le moins d'une substance isomorphe, c'est-à-dire possédant même forme cristalline. Ainsi pour faire cristalliser une dissolution sursaturée d'alun ordinaire, sulfate double d'alumine et de potasse, il faut qu'il s'introduise d'une façon ou de l'autre dans la liqueur une parcelle de ce sel ou bien d'un composé isomorphe, d'alun de chrome, par exemple, sulfate double de chrome et de potasse.

RÉSUMÉ

1. Les formules chimiques ne peuvent représenter l'arrangement moléculaire des composés, arrangement sur lequel on ne sait rien encore. Elles ont pour but de mettre en évidence certaines analogies, certains rapports. C'est pour rappeler des analogies de transformation que, dans la formule des oxysels, on sépare l'acide de la base, et non pour d'autres motifs.

2. Dans les oxysels, il existe un rapport simple et constant entre l'oxygène de la base et celui de l'acide.

3. Le tournesol est une matière colorante extraite de certains lichens. Il contient un acide végétal, acide litmique, combiné avec de la chaux. Isolé, l'acide litmique est rouge; associé à une base, il forme un composé bleu.

4. Il n'y a pas de sel avec excès de base ou excès d'acide, malgré la réaction alcaline ou acide que quelques-uns présentent avec le tournesol.

5. Il n'y a que des sels neutres, car les sels basiques sont des sels doubles, dans lesquels l'eau fait fonction d'acide et sature la moitié de la base; de même les sels acides sont des sels doubles, dans lesquels l'eau fait fonction de base et sature la moitié de l'acide.

6. L'acide phosphorique est triatomique, c'est-à-dire qu'il renferme trois équivalents d'eau, auxquels se substitue, en totalité ou en partie, pour former les phosphates, un autre oxyde métallique. De cette substitution pour un équivalent, ou pour deux, ou pour trois, résultent le phosphate acide, le phosphate neutre et le phosphate basique. Malgré ces dénominations, les trois phosphates, en réalité, sont neutres, car dans tous il y a trois équivalents de base, eau ou oxyde métallique.

7. Un sel qui renferme une quantité définie d'eau dans la composition de ses cristaux est dit sel *hydraté*. Un sel qui ne contient pas d'eau s'appelle sel *anhydre*. On appelle sels *efflorescents* ceux qui abandonnent en totalité ou en partie leur eau de cristallisation, et tombent ainsi en poussière. D'autres absorbent l'humidité de l'air et se liquéfient; ils portent le nom de sels *déliquescents*. Un même sel peut être efflorescent ou déliquescent, selon l'état hygrométrique de l'air.

8. Les sels hydratés, riches en eau, fondent généralement, lorsqu'on les chauffe, dans leur eau de cristallisation rendue libre par la chaleur. Cette fusion est appelée *fusion aqueuse*. D'autres sels, quoique non hydratés, décrépitent par la chaleur à cause de la vaporisation de l'eau interposée entre les lamelles de leurs cristaux.

9. Les sels anhydres qui, chauffés, peuvent fondre, subissent ce que l'on appelle la *fusion ignée*. Il n'y a que les sels dont les acides sont indécomposables par la chaleur ou ne se volatilisent qu'à des températures assez élevées, qui supportent la fusion ignée.

10. Le froid qu'un sel produit en se dissolvant dans l'eau est dû au changement d'état que ce sel éprouve. Sur ce fait est fondée la préparation des mélanges réfrigérants. — La chaleur que dégage un sel en se dissolvant est l'effet de la combinaison chimique entre ce sel et une certaine quantité d'eau. S'il y a égalité entre le froid occasionné par le changement d'état et la chaleur produite par l'hydratation, le sel, en se dissolvant, n'amène aucun changement de température. Les indications thermiques des sels qui se dissolvent ne représentent que des différences; car, dans tous les cas de dissolution, il y a dégage-

ment de chaleur à cause de la combinaison effectuée entre le corps soluble et le dissolvant, et abaissement de température à cause de la liquéfaction d'un sel solide.

11. La solubilité des oxysels dans l'eau augmente en général avec la température, mais suivant une marche irrégulière et fort variable d'un sel à l'autre.

12. Les points d'ébullition des dissolutions salines sont toujours plus élevés que ceux des dissolvants. Les sels déliquescents, à cause de leur plus grande affinité pour l'eau, donnent les dissolutions aqueuses dont les points d'ébullition sont les plus élevés.

13. Lorsqu'un liquide refuse de dissoudre une plus grande quantité d'un sel donné à une température déterminée, on dit qu'il est *saturé*. Quand il refuse d'en dissoudre, mais qu'il n'en abandonne point par suite d'un abaissement de température, on dit qu'il est *sursaturé*. Une dissolution sursaturée se solidifie brusquement, dans certaines circonstances, avec élévation de température, par suite du retour de la chaleur latente de fusion à l'état de chaleur sensible.

14. Un cristal de la même substance ou d'une substance isomorphe, introduit dans la liqueur sursaturée, provoque cette brusque solidification.

CHAPITRE V

CARBONATES — SULFATES — AZOTATES

1. Action de la chaleur sur les carbonates. — La chaleur décompose tous les carbonates, excepté les carbonates alcalins et celui de baryte. Il se dégage de l'acide carbonique et l'oxyde est mis en liberté. Si l'oxyde est réductible par l'action de la chaleur seule, comme cela a lieu pour les métaux de la dernière section, le métal évidemment est le résidu final de cette décomposition. Un exemple familier de l'action de la chaleur sur les carbonates nous est fourni par la conversion de la pierre calcaire en chaux. La pierre calcaire, carbonate de chaux, est mise dans des fours par lits alternatifs avec du combustible. La chaleur chasse le gaz carbonique et il reste la base du sel, c'est-à-dire de la chaux vive. Le carbonate de chaux ne se décompose qu'à la température du rouge cerise ; les carbonates de zinc, de fer, de manganèse et de magnésie exigent tout au plus cette température ; quant aux autres carbonates, ils se décomposent bien avant. Si la base du sel est suroxydable, la décomposition est un peu plus complexe : une partie de l'acide carbonique devient oxyde de carbone en cédant la moitié de son oxygène à la base, qui passe à un degré supérieur d'oxydation. Ainsi, le carbonate de protoxyde de fer laisse pour résidu de l'oxyde salin de fer, combinaison de sesquioxyde et de protoxyde, et laisse dégager un mélange d'acide carbonique et d'oxyde de carbone.

2. **Action de l'eau.** — Tous les carbonates sont insolubles dans l'eau, excepté les carbonates alcalins. Mais plusieurs autres s'y dissolvent à la faveur d'un excès d'acide carbonique. Tel est particulièrement le carbonate de chaux. Dirigeons dans de l'eau de chaux un courant de gaz carbonique. Le liquide devient promptement laiteux et laisse déposer du carbonate de chaux. Si le courant du gaz continue, ce précipité disparaît, parce qu'il se dissout dans l'eau plus ou moins saturée de gaz carbonique. — L'action simultanée de l'eau et de la chaleur décompose tous les carbonates, même ceux qui sont indécomposables par la chaleur seule. Du carbonate de potasse, par exemple, est porté au rouge dans un tube en porcelaine. Si la chaleur agissait seule, le sel n'éprouverait pas d'altération. Mais la décomposition a lieu si l'on vient à faire passer un courant de vapeur d'eau sur le sel incandescent. Il se forme de l'hydrate de potasse et il se dégage de l'acide carbonique.

$$CO^2,KO + HO = HO,KO + CO^2.$$

3. **Action du charbon.** — Sous l'influence d'une température plus ou moins élevée, le charbon décompose tous les carbonates. Dans une telle réaction, deux parts sont à faire : celle de la chaleur et celle du charbon. La chaleur seule décompose la plupart des carbonates et laisse pour résidu un oxyde métal-

lique, à moins que cet oxyde ne soit réductible par la simple action de la chaleur. Le rôle du charbon est alors celui que nous avons fait connaître au sujet des oxydes. La base cède son oxygène au charbon, qui devient acide carbonique ou oxyde de carbone, et le métal est mis en liberté. Mais alors même que la chaleur seule n'a pas d'action sur le carbonate, la présence du charbon provoque la décomposition. Ainsi, le carbonate de baryte, inaltérable par une haute température, dégage de l'oxyde de carbone et laisse un résidu de baryte en présence du charbon.

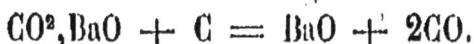

$$CO^2,BaO + C = BaO + 2CO.$$

Le carbonate de potasse éprouve même une décomposition plus avancée; le potassium est désoxydé.

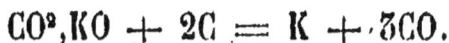

$$CO^2,KO + 2C = K + 3CO.$$

La préparation du potassium est basée sur cette énergique réaction, ainsi que nous aurons occasion de le voir.

4. Action des acides. — Les acides attaquent les carbonates à la température ordinaire et en dégagent le gaz acide carbonique avec effervescence. C'est la réaction qu'on utilise quand, pour obtenir de l'acide carbonique, on traite le marbre, carbonate de chaux, par l'acide chlorhydrique.

5. Préparation. — Les carbonates insolubles dans l'eau, et ce sont les plus nombreux, peuvent être obtenus par voie de double décomposition, ainsi qu'il a été dit dans l'exposé des lois de Berthollet. Veut-on, par exemple, préparer du carbonate d'argent? On prend un sel d'argent soluble et un carbonate soluble : azotate d'argent et carbonate de potasse. Le mélange des deux dissolutions laisse, par double échange, déposer du carbonate d'argent.

$$AzO^5,AgO + CO^2,KO = AzO^5,KO + CO^2,AgO.$$

6. Action de la chaleur sur les sulfates. — Les sulfates alcalins, ceux de chaux, de baryte, de plomb, ne sont pas altérés par la chaleur seule; tous les autres sont décomposés. A une haute température, l'acide sulfurique se dédouble en acide sulfureux et en oxygène. Les produits de la décomposition d'un sulfate sont donc variables et consistent en acide sulfurique anhydre, en acide sulfureux et en oxygène, à proportions qui dépendent de la température à laquelle la décomposition se fait. Le résidu laissé par le sel décomposé est la base même du composé salin si l'oxyde n'est pas réductible par la chaleur, ni susceptible d'un degré supérieur d'oxydation. Ainsi, le sulfate de zinc, chauffé au rouge, donne de l'oxygène et de l'acide sulfureux, et laisse pour résidu de l'oxyde de zinc.

$$SO^3,ZnO = ZnO + SO^2 + O.$$

Si la base est susceptible d'un degré supérieur d'oxydation, le résidu est suroxydé par l'oxygène provenant de l'acide sulfurique décomposé. Le sulfate de fer, par exemple, laisse dégager un mélange d'acide sulfureux et d'acide sulfurique anhydre; et il reste du sesquioxyde de fer dans la cornue.

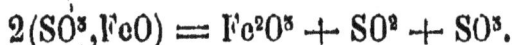

$$2(SO^3,FeO) = Fe^2O^3 + SO^2 + SO^3.$$

Si l'oxyde est réductible par la chaleur seule, on obtient un résidu métallique. Ce cas se présente avec le sulfate d'argent.

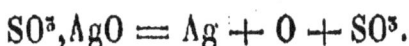

$$SO^3,AgO = Ag + O + SO^3.$$

7. Action du charbon. — Sous l'influence de la chaleur, le charbon décompose tous les sulfates. La décomposition la plus remarquable est celle des sulfates alcalins et des sulfates de chaux et de baryte. Il se dégage de l'oxyde de carbone et l'on obtient pour résidu un protosulfure. C'est la réaction utilisée pour préparer les sulfures de potassium, de sodium, de baryum.

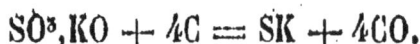

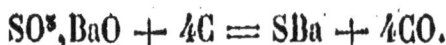

$$SO^3,KO + 4C = SK + 4CO.$$
$$SO^3,BaO + 4C = SBa + 4CO.$$

Avec les autres sulfates, les produits de la décomposition varient suivant l'action que la chaleur seule exerce sur le sel, suivant l'action que le charbon exerce sur l'acide sulfurique et sur l'oxyde métallique supposés libres, et enfin suivant la proportion du charbon. Le résidu est tantôt un oxyde, tantôt un sulfure, tantôt un métal; les produits gazeux sont également très-variables.

8. Action de l'eau. — Les sulfates de baryte et de plomb sont insolubles dans l'eau; le sulfate de chaux est peu soluble; tous les autres sont solubles.

9. Action des acides et des bases. — Cette action est implicitement énoncée dans la loi de Berthollet. Un acide décompose un sulfate lorsqu'il peut former avec le radical métallique un composé insoluble. Ainsi, l'acide sulfhydrique, en passant dans une dissolution de sulfate de cuivre, produit un précipité noir de sulfure de cuivre et met en liberté l'acide sulfurique.

$$SO^3, CuO + HS = SO^3, HO + SCu.$$

A une température élevée, les sulfates sont décomposés par les acides plus fixes que l'acide sulfurique, tels que l'acide phosphorique et l'acide silicique.

Une base décompose un sulfate quand elle peut former avec l'acide un composé insoluble : tel est le cas de la baryte; ou bien, lorsqu'elle peut précipiter l'oxyde à l'état d'hydrate : tel est le cas de la potasse agissant sur une dissolution de sulfate de fer, de sulfate de cuivre, etc. Nous n'aurions qu'à répéter ici les développements donnés au sujet de la loi de Berthollet; il est donc inutile de s'y arrêter davantage.

10. Préparation des sulfates. — La double décomposition ne peut servir qu'à préparer les sulfates de baryte et de plomb, les seuls insolubles. Verse-t-on une dissolution de sulfate de potasse dans une dissolution d'azotate de plomb, par double échange il se produit du sulfate de plomb :

$$SO^3, KO + AzO^5, PbO = AzO^5, KO + SO^3, PbO.$$

Les métaux, zinc et fer, qui décomposent l'eau acidulée avec de l'acide sulfurique, sont convertis en sulfates avec dégagement d'hydrogène:

$$SO^3, HO + Zn = SO^3, ZnO + H.$$

4.

Le cuivre et le mercure, traités à chaud par l'acide sulfurique, sont convertis en sulfates, avec dégagement d'acide sulfureux :

$$Cu + 2(SO^3,HO) = SO^3,CuO + SO^2 + 2HO.$$

On peut traiter l'oxyde ou le carbonate par l'acide sulfurique :

$$CO^2,AgO + SO^3,HO = SO^3,AgO + CO^2 + HO.$$

On peut enfin soumettre au grillage les sulfures naturels. C'est ainsi qu'on prépare la majeure partie du sulfate de fer et du sulfate de cuivre employés par l'industrie :

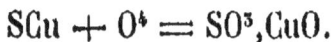

$$SCu + O^4 = SO^3,CuO.$$

11. Action de la chaleur sur les azotates. — La chaleur décompose tous les azotates. Les produits de décomposition varient suivant la température et suivant l'énergie de la base combinée avec l'acide azotique. Ainsi, l'azotate de plomb donne pour résidu de l'oxyde de plomb, et laisse dégager de l'oxygène et des vapeurs rouges d'acide hypoazotique. La préparation de l'acide hypoazotique est précisément basée sur cette décomposition.

$$AzO^5,PbO = AzO^4 + O + PbO.$$

L'azotate de potasse éprouve d'abord la fusion ignée; puis, à la température rouge, il se décompose en oxygène, qui se dégage, et en azotite, qui reste dans le creuset.

$$AzO^5,KO = AzO^3,KO + 2O.$$

Enfin, à une température très-élevée, l'azotite de potasse se décompose aussi, en laissant pour résidu de la potasse caustique, qui attaque, perfore le creuset s'il est en métal, le vitrifie s'il est en terre; et il se dégage un mélange d'azote, d'oxygène et d'acide hypoazotique, produits de l'acide azoteux décomposé.

12. Action du charbon. — Les azotates déflagrent vivement sur les charbons allumés. L'acide azotique se décompose; il dégage de l'oxygène en abondance et active ainsi la combustion, qui se fait avec un bruit de souffle pareil à celui d'une fusée. La production instantanée d'une grande quantité de gaz est cause de cette bruyante déflagration, qui fait dire des azotates qu'ils *fusent* sur les charbons allumés. Un mélange d'azotate et de charbon en poudre, projeté dans un creuset porté au rouge, déflagre et fuse plus vivement encore. Il se forme un carbonate en même temps qu'il se dégage de l'acide carbonique et de l'azote, si l'on emploie de l'azotate de potasse.

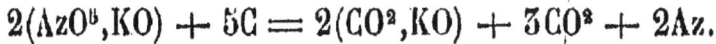

$$2(AzO^5,KO) + 5C = 2(CO^2,KO) + 3CO^2 + 2Az.$$

Mais si le carbonate est décomposable par la chaleur, et si l'oxyde est réductible, le résidu est le métal libre. C'est ce qui arrive avec l'azotate de plomb.

$$AzO^5,PbO + 3C = Pb + 3CO^2 + Az.$$

13. Action du soufre. — Si, dans un creuset de terre, porté à la température rouge, on introduit un mélange intime d'azotate de potasse et de soufre, une énergique conflagration a lieu aux dépens de l'oxygène de l'acide azotique décomposé : le soufre est converti partie en acide sulfurique, qui se combine avec la potasse, partie en acide sulfureux, qui se dégage mélangé avec l'azote.

$$AzO^5,KO + 2S = SO^3,KO + SO^2 + Az.$$

La poudre à tirer est un mélange d'azotate de potasse, de charbon et de soufre. Les réactions que nous venons de décrire isolément pour le charbon et pour le soufre, doivent donc se produire à la fois lors de la combustion de la poudre. En outre, comme le sulfate de potasse, produit de la réaction par le soufre, est aisément décomposé par le charbon et ramené à l'état de sulfure de potassium, on voit que, au moyen de proportions convenablement déterminées, les produits de la réaction multiple peuvent être ramenés à du sulfure de potassium, du gaz carbonique et de l'azote.

14. Action de l'eau. — Excepté quelques azotates basiques de médiocre importance, tous les azotates sont solubles dans l'eau.

15. Action des acides et des bases. — C'est encore ici un cas particulier de la loi de Berthollet. Nous rappellerons que les acides fixes, acide sulfurique et acide phosphorique, décomposent les azotates à froid, et plus aisément à la température de l'ébullition de l'acide azotique. Ce dernier alors distille. Le mode de préparation de l'acide azotique est fondé sur cette réaction. Enfin, les bases décomposent un azotate dissous dans l'eau quand elles peuvent précipiter une base insoluble. Ce serait trop longuement nous répéter que d'entrer dans de plus longs détails.

16. Préparation des azotates. — On obtient les azotates, 1° en faisant agir l'acide azotique sur le métal. C'est ainsi que s'obtiennent les azotates de cuivre, d'argent, de mercure, etc.; 2° en dissolvant l'oxyde dans l'acide azotique : la litharge, protoxyde de plomb, donne ainsi l'azotate de plomb; 3° en traitant le sulfure par l'acide azotique : le sulfure de baryum, obtenu par la réduction du sulfate naturel de baryte au moyen du charbon, fournit par ce procédé l'azotate de baryte; 4° en décomposant le carbonate par l'acide azotique : le marbre, carbonate de chaux, donne ainsi l'azotate de chaux.

RÉSUMÉ

1. Seule, la chaleur décompose tous les carbonates, à l'exception des carbonates de potasse, de soude et de baryte.

2. L'action combinée de la chaleur et de la vapeur d'eau décompose tous les carbonates.

3. L'action combinée de la chaleur et du charbon décompose tous les carbonates. Par ce traitement, on met en liberté le métal du carbonate de potasse, ainsi que celui du carbonate de soude.

4. Les acides décomposent les carbonates à la température ordinaire, avec effervescence due au dégagement du gaz carbonique.

5. Les carbonates insolubles s'obtiennent par la voie de double décomposition.

6. La chaleur seule décompose les sulfates, à l'exception des sulfates alcalins et des sulfates de chaux, de baryte et de plomb.

7. L'action combinée de la chaleur et du charbon décompose tous les sulfates. Les sulfates alcalins et les sulfates de baryte et de chaux sont réduits en sulfures.

8. Les sulfates de baryte et de plomb sont les seuls insolubles dans l'eau. Le sulfate de chaux est peu soluble.

9. L'action des acides et des bases sur les sulfates est implicitement énoncée dans la loi de Berthollet.

10. On obtient les sulfates par l'action de l'acide sulfurique sur un métal, sur son oxyde, sur son carbonate; par double décomposition lorsqu'ils sont insolubles; par le grillage des sulfures naturels.

11. La chaleur décompose tous les azotates.

12. Chauffés avec du charbon, les azotates déflagrent à cause de l'oxygène abandonné par l'acide azotique. Il se forme de l'acide carbonique, qui tantôt se combine avec la base (azotate de potasse), et tantôt se dégage mélangé avec l'azote (azotate de plomb).

13. Un mélange de soufre et d'azotate de potasse subit une combustion des plus vives. Il se forme du sulfate de potasse et il se dégage de l'acide sulfureux et de l'azote.

14. Tous les azotates sont solubles dans l'eau.

15. Les acides fixes décomposent les azotates. Si l'on chauffe un mélange d'azotate de potasse et d'acide sulfurique, il distille de l'acide azotique.

16. On obtient les azotates en traitant par l'acide azotique, tantôt le métal, tantôt son oxyde, tantôt son sulfure, tantôt son carbonate.

CHAPITRE VI

POTASSIUM
K = 39.

1. **Découverte des métaux alcalins.** — Au commencement de ce siècle, en 1807, le chimiste anglais Humphry Davy ouvrit à la chimie une voie inattendue et riche d'avenir en démontrant que les *alcalis* et les *terres*, considérées jusque-là comme des corps simples, étaient en réalité des métaux oxydés. En sa mémorable découverte, Davy eut recours à la pile, qui depuis peu mettait ses forces électriques au service de la science.

Le fil positif d'une puissante pile était terminé par une lame de platine sur laquelle reposait un godet en potasse (fig. 6). La

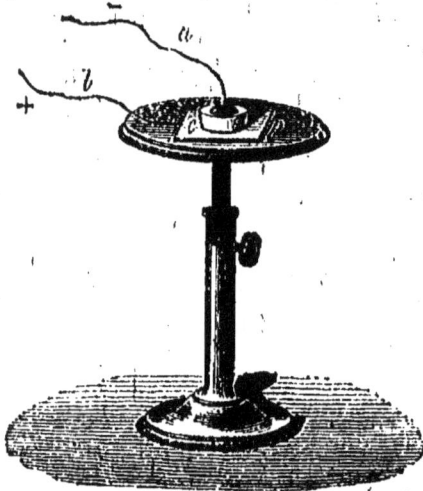

Fig. 6.

cavité de ce godet était remplie de mercure, où plongeait le fil négatif terminé par un bout de platine. Sous l'influence du courant, la potasse fut décomposée : l'oxygène se porta sur la lame de platine, et le métal sur le mercure, qui devint un amalgame consistant. Chauffé dans une cornue traversée par un courant d'azote, l'amalgame se dédoubla en vapeurs de mercure, isolées par la distillation, et en un métal nouveau, le potassium, qui resta au fond de la cornue.

Une opération semblable, exécutée sur la soude, fit connaître le sodium. L'analogie accomplit le reste : Davy n'hésita pas à affirmer que la chaux, la baryte, la magnésie, l'alumine, devaient se dédoubler en oxygène et en métal. Ses prévisions ont été parfaitement confirmées depuis.

Les moyens électriques employés par Davy, fort peu productifs et très-dispendieux, sont abandonnés aujourd'hui : on retire le potassium d'un mélange de carbonate de potasse et de charbon chauffé à une haute température.

2. Extraction du potassium. — Dans un grand creuset de fer, muni d'un couvercle perforé au centre, on introduit du tartre brut (bitartrate de potasse impur déposé par les vins sur les parois des futailles). La matière est chauffée dans un fourneau à vent jusqu'à ce qu'il ne se dégage plus de vapeurs inflammables. Pendant l'opération, la masse se contracte, ce qui permet d'ajouter de nouvelles portions de tartre; mais on doit éviter de remuer et de tasser, pour que le résidu soit léger et poreux. Le résultat de cette calcination est un mélange intime de carbonate de potasse et de charbon, que l'on introduit, en morceaux de la grosseur d'une noisette, dans une bouteille en fer battu dont on se sert pour expédier le mercure d'Espagne. A l'orifice de cette bouteille, on adapte, au moyen d'une vis, un tronçon de canon de fusil (fig. 7). Enfin on dispose à l'extrémité libre du canon un condensateur consistant en une espèce de boîte allongée et aplatie, ouverte à l'un et l'autre bout (fig. 8). Le potassium condensé dans ce récipient s'en extrait facilement, toute la paroi supérieure, y compris la moitié du col, étant mobile et servant de couvercle. Pendant l'opération, le couvercle est maintenu fixe à l'aide de quatre vis de pression.

Fig. 7.

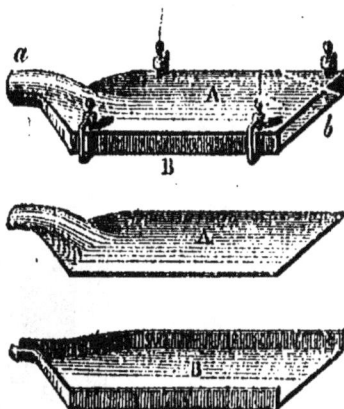

Fig. 8. — Condensateur pour la préparation du potassium.

AA, partie supérieure du condensateur; BB, partie inférieure; a, col; b. ouverture.

Le fourneau (fig. 9) doit avoir un bon tirage. Le combustible s'introduit par la partie supérieure, que ferme un couvercle en fer. La bouteille est soutenue au-dessus de la grille au moyen de deux briques réfractaires, disposées de manière à diminuer le moins possible l'action du feu sur l'appareil. Le col de la cornue ne doit dépasser le fourneau que d'une paire de centimètres au plus.

Le tout ainsi disposé, on chauffe le fourneau graduellement, en le remplissant par couches alternatives de charbon allumé, de charbon froid et de coke. Quand la bouteille est parvenue au rouge obscur, on écarte les charbons pour mettre à nu la paroi supérieure et y répandre sur toute la longueur du borax vitrifié et pulvérisé qui, en fondant, s'étend sur toute la surface de la cornue et y forme un vernis plus préservateur qu'un lut ordinaire. On ajoute alors de nouveau combustible, et, lorsque le feu est devenu bien vif, on ne l'entretient plus qu'avec du coke.

Les premières vapeurs qui sortent par le col de la bouteille,
non encore arnié du condensateur, brûlent avec une flamme
bleue, de moment en moment plus brillante et lumineuse, et
qui, à la fin, est accompagnée d'une abondante fumée blanche

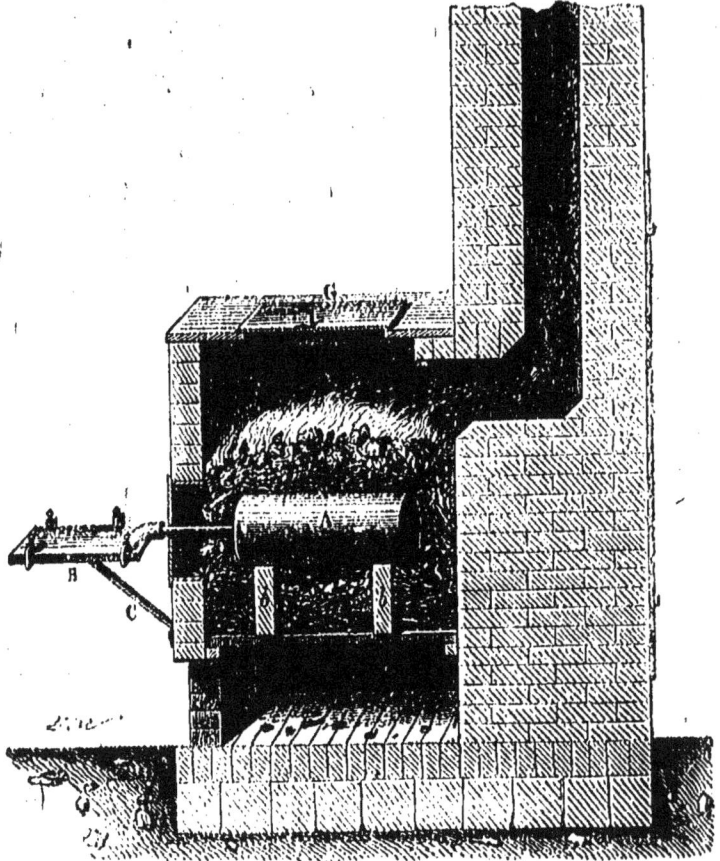

Fig. 9. — Appareil pour la préparation du potassium.
A, bouteille en fer battu servant de cornue; B, condensateur; bb, briques réfractaires servant de support à la bouteille; C, support en fer destiné à soutenir
le condensateur; G, couvercle de l'ouverture par où l'on introduit le combustible.

due à de la potasse. Après une heure et demie ou deux heures
de feu, la cornue est arrivée au rouge blanc. Une baguette de
fer introduite dans le canon de fusil en fait dégager des vapeurs vertes, et la baguette elle-même se couvre rapidement
d'un enduit métallique qui, projeté dans l'eau, y brûle avec

tous les caractères du potassium. On adapte alors le condensateur, et, pour éviter qu'il ne s'échauffe trop, on le recouvre d'un linge mouillé. Les vapeurs vertes du potassium s'y condensent et le remplissent de métal. En cet état, le condensateur est glissé dans un étui contenant de l'huile de naphte, où il séjourne jusqu'à refroidissement complet. Enfin on le retire de l'étui, on l'ouvre et l'on détache le potassium au moyen d'un ciseau pour l'introduire immédiatement dans des flacons d'huile de naphte.

La théorie de la préparation du potassium est très-simple. Le charbon enlève à l'acide carbonique la moitié de l'oxygène, et à l'oxyde de potassium la totalité. Il se produit ainsi de l'oxyde de carbone, et le métal est mis en liberté,

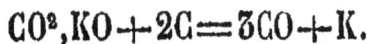

$$CO^2, KO + 2C = 3CO + K.$$

Mais comme l'oxyde de carbone agit sur le potassium, il se forme des produits secondaires dont la théorie ne tient pas compte et dont la présence explique le faible rendement de l'opération. Pour 800 à 900 grammes de tartre calciné, on obtient en moyenne 200 grammes de potassium impur.

3. Purification du potassium. — Malgré les apparences de pureté que présente le potassium brut, il n'en est pas moins vrai qu'en s'oxydant dans l'eau il la colore en rouge ou en jaune par suite des produits secondaires qui l'accompagnent. En outre, exposé à l'air pendant quelque temps ou bien conservé dans l'huile de naphte, il finit par noircir et par détoner avec une dangereuse facilité.

Pour prévenir ces inconvénients, on distille le potassium en prenant pour cornue une bouteille de fer battu pareille à celles qui servent à son extraction. La bouteille est maintenue un peu inclinée dans le fourneau (fig. 10). Son col, formé d'un canon de fusil, est incliné en sens inverse. Il s'engage dans une boîte en cuivre contenant de l'huile de naphte. En face de la tubulure qui lui livre passage s'en trouve une autre armée d'une tige de fer, qui sert au besoin à dégorger le col pendant la distillation. Lorsque le potassium qu'on distille est très-impur ou que l'opération touche à sa fin, il se dégage des gaz inflammables auxquels il est nécessaire de frayer un passage par une ouver-

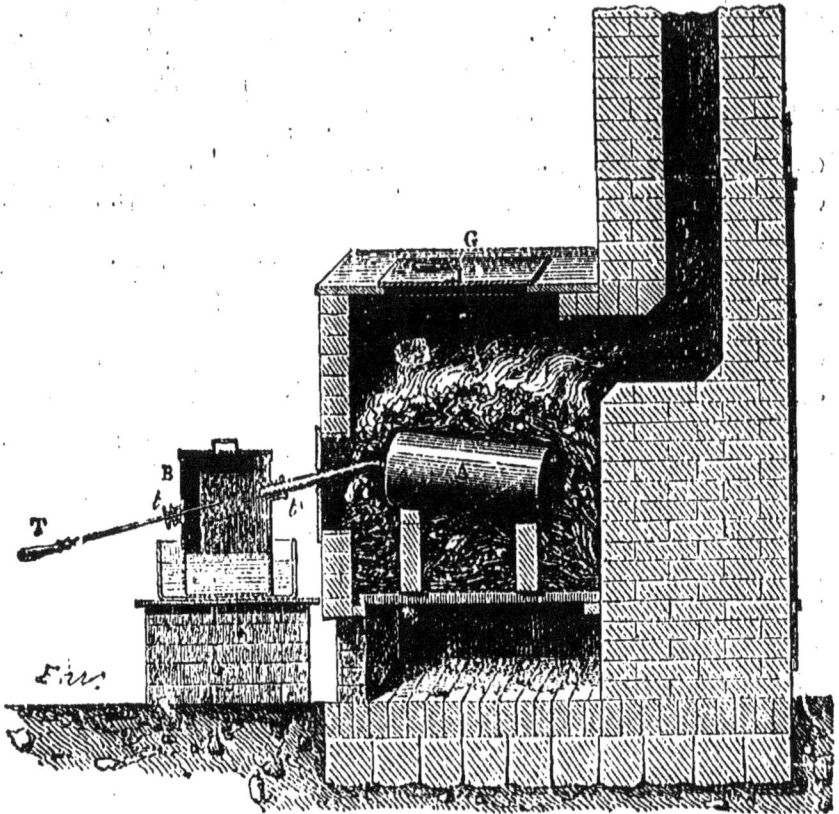

Fig. 10. — Appareil pour la purification du potassium.
A, bouteille en fer battu ; B, boîte récipient à double tubulure *tt*, renfermant de l'huile de naphte ; T, tige de dégorgement.

ture pratiquée à cet effet dans le couvercle de la boîte-récipient.

4. **Propriétés du potassium.** — Le potassium possède à un haut degré l'éclat particulier, dit éclat métallique, qui caractérise la classe des métaux. Sa couleur, appréciée par la méthode des réflexions multiples, est bleu verdâtre. Il est mou et se laisse aisément couper au couteau. Fraîchement coupé, il a tout l'éclat de l'argent, éclat qu'il perd bientôt quoique plongé dans de l'huile de naphte. Il devient cassant lorsqu'on l'expose à une très-basse température, et sa cassure présente

alors des indices de cristallisation. Il est plus léger que l'eau, sa densité est égale à 0,86; c'est à peu près la densité du bois de hêtre. Il fond à 58° et bout à la température du rouge sombre en répandant des vapeurs d'un vert magnifique.

De tous les métaux, le potassium est le seul qui s'oxyde à froid dans de l'oxygène ou de l'air secs. Il y prend d'abord une teinte violacée particulière, et peu à peu se convertit en potasse KO, si la température ne s'élève pas. A une température élevée, il se produirait un peroxyde KO^3. Dans l'air tel qu'il est d'habitude, c'est-à-dire plus ou moins imprégné de vapeur d'eau, il s'oxyde immédiatement en décomposant l'eau et se convertit en hydrate de potasse KO,HO, qui finalement devient carbonaté de potasse en absorbant l'acide carbonique, dont l'atmosphère contient toujours une faible proportion. Cela explique pourquoi ce métal doit être conservé dans l'huile de naphte, liquide qui, ne contenant pas d'oxygène, le préserve de l'oxydation.

5. **Décomposition de l'eau par le potassium.** — En contact avec l'eau, le potassium la décompose à l'instant même; il se combine avec l'oxygène et met en liberté l'hydrogène, qui s'enflamme aussitôt. Trois faits sont à remarquer lorsqu'on fait cette expérience : 1° la flamme purpurine; 2° le mouvement rapide du métal; 3° la détonation stridente qui a lieu quelques instants après que la flamme s'est éteinte.

Nous venons de dire que le potassium, mis en contact avec l'eau, la décompose, s'empare de son oxygène et laisse l'hydrogène se dégager. La flamme provient donc de ce dernier gaz, qui brûle parce qu'il se trouve tout à coup porté à une haute température en présence de l'air. Empêchons l'accès de l'air et la flamme n'aura pas lieu. On le constate en introduisant un peu d'eau dans le haut d'une éprouvette pleine de mercure, et enfin un globule de potassium. L'eau est décomposée, de l'hydrogène devient libre et refoule le mercure, mais il ne s'enflamme pas, parce que l'air lui fait défaut. Nous savons que l'hydrogène brûle avec une flamme jaune pâle : pourquoi donc la flamme que l'on remarque dans l'expérience est-elle purpurine? C'est que, dans la flamme, il se trouve de la vapeur d'oxyde de potassium, qui lui communique cette couleur particulière.

Le dégagement de l'hydrogène se fait au contact du métal avec l'eau, par conséquent à la partie inférieure du globule. Le gaz dégagé soulève donc le métal, le déplace, et tel est le motif des évolutions du potassium à la surface du liquide.

Quand l'oxydation est terminée, la flamme s'éteint. Le globule incandescent de potasse, que l'hydrogène ne tient plus soulevé, se trouve brusquement en contact avec le liquide; par sa propre température et par la chaleur que dégage sa combinaison avec l'eau, il provoque la formation soudaine de vapeurs, dont une partie, en se condensant dans le liquide froid qui l'entoure, produit un bruit strident pareil à celui d'un fer rouge plongé dans l'eau, et dont l'autre lance de tous côtés des gouttes de liquide ou même des parcelles solides de potasse. Ces éclaboussures sont fort à craindre; en arrivant dans les yeux, elles pourraient produire de graves accidents. Pour les éviter, on fait l'expérience dans un vase profond ne contenant que peu d'eau. Les bords, élevés au-dessus du niveau du liquide, arrêtent la matière projetée.

L'eau qui a servi à faire l'expérience possède les réactions alcalines, qu'elle doit à la potasse dissoute : elle verdit le sirop de violette et ramène au bleu le tournesol rougi par un acide.

A cause de sa haute affinité pour l'oxygène, le potassium ne se borne pas à décomposer l'eau à froid : il décompose aussi la plupart des corps oxygénés, surtout si l'on opère à chaud. Il agit avec la même énergie sur beaucoup de chlorures, de bromures, d'iodures : il se combine avec le métalloïde et met le métal en liberté.

6. **Potasse caustique**, HO,KO. —Combiné avec l'oxygène, le potassium forme trois composés K^2O, KO et KO^3, dont le plus important est le protoxyde ou KO. Toutefois ce protoxyde anhydre est à peu près sans application; mais associé à un équivalent d'eau, il devient l'un des corps dont la chimie fait le plus fréquent usage. C'est ce qu'on nomme alors l'*hydrate de potasse*, ou plus habituellement *potasse caustique*. Sa formule est HO,KO.

. La potasse caustique est sous forme de plaques blanches, à peine translucides et à cassure rayonnée. Elle est onctueuse au toucher. Sa saveur, très-caustique, produit sur la langue l'impression d'une vive brûlure. Elle est fusible au rouge sombre et se volatilise très-rapidement à une température plus élevée sans se déshydrater. Elle est très-soluble dans l'eau; la dissolution est accompagnée d'un dégagement de chaleur considérable. Abandonnée à l'air, elle en absorbe l'humidité et se liquéfie. Plus tard, elle se carbonate tout en restant liquide, parce que le carbonate de potasse est lui-même déliquescent. Sa dissolution concentrée est tellement corrosive, qu'aucune matière organisée ne lui résiste. La peau, la laine, la soie, par exemple, sont rapidement attaquées en développant une odeur de lessive. Aussi la médecine l'emploie-t-elle pour faire les cautères, c'est-à-dire pour désorganiser les tissus en des points déterminés. A cause de cet usage, la potasse caustique est désignée par le nom médical de *pierre à cautère.*

7. Préparation de la potasse caustique. Potasse à la chaux. — La potasse caustique est retirée du carbonate de potasse par une réaction du domaine des lois de Berthollet. Dissolvons dans de l'eau, d'une part, du carbonate de potasse, et, d'autre part, de la chaux; puis mélangeons ces deux dissolutions limpides. Les liqueurs mélangées se troublent : il se dépose du carbonate de chaux et il reste en dissolution de l'hydrate de potasse. Un double échange entre l'hydrate de chaux soluble et le carbonate de potasse soluble explique la formation du composé insoluble carbonate de chaux et du composé soluble hydrate de potasse.

$$(CO^3)K + (HO^2)Ca = (CO^3)Ca + (HO^2)K.$$

Carbonate de potasse. (Soluble.)	Hydrate de chaux. (Soluble.)	Carbonate de chaux. (Insoluble.)	Hydrate de potasse. (Soluble.)

Ou bien, en employant la notation habituelle :

$$CO^2,KO + HO,CaO = CO^2,CaO + HO,KO.$$

Ce point fondamental établi, examinons l'opération telle qu'elle se pratique. — On dissout une partie de carbonate de potasse du commerce dans dix parties d'eau; on laisse reposer la dissolution et on la tire à clair dans une bassine de fonte pour y être portée à l'ébullition. De la chaux, à poids à peu près égal à celui du carbonate employé, est délayée dans de l'eau et ajoutée, par petites portions, à la liqueur bouillante. La double décomposition se fait entre le carbonate de potasse et l'hydrate de chaux. Pour s'assurer que tout le carbonate de potasse est décomposé, on prend un peu de liquide qu'on laisse s'éclaircir par le repos dans un verre. A l'aide d'une pipette, on verse quelques gouttes de ce liquide dans un peu d'acide chlorhydrique. S'il n'y a pas d'effervescence, c'est le signe que tout le carbonate de potasse est décomposé, et que l'opération est terminée; dans le cas contraire, il faut continuer l'ébullition encore quelque temps, ou même ajouter de petites quantités de chaux. On enlève la lessive du feu, et, quand le liquide est devenu clair, on le décante dans un vase en cuivre, ou mieux encore en argent, où il doit être soumis à une ébullition très-vive. Le liquide se concentre et finit par prendre l'aspect huileux. On le coule alors sur une plaque de cuivre, où il se fige immédiatement. On concasse la matière figée pour la renfermer dans des flacons bouchés avec soin. Le produit ainsi obtenu prend le nom de *potasse à la chaux*.

8. **Potasse à l'alcool.** — La potasse à la chaux est loin d'être pure, car le carbonate de potasse d'où elle provient ne l'est pas lui-même. Pour la débarrasser des phosphates, sulfates et chlorures qu'elle contient, on la dissout dans de l'alcool concentré. Par le repos toutes ces impuretés se déposent, et l'hydrate de potasse reste seul dissous dans la liqueur alcoolique. Au moyen d'un siphon, on fait passer la dissolution dans une cornue en verre et l'on distille jusqu'à ce que le volume soit réduit au tiers environ. Le résidu est versé dans une capsule d'argent, évaporé à sec, et enfin fondu au rouge sombre. En cet état, le produit est coulé sur une plaque d'argent. L'hydrate de potasse ainsi préparé porte le nom de *potasse à l'alcool*; il est presque pur et contient à peine des traces de carbonate provenant de l'action de l'air pendant la dernière opération.

9. **Préparation de la potasse très-pure.** — Il est rare

que la potasse à l'alcool du commerce et, à plus forte raison, la potasse à la chaux, ne contiennent des nitrates ou des nitrites. Pour obtenir un produit exempt de tout corps étranger, on mêle une partie d'azotate de potasse en poudre avec deux ou trois parties de tournure de cuivre, et le tout est chauffé à une chaleur rouge modérée pendant une demi-heure dans un creuset de cuivre. Après refroidissement, la masse est traitée par l'eau. La lessive qui en résulte est versée dans une éprouvette à pied qu'on ferme soigneusement. Lorsque l'oxyde de cuivre s'est complètement déposé, on décante le liquide. Ce liquide est une dissolution plus ou moins concentrée de potasse pure. On doit le conserver dans des flacons bien bouchés.

10. **Protosulfure de potassium**, SK. — C'est un réactif précieux pour les chimistes, car il forme des précipités diversement colorés dans la plupart des dissolutions salines. Il peut servir à la préparation des sulfures métalliques insolubles dans l'eau. Mélange-t-on, par exemple, une dissolution de sulfate de cuivre et une dissolution de protosulfure de potassium, il se forme, par double échange, du protosulfure de cuivre insoluble.

$$(SO^4)Cu + SK = (SO^4)K + SCu.$$

Pour préparer le protosulfure de potassium, on divise en deux parties égales une dissolution de potasse pure, et l'on en soumet une à un courant d'hydrogène sulfuré jusqu'à complète saturation. On obtient ainsi un sulfhydrate de sulfure de potassium, qui devient protosulfure de potassium si l'on y ajoute l'autre moitié de la dissolution de potasse. La réaction entre la première moitié de la dissolution de potasse et l'acide sulfhydrique est celle-ci :

$$HO,KO + 2SH = SH,SK + 2HO.$$

Le sulfhydrate de sulfure de potassium est un sulfosel, dans lequel le sulfure d'hydrogène fait fonction d'acide et le sulfure de potassium fait fonction de base. Il est, dans la série sulfurée, l'analogue de l'hydrate de potasse dans la série oxygénée, de même que le sulfure d'hydrogène est l'analogue de l'eau.

Enfin, la réaction entre le sulfhydrate de sulfure de potassium SH,SK et la seconde moitié de la dissolution de potasse, s'exprime comme il suit :

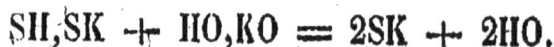

$$SH,SK + HO,KO = 2SK + 2HO.$$

Par l'évaporation, la liqueur se prend en une masse cristalline que l'on égoutte et que l'on conserve à l'abri du contact de l'air. Les cristaux de protosulfure de potassium sont incolores; ils ont la saveur et l'odeur des œufs pourris. Leur dissolution est très-alcaline; par le contact de l'air, elle s'altère et jaunit. Pure, cette dissolution ne doit pas se troubler par l'addition d'un acide; toutefois, une légère opalescence apparaît presque toujours à cause de légères traces de polysulfure, qui met du soufre en liberté en se décomposant.

La réduction du sulfate de potasse par le charbon donne également naissance à du protosulfure de potassium avec dégagement d'oxyde de carbone.

$$SO^3,KO + 4C = SK + 4CO.$$

Dans une cornue en terre, dont le col est armé d'un tube courbé à angle droit et plongeant dans un bain de mercure, on chauffe au rouge un mélange intime de charbon de bois en poudre et de sulfate de potasse. Le résultat de ce traitement est une matière pulvérulente, mélange de charbon, de protosulfure et de polysulfure de potassium. Quand le dégagement de gaz a cessé, on laisse la cornue se refroidir. Le mercure monte dans le tube, mais sans pénétrer dans la cornue, pleine d'une atmosphère d'oxyde de carbone. On débouche enfin l'appareil et on projette doucement son contenu dans l'air. La masse pulvérulente retombe en une pluie de feu, car le protosulfure se combine avec autant d'oxygène que lui en a fait perdre l'action réductive du charbon, et repasse à l'état de sulfate de potasse.

$$SK + 4O = SO^3,KO.$$

11. Iodure de potassium, IK. — L'emploi fréquent de l'iodure de potassium comme réactif, nous engage à en dire quelques mots. On introduit de l'iode dans une dissolution de potasse caustique jusqu'à ce que la liqueur devienne légèrement colorée. On obtient ainsi un mélange d'iodate de potasse et d'iodure de potassium. Si l'on évapore jusqu'à siccité et si l'on calcine le résidu dans une capsule de platine, l'iodate se décompose et il ne reste que de l'iodure qui, redissous dans l'eau et cristallisé, se présente sous la forme de cubes anhydres, incolores, à saveur piquante et désagréable, fusibles, déliquescents, très-solubles dans l'eau et l'alcool. Il est employé en médecine dans le traitement du goître et des maladies scrofuleuses. Il sert en photographie. Enfin, avec diverses solutions métalliques, il produit des iodures insolubles remarquables par leur coloration. Avec l'azotate de plomb, il donne un précipité d'un beau jaune; avec le bichlorure de mercure ou sublimé corrosif, il donne un précipité d'un magnifique rouge.

RÉSUMÉ

1. En 1807, Humphry-Davy découvrit le potassium en décomposant la potasse par un fort courant électrique.

2. On prépare aujourd'hui le potassium en décomposant, à une haute température, le carbonate de potasse par le charbon.

3. Pour purifier le potassium brut, on le soumet à la distillation et on le condense dans un récipient contenant de l'huile de naphte.

4. Le potassium a l'éclat métallique de l'argent. Il est plus léger que l'eau; sa consistance est celle de la cire; on peut le pétrir entre les doigts dans de l'huile de naphte, pour éviter son inflammation au contact de l'air.

5. Le potassium est le seul entre les métaux qui s'oxyde à froid dans l'oxygène ou dans l'air secs. Son affinité pour l'oxygène est des plus grandes. Il décompose l'eau à froid avec dégagement d'hydrogène, qui prend feu au contact de l'air, par suite de la haute température que développe la combinaison de l'oxygène de l'eau avec le métal.

6. Le corps vulgairement appelé *potasse caustique* est de l'*hydrate de protoxyde de potassium*. C'est une matière blanche, très-soluble dans l'eau, d'une saveur brûlante, d'une action des plus énergiques sur les matières organisées.

7. On prépare la potasse caustique en enlevant son acide carbonique.

au carbonate de potasse par le moyen de la chaux. Le produit ainsi obtenu est impur, à cause des sels étrangers qui accompagnent le carbonate de potasse commercial. On lui donne le nom de *potasse à la chaux*.

8. L'alcool dissout la potasse caustique et ne dissout pas les sels étrangers qui l'accompagnent. On obtient donc par l'emploi de l'alcool un produit beaucoup plus pur, appelé *potasse à l'alcool*.

9. On obtient de la potasse pure en calcinant un mélange d'azotate de potasse et de cuivre.

10. On obtient le *protosulfure de potassium* en sursaturant, par de l'hydrogène sulfuré, un volume de dissolution de potasse, auquel on ajoute, la sursaturation terminée, un volume égal de la même dissolution. C'est un réactif d'un emploi très-fréquent, à cause des sulfures métalliques qu'il produit dans les dissolutions salines.

Le sulfate de potasse, réduit par le charbon dans une cornue chauffée au rouge, donne un mélange pulvérulent de charbon, de protosulfure de potassium et de polysulfure, qui prend feu spontanément quand on le projette dans l'air, et régénère du sulfate de potasse.

11. On obtient l'iodure de potassium en dissolvant de l'iode dans une dissolution de potasse, évaporant et calcinant le résidu pour détruire l'iodate formé en même temps que l'iodure, et le ramener à ce dernier état.

CHAPITRE VII

OXYSELS DU POTASSIUM

1. Diffusion du potassium et du sodium. — A l'état métallique, le potassium et le sodium n'ont qu'un rôle bien secondaire. La chimie de laboratoire, il est vrai, met à profit leurs puissantes affinités pour provoquer des réactions énergiques, pour isoler certains métaux; la chimie industrielle commence à les utiliser, le sodium surtout, moins coûteux, dans quelques opérations métallurgiques. Mais c'est à l'état salin que les deux métaux ont une importance de premier ordre, autant dans la nature que dans l'industrie. On les trouve dans les eaux de la mer, principalement sous forme de chlorure; on les trouve dans les roches granitiques à l'état de silicate, dans la terre végétale en combinaisons salines diverses, dans la plante, qui les puise dans le sol ou dans la mer, dans l'animal, qui directement ou indirectement les emprunte à la plante. Leur présence paraît indispensable à l'exercice de la vie, du moins ils font partie de tout être vivant, à tel point qu'on pourrait par excellence les appeler les métaux de l'organisation. Les plantes marines contiennent surtout de la soude, puisée dans le milieu où elles vivent; les plantes du littoral et des terrains salés en contiennent aussi. Les végétaux terrestres ont pour eux la potasse, que les racines récoltent atome par atome dans le sol. A notre tour, pour les besoins de notre industrie, nous profitons de ce labeur lent et minutieux de la plante, et nous retirons la potasse de ses cendres.

2. **Cendres des végétaux terrestres.** — Les cendres de tous les végétaux renferment, à quelques rares exceptions près, des carbonates alcalins. Si les plantes sont terrestres, le carbonate de potasse y domine; si elles sont marines, ou du moins si elles ont végété dans le voisinage de la mer, c'est le carbonate de soude qui s'y trouve en plus grande abondance. Dans tous les cas, il est rare qu'une plante ne fournisse qu'une seule espèce de carbonate alcalin. Toutefois, ni l'un ni l'autre des deux sels ne préexiste dans la plante. Dans l'organisation végétale, la potasse et la soude sont associées à divers acides organiques, tels que l'acide oxalique, l'acide malique, l'acide tartrique, etc., qui renferment tous du charbon au nombre de leurs éléments et sont décomposables par la chaleur. Chauffons au rouge de l'oxalate de potasse. Le sel se décomposera et laissera pour résidu du carbonate de potasse, apte à faire effervescence avec les acides, tandis que le sel primitif ne l'était pas. Pareille chose arrive avec les divers sels à acide organique contenant du charbon, car, en brûlant, cet acide produit de l'acide carbonique, et celui-ci, en présence de la potasse ou de la soude, se combine avec ces bases et forme des carbonates. C'est donc la destruc-

tion ignée des sels alcalins à acide organique qui produit les carbonates de potasse et de soude contenus dans les cendres.

Maintenant que nous savons pourquoi il y a des carbonates alcalins dans les cendres, constatons leur présence dans les cendres elles-mêmes. Délayons dans de l'eau de la cendre commune et filtrons. La liqueur est alcaline, elle fait effervescence avec les acides, preuve qu'elle contient un carbonate. Si l'on y verse un peu de chlorure de platine alcoolisé, il se forme un précipité jaune, indice de la présence de la potasse. D'ailleurs, dans le ménage, ne fait-on pas les lessives avec des cendres? Or ces lessives n'agissent sur les saletés du linge que par les propriétés détersives des alcalis.

La quantité de cendres, résidu de la combustion complète, varie beaucoup d'une plante à l'autre. Elle varie aussi pour la même plante suivant la nature du terrain, suivant la partie du végétal incinéré. En général, les plantes herbacées en fournissent plus que les végétaux ligneux. L'écorce en donne plus que les feuilles, les feuilles plus que les rameaux, les rameaux plus que le tronc. En moyenne, pour 100 parties en poids de végétal, on obtient les proportions suivantes en cendres.

NOMS des végétaux.	PROPORTION de cendres pour 100 parties en poids de végétal.
Tiges de pomme de terre.	15,00
Paille de maïs.	12,20
Tiges de pois.	11,30
Ortie.	10,67
Paille d'avoine.	5,10
Tilleul.	5,00
Sarments de vigne.	4,66
Fougères.	4,50
Paille de blé.	4,40
Joncs.	4,33
Chardon.	4,03
Chêne.	3,30
Noisetier.	1,57
Pin.	1,50
Bouleau	1,00
Peuplier.	0,80
Charme	0,60
Aulne.	0,40

Dans les cendres, deux ordres de composés salins sont à distinguer : les composés solubles dans l'eau et les composés insolubles. Les premiers, les seuls qu'il nous importe de considérer ici, sont essentiellement formés de carbonate de potasse et d'une petite quantité de sulfate de potasse et de chlorure de potassium. Les seconds contiennent surtout du carbonate de chaux, et en proportion bien moindre des phosphates de chaux et de magnésie, ainsi que des silicates. Nous citerons pour quelques végétaux les proportions relatives des composés solubles et des composés insolubles dont le mélange constitue les cendres.

VÉGÉTAUX d'où proviennent les cendres.	PORTION soluble pour 100 de cendres.	PORTION Insoluble pour 100 de cendres.
Tige de pomme de terre. . .	4,20	95,80
Paille de blé.	10,10	89,90
Tilleul.	10,80	89,20
Chêne.	12,00	88,00
Pin.	13,60	86,40
Noyer.	15,40	84,60
Bouleau.	16,00	84,00
Aulne.	18,80	81,20
Mûrier.	25,00	75,00
Fougères.	29,00	71,00
Sureau.	31,50	68,50

3. Fabrication du salin. — L'incinération des végétaux, dans l'unique but d'extraire le carbonate de potasse, se pratique surtout dans l'Amérique du Nord, en Russie, en Allemagne, en Suède, etc. Le défrichement d'immenses forêts devant la civilisation qui pénètre plus avant dans les terres vierges, alimente en Amérique les ateliers de *salinage;* en Russie, ce sont les herbages des steppes. Dans nos Vosges, on brûle les brindilles et les broussailles provenant de l'exploitation des forêts. L'incinération se fait dans des fosses circulaires ou sur des aires planes et bien battues. Les cendres obtenues sont mises dans des cuviers en bois que l'on achève de remplir d'eau. Le liquide traverse la couche de cendres, entraîne les sels solubles, et passe d'un cuvier à l'autre, s'enrichissant toujours, jusqu'à ce qu'il marque une douzaine de degrés à l'aréomètre de Baumé. La lessive est alors introduite dans des chaudières en tôle à grande surface de chauffe, pour être concentrée à feu nu. Lorsque le liquide a atteint l'état sirupeux, il est transvasé dans des chaudières en fonte, où la dessiccation s'achève à une haute température. Le produit brut ainsi obtenu s'appelle *salin*. C'est une masse solide, d'une grande dureté, d'une couleur brune ou même noire provenant de matières organiques riches en carbone.

4. Transformation du salin en potasse perlasse. — Le salin brut est trop impur pour pouvoir servir tel quel à la plupart des opérations industrielles. On le soumet donc à une énergique calcination qui a pour effet de détruire les matières organiques auxquelles il doit sa coloration brune. A cet effet, le salin est établi sur la sole d'un four (fig. 11); la flamme du

Fig. 11. — Four pour la transformation du salin en potasse perlasse.

foyer A passe sur la couche et vient par l'orifice *o* se rendre dans la cheminée K. Par le même orifice, un ouvrier armé d'outils appropriés, brasse la matière, la brise pour en exposer toutes les parties à l'action comburante de la flamme. Après ce travail, le salin se trouve converti en une matière blanche, à petits grains. On lui donne alors le nom de *potasse perlasse* ou en perles, pour faire allusion à son état granulé. Mais l'expression de potasse est très-impropre, car en réalité c'est du carbonate de potasse rendu impur par la présence d'autres sels alcalins, sulfate de potasse et chlorure de potassium. Suivant son origine, on désigne ce produit commercial sous le nom de *potasse d'Amérique, de Russie, d'Allemagne, des Vosges.*

5. Raffinage des potasses commerciales. — Les potasses commerciales, outre le carbonate de potasse qui en fait la majeure partie, contiennent à proportion variable du sulfate de potasse et du chlorure de potassium. On peut séparer ces deux sels en se basant sur leur propriété d'être très-peu solulubles dans une dissolution de carbonate de potasse. La matière est traitée par l'eau : seul le carbonate de potasse se dissout, les autres sels ne se dissolvent pas. La dissolution décantée et évaporée donne du carbonate de potasse contenant encore, comme corps étranger, un peu de carbonate de soude. C'est ce que le commerce appelle *carbonate de potasse* ou *potasse raffinée.*

6. Potasses des mélasses de betterave et du suint. — La betterave, qui déjà nous fournit le sucre, est aussi une source précieuse de potasse. Après la cristallisation du sucre, les sirops laissent un résidu ou *mélasse,* où se trouvent concentrés tous les composés alcalins fournis par la racine. On soumet d'abord la mélasse à la fermentation alcoolique, puis à la distillation, pour utiliser le sucre qu'elle contient encore. Les *vinasses,* c'est-à-dire les résidus de la distillation, sont évaporées, puis calcinées. Enfin, le salin obtenu est soumis à un raffinage, qui a pour objet de séparer d'abord les sels insolubles, carbonate de chaux, phosphate de chaux, silicates; et, en dernier lieu, le chlorure de potassium et le sulfate de potasse.

La transpiration imprègne la laine des moutons d'une combinaison de sueur et de potasse appelée *sudorate de potasse* ou vulgairement *suint.* Le suint des laines ordinaires constitue environ les 15 pour 100 du poids de la toison brute. Dans la laine mérinos, il forme le tiers du poids total. Toute laine, avant d'être manufacturée, subit une première préparation, qui a pour objet de la dépouiller du sudorate potassique, et qui consiste en une immersion dans l'eau. C'est ce qu'on nomme le *désuintage.* Évaporées, les eaux chargées de suint laissent un résidu qui, par la calcination et le lessivage, donnent du carbonate de potasse à peu près pur et exempt de soude.

7. Charrées ou cendres lavées. — Le résidu insoluble laissé par les cendres lessivées est connu sous le nom de *charrées*. Il est principalement formé de carbonate de chaux, de phosphate de chaux et de silice; mais à peine y trouve-t-on des traces de sels alcalins. L'agriculture emploie ce résidu comme engrais. Riches en carbonate de chaux, les charrées ne conviennent pas aux sols calcaires, où elles apporteraient inutilement une surabondance de l'élément calcique; mais elles produisent d'excellents effets sur les terres argileuses, schisteuses et granitiques, où le calcaire fait plus ou moins défaut. Elles conviennent aussi aux terres tourbeuses et acides, qu'elles neutralisent par leur carbonate calcaire.

8. Applications des potasses du commerce. — Les potasses carbonatées du commerce sont d'une haute importance dans diverses industries du premier ordre. Elles sont employées pour la verrerie fine, les verres d'optique et la cristallerie. Elles entrent dans la fabrication des savons mous à base de potasse, du bleu de Prusse, du chlorate de potasse, du cyanure de potassium. On les emploie pour convertir l'azotate de soude en azotate de potasse propre à la fabrication de la poudre. On en retire le potassium et la potasse caustique, ainsi que nous venons de l'exposer dans le précédent chapitre. Les nombreuses applications industrielles des potasses du commerce exigent un moyen propre à reconnaître leur richesse réelle en carbonate de potasse, car évidemment ce produit n'est pas pur, et le consommateur doit savoir à quoi s'en tenir sur la véritable valeur de cette matière première. On y arrive par un *essai alcalimétrique*, dont nous parlerons après avoir étudié le carbonate de soude.

9. Carbonate de potasse pur. — Pour la chimie de laboratoire, plus précise en ses réactions que la chimie industrielle, il est nécessaire de recourir au carbonate de potasse pur. Comme la purification du carbonate du commerce serait trop longue, on emploie l'un des moyens suivants.

On met dans un poêlon de fonte un mélange à poids égaux

de bitartrate de potasse (crème de tartre), et d'azotate de potasse (nitre, salpêtre). On communique le feu au mélange en le touchant avec un charbon rouge; ensuite on couvre le poêlon avec son couvercle. La masse brûle toute seule. La combustion est terminée quand il n'y a plus de dégagement de fumée. Le résidu est noir; il est formé de carbonate de potasse et de charbon. On lui donne le nom de *flux noir*. Par son charbon, c'est un *réducteur*; par son carbonate alcalin, c'est un *fondant*. Si l'on traite ce résidu par l'eau, le carbonate de potasse seul se dissout. La dissolution filtrée et évaporée jusqu'à siccité, donne du carbonate de potasse pur, à quelques traces près de nitrite de potasse et de cyanure de potassium. — Si l'on avait opéré avec un mélange contenant une partie de crème de tartre et deux parties de nitre, ce dernier sel aurait fourni assez d'oxygène pour brûler tout le charbon de l'acide tartrique, et le résidu aurait été blanc. C'est alors le *flux blanc* des anciens chimistes. Il sert de *fondant*, mais non de *réducteur*, puisqu'il ne contient pas de charbon. Le flux blanc est encore du carbonate de potasse, mais il contient des quantités assez sensibles d'azotate de potasse.

Enfin, quand on veut se procurer du carbonate de potasse parfaitement pur, il faut calciner, dans une capsule en argent, du bioxalate de potasse ou sel d'oseille. Le résidu est du carbonate de potasse, qui ne renferme aucune trace ni de cyanure ni d'azotite. On le dissout dans l'eau, on le filtre, on l'évapore à siccité, et on l'introduit encore chaud dans un flacon bien sec que l'on bouche avec soin pour empêcher l'accès de l'humidité de l'air.

Le carbonate de potasse pur est une matière blanche, amorphe, d'une saveur âcre, d'une réaction très-alcaline, déliquescente au contact de l'air, soluble dans son poids d'eau froide, insoluble dans l'alcool. En cristallisant dans une dissolution aqueuse concentrée, il se combine avec 2 équivalents d'eau et affecte la forme de tables rhomboïdales. A une température élevée, le carbonate de potasse est décomposé par la vapeur d'eau, qui se substitue à l'acide carbonique; il est également décomposé par le charbon, qui met le potassium en liberté avec dégagement d'oxyde de carbone.

10. Chlorate de potasse, ClO^5,KO. — Préparation de laboratoires. — Parmi les sels potassiques, il en est un, oxydant du premier ordre, qui constitue une source aussi commode qu'abondante d'oxygène : c'est le chlorate de potasse. Le procédé de sa préparation est très-simple : il suffit de faire arriver un courant de chlore dans une dissolution concentrée de potasse pour que, au bout de quelque temps, des paillettes brillantes de chlorate de potasse se déposent au fond du liquide. Le gaz doit arriver par un tube assez large, sinon le dépôt salin finirait par obstruer le passage. Si le liquide était maintenu froid, il se formerait de l'hypochlorite de potasse et du chlorure de potassium; mais la température s'élève rapidement à cause de la chaleur dégagée par le travail chimique, et dans ces conditions il se produit du chlorate de potasse et du chlorure de potassium. La réaction est exprimée comme il suit :

$$6Cl + 6KO = 5ClK + ClO^5,KO.$$

Bien moins soluble que le chlorure de potassium, le chlorate de potasse se dépose à peu près seul en lamelles cristallines pendant le refroidissement. Le résultat serait le même si l'on se servait de carbonate de potasse au lieu de potasse caustique, car l'acide carbonique se dégagerait.

11. Fabrication industrielle. — Le procédé des laboratoires est d'une élégante simplicité, mais il est très-dispendieux, car, sur 6 équivalents de potasse, 1 seul est converti en chlorate, lorsque les 5 autres passent à l'état de chlorure de potassium, composé de peu de valeur en industrie et dont le dépôt cristallin devient très-embarrassant. Aussi, dans les manipulations industrielles, emploie-t-on une autre méthode dans laquelle l'oxygène nécessaire à l'acidification du chlore est fourni par la chaux et non plus par la potasse. On met dans une cuve de plomb 2 parties de chaux éteinte, 1 partie de chlorure de potassium et 10 parties d'eau. Le mélange est d'abord porté à une soixantaine de degrés environ au moyen d'un serpentin à vapeur. C'est alors qu'on fait arriver le courant de chlore. Une vive réaction se déclare et la température s'élève d'elle-même à 100° et au delà. Le résultat est du chlorate de potasse et du chlorure de calcium.

$$ClK + 6CaO + 6Cl = 6ClCa + ClO^6,KO.$$

Le liquide, débarrassé par le repos des matières insolubles, est transvasé dans une chaudière à double fond où circule de la vapeur d'eau. Quand il est suffisamment concentré, on l'abandonne au refroidissement. Le chlorate de potasse se dépose, le chlorure de calcium très-soluble reste dans les eaux-mères. Lavés à l'eau froide, puis redissous dans une petite quantité d'eau chaude, les cristaux de chlorate sont purifiés par une seconde cristallisation.

12. **Propriétés du chlorate de potasse.** — Le chlorate de potasse cristallise en lamelles rhomboïdales, incolores. Il est peu soluble dans l'eau froide; 100 parties d'eau à 15° en dissolvent environ 6 parties. Il fond à 100° et se décompose à une température plus élevée en oxygène, chlorure de potassium et perchlorate de potasse.

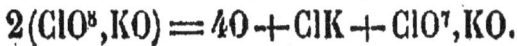

$$2(ClO^6,KO) = 4O + ClK + ClO^7,KO.$$
$$\text{Perchlorate}$$
$$\text{de potasse.}$$

La température s'élevant toujours, il arrive un moment où le perchlorate de potasse, qui a pris naissance dès le commencement de la fusion ignée, se décompose à son tour; et l'on a finalement de l'oxygène pour produit et du chlorure de potassium pour résidu.

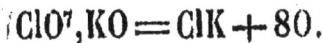

$$ClO^7,KO = ClK + 8O.$$

Il y a ainsi deux phases dans la décomposition du chlorate de potasse par la chaleur. Dans la première phase, à une température de 480° environ, le sel abandonne le tiers de son oxygène et se transforme en chlorure de potassium et en perchlorate de potasse; dans la deuxième phase, exigeant une température bien plus élevée, le perchlorate achève d'abandonner l'oxygène du sel primitif et le résidu final est du chlorure de potassium. Tel est le motif pour lequel la décomposition du chlorate de potasse, très-facile au début, devient difficultueuse à la fin. On profite du temps d'arrêt après la première phase pour obtenir le perchlorate de potasse. On traite par l'eau le résidu de la décomposition ignée, mais incomplète du chlorate de potasse; peu soluble dans l'eau, le perchlorate de potasse se sépare aisément du chlorure de potassium qui l'accompagne. Si le chlorate de potasse est mélangé avec du bioxyde de manganèse ou de l'oxyde de cuivre, il se décompose régulièrement sans entrer en fusion, avec un résidu uniquement formé de chlorure de potassium et de l'oxyde auxiliaire non altéré. C'est ainsi que se prépare habituellement l'oxygène.

L'instabilité de l'acide chlorique fait du chlorate de potasse un oxydant du premier ordre. L'oxygène, faiblement retenu par le chlore, passe avec facilité aux corps combustibles parfois avec explosion. — Si l'on frappe violemment, avec un marteau, une petite quantité d'un mélange de chlorate de potasse et de soufre, il se produit une forte explosion, qui serait plus forte encore si, à la place du soufre, on mettait du phosphore. — Rien ne peut mieux donner une idée de la faculté oxydante du chlorate de potasse que l'expérience suivante. On verse quelques gouttes d'acide sulfurique sur un mélange de chlorate de potasse, de soufre et de poudre de lycopode, matière végétale facilement inflammable. L'acide sulfurique met en liberté un peu d'acide chlorique; celui-ci, très-instable, se décompose, et son oxygène se porte sur le mélange de soufre et de lycopode, qui s'enflamme et brûle avec éclat. Nous avons déjà parlé d'une expérience analogue, qui consiste à mettre une goutte d'acide sulfurique sur un mélange de chlorate de potasse et de résine, en poudre l'un et l'autre. — Enfin le chlorate de potasse fuse avec une grande vivacité sur les charbons ardents. L'oxygène qui provient de la décomposition ignée du sel réagit sur le charbon incandescent et en ravive la combustion. — Un mélange de chlorate de potasse, de soufre et de charbon constitue une poudre qualifiée de *brisante*, à cause de la soudaineté de l'explosion, qui brise les obstacles s'opposant à l'expansion des gaz. La production instantanée des gaz et la haute température à laquelle ils sont portés, sont cause de ces brusques énergies. — La faculté éminemment comburante du chlorate de potasse permet d'enflammer le phosphore sous l'eau. On met au fond d'un verre à expériences un peu de chlorate de potasse et quelques parcelles de phosphore, et l'on achève de remplir le verre avec de l'eau. Avec un petit entonnoir, dont le bec effilé arrive jusque sur le chlorate, on introduit au fond du verre de l'acide sulfurique concentré. Le chlorate de potasse est décomposé, son oxygène se porte sur le phosphore qui prend feu, et l'eau qui surmonte le mélange est traversée par des jets de lumière accompagnés d'une bruyante décrépitation.

13. **Usages du chlorate de potasse.** — Le chlorate de potasse est, pour le chimiste, le corps généralement employé pour obtenir de l'oxygène. L'industrie l'emploie dans la fabrication des capsules fulminantes pour les armes à feu. Les artificiers le font entrer dans quelques-uns de leurs mélanges combustibles. Les allumettes chimiques sans soufre en contiennent; elles s'enflamment en produisant une petite explosion, qui parfois projette un peu de matière enflammée. Les allumettes au phosphore amorphe en contiennent aussi.

14. **Hypochlorite de potasse, ClO,KO.** — **Eau de Javelle.** — C'est le composé le plus anciennement employé par l'industrie comme décolorant et comme désinfectant, double propriété due à la facile décomposition de l'acide hypochloreux ClO en oxygène naissant et en chlore, doués tous les deux d'une action si énergique sur les matières colorantes et les miasmes putrides. Nous reviendrons sur ce sujet en traitant de l'hypochlorite de chaux, d'un emploi bien plus général. L'eau de Javelle est un mélange, équivalent pour équivalent, d'hypochlorite de potasse et de chlorure de potassium, l'un et l'autre dissous dans l'eau. On l'obtient en faisant passer un courant de chlore dans une dissolution étendue et froide de potasse caustique ou de carbonate de potasse. Ce n'est pas alors de l'acide chlorique qui se forme, mais bien de l'acide hypochloreux.

$$2Cl + 2KO = ClK + ClO,KO.$$

Chlorure de   Hypochlorite
potassium.   de potasse.

On peut ici, comme pour le chlorate de potasse, faire intervenir la chaux et éviter la production coûteuse et inutile du chlorure de potassium. Mélangeons une dissolution d'hypochlorite de chaux avec une dissolution tiède de carbonate de potasse, et nous aurons du carbonate de chaux insoluble et de l'hypochlorite de potasse.

$$ClO,CaO + CO^2,KO = CO^2,CaO + ClO,KO.$$

L'emploi de l'eau de Javelle est aujourd'hui fort restreint; on a recours de préférence, à cause de son prix moindre, à l'hypochlorite de soude, vulgairement *liqueur de Labarraque*, dont les propriétés décolorantes et désinfectantes sont les mêmes, et surtout à l'hypochlorite de chaux, vulgairement *chlorure de chaux*.

RÉSUMÉ

1. A l'état salin, le potassium et le sodium sont très-répandus dans la nature. On les trouve dans les eaux de la mer, dans les roches granitiques, dans le sol, dans la plante, dans l'animal. Leur présence paraît indispensable à l'exercice de la vie. Ce sont, en quelque sorte, les métaux de l'organisation. Les plantes marines contiennent surtout des sels de soude; les plantes terrestres, des sels de potasse.

2. Par l'incinération, les plantes laissent un résidu où se trouvent toujours des carbonates alcalins : carbonate de potasse si la plante est terrestre, carbonate de soude si la plante est marine. Ces carbonates ne préexistent pas dans l'organisation : ils résultent de la décomposition ignée de sels alcalins à acide organique, comme l'acide oxalique, l'acide tartrique, l'acide malique, etc. La quantité de cendres est variable suivant la plante et le sol où elle a végété. Les cendres contiennent des sels solubles dans l'eau : carbonate de potasse, sulfate de potasse, chlorure de potassium, etc.; et des sels insolubles : carbonate de chaux, phosphate de chaux, phosphate de magnésie, silicate, etc.

3. La partie soluble des cendres, séparée par un lessivage et desséchée à une haute température, prend le nom de *salin*. C'est une masse compacte, très-dure, de couleur brune ou même noire, provenant de matières organiques riches en carbone.

4. En calcinant le salin brut dans des fours, en présence de l'air,

on obtient du carbonate de potasse impur et granulé, appelé par le commerce *potasse perlasse*. La calcination a pour but de blanchir le salin en brûlant les matières organiques qui le colorent et le souillent.

5. Les potasses commerciales contiennent, outre du carbonate de potasse, du sulfate de potasse et du chlorure de potassium, que l'on sépare par l'eau, car ils sont peu solubles dans une dissolution de carbonate de potasse. Le produit prend alors, dans le commerce, le nom de *carbonate de potasse* ou de *potasse raffinée*.

6. Les résidus de la fabrication du sucre avec les betteraves sont une source importante de carbonate de potasse. Il en est de même du *suint* des laines.

7. Les cendres d'où le lessivage a extrait les carbonates alcalins prennent le nom de *charrées*. L'agriculture les emploie comme engrais dans les sols non calcaires.

8. Les potasses du commerce sont principalement employées à la verrerie fine, à la cristallerie, à la fabrication des savons à base de potasse.

9. Le carbonate de potasse pur, à l'usage des laboratoires, se prépare en calcinant du bioxalate de potasse ou sel d'oseille. C'est une matière blanche, amorphe, d'une saveur âcre, très-soluble dans l'eau, et déliquescente à l'air.

10. On prépare le chlorate de potasse en faisant arriver un courant de chlore dans une dissolution concentrée et chaude de potasse caustique ou de carbonate de potasse. Il se forme du chlorate de potasse, qui se sépare en lamelles par le refroidissement, et du chlorure de potassium, qui reste en dissolution.

11. Pour économiser la potasse, on prépare industriellement le même sel en faisant arriver un courant de chlore dans un mélange de chaux, de chlorure de potassium et d'eau. Toute la potasse alors est convertie en chlorate.

12. Le chlorate de potasse est un oxydant du premier ordre, à cause de l'instabilité de l'acide chlorique.

13. Le chlorate de potasse sert à la préparation de l'oxygène, à la fabrication des amorces fulminantes, de certaines allumettes chimiques, etc.

14. L'*eau de Javelle* doit ses propriétés décolorantes et désinfectantes à l'acide hypochloreux, qui se dédouble aisément en oxygène et en chlore. C'est un mélange de chlorure de potassium et d'hypochlorite de potasse. On l'obtient en faisant arriver un courant de chlore dans une dissolution étendue et froide de potasse caustique ou de carbonate de potasse.

CHAPITRE VIII

OXYSELS DU POTASSIUM

(SUITE)

1. État naturel de l'azotate de potasse. — Ce sel potassique, connu aussi sous les noms de *nitre*, *salpêtre*, *nitrate de
potasse*, *sel de nitre*, est extrêmement répandu dans la nature;
il est, pour ainsi dire, partout : dans les eaux pluviales, la
neige, les eaux courantes, la mer, le sol, nos habitations, etc.,
mais en proportion très-faible. Dans certaines régions, plus fa-
vorisées sous ce rapport, aux Indes, en Égypte, à Ceylan, en
Espagne, etc., il couvre le sol d'efflorescences blanches rappelant une mince couche de neige. Ailleurs, au Pérou, à un millier
de mètres d'altitude, se trouvent des gisements intarissables de
salpêtre. Les Péruviens désignent sous le nom de *caliche* des
couches de 2 à 3 mètres d'épaisseur, formées d'un mélange
naturel de sable, d'argile et de salpêtre. Ce dernier s'y trouve
dans la proportion de 20 jusqu'à 65 pour 100. Le mélange est
si dur, qu'il faut employer la poudre pour l'exploiter. Dans les
pays froids ou tempérés, l'azotate de potasse est bien moins
abondant; mais il s'y produit des azotates terreux, azotate de
chaux surtout, dans les caves, les rez-de-chaussée, les bergeries,
les endroits humides et quelques terres cultivées. Les délicates
houppes blanches qui recouvrent les murs humides d'une moi-
sissure neigeuse, contiennent des azotates de chaux et de magnésie. Par double décomposition, on peut les transformer en
azotate potassique.

2. Salpêtre de l'Inde. — Les terres richement salpêtrées,
comme celles de l'Inde, de l'Égypte, du Pérou, etc., sont lessivées avec de l'eau. Soumise à l'évaporation par la seule chaleur
solaire, la dissolution laisse déposer de gros cristaux d'azotate
de potasse contenant quelques sel étrangers, en particulier

du sel marin. C'est le *salpêtre brut de l'Inde* que l'on soumet en Europe à un raffinage.

3. Conversion de l'azotate de soude naturel en azotate de potasse. — Le Pérou, outre des gisements d'azotate de potasse, possède des gisements bien plus considérables d'azotate de soude, qui ne peut remplacer le salpêtre dans son emploi le plus important : la fabrication de la poudre. On convertit donc artificiellement l'azotate sodique en azotate potassique. On mélange deux dissolutions, l'une de chlorure de potassium, l'autre d'azotate de soude. Par double échange, il se forme deux sels très-inégalement solubles : le sel marin, chlorure de sodium, qui cristallise dans la dissolution bouillante, et l'azotate de potasse, qui se dissout dans l'eau chaude en grande proportion.

$$ClK + AzO^5, NaO = ClNa + AzO^5, KO.$$

4. Traitement des matériaux salpêtrés. — La majeure partie du salpêtre employé en France provient du raffinage du salpêtre brut de l'Inde ou de la conversion de l'azotate naturel de soude en azotate de potasse. On tire parti toutefois des azotates terreux, azotate de chaux et de magnésie, contenus dans les plâtras provenant des caves, des étables, des écuries, etc. Les plâtras sont d'abord lessivés dans des cuviers, dont le liquide s'enrichit peu à peu en matériaux salins en passant de l'un à l'autre. La dissolution contient de l'azotate de potasse, de l'azotate de chaux, de l'azotate de magnésie, et les chlorures correspondants, ainsi que du chlorure de sodium. La lessive est filtrée à travers une couche de cendres, où se trouvent, nous l'avons vu, du carbonate de potasse et du sulfate de potasse, sels qui par double décomposition transforment les azotates terreux en azotates alcalins. En effet, l'azotate de chaux et le sulfate de potasse, produisent de l'azotate de potasse soluble et du sulfate de chaux insoluble.

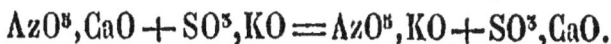

$$AzO^5, CaO + SO^3, KO = AzO^5, KO + SO^3, CaO.$$

De même, l'azotate de magnésie et le carbonate de potasse

donnent naissance à de l'azotate de potasse et à du carbonate de magnésie insoluble.

$$AzO^5, MgO + CO^2, KO = AzO^5, KO + CO^2, MgO.$$

Enfin les chlorures de calcium et de magnésium sont transformés par des réactions analogues en chlorure de potassium, d'une part, et en sulfate de chaux et carbonate de magnésie de l'autre; de sorte que la liqueur, tirée au clair, ne contient plus que l'azotate alcalin et des chlorures de potassium et de sodium. La dissolution évaporée à chaud laisse cristalliser les deux chlorures et conserve dissous l'azotate alcalin.

Le point que l'industriel ne perd jamais de vue, c'est la diminution du prix de revient de ses produits. Or le carbonate de potasse, et par conséquent les cendres d'où on le retire, sont des matières d'un prix assez élevé. On parvient à s'en passer comme il suit. Les eaux de lessivage des plâtras salpêtrés sont d'abord traitées par la chaux, qui décompose les sels de magnésie. Si, en effet, on verse de l'eau de chaux dans une dissolution limpide d'azotate de magnésie, cette dernière base, très-peu soluble, est précipitée et le mélange devient laiteux. Les eaux nitrifères, après le traitement par la chaux, contiennent tous leurs sels primitifs, excepté ceux de magnésie. Elles sont alors additionnées de sulfate de soude, qui précipite la chaux à l'état de sulfate. Mais cette réaction a pour résultat d'introduire de l'azotate de soude dans les eaux, tandis que c'est celui de potasse qu'il s'agit d'obtenir. On a recours alors au procédé qui transforme l'azotate de soude naturel en salpêtre, c'est-à-dire à l'intervention du chlorure de potassium. Concentrée par la chaleur, le liquide abandonne le chlorure de sodium en cristaux et ne contient plus que de l'azotate de potasse.

5. **Purification de l'azotate de potasse.** — N'importe son origine, le salpêtre brut contient toujours des chlorures qui attirent aisément l'humidité de l'air et rendent le produit impropre à la fabrication de la poudre. Pour l'amener au degré voulu de pureté, on le dissout dans une faible quantité d'eau, le cinquième de son poids environ. Relativement bien moins

solubles, les chlorures de potassium et de sodium restent, pour
la majeure partie, au fond de la chaudière sans se dissoudre.
On les enlève avec un râteau. La dissolution trouble et visqueuse,
à cause de la présence de matières organiques, est étendue d'eau
et additionnée de sang de bœuf ou de colle qui, en se coagu-
lant, amènent les matières organiques à la surface sous forme
d'écumes. On enlève ces écumes et le liquide clair est transvasé
dans des cristallisoirs où, par le refroidissement, il abandonne
la majeure partie de l'azotate de potasse. Pendant la cristallisation, le liquide est constamment remué, pour empêcher la formation de gros cristaux. Les gros cristaux, en effet, retiennent
dans leur intérieur de faibles quantités d'eaux-mères impures
qu'on ne peut leur enlever; les menus cristaux, au contraire,
ne retiennent que l'eau interposée entre cristal et cristal et facilement éliminable par un lavage à froid. Les cristaux égouttés
sont tassés dans une caisse à double fond percé de trous et ar-
rosés avec une dissolution froide et saturée d'azotate de potasse.
Dans ce liquide, une plus forte proportion de salpêtre ne peut
se dissoudre; mais il n'en est pas ainsi des chlorures, qui sont
presque en entier entraînés. Le salpêtre raffiné dans les ma-
nufactures de l'État contient au plus un dix-millième de chlorure.

6. **Nitrification.** — Il se produit naturellement des azotates à profusion. Quelle peut en être la cause? Cette cause, on
ne peut en douter, est de nature complexe; elle n'est pas la
même partout. Nous citerons les circonstances les mieux avé-
rées dans lesquelles un azotate peut se former.

Un mélange humide d'azote et d'oxygène peut, sous l'influence de l'électricité, produire de l'acide azotique. On est
porté à attribuer à cette influence électrique la formation partielle des azotates dans les pays très-chauds. Sous l'équateur,
par exemple, il se fait toute l'année des décharges électriques
dans l'atmosphère. Il doit donc se former de l'acide azotique
qui, absorbé par le sol où se trouvent des alcalis, devient sel de
nitre.

Dans les pays tempérés, la nitrification doit tenir à une autre
cause. Un mélange d'ammoniaque et d'air produit de l'acide

azotique lorsqu'il est mis en contact avec un corps poreux à température élevée. Du ballon A, contenant de l'alcali volatil, du gaz ammoniac se dégage (fig. 12). Le flacon B, où arrive un filet

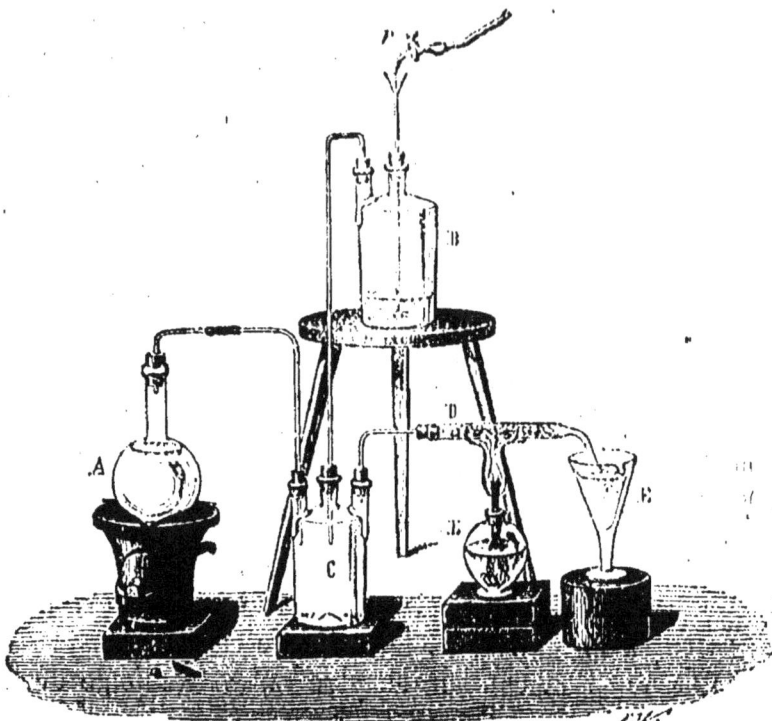

Fig. 12. — Appareil pour démontrer la formation de l'acide azotique par le gaz ammoniac et l'air, en présence des corps poreux.

d'eau par le robinet r, fournit de l'air. Les deux gaz se mélangent dans le flacon C, et s'engagent dans le tube D contenant de la mousse de platine et chauffé à la lampe. L'extrémité libre du tube plonge dans le verre E où se trouve un mélange d'acide sulfurique et de sulfate de fer. Nous avons déjà parlé de ce réactif propre à constater la présence des azotates ou de l'acide azotique, par la coloration rose ou brune qu'il prend. Eh bien, le produit gazeux qui se dégage du tube chaud fait brunir le contenu du verre. L'air et le gaz ammoniac, en circulant dans la masse poreuse et chaude, ont donc formé de l'acide azotique.

$$AzH^3 + 8O = AzO^5,HO + 2HO$$

Dans certains cas, un courant d'air, privé de vapeurs acides et de vapeurs ammoniacales, donne lieu, en passant sur des corps poreux, à la formation d'acide azotique. Ce même acide peut prendre naissance toutes les fois qu'une oxydation s'opère dans l'air en présence de l'eau et des bases.

La nitrification, dans les pays tempérés, ne s'effectue en abondance que là où se trouvent des matières animales. Celles-ci sont azotées; elles dégagent de l'ammoniaque en se décomposant. Mais ce gaz, surtout à l'état naissant, peut, en présence de l'air et en contact avec des matières poreuses, calcaires, argiles, détritus organiques, se transformer en acide azotique. Voilà donc la nitrification expliquée lorsqu'il y a des substances animales; mais bien souvent il se forme des azotates en grande abondance dans des localités très-peu riches en matières azotées. Dans ce cas, on admet que l'azote et l'oxygène de l'air se combinent sous la triple influence des corps poreux, de l'humidité et des bases.

7. **Poudre. Sa composition.** — La poudre des armes à feu est un mélange intime d'azotate de potasse, de soufre et de charbon. Nous disons mélange et non combinaison; car on peut, au moyen de dissolvants sans action chimique, séparer les matières qui la composent; et celles-ci peuvent encore être réunies sans produire aucun des phénomènes qui accompagnent les combinaisons. Traitée par l'eau, la poudre abandonne le salpêtre, le seul des trois composants qui soit soluble dans ce liquide. Le résidu desséché et traité par le sulfure de carbone, cède le soufre au nouveau dissolvant. Enfin, le charbon est le résidu final de ce traitement.

Bien que la poudre soit un mélange, il n'en est pas moins vrai que les quantités pondérales des matières dont elle est formée représentent, en général, de véritables proportions chimiques. Voici la composition des différentes poudres de France.

	Poudre de guerre.	Poudre de chasse.	Poudre de mine.
Salpêtre.	75,0	76,0	62,0
Charbon.	12,5	15,5	18,0
Soufre.	12,5	9,6	20,0

La poudre de guerre se rapproche très-sensiblement d'un mélange où entreraient 1 équivalent d'azotate de potasse AzO^5,KO, 3 équivalents de charbon 3C, et 1 équivalent de soufre S. Sa composition peut donc être représentée par

$$AzO^5,KO + 3C + S.$$

8. Fabrication de la poudre. — Les matières premières qui servent à la fabrication de la poudre doivent être choisies avec soin. Le salpêtre doit être très-pur. S'il contenait plus de 3 millièmes de sels étrangers, en particulier de sel marin, la poudre attirerait l'humidité de l'air. Le soufre doit être en canons, car la fleur de soufre contient toujours un peu d'acide sulfureux ou d'acide sulfurique, qui entraveraient la combustion. Enfin un charbon trop dense, trop riche en cendres et mal préparé, ne donnerait qu'un mauvais produit. Pour obtenir une poudre de bonne qualité, il faut employer du salpêtre en petits cristaux et purifié suivant les procédés dont il a été parlé. Le soufre en canons est introduit avec des billes de bronze dans des tonnes auxquelles on communique un mouvement de rotation. Il sort de là pulvérisé. On le tamise alors dans un blutoir semblable à celui qu'on emploie pour bluter la farine; opération très-importante, car elle a pour effet de séparer les petits grains de sable qui, plus tard, pourraient occasionner de graves accidents. La préparation du charbon doit être l'objet d'un soin tout particulier. D'abord tous les bois ne conviennent pas également : la bourdaine, le fusain, le peuplier, le châtaignier, les tiges de chanvre ou chènevottes, sont les bois que l'on estime les plus propres pour la fabrication de la poudre de guerre. Le peuplier, l'aulne, le tremble, le tilleul et le saule sont préférés pour la poudre de mine. Le procédé de carbonisation varie selon la destination du charbon qu'on veut obtenir. Pour la poudre de chasse, on emploie un charbon roux à carbonisation incomplète, obtenu en torréfiant le bois dans des vases distillatoires au moyen de la vapeur d'eau surchauffée.

La trituration et le mélange des trois substances est exécutée par des pilons. Dans une cavité de forme à peu près ovale, creusée dans une pièce de bois de chêne, on fait battre, par un pilon dont l'extrémité est en bronze, 10 kilogrammes

de mélange. Le fond de cette espèce de mortier est garni d'un
tampon de bois dur (fig. 13). Imaginons deux rangées de
12 mortiers chacune, dont les pi-
lons, pesant 40 kilogrammes, sont
soulevés par un mécanisme, 55 fois
par minute, à la hauteur de 4 déci-
mètres; nous aurons ainsi une idée
de ce qu'on appelle une batterie dans
un moulin à poudre. — On met d'a-
bord dans chaque mortier 1 litre
d'eau et $1^k,25$ de charbon en morceaux, que l'on fait battre pendant
une demi-heure; on ajoute ensuite
$7^k,5$ de salpêtre et $1^k,25$ de soufre.
On mélange bien les trois matières à
la main, et, pendant le premier
quart d'heure, on ne fait battre que
40 coups par minute. Après chaque
heure de battage, on fait passer les
matières d'un mortier dans un autre.
On surveille pour ajouter de temps

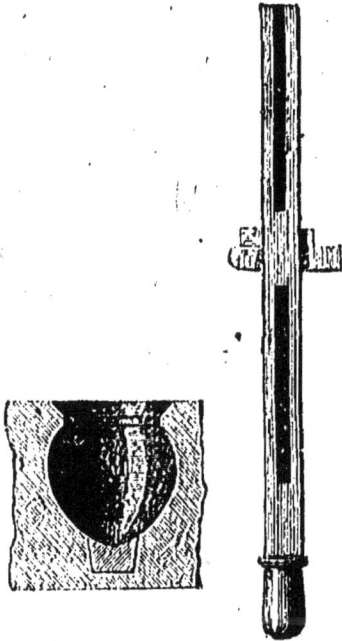

Fig. 13. — Mortier et pilon pour
la fabrication de la poudre.

en temps de petites quantités d'eau, et ce n'est qu'après le
douzième mélange que le battage continue sans interruption
pendant deux heures. De cette manière, le mélange reçoit environ 30000 coups dans l'espace de vingt-quatre heures. Si le
nombre de coups était sensiblement moindre, la poudre serait
peu compacte et ne pourrait supporter le transport.

Pour la poudre de chasse, les pilons sont généralement remplacés par deux meules en fonte pesant de 4000 à 5000 kilogrammes. Elles roulent verticalement dans une auge du même
métal à raison de dix révolutions par minute. On met dans l'auge
50 kilogrammes d'une composition que l'on prépare en faisant
tourner 21 kilogrammes de charbon roux avec des billes de
bronze, pendant douze heures, dans des tonnes; puis ajoutant
15 kilogrammes de soufre. Après six heures de rotation, le mélange est retiré, additionné de 120 kilogrammes de salpêtre,
et introduit dans une nouvelle tonne appelée *mélangeoir*, où il

est tourné pendant douze heures encore. On humecte avec un dixième d'eau la composition sortant du *mélangeoir*, en ayant soin de bien répartir le liquide avec un arrosoir très-fin ou une brosse; la matière est brassée avec les mains, passée au crible, et enfin soumise à la presse hydraulique pour être réduite en galettes.

Quel que soit le procédé employé pour former la pâte, la mise en grains est toujours exécutée de la même manière. On commence par la sécher suffisamment pour qu'elle puisse se briser. Ensuite elle est divisée sur un crible par l'action d'un disque lenticulaire en bois dur. Un mouvement de va-et-vient communiqué au crible fait tourner constamment le disque ou *tourteau* autour de la circonférence du crible même. Le disque, par son poids, brise et comprime assez la composition pour la faire passer à travers les trous, dont le diamètre varie suivant la nature de la poudre que l'on veut obtenir. La poudre divisée est passée, sans tourteau, dans un second crible appelé *grenoir* qui donne aux grains la grosseur voulue. Un troisième crible, l'*égalisoir*, retient les grains trop gros, et enfin un dernier tamis sépare la poussière.

La poudre alors est soumise au *séchage*, qui s'opère soit à l'air libre, soit par la chaleur artificielle. La première méthode n'est praticable que dans la bonne saison. On étend sur des toiles la poudre humide en couches de 3 à 4 millimètres d'épaisseur. Ces toiles sont exposées sur des tables, placées le long d'un mur exposé au midi. On renouvelle de temps en temps la surface de la poudre pour hâter la dessiccation, qui, dans les circonstances favorables, est complète dans l'espace de dix à douze heures. — Dans une sécherie artificielle, un courant d'air chauffé traverse une couche de poudre assez mince et la sèche en toute saison d'une manière régulière et sans main-d'œuvre.

Il y a une opération que l'on fait subir seulement à la poudre de chasse, et qui porte le nom de *lissage*. Elle a pour objet de donner à la poudre une surface polie et brillante qui augmente sa densité et assure sa conservation. Cette opération s'exécute avant le séchage. Le *lissoir* est un tonneau garni de quelques côtes peu saillantes. On y introduit la poudre seule. Par la rotation du tonneau, dont les côtes renouvellent les points de contact, la poudre roule sur elle-même, use ses aspérités et acquiert une surface polie.

Les poudres de guerre et de chasse, une fois granulées, ont la forme de petits grains anguleux, de différentes grandeurs. La poudre de mine est, au contraire, formée de grains ronds. Le mécanisme employé pour lui donner cette forme se compose de deux tonnes en bois de chêne, montées sur un même axe en fer. L'une d'elles est destinée à la granulation, l'autre au lissage. On introduit dans la première 100 kilogrammes de poudre granulée, provenant d'une opération précédente, mais trop fine pour pouvoir servir. On fait tourner la tonne et on projette dans son intérieur 5 kilogrammes d'eau au moyen d'une fine pomme d'arrosoir. La tonne reçoit alors 50 kilogrammes de composition sortant du *mélangeoir*. Cette composition pulvérulente adhère à la surface des grains humides; et chacun de ces noyaux, avec sa couche de poussière, devient un grain sphérique par un roulement incessant. Un second arrosage et une nouvelle addition de matière pulvérulente augmentent la grosseur des grains. Comme les noyaux primitifs ne sont pas tous exactement de la même grosseur, les grains de poudre n'ont pas un diamètre égal. Les tamis ou *égalisoirs* dont il a été fait mention séparent ceux dont la grosseur est réglementaire. Il ne reste plus qu'à les soumettre au *lissage* dans la seconde tonne.

9. **Combustion de la poudre.** — La poudre s'enflamme à une température de 300° brusquement appliquée; mais lorsqu'on la chauffe graduellement, elle perd toutes ses qualités, car une partie du soufre se sépare par fusion. Elle peut être enflammée par le choc, si toutefois il se produit une chaleur assez élevée; aussi sa trituration dans les mortiers des fabriques exige-t-elle une scrupuleuse surveillance. Elle prend feu enfin par le passage de l'étincelle électrique. Exposée longtemps à l'air humide, la poudre absorbe de l'eau, et alors elle brûle lentement. C'est pourquoi, dans sa préparation, on ne peut se servir d'azotate de soude, sel beaucoup plus hygrométrique que l'azotate de potasse. La facilité de sa combustion dépend de la grosseur des grains. En poussière fine, la poudre brûle lentement, à cause de

la difficulté de propagation de la flamme. En grains, elle brûle avec rapidité, parce que la flamme se propage entre les interstices et gagne en un instant toute la masse. La grosseur des grains, d'ailleurs, doit être telle que l'inflammation ait le temps de se propager de la surface au centre, avant que le projectile soit sorti de l'arme. Si les grains sont trop gros, ils n'ont pas le temps nécessaire pour brûler en entier dans l'arme, et l'explosion les projette en pure perte au dehors. D'un autre côté, s'ils sont trop fins, la combustion est si soudaine que la poudre devient brisante. La meilleure poudre, pour une arme déterminée, est celle qui, brûlant d'une manière complète dans le temps que le projectile met à parcourir l'âme de la pièce, lui imprime, non instantanément, mais successivement, toute la force de projection dont elle est susceptible.

10. **Produits de la combustion de la poudre.** — Nous avons reconnu que la poudre de guerre est sensiblement représentée par le mélange

$$AzO^5,KO + 3C + S.$$

Théoriquement, on voit que, par la décomposition du salpêtre, ce mélange doit donner un composé solide, le sulfure de potassium, et des produits gazeux, formés d'azote et de gaz carbonique.

$$AzO^5,KO + 3C + S = SK + Az + 3CO^2.$$

En appliquant le calcul à cette égalité, on verrait que 1 litre de poudre, pesant à peu de chose près 1 kilogramme, donne 300 litres environ de produits gazeux, ramenés à la température 0° et à la pression 760 millimètres. Mais à cause de la haute température développée, un millier de degrés et plus, le volume devient au moins quintuple; ce qui porte à 1500 litres environ le volume des produits gazeux provenant de la combustion de 1 litre de poudre. Ces gaz, presque instantanément formés dans une enceinte 1500 fois trop étroite pour eux, agissent donc sur les parois de l'arme et sur le projectile avec une force expansive de 1500 atmosphères. Telle est la cause des énormes effets balistiques de la poudre.

Toutefois, la combustion n'est pas aussi simple que nous venons de l'admettre. En effet, parmi les produits de l'inflammation de la poudre, outre l'acide carbonique, l'azote et le sulfure de potassium, on trouve de l'oxyde de carbone, de l'acide sulfhydrique et de l'hydrogène fournis par l'humidité que la poudre peut contenir, de l'oxygène, du sulfate et du carbonate de potasse, de la vapeur d'eau, etc. Mais tous ces produits accessoires ne changent en rien le principe fondamental, savoir, que les effets explosifs de la poudre résultent de la formation instantanée d'un énorme volume de gaz portés à une haute température. Du reste, les effets varient suivant les proportions du mélange et suivant la qualité de ces éléments.

11. Mélanges pyrotechniques. — Les feux colorés des artificiers résultent de la combustion d'un mélange où entrent le salpêtre ou la poudre à canon et divers corps destinés à donner à la flamme la coloration. La limaille de fer, d'acier, de fonte, donne de brillantes étincelles rouges et blanches; la limaille de cuivre produit des feux verts; le sulfure d'antimoine, des feux bleus; la limaille de zinc, des feux d'un bleu vert. En dehors des métaux, on a le sel marin et la colophane pour produire une flamme jaune; le vert-de-gris, pour une flamme verte; le noir de fumée, pour le rouge; l'azotate de strontiane, pour le pourpre; le sulfure d'arsenic, pour le blanc éclatant; l'oxalate de soude, pour le jaune vif, etc. Enfin, au corps comburant, l'azotate de potasse, on substitue en tout ou en partie d'autres azotates, ou bien des chlorates. Voici la composition de quelques mélanges pyrotechniques.

Feu rouge : Azotate de strontiane, 40 parties; soufre, 13; chlorate de potasse, 5; sulfure d'antimoine, 4.

Feu vert : Azotate de baryte, 17; chlorate de potasse, 10; soufre, 5; sulfure d'antimoine, 1.

Feu bleu : Poudre à canon, 4; azotate de potasse, 2; soufre, 3; limaille de zinc, 3.

Feu jaune : Chlorate de potasse, 4; oxalate de soude, 2; résine laque, 1.

12. Caractères des sels de potassium. — Le caractère distinctif des sels de potassium se constate au moyen du bichlorure de platine. Dans toute dissolution potassique, le bichlorure de platine produit un précipité jaune, qui est un chlorure double de platine et de potassium ; enfin un chlorosel, dans lequel le chlorure de platine fait fonction d'acide, et le chlorure de potassium fonction de base. Un précipité jaune analogue se forme avec les sels d'ammonium ; de sorte que la réaction avec le bichlorure de platine laisse hésiter entre un sel potassique et un sel ammonique. Mais les sels ammoniacaux, traités par la chaux ou la potasse caustique, laissent dégager du gaz ammoniac, si reconnaissable à son odeur, à sa propriété de faire virer au bleu le papier de tournesol rougi, aux fumées blanches répandues à l'approche d'une baguette de verre trempée dans l'acide chlorhydrique. Les sels potassiques n'ont aucun de ces caractères. Un sel a donc pour métal le potassium lorsqu'il donne un précipité jaune avec le bichlorure de platine, et que, traité par la potasse caustique ou la chaux, il ne laisse pas dégager des vapeurs ammoniacales.

RÉSUMÉ

1. L'azotate de potasse est un produit naturel extrêmement répandu, mais en faible proportion. Le Pérou, cependant, a des gisements considérables de ce sel. L'Inde, l'Égypte, Ceylan, l'Espagne, etc., en fournissent aussi. En certains points, il y couvre le sol d'efflorescences neigeuses.

2. Le salpêtre brut de l'Inde s'obtient par le simple lavage des terres où se montrent les efflorescences de nitre.

3. Le Pérou possède des gisements puissants d'azotate de soude. On convertit l'azotate sodique en salpêtre par une double décomposition, au moyen du chlorure de potassium.

4. Les plâtras provenant des caves, des bergeries, des écuries, contiennent divers azotates : azotate de chaux et azotate de magnésie surtout. La lessive de ces plâtras est traitée par des cendres, dont le carbonate et le sulfate de potasse transforment les azotates terreux en azotate de potasse. La transformation est rendue moins coûteuse par un traitement avec la chaux d'abord, et ensuite avec le sulfate de soude.

5. Le raffinage du salpêtre est fondé sur la faible solubilité des chlo-

rures de potassium et de sodium dans une dissolution d'azotate de potasse.

6. La formation spontanée de l'acide azotique est attribuée, dans les pays chauds, à l'action de l'électricité sur les éléments de l'air, dans les pays tempérés, à l'oxydation de l'ammoniaque sous l'influence des corps poreux; et, lorsque l'ammoniaque fait défaut, à l'action des bases, de l'humidité et de la porosité, sur l'azote et l'oxygène de l'air.

7. La poudre est un mélange formé approximativement d'un équivalent de salpêtre, de trois équivalents de charbon et d'un équivalent de soufre.

8. La fabrication de la poudre consiste à triturer le salpêtre, le soufre et le charbon, à les mélanger, à les réduire en pâte avec de l'eau, à granuler la pâte, à séparer avec des tamis les grains trop menus ou trop gros, enfin à faire sécher le produit.

9. La poudre s'enflamme par une température de 300° environ brusquement appliquée, par l'étincelle électrique, par le frottement. La combustion a lieu sans la présence de l'air, parce que, dans la poudre, des éléments comburants se trouvent associés à des éléments combustibles en proportions convenables. Le soufre brûle le potassium, l'oxygène de l'acide azotique décomposé brûle le charbon.

10. Théoriquement, les produits de la combustion de la poudre sont du sulfure de potassium, de l'acide carbonique et de l'azote. En réalité, toutefois, la combustion n'est pas aussi simple. Mais les produits accessoires n'infirment en rien le principe fondamental, savoir : que les effets explosifs de la poudre résultent de la formation soudaine d'un énorme volume de gaz portés à une haute température. D'après la théorie, 1 volume de poudre donnerait environ 1500 volumes de gaz à la température de l'inflammation, ou 300 volumes à la température 0°.

11. Pour les feux pyrotechniques, on associe à la poudre ou au salpêtre divers corps aptes à colorer la flamme. Le salpêtre est aussi remplacé en tout ou en partie par d'autres azotates ou par des chlorates.

12. Les sels dont le métal est le potassium donnent un précipité jaune avec le bichlorure de platine. Les sels ammoniacaux en font autant, mais ils se distinguent des premiers par les émanations de gaz ammoniac qu'ils laissent dégager par un traitement avec la chaux ou la potasse caustique.

CHAPITRE IX

SODIUM
No = 23.

1. Préparation du sodium. — Ce métal alcalin est d'une préparation plus simple et plus facile que le potassium ; le résultat est toujours plus assuré et plus économique. Aujourd'hui, la science et les arts disposent à bas prix de ce métal, qui leur permet d'élargir le champ des découvertes et de rendre usuels des produits qu'on ne trouvait avant que dans les riches collections. Pour obtenir industriellement le sodium, on fait un mélange comprenant :

Carbonate de soude sec. . . .	100 parties.
Houille.	45 —
Craie.	15 —

La houille doit être sèche et à longue flamme. La craie est celle de Meudon ; son rôle est d'empêcher le carbonate de soude de se séparer du mélange en fondant et de venir à la surface ; elle maintient en contact intime le sel sodique qui, par sa réduction, doit donner le sodium, et le charbon qui doit provoquer cette réduction. Le mélange, contenu dans des gargousses de toile ou de papier et du poids de 18 à 20 kilogrammes pour chaque charge, est introduit dans des cylindres de tôle, couchés horizontalement dans un fourneau (fig. 14). Ces cylindres se chargent et se déchargent par leur extrémité postérieure A. Lorsqu'une tige de fer, introduite dans le canon C, en sort enduite de sodium qui brûle à l'air, on adapte le récipient B, pareil à celui du potassium, mais disposé de champ, ainsi que le représente la figure. Les gaz s'échappent et brûlent dans le haut de l'ouverture terminale ; le sodium, condensé, coule à la partie inférieure et tombe dans une marmite contenant de l'huile de naphte.

Pour le livrer au commerce, on fond le sodium brut sous une couche d'huile de schiste, qu'on décante au moment où le métal est bien liquide. On le moule alors dans des lingotières comme s'il s'agissait du plomb. En évitant avec soin tout contact

Fig. 14. — Appareil pour la préparation du sodium.

avec l'eau, l'opération est sans danger aucun ; le sodium ne s'enflamme pas. Pour donner une idée du facile maniement de ce métal, il suffit de dire qu'on en remplit des pots énormes, expédiés au loin bien fermés, mais sans huile de naphte ou de schiste.

Pour une manipulation de laboratoire, le cylindre en tôle de la fabrication en grand est remplacé par une bouteille en fer B (fig. 15). La température nécessaire à la réduction du carbonate de soude par le charbon n'est pas très-élevée ; aussi est-il inutile de luter la bouteille. La réduction doit être menée rapidement sur un feu de coke, pendant à peu près deux heures. Dès que la bouteille est convenablement chaude, il en sort des gaz abondants colorés en jaune, puis une fumée blanche. Le condenseur V est mis en place lorsque le sodium commence à se dégager.

2. **Propriétés physiques du sodium.** — Elles sont à peu près les mêmes que celles du potassium. Le sodium a l'éclat de

l'argent. Il est mou et malléable comme de la cire à la température ordinaire. Il est plus léger que l'eau ; sa densité est

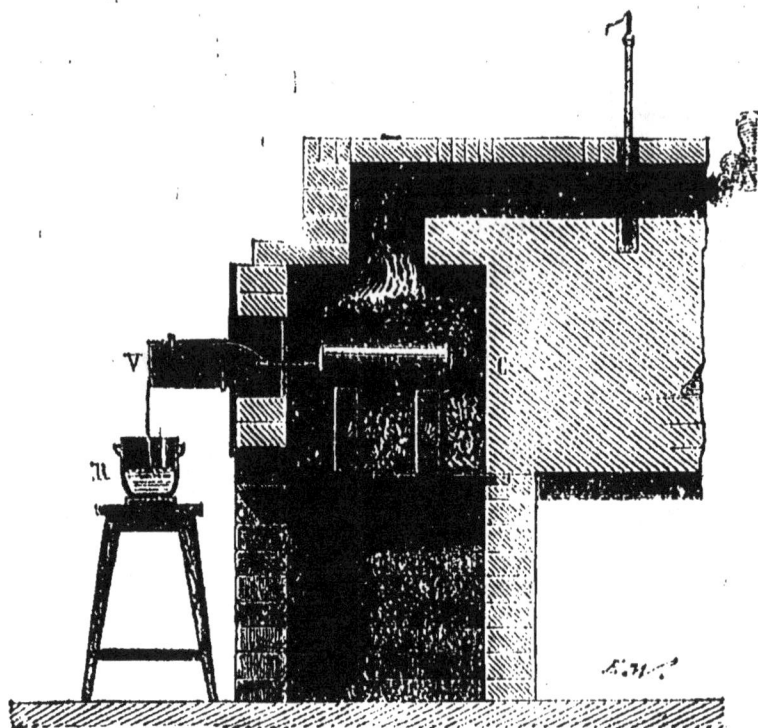

Fig. 15. — Appareil pour la préparation du sodium au moyen de bouteilles
à mercure.

0,072. Il entre en fusion à 90° et distille au rouge sombre. La
flamme du gaz où brûle du sodium ou
un composé sodique est jaune.

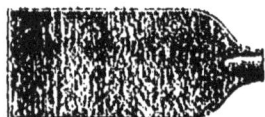

Fig. 16.
Pièces constituant le condenseur à sodium.

3. **Propriétés chimiques.** — Le
sodium peut être laminé entre deux
feuilles de papier, coupé, manié à l'air
sans accident, si les doigts et les instruments ne sont pas mouillés. Il peut être
impunément chauffé à l'air, bien au delà
de son point de fusion, sans prendre
feu. La vapeur seule du sodium est inflammable, et la combustion vive du
métal n'a lieu qu'à une température peu éloignée du point d'é-

bullition. Toutefois, exposé à l'air humide, le sodium se ternit immédiatement et se couvre d'un voile d'oxyde. L'oxydation totale de la masse marcherait assez vite si l'exposition à l'air se prolongeait; aussi doit-on conserver ce métal dans du naphte. Le sodium décompose l'eau à la température ordinaire, comme le fait le potassium; de l'hydrogène se dégage, et le métal, se combinant avec l'oxygène, forme de la soude qui se dissout dans l'eau. Quand on jette un petit morceau de sodium dans l'eau, on remarque que le métal devient le centre d'une effervescence due au dégagement de l'hydrogène; mais ce gaz ne s'enflamme pas, parce que la chaleur dégagée par l'oxydation du métal est moins forte que celle de l'oxydation du potassium. Cependant, si l'on empêche le sodium de se déplacer sur l'eau et de déperdre ainsi, par un contact avec du liquide toujours renouvelé, la chaleur que dégage l'acte chimique, l'hydrogène peut très-bien prendre feu. A cet effet, le sodium est projeté sur de l'eau épaissie avec de la gomme ou de l'empois. Sur ce liquide visqueux, le métal reste fixé à la même place. Alors, la chaleur se concentre sur un seul point, et l'hydrogène brûle avec une flamme jaune. Cette teinte est due à la présence de quelques traces de vapeur de soude. Nous venons de voir, en effet, que les composés sodiques sont caractérisés par la coloration jaune qu'ils communiquent à la flamme.

La décomposition de l'eau par le sodium exige les mêmes précautions que nous avons signalées au sujet du potassium. Sur de l'eau non épaissie, le globule métallique est animé d'un mouvement gyratoire occasionné par le dégagement de l'hydrogène. Dans tous les cas, lorsque la réaction touche à sa fin, il y a un bruit strident et une légère explosion qui projette des gouttes de liquide ou même des parcelles de soude. On évite ces dangereuses éclaboussures en opérant dans un vase profond. L'opération terminée, l'eau se trouve alcaline par la présence de la soude dissoute.

Comme le potassium, le sodium enlève l'oxygène à la majeure partie des corps qui en renferment, surtout sous l'influence d'une température élevée. Il enlève avec la même facilité le chlore aux chlorures. Il prend feu spontanément dans une atmosphère de chlore à la température ordinaire, et y brûle vivement en produisant du sel marin.

4. Usages du sodium. — La facile préparation du sodium et son bas prix le font employer dans les laboratoires à la place du potassium. La préparation industrielle de l'aluminium et du magnésium se fait avec le concours du sodium.

5. Hydrate de soude, soude caustique. HO,NaO. — Tout ce que nous avons dit sur la préparation, les propriétés et les usages de la potasse caustique, est applicable, sans aucune restriction, à la soude caustique. Que l'on traite par la chaux du carbonate de soude, et l'on aura de la *soude à la chaux*, correspondant à la potasse à la chaux. Une purification par l'alcool donnera la *soude à l'alcool*, correspondant à la potasse à l'alcool. Les deux alcalis caustiques se liquéfient à l'air en absorbant de l'humidité; puis ils deviennent carbonates par l'action du gaz carbonique ambiant. Mais tandis que la potasse carbonatée se liquéfie, la soude carbonatée se dessèche et devient pulvérulente. Le carbonate de potasse est *déliquescent*, celui de soude est *efflorescent*. Les applications de la soude caustique sont les mêmes que celles de la potasse caustique.

6. Protosulfure de sodium. NaS. — On le prépare en recevant dans une dissolution de soude à 36° aréométriques de Baumé un courant de gaz sulfhydrique jusqu'à saturation; dès que ce point est atteint, la liqueur ne tarde pas à se prendre en une masse cristalline. C'est pourquoi il faut que le tube abducteur de l'appareil ait un large diamètre pour prévenir l'obstruction.

Le sulfure de sodium cristallise en gros prismes incolores et transparents, contenant 9 équivalents d'eau. Son goût est à la fois caustique et sulfureux; sa dissolution a une forte réaction alcaline. Par l'ensemble de ses caractères, le protosulfure de sodium a une grande analogie avec celui de potassium; mais, sous le rapport de l'application, il a une supériorité incontestable sur ce dernier, parce qu'il résiste plus longtemps à l'action de l'air.

7. Chlorure de sodium, sel marin, etc. $NaCl$. — Le sel vulgaire, sel marin, en chimie chlorure de sodium, est employé comme assaisonnement de la nourriture de l'homme depuis les temps les plus reculés. Sa saveur est franchement salée sans aucun arrière-goût métallique. Il cristallise en cubes. A la chaleur rouge, il décrépite d'abord, à cause du peu d'eau interposé entre ses lamelles cristallines ; puis il entre en fusion et répand des vapeurs très-visibles. C'est un des corps les plus abondants de la nature. Les trois quarts environ de la surface de la Terre sont occupés par la mer, dont les eaux sont une dissolution de chlorure de sodium. Le sol en renferme des bancs d'une puissance énorme ; l'air lui-même en contient, car le choc incessant des vagues dissémine dans l'atmosphère une poussière d'eau salée. Il est possible que cette substance, éminemment antiseptique et toujours présente dans l'air, ne soit pas sans influence sur l'assainissement de la mer aérienne ; il est possible encore que cette poussière saline de l'atmosphère soit une des sources du sel que la plante puise dans le sol et que l'animal emprunte à la plante. Pour les besoins de l'alimentation, comme aussi pour les besoins de l'industrie qui, avec le sel marin, fait le chlore, l'acide chlorhydrique, divers chlorures, le sulfate de soude, le carbonate de soude, etc., il y a trois sources auxquelles on puise de préférence pour se procurer du chlorure de sodium : le *sel gemme*, les *sources salées* et l'*eau de la mer*.

8. **Sel gemme.** — On nomme sel gemme le chlorure de sodium qui se trouve à l'état solide dans les assises de la Terre. Il y forme des couches immenses, colorées en jaune ou en rougeâtre, plus rarement en bleu, en vert, en violet par des oxydes de fer, de manganèse, etc. Les principales exploitations de sel gemme sont celles de Cardona, en Espagne, et de Vieliczka, en Pologne. Ces dernières s'étendent des environs de Cracovie jusqu'au pied septentrional des monts Karpathes. Leur superficie est de 33000 kilomètres carrés. On les exploite à une profondeur de 400 mètres. La France possède quelques gisements de sel gemme : dans la Meurthe, la Moselle, le Jura, la Haute-Saône, l'Ariége et les Basses-Pyrénées.

Le sel gemme s'extrait par deux procédés : à l'état solide, en établissant des puits et des galeries, absolument comme pour

toute substance minérale superposée par couches; à l'état liquide, au moyen de la dissolution. Dans le premier cas, et seulement lorsque le sel est pur, on se borne à l'extraire et à le
pulvériser pour le livrer ainsi au commerce. Dans le second cas,
on le dissout dans la mine même, en suivant deux procédés distincts.

Dans le pays de Salzbourg et dans quelques localités de la
Souabe, on divise généralement l'intérieur de la mine en un certain nombre de compartiments ou *chambres de dissolution*,
dans chacune desquelles on fait arriver des eaux douces; dès
qu'on les juge saturées, on les soutire d'ordinaire à l'aide d'un
siphon, qui, une fois amorcé, peut avoir un jeu continu, si l'on
a soin de faire arriver un peu plus d'eau douce que le siphon ne
débite d'eau salée : en réglant l'affluence de la première et l'é-
coulement de la seconde, on est sûr d'avoir la saturation.

Dans la plus grande partie des mines de la Souabe, on atteint
le gîte salifère au moyen d'un trou de sonde d'assez forte dimension, dans lequel on établit une pompe aspirante. Les eaux
douces que l'on trouve sur les lieux, ou que l'on amène de dehors, pénètrent dans l'espace annulaire compris entre les parois
du trou de sonde et les tuyaux d'ascension de la pompe, et se
chargent peu à peu de sel : en vertu de l'accroissement de leur
densité, elles descendent au fond. Dans le commencement, leur
degré de salure est très-faible, parce qu'elles restent peu de
temps en contact avec le sel; mais bientôt il se forme de vastes
cavités qui deviennent autant de réservoirs où l'eau séjourne
longtemps, et présente alors à l'extrémité de la pompe, qui y est
plongée jusqu'au fond, des couches liquides toujours saturées.
En effet, au bout de quelques mois de manœuvre de la pompe,
l'eau qu'on extrait contient 27 pour 100 de sel.

Quel que soit le procédé qui sert à retirer de l'intérieur de la
mine l'eau salée, il faut toujours la concentrer pour obtenir le
sel. A cet effet, on la chauffe dans des chaudières; mais comme
la masse d'eau à évaporer est énorme, les appareils sont organi-
sés de telle sorte qu'ils perdent le moins possible de chaleur.
Ainsi, un certain nombre de chaudières sont chauffées directement, d'autres le sont par la vapeur produite par les premières;

en outre, les fourneaux sont disposés de manière à chauffer en même temps des volumes considérables d'air destiné à dessécher complétement le sel cristallisé.

Bien que les dissolutions qui sortent de la mine ne contiennent que très-peu de sels étrangers au chlorure de sodium, cependant, à force de se concentrer, elles finissent par en retenir des quantités trop considérables pour rester dissoutes; aussi, à la longue, les parois des chaudières de cristallisation se recouvrent-elles d'un *sulfate double à base de soude et de chaux*, lequel sulfate, une fois qu'il a atteint une certaine épaisseur, entrave le passage de la chaleur et oblige à suspendre le travail pour nettoyer les chaudières. A mesure que les dissolutions se concentrent, elles laissent déposer le sel gemme sous forme cristalline; pour l'avoir moins impur, un ouvrier trouble la cristallisation en promenant un râteau dans le liquide; en même temps, il ramène le sel déjà cristallisé vers les bords de la chaudière et l'entasse sur de petits plans inclinés où il s'égoutte. Les eaux-mères renferment des chlorures de calcium et de magnésium.

La marche de l'exploitation du sel gemme est facile à saisir et à retenir : le sel est-il pur, on l'enlève par blocs; est-il impur, on le dissout sur les lieux, et à l'aide d'un siphon ou d'une pompe, on en retire la dissolution; celle-ci, évaporée, donne le sel sous forme de cristaux. Les sels propres à l'eau qui a servi à la dissolution se séparent du sel gemme, les uns en se déposant à l'état de sulfate double de chaux et de soude, les autres en restant dans les eaux mères à l'état de chlorure de calcium et de magnésium.

9. Extraction du chlorure de sodium des sources salées. — Les *sources salées* proviennent d'eaux d'infiltration qui, dans leur course, ont rencontré du sel gemme. On trouve d'ordinaire cette sorte de sources dans les marnes, le grès bigarré, le muschelkalk, et quelquefois dans le lias. Elles sont en général inexploitables lorsqu'elles contiennent moins de 3 pour 100 de sel, et il est rare qu'elles en soient saturées. Cela tient à ce que, avant de jaillir, elles traversent différentes couches de terrains où elles se mêlent à des quantités plus ou moins considérables d'eau douce : de cette manière, leur teneur en sel devient si faible que l'on est obligé, avant de les chauffer, de leur faire subir une concentration préliminaire, en les évaporant à l'air : cette première opération est exécutée dans des appareils connus sous le nom de *bâtiments de graduation* (fig. 17).

Fig. 17. — Bâtiment de graduation.

Ces appareils consistent dans des murs formés par des fagots d'épines, retenus par des châssis de bois et recouverts par des hangars. La section de chaque mur présente un trapèze dont la largeur est de 3 mètres environ en haut, et de 4 mètres en bas sur une hauteur de 12; la longueur varie de 200 à 500 mètres; chaque mur est aligné dans une direction perpendiculaire à celle du vent qui domine dans la localité; tous les murs forment un bâtiment reposant sur un terrain glaisé circonscrit par une enceinte en moellons et formant ainsi un seul et grand bassin.

Supposons à la partie supérieure du mur en fagots une rigole dans toute la longueur, et disposée de telle sorte que l'eau fournie par les pompes puisse se déverser, par de petites ouvertures, tantôt d'un côté, tantôt de l'autre des faces de ces fagots, et nous aurons une idée exacte de l'appareil. Il est aisé de comprendre que l'eau tombant goutte à goutte à travers un tel système qui présente ainsi une immense surface à la direction du vent, doit subir, pendant ce lent trajet, une évaporation considérable, et doit être notablement concentrée en arrivant dans le bassin : on concevra aussi que sa concentration augmentera d'autant plus, que cette opération se renouvellera successivement sur plusieurs bâtiments. Ainsi, pour donner un exemple, dans la saline de Sooden près d'Allendorf (Hesse), une eau qui contient 4 pour 100 de sel avant de parcourir le premier bâtiment de graduation, en possède 22 pour 100 en sortant du sixième. On estime que la quantité d'eau évaporée par an et par mètre carré est de 8 à 10 mètres cubes.

Lorsque l'eau salée est arrivée par ce moyen à contenir de 14 à 22 pour 100 de sel, on la fait évaporer sur le feu, et l'on suit la même marche que pour les eaux provenant des trous de sonde. Mais comme celle des sources salées sont beaucoup moins pures, le travail comprend deux opérations distinctes : le *schlotage* et le *salinage*. La première a pour but de séparer une grande partie des sels étrangers, la seconde d'isoler le chlorure de sodium. On procède à l'évaporation d'abord par une forte ébullition, opération qui provoque la séparation du *schlot* (sulfate double de soude et de chaux pareil à celui qui se forme pendant l'évaporation du sel gemme); puis, lorsque le chlorure de sodium commence à se déposer, on laisse baisser la température pour éviter que le sulfate de magnésie ne cristallise à son tour. Mais plus le salinage avance, plus les eaux-mères s'enrichissent de sels étrangers : le sel marin que l'on obtient alors étant impur, on est obligé de recommencer une nouvelle opération et de perdre les eaux-mères.

La présence du chlorure de magnésium dans les eaux-mères entraîne une grande perte de sel marin, parce qu'il faut suspendre le salinage dès que le chlorure de magnésium lui-même commence à cristalliser ; de sorte que les eaux-mères contiennent, outre ce dernier corps et le sulfate de magnésie, une quantité assez notable du sel que l'on cherche. Mais si avant de commencer l'évaporation on introduit, dans les eaux qui sortent des bâtiments de graduation, de la chaux pour prendre la place de la magnésie qui se déposera, comme dans ces eaux il y a aussi du sulfate de soude, il s'opérera une double décomposition successive, donnant pour résultat la séparation d'une forte quantité de sulfate de chaux (gypse) : ce qui reste de ce sel dans l'eau se séparera pendant le sellotage, après s'être combiné avec le sulfate de soude, toujours assez abondant dans les eaux naturellement salées.

10. Extraction du chlorure de sodium de l'eau de la mer, dans l'ouest de la France. — Le troisième procédé de préparation du sel ordinaire est fondé sur l'évaporation de l'eau de la mer. Le tableau ci-après donne la composition des eaux de l'Océan et de celles de la Méditerranée.

		OCÉAN.	MÉDITERRANÉE.
Chlorure..	de sodium.	25,10	27,22
	de potassium.	0,50	0,70
	de magnésium.	3,50	6,14
Sulfate...	de magnésie.	5,78	7,02
	de chaux.	0,15	0,15
Carbonate.	de magnésie..	0,18	0,19
	de chaux..	0,02	0,01
	de potasse.	0,23	0,21
Iodures, bromures et matières organiques.		?	?
Eau et perte.		964,54	958,56
		1000,00	1000,00

On appelle *marais salants* les emplacements destinés à l'évaporation de l'eau de la mer, pour en tirer les sels qu'elle tient en dissolution. La France en a sur les côtes de l'Océan et sur celles de la Méditerranée, c'est-à-dire à l'ouest et au midi. Les procédés suivis dans ces deux contrées, quoique semblables dans le fond et reposant sur les mêmes principes, varient néanmoins par quelques détails qui se rattachent à la différence des climats.

Dans les marais salants de l'Ouest, que nous prendrons comme exemple, l'eau est introduite, pendant que la mer est haute, dans un premier réservoir dont la profondeur varie de $0^m,60$ à 2 mètres, et la surface de 800 à 1000 mètres carrés. Elle y dépose les matières qu'elle tient en suspension en même temps que sa température s'élève. De ce réservoir que l'on pourrait appeler l'épurateur, l'eau est conduite par un canal souterrain dans un premier système de bassins de $0^m,25$ à $1^m,45$ de profondeur, dont la surface totale est d'environ 400 mètres carrés. Comme tous ces bassins, au nombre de dix, sont séparés par des cloisons, et ne communiquent entre eux que par des ouvertures étroites et alternes, et, comme la pente y est extrêmement douce, il en résulte que l'eau les parcourt avec lenteur et en décrivant des zigzags. Toutes ces circonstances contribuent déjà à augmenter son évaporation. Au surplus, elle quitte ce premier système de bassins, et passe dans un second en parcourant une rigole longue de 160 mètres. Ce second système est disposé comme le premier, si ce n'est qu'au lieu de dix compartiments ou dix bassins, il en contient seulement huit; leur surface totale est un peu moins étendue; l'eau le parcourt toujours avec lenteur et en faisant une course tortueuse; enfin, elle passe dans un troisième système pareillement disposé, mais qui ne se compose que de quatre bassins dont la surface totale est la même que celle du système précédent. Ici, l'eau est déjà à son maximum de concentration. En effet, elle se déverse à droite et à gauche par de petites rigoles dans une série d'aires où le sel se dépose.

Le sel marin ainsi préparé n'est pas pur; il renferme beaucoup de substances déliquescentes, dont on le débarrasse en grande partie par un procédé aussi simple qu'ingénieux : on commence par mettre le sel impur en grandes masses auxquelles on donne la forme d'un tronc de cône surmonté d'une calotte sphérique, qu'on recouvre d'une couche de terre glaise soigneusement damée : celle-ci, tout en mettant le sel à l'abri de l'eau pluviale, l'entretient dans un état constant d'humidité; circonstance qui permet aux sels déliquescents de se liquéfier et de s'écouler par de petits canaux ménagés à la base des masses coniques. C'est un véritable terrage, analogue à celui des raffineries lorsqu'on blanchit le sucre en pains.

Le chlorure de sodium obtenu par ce procédé a la forme de petits cristaux, toujours souillés de terre qui leur donne un aspect grisâtre. L'analyse suivante nous fait connaître les autres impuretés :

ANALYSE DU SEL GRIS DES CÔTES DE BRETAGNE.

Chlorure... {	de sodium.	87,07
	de magnésium.	1,58
Sulfate. . . {	de magnésie.	0,50
	de chaux.	1,05
Matières terreuses.		0,80
Eau et perte.		7,50
		100,00

Pour le convertir en sel blanc, ou en sel presque pur, on suit deux procédés : on le lave avec de l'eau déjà saturée de sel, ou bien on ajoute à sa dissolution une certaine quantité de chaux; ensuite on fait évaporer le mélange au feu, comme dans l'extraction du sel des eaux naturellement salées.

11. Extraction du chlorure de sodium de l'eau de la mer dans le midi de la France. — La disposition générale d'un marais salant du Midi diffère peu de celle d'un marais de l'Ouest. Dans l'un et dans l'autre, l'eau de la mer, amenée dans un réservoir, s'y épure et s'évapore ensuite, en parcourant avec lenteur une série de bassins. Mais ici l'on remarque une première différence : dans l'Ouest, l'eau ne passe d'un système de bassins dans un autre, que pour remplacer celle qui s'est évaporée : dans le Midi, au contraire, elle ne change de système de bassins qu'après être tombée dans un puits d'où la retire une roue à tympan. L'eau se trouve ainsi livrée à un mouvement continuel; sa surface se renouvelle sans cesse, et l'évaporation s'accroît considérablement. Lorsqu'elle est assez concentrée pour marquer 22° à 24° au pèse-sel de Baumé, on la fait entrer dans des aires où elle va déposer bientôt des cristaux de sel. Dès que le dépôt a atteint une épaisseur de 0m,15 à 0m,18, on l'égoutte dans les aires mêmes, puis on le réunit en normes tas de forme pyramidale, que l'on recouvre avec des roseaux.

Sous le rapport de la récolte, le procédé du Midi diffère essentiellement de celui de l'Ouest; car, ici, on recueille le produit presque tous les jours, et là, deux ou trois fois tout au plus chaque campagne. Les produits sont aussi différents : tandis que dans l'Ouest on obtient du sel gris en petits cristaux de 1 ou 2 millimètres seulement, dans le Midi le sel est en masses fortement agrégées et formées de cristaux très-blancs et très-volumineux. Au surplus, le sel préparé sur les côtes de l'Océan est beaucoup moins pur que celui que l'on prépare sur les côtes de la Méditerranée, et dont voici la composition :

ANALYSE DU SEL MARIN ORDINAIRE PRÉPARÉ DANS LE MIDI.

Chlorure..	de sodium.	95,51
	de magnésium..	0,23
Sulfate.	de magnésie.	1,50
	de chaux.	0,01
Matières terreuses.		0,10
Eau et perte.		2,35
		100,00

12. Extraction du chlorure de sodium de l'eau de la mer dans le nord de l'Europe. — Dans le nord de l'Europe, pour extraire le sel de l'eau de la mer, on emploie un procédé tout particulier, qui consiste à concentrer l'eau par congélation. L'eau salée jouit de la propriété de ne se solidifier qu'à une température de beaucoup inférieure à celle qui est nécessaire pour congeler l'eau ordinaire. En exposant donc de l'eau de mer à un certain refroidissement, elle se partage en deux parties : l'une solide, qui est de l'eau pure; l'autre liquide, qui est de l'eau très-chargée de sel. Si l'on enlève les glaçons, et si l'on répète cette opération plusieurs fois, on obtient une liqueur très-concentrée d'où l'on peut tirer du sel par une simple évaporation au feu. Mais le sel préparé par ce procédé est encore plus impur que celui de l'Ouest. L'analyse ci-après le prouve.

ANALYSE DU SEL ORDINAIRE DES SALINES D'OUSTKOUT

Chlorure.	de sodium.	74,84
	d'aluminium.	1,17
	de calcium.	5,21
	de magnésium.	3,58
Sulfate de soude.		15,20
		100,00

A part ce procédé, qui n'est praticable que dans les contrées très-froides, tous ceux qui sont suivis dans l'Europe tempérée sont exclusivement fondés sur l'évaporation. Tantôt elle est effectuée par l'action de l'air (marais salants); tantôt par l'action du feu (eau salée des trous de sonde); enfin par l'action successive de l'un et de l'autre (eau des sources salées).

13. Utilisation des eaux-mères des marais salants. Procédé Balard. — Outre le chlorure de sodium, l'eau de la mer contient d'autres matières salines dont les bases et les acides sont d'un usage très-étendu ; la potasse, par exemple, et l'acide sulfurique. Il est donc d'un haut intérêt d'utiliser les eaux-mères des marais salants au lieu de les rejeter à la mer. M. Balard a fait voir comment les eaux-mères, si négligées, pouvaient contribuer, par un traitement bien entendu, à augmenter la richesse du pays.

Après l'extraction du sel, les eaux des salines sont abandonnées dans une aire à l'évaporation spontanée. A mesure qu'elles se concentrent, elles laissent déposer du chlorure de sodium pendant le jour, et du sulfate de magnésie pendant la nuit. Le premier dépôt est l'effet de l'évaporation, le second du refroidissement. Le double dépôt est recueilli, additionné de sel marin et dissous dans l'eau. A 2° au-dessous de zéro, il se produit une double décomposition entre les deux sels, sulfate de magnésie et chlorure de sodium. Le résultat est du sulfate de soude qui cristallise et se précipite à cette température, et du chlorure de magnésium, déliquescent, qui reste en dissolution.

$$ClNa + SO^3,MgO = SO^3,NaO + ClMg.$$

On obtient ainsi en abondance du sulfate de soude très-pur,

bien qu'il ne préexiste pas dans les eaux de la mer. Ce sel, matière première de la fabrication du carbonate de soude dont l'emploi est si considérable, a une valeur d'environ quinze fois celle du sel marin. L'extraction du sulfate de soude des eaux-mères des salines ne peut se faire qu'à une température assez basse, qui exige les froids de l'hiver si l'on n'a pas à sa disposition des moyens artificiels de refroidissement. Aussi les conditions chanceuses où l'on se trouve lorsqu'il faut attendre un froid soutenu sur le littoral méditerranéen, ont-elles d'abord entravé cette belle industrie. Aujourd'hui, les machines à froid industriel par l'évaporation de l'ammoniaque, les machines Carré, ont régularisé et rendu possible l'opération en toute saison.

Après le premier dépôt des eaux-mères des salines, sulfate de magnésie et chlorure de sodium, un second se forme par une évaporation plus avancée. Ce second dépôt contient du chlorure de potassium et du chlorure de magnésium. Le double chlorure est abandonné en tas à l'action de l'air humide. Le chlorure de magnésium tombe en déliquescence et celui de potassium se trouve isolé. Par lui-même, le chlorure de potassium n'a pas grand usage, mais il peut servir à des transformations importantes. C'est ainsi que mélangé à l'azotate de soude naturel, il donne, par double échange, de l'azotate de potasse ou salpêtre, et du chlorure de sodium, facilement séparables par la cristallisation.

Disons enfin qu'après l'extraction des divers sels utilisables, les eaux-mères des salines fournissent du brome, par un traitement avec l'acide sulfurique et le bioxyde de manganèse.

14. Usages du sel marin. — Le sel marin entre comme assaisonnement dans notre nourriture. A cause de ses propriétés antiseptiques, il est employé à la conservation des viandes, du poisson, des légumes. Les bestiaux en sont très-friands et l'addition du sel au fourrage est une des conditions de leur bien-être.

L'agriculture en fait usage, surtout pour les sols argilo-calcaires où il exerce une action favorable; car, sous l'influence de l'humidité et du carbonate de chaux, il se transforme en carbonate de soude, sel dont on trouve la base dans le plus

grand nombre des végétaux. Mais employé en excès, il nuit à la
végétation, comme le prouvent surabondamment les terres salées
du voisinage de la mer. Il est également nuisible dans les terrains sablonneux et légers ou bien argileux et forts; enfin dans
les terrains où manque le calcaire apte à le transformer en
carbonate de soude. Il ne faut donc en faire usage qu'avec circonspection.

Industriellement, le sel marin sert surtout à la fabrication de
l'acide chlorhydrique et du sulfate de soude. On l'utilise pour
vernir les poteries. Dans le four où se fait la cuisson, on jette
du sel marin humide, qui se volatilise et enveloppe les poteries
de ses vapeurs. Sous l'influence de l'argile, silicate d'alumine,
et de la vapeur d'eau, il se décompose et produit de l'acide
chlorhydrique et du silicate double de soude et d'alumine, qui
forme un enduit vitreux, un vernis lisse, mince et très-adhérent.

RÉSUMÉ

1. On obtient le sodium en traitant par la chaleur un mélange de
carbonate de soude, de charbon et de craie. Le rôle de la craie est
de maintenir le mélange homogène. La préparation du sodium est
beaucoup plus facile et plus fructueuse que celle du potassium.

2. Les propriétés physiques du sodium sont à peu près les mêmes
que celles du potassium. Les flammes où brûlent des composés sodiques sont jaunes.

3. Le sodium s'oxyde rapidement à l'air humide. Il décompose
l'eau à froid, mais l'hydrogène dégagé ne s'enflamme pas. Pour obtenir l'inflammation, il faut empêcher le métal de se déplacer sur
l'eau, en épaississant celle-ci avec de la gomme ou de l'empois. Alors
l'hydrogène prend feu et brûle avec une flamme jaune. Le sodium enlève l'oxygène et le chlore à la majeure partie des corps oxydés ou
chlorurés.

4. La fabrication industrielle de l'aluminium et du magnésium se
fait avec le concours du sodium.

5. Le protoxyde de sodium hydraté HO,NaO ou *soude caustique*
s'obtient en décomposant le carbonate de soude par la chaux. Abandonnée à l'air, la soude caustique se liquéfie d'abord, puis la liqueur
absorbe l'acide carbonique et se solidifie en passant à l'état de carbo-

nate de soude, sel efflorescent. La soude caustique sert aux mêmes usages que la potasse caustique.

6. Le protosulfure de sodium, SNa, est un corps cristallisé qu'on prépare en saturant une dissolution de soude avec du gaz sulfhydrique. Ne s'altérant qu'avec lenteur sous l'action de l'air, il est préférable comme réactif au sel correspondant de potassium.

7. Le chlorure de sodium ClNa n'est autre que le sel vulgaire, le sel de cuisine, le sel marin. Il cristallise en cubes qui décrépitent sur le feu. Il fond à la chaleur rouge et se réduit en vapeurs. Ce composé est très-abondamment répandu : il se trouve en dissolution dans les eaux de la mer, en puissantes assises dans le sol. L'air atmosphérique en contient toujours des traces, apportées de la mer par les vents.

8. On nomme *sel gemme* le chlorure de sodium retiré des entrailles du sol. Le gisement le plus considérable de sel gemme se trouve en Pologne. Lorsqu'il est suffisamment pur, on se borne à pulvériser les blocs extraits des mines. S'il est impur, on le dissout dans l'eau pour le faire ensuite cristalliser.

9. L'eau des *sources salées* est d'abord concentrée par l'évaporation spontanée, en circulant en pluie fine à travers des tas de fagots nommés *bâtiments de graduation*. La concentration s'achève avec la chaleur artificielle et le sel cristallise.

10. On extrait le chlorure de sodium des eaux de la mer, en abandonnant ces eaux à l'évaporation spontanée, dans des bassins peu profonds et de grande superficie, appelés *marais salants*.

11. Les marais salants de l'ouest de la France donnent du sel gris, en petits cristaux; ceux du Midi donnent du sel blanc, en masses fortement agrégées et formées de volumineux cristaux. Le sel de l'Ouest est moins pur que celui du Midi.

12. Dans le nord de l'Europe, on obtient le sel en soumettant l'eau de la mer à la congélation spontanée. La glace formée ne contient guère que de l'eau pure; le liquide restant, riche en sel, est évaporé sur le feu jusqu'à cristallisation.

13. On utilise les *eaux-mères* des marais salants du Midi pour obtenir du sulfate de soude, du chlorure de potassium, du brome, etc. L'extraction du sulfate de soude de ces eaux-mères se fait à une basse température que l'on réalise, en toute saison, avec l'appareil Carré.

14. Le sel marin est d'un usage très-fréquent en économie domestique, en agriculture, en industrie. Son principal débouché industriel est la fabrication du sulfate de soude et de l'acide chlorhydrique.

CHAPITRE X

OXYSELS DU SODIUM

1. Sulfate de soude, sa fabrication industrielle. — Lorsqu'on traite le sel marin par l'acide sulfurique, il se dégage du gaz acide chlorhydrique, et l'on a pour résidu du sulfate de soude.

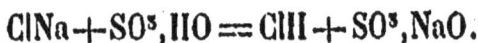

$$ClNa + SO^3, HO = ClH + SO^3, NaO.$$

Cette réaction, qu'on utilise dans les laboratoires en vue de l'acide chlorhydrique, est utilisée par l'industrie en vue du sulfate de soude, dont il se fait une consommation énorme dans la fabrication du carbonate de soude. La réaction de l'acide sulfurique sur le sel marin s'accomplit industriellement dans un four de forme spéciale qui permet un travail continu sur de grandes masses. Ce four (fig. 18) comprend un foyer A, un compartiment G où commence l'attaque du sel par l'acide, un second compartiment E où la réaction s'achève. Un registre R, que l'on fait mouvoir par le haut du four, permet d'interrompre la communication entre E et G ou de l'établir. Deux carneaux à la hauteur de l'ouverture *d* et non visibles dans la figure, font communiquer le compartiment E avec le conduit FF'F", qui se rend dans un appareil condensateur du gaz chlorhydrique et de là dans la cheminée de l'usine. Le conduit MM' est également en rapport avec le condensateur. — Dans le compartiment G, dont la sole est une cuvette de plomb de quelques centimètres de profondeur, on introduit une charge de sel marin avec la quantité d'acide sulfurique nécessaire à la décomposition. La flamme du foyer A, au moyen des deux carneaux dont nous avons parlé, pénètre dans le canal F et chauffe la partie inférieure de la sole où le mélange est étendu. La matière se fluidifie et dégage en abondance du gaz acide chlorhydrique que le conduit MM' amène dans le condensateur. Quand la réaction s'est apaisée et que le mélange devenu une pâte solide ne dégage que peu d'acide chlorhydrique, l'ouvrier débouche une porte située en avant du compartiment E, il soulève le registre R, et, au moyen d'une grande cuiller portée au bout d'un long manche en fer et introduite dans l'ouverture *d*, il transporte la matière du compartiment G dans le compartiment E, dont la sole est en brique. Cela fait, le registre est fermé et le compartiment G de nouveau chargé de sel marin et d'acide sulfurique, de manière que l'opération est continue. En

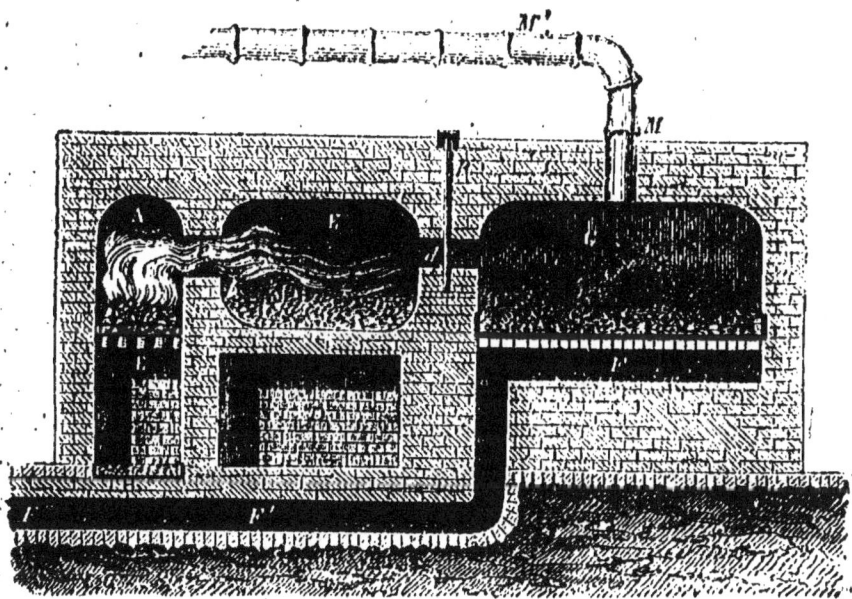

Fig. 18. — Four pour le traitement du sel marin par l'acide sulfurique.

E, la température est plus élevée, puisque la flamme du four y pénètre directement. La réaction s'y achève donc, d'autant mieux que la matière y est constamment brassée par l'ouvrier avec un long râble de fer; du gaz chlorhydrique se dégage encore, entraîné par la flamme dans le conduit FF'F", et finalement il reste du sulfate de soude blanc et granulé que l'on fait tomber avec un racloir dans la cuve D, où il se refroidit. Pendant cette seconde partie de l'opération, l'acide sulfurique et le sel marin introduits en G ont réagi l'un sur l'autre, et la matière est au point voulu pour passer en E. Dissous dans l'eau, le sulfate de soude anhydre ainsi obtenu se prend en beaux cristaux contenant 10 équivalents d'eau.

2. Propriétés du sulfate de soude, $SO^3, NaO + 10aq.$ — Le sulfate de soude cristallise en gros prismes incolores, à quatre faces terminés par des sommets dièdres. La beauté de ses cristaux a fait donner au sulfate de soude le nom de *sel admirable* par les anciens chimistes. On l'appelle aussi *sel de Glauber*, du nom de celui qui l'obtint le premier. Ce corps mérite une mention spéciale dans l'histoire de la science. Jusqu'à Glauber, on n'avait guère connu que des sels naturels. En faisant connaître son sel admirable, produit de l'attaque du sel marin par l'huile de vitriol, Glauber établit l'existence de produits salins artificiels, et la possibilité d'en produire un grand nombre par les procédés de la chimie.

Le sulfate de soude a une saveur fraîche et amère. Exposé à l'air, il se déshydrate et s'effleurit; chauffé, il éprouve d'abord la fusion aqueuse dans son eau de cristallisation; puis, à une haute température la fusion ignée, sans se décomposer. Le trait le plus saillant de l'histoire de ce sel se rattache à sa solubilité. En effet, tandis que 100 parties d'eau à 33° dissolvent 322 parties de sel cristallisé, elles n'en dissolvent que 210 à 103°. A partir de 0° jusqu'à 33°, la solubilité croît donc avec la température; par delà elle décroît. Ce singulier rebroussement de la solubilité a pour cause un changement introduit par la température dans la constitution du sel. En effet, les cristaux qui se déposent entre 33° et 0° sont hydratés, tandis que ceux que la dissolution abandonne à mesure que la température s'élève au-dessus de 33° sont anhydres.

Le sulfate de soude présente un cas fort remarquable d'inertie moléculaire, dont nous avons assez longuement parlé au sujet des dissolutions sursaturées. Si l'on verse une légère couche d'huile sur une dissolution saturée de sulfate de soude à 33°, et qu'on laisse la liqueur se refroidir peu à peu, la cristallisation n'a pas lieu. Mais si l'on introduit dans la liqueur un cristal de sulfate de soude, ou si l'on y plonge une baguette de verre frottée d'abord contre un cristal du même sel, la cristallisation s'effectue à l'instant.

L'emploi le plus important du sulfate de soude, en dehors de la préparation du mélange réfrigérant où il intervient avec l'acide chlorhydrique, est celui qui a pour résultat la production du carbonate de soude.

3. Soudes commerciales. Soude naturelle. — Les soudes du commerce sont des carbonates de soude plus ou moins impurs. Les unes sont dites *soudes naturelles*, parce qu'elles sont directement fournies par la nature. On les retire en effet des cendres de certains végétaux croissant sur le littoral de la mer, de même que l'on retire le carbonate de potasse des cendres des végétaux terrestres. Les autres sont dites *soudes artificielles*, parce qu'elles sont le produit de traitements chimiques.

Diverses plantes du littoral méditerranéen, en particulier les soudes, les salicornes, puisent dans le sol du sel marin et par le travail de l'organisation le transforment en divers sels à acide organique et à base de soude. La dénomination commune de soude, appliquée au produit chimique et à la plante qui le fournit en grande partie, rappelle l'origine la plus anciennement connue de cet alcali. Soumises à l'incinération, ces plantes littorales gonflées de sels sodiques, laissent un résidu considérable, contenant surtout du sel marin et du carbonate de soude, qui provient de la décomposition ignée de l'oxalate, du tartrate et autres sels organiques à base de soude. La combustion se fait dans des fosses, où les cendres subissent une demi-fusion par l'effet de la haute température développée et s'agglomèrent en une masse compacte, d'aspect plus ou moins vitreux, de contexture cellulaire, de couleur cendrée ou noirâtre. Ce produit brut est la soude naturelle, dont la plus estimée, celle d'Espagne, contient à peu près le quart de son poids de carbonate de soude anhydre.

4. Soude artificielle. Procédé Leblanc. — Jusque vers le commencement de ce siècle, la soude naturelle a suffi aux besoins de l'industrie. Aujourd'hui ce mode de préparation est très-secondaire. La soude artificielle retirée du sel marin a remplacé presque partout la soude naturelle retirée des végétaux. C'est en 1791, au moment où l'Europe coalisée contre la France

empêchait les produits de l'étranger d'arriver jusqu'à nous, que
Leblanc imagina le procédé qui porte son nom, procédé resté
intact au milieu de toutes les modifications, de toutes les révolutions que les progrès des sciences ont fait subir aux autres
arts chimiques. Après avoir doté son pays de son admirable découverte, source incalculable de richesses, Leblanc végéta mi-
sérablement jusqu'en 1806 et succomba de désespoir.

A une température élevée, le sulfate de soude et le carbonate de chaux réagissent l'un sur l'autre, et, par double échange,
produisent du carbonate de soude et du sulfate de chaux. Mais
si l'on fait intervenir l'eau pour dissoudre le carbonate de soude
et le séparer du sulfate de chaux qui l'accompagne, une réaction inverse a lieu et les deux corps primitifs se reforment. D'un
autre côté, le charbon employé seul réduit à chaud le sulfate de
soude et le transforme en sulfure de sodium. Ces deux traitements, qui ni l'un ni l'autre ne peuvent isolément amener le
résultat voulu, donnent du carbonate de soude isolable par l'eau
lorsqu'ils sont mis en œuvre à la fois. Dans ces conditions, il se
forme un composé de sulfure de calcium et de chaux ou oxysulfure de calcium, qui, étant insoluble dans l'eau, ne se prête
pas à la double décompostion quand ce liquide intervient pour
isoler le carbonate de soude formé, et ne peut ainsi régénérer
les sels primitifs. Toutefois, cela ne se passe de la sorte qu'autant que le carbonate de chaux est en excès. S'il était employé
équivalent pour équivalent, l'action de la chaleur produirait un
mélange de carbonate de soude et de sulfure de calcium, mélange qui repris par l'eau se transformerait en sulfure de sodium et carbonate de chaux. Pour rendre le sulfure de calcium
insoluble et l'empêcher ainsi de décomposer le carbonate sodique au moment où le lessivage doit isoler ce dernier, il faut un
second équivalent de chaux qui se combine avec lui et forme
un oxysulfure, composé que l'eau ne dissout pas. Que de patients
essais, que de tâtonnements n'a-t-il pas fallu à l'inventeur de la
soude artificielle pour arriver à ce composé insoluble, inactif, à
cet oxysulfure dont la science alors ignorait l'existence! C'est à
la production de cet oxysulfure que l'industrie française doit de
ne plus payer à l'étranger un tribut annuel de 20 millions de

francs et de pouvoir fabriquer chez elle annuellement 70 millions de kilogrammes de soude.

D'après les indications de Leblanc, on fait un mélange de 1000 parties de sulfate de soude sec, de 1040 parties de carbonate de chaux en poudre, et 530 parties de charbon de terre ou de bois, dont les $\frac{4}{6}$ bien broyés et le reste en menus fragments. Le sulfate de soude provient soit du traitement du sel marin par l'acide sulfurique, ainsi qu'il vient d'être dit au commencement de ce chapitre, soit des eaux-mères des salines traitées par le procédé Balard, soit de l'azotate de soude naturel d'où l'on extrait l'acide azotique au moyen de l'acide sulfurique.

Les proportions que nous venons d'indiquer correspondent à peu près à :

2 équivalents de sulfate de soude = $2(SO^3,NaO)$,
3 équivalents de carbonate de chaux = $3(CO^2,CaO)$,
9 équivalents de carbone = $9C$.

Par la réaction réciproque de ces trois corps, il se forme :

2 équivalents de carbonate de soude = $2(CO^2,NaO)$,
1 équivalent d'oxysulfure de calcium = $CaO,2CaS$,
10 équivalents d'oxyde de carbone = $10CO$.

Ce qui se traduit par l'égalité chimique :

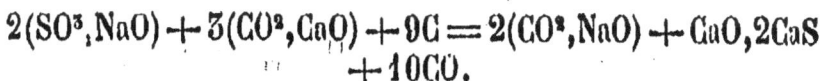

$$2(SO^3,NaO) + 3(CO^2,CaO) + 9C = 2(CO^2,NaO) + CaO,2CaS + 10CO.$$

Le mélange est introduit par les ouvertures P, P', etc., dans un four de forme elliptique dont la figure 19 reproduit la configuration extérieure. La sole est construite en briques réfractaires. Le mélange qui la recouvre est chauffé par la flamme du foyer F. A mesure que la température s'élève, la matière se ramollit, devient pâteuse et laisse dégager beaucoup d'oxyde de carbone. Pendant toute la chauffe, on brasse vigoureusement le mélange par les ouvertures P, P', etc., au moyen de longs râbles en fer. La fumée et les produits volatils de la réaction s'écoulent par des carneaux situés à l'extrémité du four opposée à celle du foyer

et dont l'un K est représenté dans la figure en lignes ponctuées.
Après quatre heures environ de chauffe, la réaction est terminée.
De petits wagons en tôle C sont alors conduits sous les portes

Fig. 19. — Four à soude.

du four, et avec des râteaux on y fait tomber la matière pâteuse.
Après refroidissement, le chariot est renversé : il s'en échappe
un bloc solide, d'un gris rosé, qu'on nomme un *pain* de soude.

5. Lessivage et sel de soude. — Les pains de soude ou
soude brute sont un mélange de carbonate de soude et d'oxysulfure de calcium. Pour séparer les deux produits, dont le
premier est soluble dans l'eau et l'autre non, la matière brute
est soumise à un lessivage à l'eau qui s'exécute de diverses ma-

Fig. 20. — Appareil pour le lessivage de la soude brute.

nières. L'appareil de lessivage que représente la figure 20 consiste en une série de cuves associées deux par deux et disposés

sur des gradins au nombre de douze ou quinze. Dans chaque
cuve plonge un panier rectangulaire en tôle percé de trous à sa
face inférieure et maintenu au sein de l'eau par une barre s'ap-
puyant sur les bords de la cuve. Ces divers paniers sont remplis
de soude brute concassée en menus fragments. Lorsque les paniers du gradin le plus élevé, non représenté dans la figure, ont
leur contenu épuisé, on les enlève pour les remplacer par les
paniers du gradin immédiatement inférieur. Le même changement a lieu pour les paniers des autres étages, de sorte que
chacun d'eux remonte d'un gradin. Les cuves C, C du premier
gradin se trouvant ainsi libres, reçoivent une nouvelle charge
de soude brute, tandis que leur contenu liquide s'écoule dans
le bassin R par les robinets Z et Z'. Cela fait, ces cuves reçoivent
la dissolution des cuves de second rang par les canaux t, celles
de second rang reçoivent la dissolution des cuves de troisième
rang par les canaux t', et ainsi de suite de proche en proche
jusqu'aux cuves du gradin le plus élevé qui reçoivent de l'eau
pure. Ce lessivage méthodique épuise la soude brute avec la
moindre quantité d'eau froide possible, condition indispensable
pour obtenir des liqueurs saturées et éviter des frais trop considérables d'évaporation. En effet, à mesure que la soude est
moins riche, elle passe dans un dissolvant plus pur et par suite
plus apte à extraire les dernières parties salines. L'eau entre
pure dans l'appareil par le gradin le plus élevé, elle en sort saturée par le gradin le plus bas; la soude entre toute neuve
dans les deux cuves inférieures, elle sort épuisée des deux
cuves supérieures. L'emploi de l'eau chaude, qui épuiserait
plus rapidement la matière, est ici impraticable, parce qu'on
dissoudrait ainsi des sulfures qu'il faut soigneusement éviter.

Les liqueurs saturées sont introduites d'abord dans des cuves
en tôle D, E (fig. 21) où elles se concentrent par la chaleur du
foyer A. Enfin, elles sont introduites dans le four B, où la
flamme du foyer arrivant directement amène une évaporation
rapide. La matière se prend bientôt en une pâte qu'un ouvrier
écrase et granule avec une longue spatule de fer. On obtient
ainsi un produit blanc, amorphe, que le commerce nomme *sel
de soude*.

6. Cristaux de soude. — Pour obtenir le carbonate de soude en cristaux ou ce qu'on appelle vulgairement les cris-

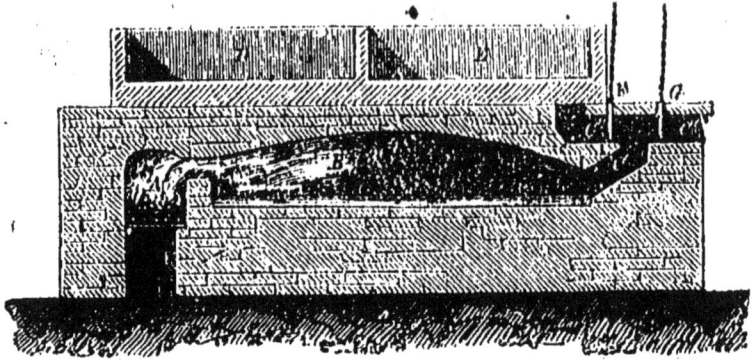

Fig. 21. — Four et bassins pour la fabrication du sel de soude.

taux de soude, on met de l'eau, fournie par le tuyau B, dans une chaudière conique A, et l'on chauffe le liquide au moyen d'un jet de vapeur arrivant par le canal C (fig. 22). Une cuve en tôle D, percée de trous et mo-

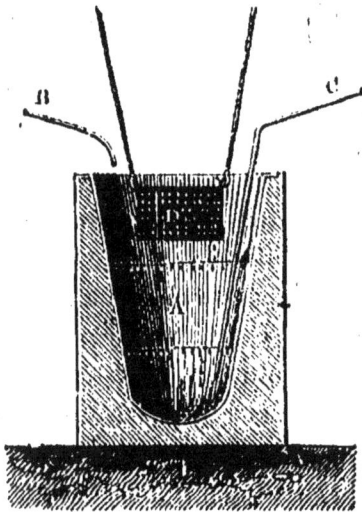

Fig. 22. — Chaudière pour les cristaux de soude.

bile au moyen de cordes s'enroulant sur des poulies, est remplie de *sel de soude*. L'eau chaude qui l'entoure se sature de sel, descend au fond de la chaudière à cause de sa densité plus forte, et se trouve remplacée par de l'eau non encore chargée de sel. La dissolution marche ainsi rapidement, si l'on a soin de maintenir la cuvette D dans le haut du liquide et de la soulever au moyen des poulies à mesure que le volume de la solution augmente. La liqueur saturée est enfin abandonnée dans des cristallisoirs au refroidissement. Elle laisse déposer de gros cristaux de carbonate de soude contenant 10 équivalents d'eau. Les eaux-mères renferment, outre du carbonate de soude, du chlorure de sodium, du sulfate de soude, des sulfures, de la soude caustique,

Évaporées à sec, elles donnent un sel de soude très-impur.

7. **Carbonate de soude**, $CO_2, NaO + 10aq.$ — On trouve presque toujours dans le carbonate de soude du commerce, préparé comme nous venons de le dire, un peu de sulfate de soude et de chlorure de sodium. Pour le débarrasser de ces impuretés, on en dissout dans l'eau bouillante une quantité suffisante pour que la dissolution puisse cristalliser en se refroidissant. On a soin d'agiter continuellement le liquide pour que les cristaux soient le moins volumineux possible et ne retiennent ainsi que peu ou point d'eau-mère. On verse ensuite la bouillie cristalline dans un entonnoir où on la lave avec de petites quantités d'eau distillée froide, jusqu'à ce que l'eau de lavage, rendue acide par quelques gouttes d'acide azotique, ne soit plus troublée ni par l'azotate d'argent, réactif des chlorures, ni par l'azotate de baryte, réactif des sulfates. Par une nouvelle dissolution dans l'eau bouillante, et, par un refroidissement tranquille, on obtient enfin de beaux cristaux très-purs.

Le carbonate de soude est sous la forme de gros prismes rhomboïdaux qui renferment 10 équivalents d'eau. Sa saveur est âcre et légèrement caustique. Il s'effleurit à l'air et se résout en poussière blanche. Sa solubilité dans l'eau n'augmente pas régulièrement avec la température. A $36°$, 100 parties d'eau dissolvent 833 parties de carbonate de soude; à $104°$, elles n'en dissolvent que 445 parties. Cette propriété peut être constatée au moyen de l'expérience suivante. On chauffe jusqu'à $100°$ ou $104°$ une dissolution saturée à la température de $36°$. La dissolution, d'abord parfaitement limpide, se trouble et laisse déposer une partie du sel. Ce dépôt se redissout et la liqueur devient encore limpide, dès que le refroidissement a baissé la température à $36°$.

Exposé à l'action de la chaleur, le carbonate de soude fond d'abord dans son eau de cristallisation; enfin, devenu anhydre, il éprouve la fusion ignée sans décomposition à la température rouge.

La vapeur d'eau, à une haute température, le décompose en grande partie et le transforme en soude caustique NaO, HO. La chaux lui enlève l'acide carbonique en présence de l'eau, et l'amène également à l'état de soude caustique. Enfin, traité à la chaleur rouge par le charbon, il donne du sodium et de l'oxyde de carbone.

8. Usages des soudes du commerce. — La *soude brute* est employée à la fabrication des verreries grossières, des bouteilles en particulier; rendue caustique par la chaux, elle sert à la fabrication des savons durs, ou savons à base de soude. Le *sel de soude* trouve son emploi dans la verrerie fine. Enfin les *cristaux de soude* ont de nombreuses applications dans la teinture.

Le carbonate de soude est généralement substitué à celui de potasse dans les applications industrielles, d'abord à cause de son bas prix, et ensuite parce qu'il est plus commode à transporter et à manier, surtout lorsqu'il a été privé de son eau de cristallisation. Il est plus facile à manier, car il n'est pas déliquescent; il est plus commode, attendu que son équivalent étant moins fort que celui du carbonate de potasse, il en faut moins pour obtenir, dans certains cas, le même résultat. Si, par exemple, pour faire disparaître une réaction acide, il est nécessaire d'employer 100 parties de carbonate de potasse, il n'en faudra que 66 de carbonate de soude anhydre. Cette particularité, jointe à celle de la non-déliquescence et du bas prix, explique la préférence du consommateur.

9. Bicarbonate de soude, $2CO^2,(NaO+HO)$. — A Vichy, on profite de l'acide carbonique qui se dégage des eaux gazeuses naturelles pour préparer le bicarbonate de soude. On fait arriver le gaz dans des chambres où se trouvent des toiles supportées par des châssis et recouvertes de carbonate de soude humide et concassé. L'acide carbonique pénètre peu à peu les cristaux et les transforme en bicarbonate. Comme ce dernier sel est moins hydraté que celui dont il dérive, beaucoup d'eau devient libre et entraîne une certaine quantité de carbonate de soude; mais, par compensation, elle entraîne aussi le sulfate de soude et le chlorure de sodium, de sorte que le bicarbonate du commerce, quoique préparé avec du carbonate ordinaire, est pur à peu de chose près.

En faisant passer, à travers une couche de cristaux de soude un courant de gaz carbonique artificiellement obtenu au moyen du calcaire et de l'acide chlorhydrique, on obtiendrait le même bicarbonate que Vichy prépare avec ses sources gazeuses naturelles.

Le bicarbonate de soude cristallise en prismes droits rectangulaires. Il a une saveur salée, un peu âcre, mais beaucoup moins que le carbonate neutre. Sa réaction est alcaline. Dissous dans l'eau et chauffé à 80°, il perd la moitié de son acide carbonique et repasse à l'état de carbonate neutre. Chauffé à sec, il laisse dégager du gaz carbonique, de l'eau, et donne pour résidu du carbonate neutre anhydre.

On le trouve dans le commerce en masses blanches et poreuses. Sa richesse en gaz carbonique le fait employer pour la préparation de l'eau de Seltz artificielle. Enfin il entre dans la composition des pastilles digestives de Vichy.

10. Essais alcalimétriques. — D'après leur mode de fabrication, il est évident que les potasses et les soudes du commerce sont des mélanges variables, sur la valeur réelle desquels le consommateur ne peut être renseigné que par un essai ayant pour objet de déterminer la quantité de potasse anhydre KO ou de soude anhydre NaO qui peut s'y trouver, enfin par un *essai alcalimétrique*. La méthode la plus usitée, proposée par Gay-Lussac, est fondée sur la quantité d'acide sulfurique nécessaire à la parfaite neutralisation de l'alcali libre ou carbonaté contenu dans la matière essayée. La teinture de tournesol qui du bleu passe au rouge dès que le point de saturation commence à être dépassé, guide l'expérimentateur dans sa manipulation.

Pour saturer un équivalent d'acide sulfurique monohydraté SO^3, HO il faut, soit un équivalent de potasse anhydre KO, soit un équivalent de soude anhydre NaO. Ou bien en nombres, 49 grammes d'acide sulfurique monohydraté sont saturés par 47 grammes de potasse ou par 31 grammes de soude.

Prenons 2×49^{gr} ou 98 grammes d'acide sulfurique monohydraté, et étendons-les d'eau distillée de manière à obtenir 1 litre pour volume total. Cette dissolution prend le nom de *liqueur normale d'acide sulfurique*. Il en faut juste 50 centimètres cubes pour contenir 4^{gr},9 d'acide réel, et par conséquent pour saturer 4^{gr},7 de potasse ou 3^{gr},1 de soude.

Dans un second vase, on fait dissoudre un échantillon moyen de la matière à essayer, dont le poids doit être de 47 grammes pour la potasse commerciale et de 31 grammes pour la soude commerciale. La dissolution doit mesurer exactement 1 demi-litre, de manière que 50 centimètres de la liqueur contiennent soit 4^{gr},7 de potasse commerciale, soit 3^{gr},1 de soude.

Au moyen d'une pipette jaugée (fig. 23), on prend 50 centimètres cubes de cette dissolution éclaircie par le repos ou la filtration, et on les verse dans un vase de verre (fig. 24) con-

Fig. 23.   Fig. 24.   Fig. 25.

Pipette, vase et burette pour les essais alcalimétriques.

tenant un peu de teinture de tournesol et placé sur une feuille de papier blanc.

Pour apprécier la quantité d'acide sulfurique nécessaire à la saturation de l'alcali, on introduit la liqueur normale d'acide sulfurique dans une burette graduée (fig. 25) qui porte le nom de *burette alcalimétrique*. Cet instrument est divisé en demi-centimètres cubes, et 100 divisions renferment par conséquent 4^{gr},0 d'acide sulfurique monohydraté.

Par le bec *b* de la burette, on verse la liqueur acide sur les 50 centimètres cubes de la dissolution alcaline, en imprimant un mouvement circulaire au vase qui les contient. La teinture de tournesol ne change pas d'abord de couleur; l'acide carbonique, ne se dégage même pas, parce qu'il se porte sur le carbonate alcalin non encore décomposé et le convertit en bicarbonate. Mais lorsque la demi-saturation est dépassée, l'acide carbonique commence à se dégager. La liqueur prend alors une teinte vineuse due à l'action que l'acide carbonique libre exerce sur la matière colorante du tournesol. On continue à verser de l'acide, mais avec beaucoup de précaution et sans cesser d'agiter la liqueur, dont on essaye de temps en temps la réaction au moyen d'une goutte que l'on dépose sur du papier réactif bleu. Tant que la partie mouillée du papier ne devient pas rouge d'une manière permanente, il reste encore de l'alcali à saturer. Mais lorsque la liqueur prend subitement la couleur rouge pelure d'oignon, ce dont on s'aperçoit sans peine à la faveur du papier blanc sur lequel le vase est placé, et que la goutte déposée sur le papier réactif y produit une tache rouge durable, l'opération est terminée. On n'a plus qu'à lire, sur la burette, le nombre de divisions employées pour opérer la saturation. Supposons qu'on ait employé 60 divisions, nous raisonnerons ainsi : si la matière essayée contenue dans les 50 centimètres cubes de la dissolution alcaline et pesant $4^{gr},7$ pour la potasse commerciale, ou $3^{gr},1$ pour la soude, s'était trouvée en entier formée de potasse anhydre KO, ou de soude anhydre NaO, il aurait fallu, pour atteindre la saturation, une quantité de liqueur acide représentée par 100 divisions de la burette. Mais au lieu de 100, 60 seulement ont été nécessaires. L'alcali commercial ne renferme donc que les $\frac{60}{100}$ de son poids d'alcali réel; ou, suivant l'expression consacrée, son *titre pondéral* est $\frac{60}{100}$. Ce procédé est évidemment applicable à tout alcali, soit caustique, soit carbonaté; même à des cendres dont on voudrait déterminer la richesse alcaline.

11. **Azotate de soude**, AzO^5,NaO. — Sous le nom de salpêtre du Chili, on trouve dans le commerce de l'azotate de soude naturel, dont le gisement le plus considérable est au Pérou. Ce sel cristallise en prismes rhomboédriques transparents, à saveur fraîche et piquante. Il est un peu déliquescent, ce qui le rend impropre à la fabrication de la poudre. Les propriétés chimiques de ce sel sont les mêmes que celles de l'azotate de potasse,

qu'il remplace aujourd'hui dans la fabrication de l'acide azotique. On l'emploie aussi pour préparer l'azotate de potasse lui-même, en traitant sa dissolution par le chlorure de potassium. Il se forme du chlorure de sodium qui cristallise par la concentration, et de l'azotate de potasse qui reste dissous.

12. Borate de soude ou borax, $2BoO^3,NaO+10aq.$ — Les eaux de certains lacs de l'Asie contiennent du borate de soude que l'on extrait pour l'évaporation. Ce produit naturel est désigné par le commerce sous le nom de *tinkal*. Mais la majeure partie du borate de soude employé par l'industrie est un produit artificiel que l'on obtient en décomposant le carbonate de soude par l'acide borique.

L'acide borique nous vient de Toscane. En quelques districts de cette contrée, par les crevasses d'un sol tourmenté, s'élance un mélange très-chaud d'acide carbonique, d'acide chlorhydrique, d'acide borique, d'azote, d'oxygène, d'hydrogène sulfuré, de vapeur d'eau, de matières organiques, de divers sulfates. Autour de ces crevasses soufflantes, désignées dans le pays sous le nom de *soffioni*, l'on a construit des bassins circulaires où arrive l'eau des sources voisines (fig. 26). Dès qu'elle est assez abondante pour pénétrer dans les soffioni, le mélange gazeux la refoule et la soulève en cône qui se déchire pour donner passage à une colonne de vapeurs blanches. L'eau ainsi refoulée renferme de l'acide borique. Elle en prend davantage en passant dans des bassins inférieurs, où elle trouve de nouvelles crevasses soufflantes. Après avoir parcouru la série des bassins, le liquide, enrichi en acide borique, est concentré dans des chaudières de plomb par la chaleur seule des soffioni, et enfin abandonné dans des cristallisoirs, où il laisse déposer de l'acide borique sous forme d'écailles brillantes.

Ce produit naturel sert à la préparation du borax. Dans une grande cuve en bois doublée de plomb et chauffée à la vapeur, on fait dissoudre 1200 kilogrammes de carbonate de soude cristallisé. La quantité d'eau est d'environ 2000 kilogrammes. Lorsque la dissolution est complète, on y introduit par fractions 1000 kilogrammes d'acide borique de Toscane, qui chasse l'acide carbonique et se combine avec la soude. On laisse reposer pendant douze heures, puis la dissolution claire est conduite dans des cuves peu profondes où elle ne tarde pas à cristalliser.

Le borax naturel ou tinkal a une forme et une composition différentes de celles du borax artificiel. Le premier est prismatique; il contient 10 équivalents d'eau de cristallisation. Sa

Fig. 26. — Soffioni de la Toscane.

formule est donc $2BoO^3, NaO + 10aq$. Le second est octaédrique; il contient 5 équivalents d'eau, et sa formule est $2BoO^3, NaO + 5aq$.

Le borax naturel a la forme de prismes hexaèdres terminés par des pyramides trièdres. Il y a une saveur de lessive et une réaction alcaline. Il est soluble dans 12 fois son poids d'eau froide et dans 2 fois son poids d'eau bouillante. Chauffé, il subit d'abord la fusion aqueuse; plus tard la fusion ignée. Une fois fondu, il partage avec l'acide phosphorique le caractère de la viscosité. Refroidi, il est vitreux et transparent.

A la forme et au degré d'hydratation près, le borax artificiel a les mêmes propriétés que le borax naturel. Les cristaux sont des octaèdres volumineux adhérant entre eux, de telle sorte qu'on pourrait les retirer du cristallisoir sous forme de plaques dures et sonores. Les cristaux prismatiques du borax naturel n'ont, au contraire, presque aucune adhérence entre eux. Le borax octaèdrique reste transparent dans l'air sec et devient opaque dans l'air humide; le borax prismatique conserve sa transparence dans l'air humide et devient opaque dans l'air sec. La première variété, lorsqu'elle séjourne dans l'air humide, absorbe de l'eau, s'hydrate davantage et devient prismatique; la seconde variété perd de l'eau dans l'air sec et devient octaèdrique. Dans les deux cas, l'opacité est le résultat du trouble moléculaire amené par un changement de cristallisation.

13. **Usages du borax.** — Le borax fondu a la propriété de dissoudre les oxydes métalliques, et, sa viscosité lui permettant de jouer le rôle d'un vernis, il abrite de l'action de l'air les matières avec lesquelles on le chauffe fortement. C'est le motif qui le fait employer avec tant de succès dans la brasure du fer avec le cuivre, et de l'or avec divers alliages. — Un métal ne peut se souder avec un autre métal qu'à la condition que leurs deux surfaces soient bien décapées : si l'une d'elles, et, à plus forte raison si toutes les deux s'oxydent, la soudure devient impossible, la couche d'oxyde empêchant le contact entre les deux surfaces métalliques. Le borax prévient cet inconvénient, car, d'une part, il dissout les oxydes déjà formés, et, d'autre part, il empêche qu'il s'en forme de nouveaux en mettant à l'abri de l'air les surfaces métalliques. Enfin, on aurait beaucoup de peine à former des alliages avec des métaux facilement oxydables, sans la présence du borax pour les protéger contre l'action de l'air.

On se sert encore du borax pour reconnaître, au moyen de l'essai au chalumeau, la nature d'un oxyde. On recourbe en anneau l'extrémité d'un fil de platine. Chauffé au rouge, cet anneau est plongé dans du borax en poudre. Un commence-

ment de fusion fait adhérer le sel au fil métallique. Une seconde
fois l'anneau de platine est présenté au dard de la flamme du
chalumeau. Le borax se fond et forme une perle transparente
enchâssée dans l'anneau de métal. On touche avec cette perle
l'oxyde à essayer, réduit en poussière, de sorte que quelques
grains y adhèrent. Une dernière fois, la perle de borax est exposée au dard du chalumeau. Elle entre en fusion, dissout
l'oxyde métallique et prend une coloration uniforme dont la
teinte variable apprend sur quel oxyde on a opéré. Cette coloration diffère d'ailleurs suivant que l'on chauffe au feu d'oxydation ou bien au feu de réduction.

Considérons (fig. 27) le dard enflammé produit par la pointe
d'un chalumeau. En b, sommet du dard, la combustion est
complète, la température est très-
élevée, et l'oxygène de l'air ambiant
afflue en liberté. Un corps exposé en
ce point s'y oxyde par conséquent.
C'est là le *feu d'oxydation*. Plus bas
en a, l'air ambiant n'arrive qu'avec
difficulté, les produits carburés et
hydrogénés brûlent incomplétement.
L'excès de carbone et d'hydrogène

Fig. 27. — Flamme du chalumeau.

non brûlé doit donc agir sur les corps oxygénés et les réduire,
les décomposer. C'est en effet ce qui a lieu. Dans la région a se
trouve ce qu'on appelle le *feu de réduction*.

Voici maintenant les diverses colorations que prend le verre
de borax en présence d'un corps métallique, suivant que l'on
emploie le feu d'oxydation ou le feu de réduction.

Métaux.	Feu d'oxydation.	Feu de réduction.
Antimoine. . . .	Incolore à froid. . . Jaune à chaud. . . .	Gris opaque.
Bismuth. . . .	Incolore.	Gris opaque.
Nickel.	Incolore à froid. . . Rouge à chaud. . . .	Gris opaque.
Plomb.	Incolore à froid. . . Jaune à chaud. . . .	Incolore.
Argent.	Blanc de lait	Gris.

Métaux.	Feu d'oxydation.	Feu de réduction.
Fer.	Jaune sombre. . . .	Vert bouteille.
	Rouge à chaud. . . .	
Urane.	Jaune.	Vert sale.
Chrome. . . .	Vert jaunâtre. . . .	Vert émeraude.
Cuivre.	Vert ou bleu céleste.	Rouge brun.
Manganèse. . .	Violet améthyste. . .	Incolore.
Cobalt.	Bleu.	Bleu.

La plupart des autres métaux, en particulier le potassium, le sodium, le baryum, le calcium, le magnésium, l'aluminium, le zinc, l'étain, l'or, le mercure, etc., ne colorent pas le verre de borax.

14. Phosphate de soude, $PhO^5,(2NaO+HO)+24aq$. — Le phosphate neutre de soude est le seul phosphate alcalin que l'on rencontre dans le commerce et qu'on emploie souvent dans les laboratoires. On le prépare en décomposant le phosphate acide de chaux par du carbonate de soude. Le phosphate acide de chaux $PhO^5,(CaO+2HO)$ s'obtient, ainsi que nous l'avons vu au sujet de la préparation du phosphore, en traitant par l'acide sulfurique la poudre d'os calcinés, et filtrant.

Le phosphate de soude cristallise en prismes rhomboïdaux, qui s'effleurissent facilement. On s'en sert pour préparer le phosphate double de soude et d'ammoniaque. A cet effet, on dissout, dans 2 parties d'eau, 6 à 7 parties de phosphate de soude cristallisé et 1 partie de sel ammoniac, chlorure d'ammonium. La dissolution, faite à chaud, laisse déposer par le refroidissement de gros cristaux incolores d'un sel où l'acide phosphorique triatomique est saturé par 3 équivalents de bases différentes, savoir : la soude, l'oxyde d'ammonium et l'eau. La formule de ce sel est $PhO^5,(NaO+AzH^4O+HO)+8aq$. Ce sel est précieux pour les essais au chalumeau, car, en perdant son eau et son oxyde d'ammonium, il devient métaphosphate de soude PhO^3,NaO. Ce dernier sel, une fois fondu, a l'aspect d'un verre incolore, où il est facile d'observer la coloration occasionnée par les matières minérales auxquelles il sert de fondant. Il donne au chalumeau à peu près les mêmes couleurs que le borax.

15. Hyposulfite de soude, $S^2O^2,NaO+5aq$. — Si l'on fait passer un courant d'acide sulfureux dans une dissolution de carbonate de soude, de l'acide carbonique se dégage et il se forme du sulfite de soude. La dissolution de sulfite de soude est additionnée de soufre en fleur et portée à l'ébullition. Il se dissout autant de soufre que le sel en contient déjà, l'acide sulfureux SO^2 devient acide hyposulfureux S^2O^2, et le résultat de la réaction est de l'hyposulfite de soude, que la liqueur filtrée et refroidie dépose en gros prismes rhomboïdaux.

L'hyposulfite de soude est incolore, inodore, d'une saveur très-amère et nauséabonde, inaltérable à l'air, très-soluble dans l'eau. Traité par un acide, il se décompose avec dépôt de soufre et dégagement d'acide sulfureux. Il dissout divers oxydes métalliques; il dissout aussi, avec une grande facilité, le chlorure, le bromure et l'iodure d'argent, propriété qui rend compte de son emploi dans la photographie. Enfin, c'est un réducteur de premier ordre.

16. **Hypochlorite de soude**, ClO,NaO. — **Liqueur de Labarraque.** — Ce composé possède les mêmes propriétés décolorantes et désinfectantes que le composé potassique correspondant, c'est-à-dire que l'eau de Javelle; mais son prix moindre le fait employer de préférence. La liqueur de Labarraque est un mélange de chlorure de sodium et d'hypochlorite de soude. On peut l'obtenir en faisant passer un courant de chlore dans une dissolution étendue et froide de carbonate de soude. On l'obtient encore par double décomposition en traitant le chlorure de chaux, mélange de chlorure de calcium et d'hypochlorite de chaux, par le carbonate de soude. L'eau de Javelle et la liqueur de Labarraque sont devenues aujourd'hui d'un usage assez restreint; le chlorure de chaux les remplace avec avantage dans la grande industrie.

17. **Caractères des sels de soude.** — Les caractères des sels de soude sont presque tous négatifs. Dès qu'on a reconnu qu'un sel est à base alcaline et qu'il ne donne pas la réaction des sels de potasse, c'est-à-dire qu'il ne précipite pas en jaune par le chlorure de platine, on peut en conclure que la base est de la soude. Toutefois, les sels de soude donnent avec l'antimoniate de potasse un dépôt blanc d'antimoniate de soude.

RÉSUMÉ

1. Le sulfate de soude s'obtient en grand au moyen du sel marin traité par l'acide sulfurique dans des fours spéciaux.

2. Le sulfate de soude cristallise en beaux prismes incolores à quatre faces. Les dissolutions sursaturées sont très-remarquables.

3. Les *soudes naturelles* du commerce s'extraient, par l'incinération, de diverses plantes maritimes, en particulier des soudes et des salicornes du littoral méditerranéen.

4. Les *soudes artificielles*, obtenues par le procédé Leblanc, sont le produit de la réaction réciproque du sulfate de soude, du carbonate de chaux et du charbon. Il en résulte de l'oxyde de carbone, de l'oxysulfure de calcium, insoluble dans l'eau, et du carbonate de soude soluble.

5. La soude artificielle brute est un mélange de carbonate de soude et d'oxysulfure de calcium. On y trouve aussi du chlorure de sodium et du sulfate de soude, qui ont échappé aux réactions. Par le lessivage, on isole le carbonate de soude qui, évaporé et desséché dans des fours, forme une masse granuleuse, blanche, nommée *sel de soude*.

6. Le sel de soude, dissous dans l'eau chaude et abandonné au refroidissement, laisse déposer de gros cristaux transparents de carbonate de soude, contenant dix équivalents d'eau. C'est ce qu'on nomme les *cristaux de soude*.

7. Le carbonate de soude cristallise en prismes rhomboïdaux efflorescents. Le maximum de sa solubilité est à 36°. A une haute température, l'eau et le charbon le décomposent : l'eau le transforme en soude caustique, le charbon met en liberté le sodium avec dégagement d'oxyde de carbone.

8. Le principal débouché des soudes commerciales est dans la fabrication du verre et du savon. Le carbonate de soude en cristaux est d'un emploi fréquent en teinture.

9. Le bicarbonate de soude s'obtient en faisant arriver de l'acide carbonique sur du carbonate de soude en petits fragments. A Vichy, on utilise pour cette préparation l'acide carbonique dégagé par des sources gazeuses naturelles. Le bicarbonate de soude entre dans la préparation des *pastilles digestives de Vichy*. On l'emploie pour obtenir de l'eau de Seltz artificielle avec l'appareil Briet.

10. Le *procédé alcalimétrique* le plus suivi est dû à Gay-Lussac. Il est fondé sur la saturation de l'alcali, libre ou carbonaté, contenu dans un poids connu d'une potasse ou d'une soude commerciale, au

moyen d'acide sulfurique titré. La saturation est indiquée par le virement au rouge pelure d'oignon de la dissolution alcaline préalablement bleuie avec du tournesol.

11. L'azotate de soude du commerce est un produit naturel dont le gisement le plus considérable se trouve au Pérou. Il sert principalement à la préparation de l'acide azotique et à la conversion du chlorure de potassium en azotate de potasse. Il ne peut entrer dans la fabrication de la poudre à cause de sa légère déliquescence.

12. Le *tinkal* de certains lacs de l'Asie est du borate de soude, comme le *borax* artificiel. Il renferme 10 équivalents d'eau et a la forme prismatique. Le borax obtenu artificiellement, en traitant le carbonate de soude par l'acide borique naturel de Toscane, contient 5 équivalents d'eau, et cristallise en octaèdres.

13. Le *borax* est remarquable par sa propriété de dissoudre les oxydes métalliques, de subir la fusion visqueuse et de se colorer suivant la nature de ces oxydes. Il est employé pour faciliter la soudure des métaux, et dans les essais au chalumeau.

14. Le phosphate de soude $PhO^5,(2NaO + HO) + 24aq$, est obtenu en traitant le carbonate de soude par le phosphate acide de chaux, résultat de l'action de l'acide sulfurique sur les os calcinés. Il sert à la préparation du phosphate double de soude et d'ammoniaque, $PhO^5,(NaO + AzH^4O + HO)$, utilisé, comme le borax, pour les essais au chalumeau.

15. En saturant de soufre une dissolution bouillante de sulfite de soude, on obtient l'hyposulfite de soude, qui cristallise en gros prismes rhomboïdaux. Il est employé en photographie à cause de la facilité avec laquelle il dissout le chlorure, l'iodure et le bromure d'argent.

16. La *liqueur de Labarraque* est un mélange de chlorure de sodium et d'hypochlorite de soude, obtenu en faisant passer un courant de chlore dans une dissolution de carbonate de soude, ou en décomposant le chlorure de chaux par le carbonate de soude. C'est un décolorant et un désinfectant, remplacé dans la grande industrie par le chlorure de chaux.

17. Les dissolutions sodiques donnent un précipité blanc avec l'antimoniate de potasse. A cette réaction près, les caractères des sels à base de soude sont tous négatifs.

CHAPITRE XI

AMMONIUM

Am = AzH⁴ = 18.

1. Théorie de l'ammonium. — Si l'on fait agir un oxacide anhydre, par exemple l'acide sulfurique SO^3, sur du gaz ammoniac sec AzH^3, les deux corps se combinent; mais le résultat de la combinaison n'est pas un sel : c'est un composé tout différent, appartenant à la série que la chimie organique désigne sous le nom d'*amides*. Ce n'est pas un sel, car, à l'ammoniaque, on ne peut, par double échange, substituer une autre base, baryte, chaux, etc. Si, au contraire, l'acide sulfurique est hydraté et possède la formule SO^3,HO, le gaz ammoniac sec se combine avec lui en produisant un véritable sel, sulfate d'ammoniaque, apte à faire le double échange et à donner, par exemple, avec l'azotate de baryte, du sulfate de baryte insoluble et de l'azotate d'ammoniaque soluble. On obtient le même résultat avec de l'acide sulfurique anhydre et du gaz ammoniac humide, et, à plus forte raison, avec de l'acide sulfurique ordinaire et une dissolution aqueuse de gaz ammoniac. En somme, pour produire réellement un sulfate, un sel véritable et non un amide, dont les caractères n'ont rien de commun avec ceux des sels, il faut que le gaz ammoniac trouve à s'associer avec un équivalent d'eau. Ce que nous venons de dire de l'acide sulfurique doit se répéter pour tous les autres oxacides. Ce n'est pas le gaz ammoniac AzH^3 qui se combine avec ces divers acides pour constituer des sels, mais bien ce même gaz associé à un équivalent d'eau, sans la présence duquel la constitution saline est impossible ; ce n'est pas le gaz ammoniac qui fait fonction de base métallique ; c'est ce gaz, plus de l'eau.

Dissous dans l'eau, le gaz ammoniac devient AzH^3,HO. Ce composé possède à un haut degré les propriétés caractéristiques des alcalis, potasse et soude. Il verdit le sirop de violette; il ramène au bleu le tournesol rougi ; il a une saveur caustique ; il sature les acides ; il remplace les bases insolubles et les précipite de leurs dissolutions salines ; enfin il se comporte en tout comme un oxyde d'un métal alcalin.

Groupons en un tout les éléments du gaz ammoniac AzH^3 et ceux de l'eau HO, puisque leur ensemble est nécessaire à la constitution alcaline comme à la constitution saline, et nous aurons AzH^4O, composé assimilable aux oxydes métalliques, en particulier à la soude et à la potasse, si l'on considère AzH^4 comme un radical métallique dont AzH^4O est l'oxyde. Ce métal théorique et composé AzH^4 prend le nom d'ammonium, et peut se représenter par le symbole abrégé Am. L'interprétation des oxysels ammoniacaux, dont l'existence est impossible sans la présence d'un équivalent d'eau, devient alors d'une lucide simplicité.

Ainsi, le sulfate d'ammoniaque, dont la formule brute est SO^3,AzH^3,HO, devient SO^3,AzH^4O ou SO^3,AmO, c'est-à-dire un sulfate d'oxyde d'ammonium, comme le sulfate de potasse SO^3,KO est du sulfate d'oxyde de potassium.

De même, l'azotate d'ammoniaque AzO^5,AzH^3,HO devient AzO^5,AzH^4O ou AzO^5,AmO, ou azotate d'oxyde d'ammonium, comparable au salpêtre AzO^5,KO, azotate d'oxyde de potassium.

Enfin, la dissolution de gaz ammoniac dans l'eau AzH^3,HO devient AzH^4O ou AmO, c'est-à-dire de l'oxyde d'ammonium, comparable à la potasse KO, dont les réactions alcalines sont les mêmes.

Avec les hydracides anhydres, le gaz ammoniac sec se combine directement en produisant des composés salins. Si, par exemple, on fait arriver dans le même ballon du gaz acide chlorhydrique et du gaz ammoniac, l'un et l'autre parfaitement secs, il se produit d'épaisses fumées blanches qui se déposent en une couche de sel ammoniac, ou chlorhydrate d'ammoniaque. D'où vient que, dans le cas actuel, l'équivalent d'eau n'est pas nécessaire à la constitution saline ? C'est qu'il se forme, non pas un oxysel, mais un véritable chlorure, dont le gaz chlorhydrique et le gaz ammoniac renferment tous les éléments. En effet, la formule brute du sel ammoniac est ClH,AzH^3. Or, si l'on groupe les éléments en un tout, on a l'expression $ClAzH^4$, où se retrouve le métal composé, l'ammonium AzH^4, combiné avec le chlore. Le sel ammoniac est donc du chlorure d'ammonium.

Pareillement, l'acide sulfhydrique SH se combine avec le gaz ammoniac AzH^3, sans l'intervention de l'eau, et forme du sulfure d'ammonium $SAzH^4$.

De même encore, l'acide iodhydrique, en l'absence de l'eau, se combine avec le gaz ammoniac et produit le composé $IoAzH^4$, iodure d'ammonium.

Examinons enfin comment les sels ammoniacaux se comportent dans le double échange salin. Dans une dissolution d'azotate d'argent, versons une dissolution de sel ammoniac. Il se précipite du chlorure d'argent, et il reste en dissolution de l'azotate d'ammoniaque.

$$AzO^5, AgO + ClAzH^4 = ClAg + AzO^5, AzH^4O.$$

ou bien en nous servant du symbole Am pour désigner l'ammonium AzH^4

$$AzO^5, AgO + ClAm = ClAg + AzO^5, AmO.$$

Mélangeons maintenant une dissolution d'azotate de baryte avec une dissolution de sulfate d'ammoniaque. Du sulfate insoluble de baryte se précipite, et la liqueur surnageante contient de l'azotate d'ammoniaque.

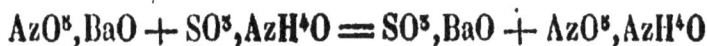

$$AzO^5, BaO + SO^3, AzH^4O = SO^3, BaO + AzO^5, AzH^4O$$

ou bien :

$$AzO^5, BaO + SO^3, AmO = SO^3, BaO + AzO^5, AmO.$$

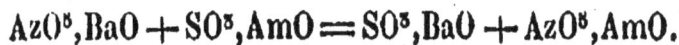

On le voit : dans ces réactions que nous prenons arbitrairement pour exemples, le groupe AzH^4 se déplace tout d'une pièce et fait fonction de métal, car il remplace le baryum, l'argent, etc., et se trouve remplacé par les mêmes métaux. Le groupe ammonium est donc bien ce que nous avons appelé un radical métallique; en d'autres termes, c'est un métal composé.

Il serait aisé de multiplier les exemples de ce genre; tous prouveraient combien l'hypothèse de l'ammonium facilite et simplifie, combien la manière de voir qui assimile le groupe AzH⁴ à un métal est conforme aux faits observés. D'autres considérations donnent à ce métal théorique les caractères de la réalité. Plusieurs sels de potasse sont isomorphes avec les sels ammoniacaux correspondants, fait parfaitement concevable, si l'on admet dans ces derniers la présence d'un métal, mais impossible à interpréter, si l'on y admet tout simplement de l'eau et de l'ammoniaque.

2. **Amalgame d'ammonium.** — A-t-on obtenu à l'état isolé ce métal théorique dont on admet l'existence dans les composés ammoniacaux? Connaît-on l'ammonium en tant que métal? Nullement. Les efforts des chimistes ont jusqu'ici échoué devant des difficultés de préparation qui toutefois n'infirment en rien la théorie admise. Et, en effet, si l'on n'a pu encore obtenir l'ammonium isolé, on l'obtient toutefois à l'état d'alliage avec le mercure, à l'état d'amalgame; et, chose bien remarquable, cet amalgame a tous les caractères métalliques, absolument comme si au mercure se trouvait associé un métal ordinaire. Bien plus, cet amalgame s'obtient par le même procédé qui servit à Davy pour extraire la première fois le potassium de la potasse. L'amalgame d'ammonium se forme sous l'action d'un courant électrique, comme l'amalgame de potassium.

Dans un godet de sel ammoniac légèrement humide, on met un peu de mercure. On dépose ce godet sur une lame de platine communiquant avec le fil positif d'une pile formée de quelques éléments de Bunsen, et l'on fait plonger le fil négatif dans le mercure (fig. 28). Sous l'influence du courant, le sel ammoniac se décompose; le chlore se porte sur la lame positive, l'ammonium sur le fil négatif qu'entoure le mercure. Bientôt celui-ci augmente de volume, prend une consistance pâteuse et cesse de pouvoir couler, tout en conservant son brillant métallique. Les apparences seraient les mêmes, si l'on eût décomposé de la soude ou de la potasse par la pile.

On peut obtenir le même résultat sans le concours de l'électricité. On introduit dans un tube un peu de mercure et un fragment de potassium; et l'on chauffe les deux métaux à l'aide d'une lampe à alcool. Une décrépitation annonce le moment où l'alliage s'effectue. Le tube étant refroidi, on y verse une dissolution saturée de sel ammoniac; on le bouche avec le doigt, et l'on agite. A l'instant même, le mercure, qui occupait dans le

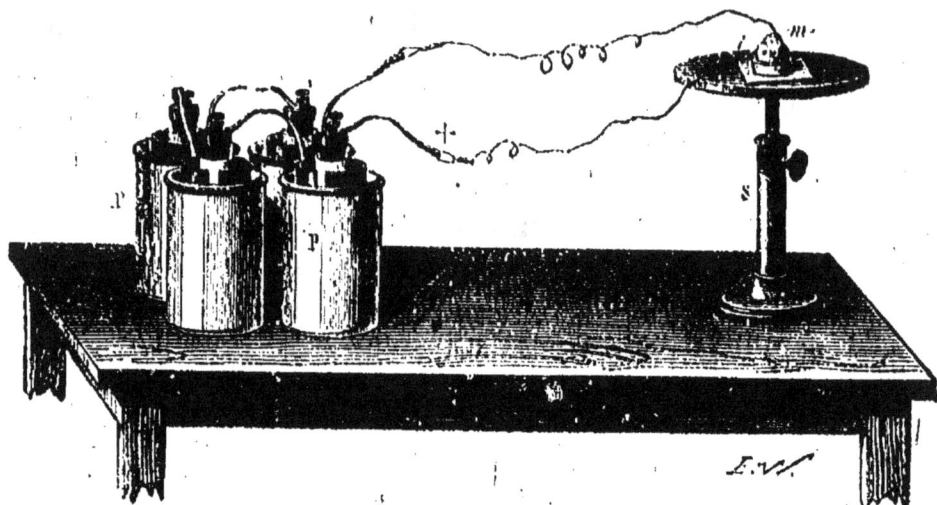

Fig. 28. — Préparation de l'amalgame d'ammonium au moyen de la pile.

tube une paire de centimètres d'épaisseur, monte en un long cylindre de pâte métallique ayant la consistance du beurre. Si le tube n'a qu'un décimètre ou deux de longueur, sa capacité peut se trouver trop étroite pour le contenu, et la pâte se déverse comme une matière plastique refoulée avec force dans un canal ouvert. Pour épaissir ainsi le mercure, tout en lui conservant l'aspect métallique, que faut-il, si ce n'est un métal? L'étain, le potassium, le sodium, etc., dissous dans le mercure, lui donnent de la consistance, sans modifier son éclat métallique; l'ammonium en fait autant avec une augmentation considérable de volume.

Les réactions en jeu dans cette expérience sont très-faciles à interpréter. On met du chlorure d'ammonium en présence de l'amalgame de potassium. Il se forme du chlorure de potassium et de l'amalgame d'ammonium.

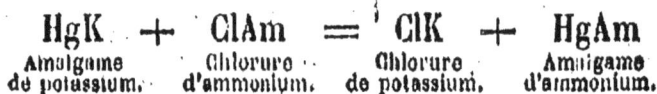

$$HgK \ + \ ClAm \ = \ ClK \ + \ HgAm$$

| Amalgame de potassium. | Chlorure d'ammonium. | Chlorure de potassium. | Amalgame d'ammonium. |

L'amalgame d'ammonium n'a qu'une existence très-éphémère. Dans les conditions ordinaires de température, il se décompose spontanément en gaz ammoniac, en hydrogène et en mercure. Obtenue par la pile ou par le procédé que nous venons de décrire, la pâte métallique résultant de l'association de l'ammonium et du mercure, diminue assez rapidement de volume, une fois abandonnée à elle-même. Il se dégage du gaz ammoniac, de l'hydrogène, et le mercure primitif reste pour résidu. En d'autres termes, l'ammonium se dédouble en gaz ammoniac et en hydrogène,

$$Am = AzH^4 = AzH^3 + H.$$

La même décomposition a lieu au sein de l'eau, ce que l'on démontre en couvrant une capsule où se trouve l'amalgame avec une éprouvette remplie d'eau distillée. De l'hydrogène s'amasse dans le haut de l'éprouvette, l'eau devient ammoniacale, et dans la capsule ne se trouve bientôt plus que du mercure. Ce n'est pas l'eau toutefois qui est cause de cette décomposition, car, dans l'alcool et dans l'éther, les mêmes faits se passent. On ne connaît encore qu'un moyen de stabiliser ce singulier composé métallique : c'est de le soumettre à un froid de 90°. Il est alors dur et cassant comme de la fonte. Mais dès qu'il revient à la température ordinaire, il commence aussitôt à se décomposer.

Avec tous ces faits à l'appui, l'hypothèse de l'ammonium, qui aplanit tant de difficultés, anéantit tant d'anomalies et fait de si heureux rapprochements, prend rang parmi les réalités. D'ailleurs, l'étude des substances organiques achève de démontrer que, lors même qu'on ne parviendrait jamais à isoler l'ammonium, il faut l'attribuer, non à son existence fictive, mais à sa grande instabilité. Après tout, n'est-il pas aussi étrange de voir le cyanogène, composé d'azote et de charbon, faire office de métalloïde prenant rang à côté du chlore, que de voir le gaz ammoniac et l'hydrogène associés faire office d'un métal marchant de pair avec le potassium?

3. Sulfure d'ammonium ou sulfhydrate d'ammoniaque $SAzH^4$. — On fait passer, jusqu'à refus, un courant d'acide sulfhydrique dans une dissolution aqueuse de gaz ammoniac, c'est-à-dire dans de l'ammoniaque liquide ordinaire. On obtient ainsi un sulfhydrate de sulfure d'ammonium, ou un sulfosel, sulfure double d'hydrogène et d'ammonium $SH,SAzH^4$. Si l'on ajoute à la dissolution une nouvelle quantité d'ammoniaque égale à la première, on la transforme en une dissolution de simple sulfure d'ammonium.

$$SH,SAzH^4 + AzH^3 = 2SAzH^4.$$

Nous avons vu que le sulfure de potassium s'obtient par un procédé absolument pareil et par des réactions tout à fait analogues.

Le sulfure d'ammonium est un réactif précieux pour les travaux de laboratoire. Il décompose tous les sels dont les métaux appartiennent aux quatre dernières sections, et il produit dans leurs dissolutions un précipité de sulfures métalliques. Or, parmi ces sulfures, on en trouve qui se distinguent par leur couleur, d'autres qui se redissolvent dans un excès de réactif précipitant. On conçoit donc combien le sulfure d'ammonium peut être utile dans les analyses, soit pour reconnaître certains sulfures, soit pour en séparer d'autres qui seraient engagés dans des mélanges. Les sulfures métalliques qui ont la propriété de se redissoudre sont ceux de vanadium, d'étain, d'antimoine, de tungstène, de molybdène, d'or et de platine. Les oxydes de tous ces métaux jouant en général le rôle d'acides, leurs sulfures doivent être des sulfacides. La dissolution de ces sulfures dans le sulfhydrate d'ammoniac est donc un sulfosel dont la base est le sulfure d'ammonium.

On ne peut conserver longtemps la dissolution de sulfure d'ammonium dans des flacons que l'on ouvre souvent. D'abord incolore, elle devient jaune en vieillissant. Cela tient à ce qu'elle se décompose sous l'influence de l'air : une portion de l'ammoniaque se dégage, l'hydrogène sulfuré met en liberté du soufre qui se dissout dans le sulfure non décomposé et jaunit le liquide. On a observé que ces réactifs vieux, enrichis de soufre, dissolvent mieux les sulfures métalliques que lorsqu'ils sont dans leur état normal. Toujours fétides, les dissolutions de sulfhydrate d'ammoniaque le deviennent davantage en vieillissant. C'est à leur présence qu'est due en partie l'odeur infecte des vidanges. Le sulfure d'ammonium est vénéneux.

4. Chlorure d'ammonium, chlorhydrate d'ammoniaque, sel ammoniac $ClAzH^4$. — **Sa préparation.** — Le sel ammoniac nous arrivait autrefois de l'Égypte, où il était obtenu par la distillation de la suie produite par la combustion de la bouse sèche des chameaux. Aujourd'hui, on le prépare à bon marché en faisant agir l'acide chlorhydrique sur le carbonate d'ammoniaque, fourni par trois sources principales, savoir : la distillation des matières animales, les urines provenant des vidanges, les eaux de condensation des usines à gaz.

Les matières animales sont constituées par quatre éléments, savoir : l'oxygène, l'hydrogène, l'azote et le charbon. Or, lorsque ces matières se décomposent, soit par l'action de la chaleur, soit par la putréfaction, le composé complexe primitif se scinde en associations plus simples, qui font rentrer dans le domaine de la nature minérale les matériaux empruntés temporairement par la nature organique. Le charbon se constitue à l'état d'acide carbonique, l'hydrogène à l'état d'eau, et l'azote à l'état de gaz ammoniac. Quant à l'oxygène de la matière animale, comme il entre lui-même dans deux des trois produits de la décomposition, complété s'il le faut par l'oxygène de l'air ambiant, il n'y a pas lieu de s'en préoccuper. L'eau, l'acide carbonique et l'ammoniaque, sont donc les trois produits fondamentaux de la décomposition des matières élaborées par la vie.

On comprend, dès lors, comment les os, soumis à l'action de la chaleur pour la fabrication du noir animal, laissent dégager des produits volatils, parmi lesquels se trouve du carbonate d'ammoniaque. Si l'on se propose d'utiliser ce carbonate, les os sont mis dans des cornues verticales en fonte C, C', se chargeant par le haut M, M', et se déchargeant par le bas H, H' (fig. 29). Un canal T met chaque cornue en communication avec un barillet B contenant de l'eau, puis avec une série de cuves closes F, à demi pleines d'eau. C'est là que se condensent les produits volatils de la distillation des os. Le noir animal est défourné par H et H', et tombe dans des wagons V, V'; quant à l'eau de condensation, elle est conduite dans des réservoirs, où par le repos elle se sépare des produits goudronneux, qui remontent à la surface. Le liquide clair est additionné d'acide chlorhydrique. Aux dépens du carbonate d'ammoniaque dissous, il se forme ainsi de chlorhydrate d'ammoniaque. Par la concentration, le sel ammoniac se dépose.

Fig. 20. — Appareil pour recueillir les produits ammoniacaux provenant de la combustion des os.

L'urine contient un principe particulier l'*urée*, qui, par la putréfaction, produit du carbonate d'ammoniaque. Dans les grands centres de population, à Paris en particulier, les vidanges sont amenées dans de vastes bassins, où par le repos elles laissent précipiter une matière solide qui, après dessiccation, constitue un engrais désigné sous le nom de *poudrette*. Les eaux surnageantes, appelées *eaux vannes*, servent à la fabrication du sel ammoniac. On les laisse se putréfier jusqu'à ce que l'urée se soit transformée en carbonate d'ammoniaque. On les soumet alors à la distillation pour faire dégager le carbonate d'ammoniaque, composé aisément volatil, et les vapeurs sont reçues dans de l'eau acidulée avec l'acide chlorhydrique. Le sel ammoniac est le résultat de ce traitement.

La houille renferme une proportion notable d'azote; distillée, pour la préparation du gaz de l'éclairage, elle donne donc des sels ammoniacaux. En effet, parmi les produits de sa distillation, se trouvent du carbonate et du sulfhydrate d'ammoniaque. A l'issue des cornues, les produits gazeux de la décomposition de la houille, passent dans des appareils laveurs à moitié pleins d'eau, où le gaz de l'éclairage est débarrassé de divers produits solubles qui nuiraient à sa combustion et à son pouvoir éclairant, en particulier des produits ammoniacaux. Les liquides retirés de ces appareils laveurs, sont ce qu'on appelle les *eaux de condensation*. On les distille comme les eaux vannes pour en chasser le carbonate et le sulfhydrate d'ammoniaque, et recevoir les vapeurs ammoniacales dans de l'eau acidulée avec de l'acide chlorhydrique.

5. **Sublimation du sel ammoniac.** — Quelle que soit son origine, le sel ammoniac obtenu en grand par les moyens que nous venons de décrire, n'est jamais pur. Il ne le devient que par la sublimation. Les sels ammoniacaux dont l'acide est volatil, comme le chlorhydrate d'ammoniaque, le sulfhydrate, le carbonate, sont eux-mêmes volatils, et peuvent être distillés complétement sans subir la moindre altération. Il n'en est plus de même du sulfate, de l'azotate, du phosphate, etc., qui sont totalement décomposés. C'est sur ce principe qu'est basée la purification du sel ammoniac. Le produit brut est introduit dans des chaudières en fonte hémisphériques, sur lesquelles s'ajuste un couvercle en dôme C, C', C'' (fig. 30), mobile à l'aide de chaînes et de contre-poids. Par l'action de la chaleur, le sel ammoniac se sépare des corps étrangers, se sublime, et vient se déposer contre le couvercle en une couche ou pain de forme arrondie.

6. **Propriétés du sel ammoniac.** Le sel ammoniac se trouve dans le commerce sous la forme de masses blanches, translucides, à cassure fibreuse, douées d'une certaine flexibilité et difficiles à réduire en poudre. Cet aspect et cette flexibilité tiennent à ce que les cristaux élémentaires du sel ammoniac, dont la forme est octaédrique, se groupent en longues aiguilles, qui par leur réunion constituent un tout flexible et formé en apparence par des prismes très-déliés. Sa saveur est piquante, son odeur nulle. Il se volatilise dans le voisinage de la température rouge, sans éprouver une fusion préalable. Pour l'obtenir

fondu, il faudrait le chauffer sous une pression supérieure à celle d'une atmosphère. Il est soluble dans l'alcool, dans son poids d'eau bouillante, et 2,7 parties d'eau froide. Sa dissolution est accompagnée d'un refroidissement considérable.

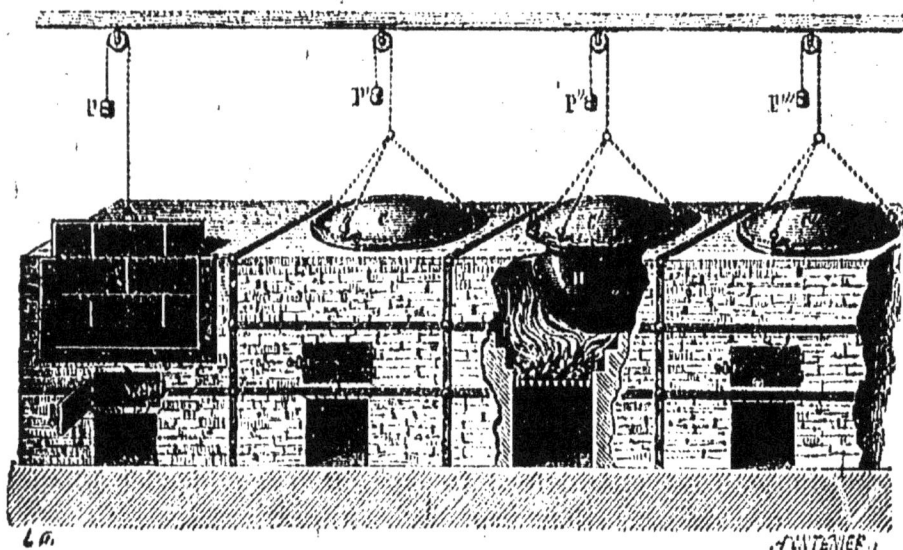

Fig. 30. — Appareil pour la sublimation du sel ammoniac.

Les métaux alcalins le décomposent à une température assez basse, avec dégagement d'ammoniaque et d'hydrogène, et formation d'un chlorure.

$$ClAzH^4 + K = ClK + AzH^3 + H.$$

Quelques métaux de la troisième section, comme le zinc et le fer, le décomposent aussi avec dégagement d'ammoniaque et d'hydrogène si la température n'est pas trop forte; et avec dégagement d'hydrogène et d'azote si la température est plus élevée. Dans tous les cas, il y a formation d'un chlorure métallique.

Sous l'influence de la chaleur, tous les oxydes dont la formule générale est MO décomposent le chlorhydrate d'ammoniaque, et déterminent un dégagement d'ammoniaque et d'eau.

$$MO + ClAzH^4 = ClM + AzH^3 + HO.$$

Il y a en même temps formation d'un chlorure volatil ClM. Cette propriété est mise à profit pour décaper les métaux, le cuivre surtout, que l'on veut souder ou étamer. La présence du sel ammoniac est indispensable dans l'étamage, pour faire disparaître les oxydes qui peuvent se former pendant l'opération. Ces oxydes, à mesure qu'ils prennent naissance, sont transformés en chlorures, que la chaleur élimine en les volatilisant.

Le principal emploi de ce sel consiste dans la préparation de l'ammoniaque.

7. Sulfate d'ammoniaque. SO^3, AzH^4O. — Si les vapeurs ammoniacales provenant de la distillation, soit des *eaux vannes* des fosses à vidanges, soit des *eaux de condensation* des usines à gaz, sont reçues dans de l'eau acidulée avec de l'acide sulfurique, le produit obtenu est du sulfate d'ammoniaque. On peut encore mettre en contact ces liquides avec du sulfate de chaux ou plâtre. Le carbonate d'ammoniaque qu'ils renferment et le sulfate de chaux se décomposent mutuellement : il se forme du carbonate de chaux qui se précipite, et du sulfate d'ammoniaque qui reste dans la liqueur. Celle-ci concentrée laisse cristalliser le sulfate ammoniacal, qu'on débarrasse par un léger grillage des impuretés qui le souillent.

Le sulfate d'ammoniaque est un sel en cristaux incolores, d'une saveur piquante, isomorphes avec le sulfate de potasse. Il se dissout dans deux parties d'eau froide et dans une partie seulement d'eau bouillante. Il est insoluble dans l'alcool. Il fond à 140°, et résiste à la décomposition jusque vers 180°. Mais au delà il se décompose.

Le sel ammoniac se prépare parfois avec le sulfate d'ammoniaque. A cet effet, la dissolution de sulfate ammoniacal provenant de la réaction du plâtre sur le carbonate d'ammoniaque des *eaux vannes* et des *eaux de condensation* des usines à gaz, est concentrée par évaporation, puis additionnée de sel marin. A la température de l'ébullition, il se dépose du sulfate de soude, et la liqueur s'enrichit en chlorhydrate d'ammoniaque.

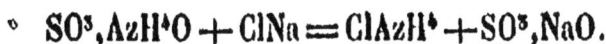

$$SO^3, AzH^4O + ClNa = ClAzH^4 + SO^3, NaO.$$

L'isomorphisme du sulfate d'ammoniaque avec le sulfate de

potasse, permet de remplacer dans l'alun, sulfate double d'alumine et de potasse, le composé potassique plus cher par le composé ammonique moins coûteux. On obtient ainsi l'alun ammoniacal, dont l'industrie fait une grande consommation. C'est là le principal débouché du sulfate d'ammoniaque.

8. Carbonate d'ammoniaque. — On en connaît deux, savoir : le sesquicarbonate $3CO^2,(2AzH^4O+HO)$ et le bicarbonate $2CO^2,(AzH^4O+HO)$. Quand on distille des matières animales, on obtient toujours du sesquicarbonate d'ammoniaque, souillé par des produits empyreumatiques dont on peut le débarrasser au moyen de distillations réitérées. On l'obtient également en chauffant dans des cornues de fonte un mélange de carbonate de chaux et de sel ammoniac ou de sulfate d'ammoniaque. Par double décomposition, il se produit du carbonate d'ammoniaque et du chlorure de calcium ou bien du sulfate de chaux, suivant la nature du sel ammoniacal employé. L'industrie prépare en grand ce produit de la manière suivante. Dans des cornues en fonte C, couchées horizontalement sur le foyer, et pareilles pour la forme à celles dont on se sert pour distiller la houille dans les usines à gaz (fig. 31), on introduit un mé-

Fig. 31. — Appareil pour la fabrication du carbonate d'ammoniaque.

lange de craie et de sulfate d'ammoniaque. Le produit volatil de la double décomposition, le sesquicarbonate d'ammoniaque, se rend par les tuyaux T dans une première chambre en plomb B, où il se condense en majeure partie ; et de là dans une seconde chambre B', où la condensation s'achève. Pour purifier le sel brut, on le met dans des pots en fer surmontés d'un dôme de plomb D, et chauffés au bain de sable. Le sesquicarbonate d'ammoniaque se sublime et vient s'attacher aux calottes de plomb en une masse blanche et fibreuse.

Ce produit est le *carbonate d'ammoniaque des pharmaciens* ou le *sel volatil d'Angleterre*. Il est translucide, cristallin, à texture fibreuse. Exposé à l'air, il dégage peu à peu la moitié de son ammoniaque, devient opaque, pulvérulent, et se trouve finalement converti en bicarbonate d'ammoniaque. Il répand une odeur fortement ammoniacale, mais non désagréable; sa saveur est caustique, sa réaction alcaline. La médecine l'emploie fréquemment. On en fait usage dans la pâtisserie pour obtenir des pâtes légères et très-poreuses, par exemple, celle des biscuits. Il sert à rehausser l'arome du tabac.

On obtient le bicarbonate d'ammoniaque en faisant passer, jusqu'à refus, un courant de gaz carbonique dans une dissolution concentrée de sesquicarbonate d'ammoniaque. Il se dépose de magnifiques cristaux, inaltérables à l'air, ayant la forme de prismes droits à base rhombe. Ce sel exhale une légère odeur ammoniacale, et se volatilise lentement à l'air sans perdre de sa transparence.

9. Azotate d'ammoniaque. AzO^5, AzH^4O. — Lorsqu'on traite une dissolution de carbonate d'ammoniaque par un très-léger excès d'acide azotique, et qu'on soumet le liquide à une douce évaporation, l'on obtient l'azotate d'ammoniaque en prismes hexagonaux pareils à ceux de l'azotate de potasse. Ce sel a une saveur fraîche et piquante. Il se dissout dans deux parties d'eau froide et dans son propre poids d'eau bouillante. Vers 200° il entre en fusion, et bientôt se décompose en donnant de l'eau et du protoxyde d'azote. La préparation de ce dernier corps est basée sur cette propriété.

$$AzO^5, AzH^4O = 4HO + 2AzO.$$

Il produit un refroidissement considérable en se dissolvant dans l'eau; aussi l'emploie-t-on, mais rarement à cause de son prix élevé, à la préparation des mélanges réfrigérants.

10. Caractères des sels ammoniacaux. — Traités par la chaux, la soude ou la potasse caustique, les sels ammoniacaux laissent dégager du gaz ammoniac, reconnaissable à son odeur, à son action sur le papier de tournesol rougi, et aux fumées blanches qu'il produit à l'approche d'une baguette de verre trempée dans l'acide chlorhydrique. Ces fumées sont le résultat de la formation d'un composé solide, chlorhydraté d'ammoniaque. En outre, les sels ammoniacaux donnent avec le chlorure de platine un précipité jaune, qui est un chlorure double de platine et d'ammonium. On a vu que les sels de potasse en font autant; mais les fumées blanches provoquées par l'acide chlorhydrique et l'odeur dégagée, quand le sel est traité par la chaux ou la potasse, font disparaître toute incertitude.

RÉSUMÉ

1. L'analogie chimique qui existe entre les sels métalliques ordinaires et les sels ammoniacaux conduit à la théorie de l'*ammonium*. Cette théorie suppose que, dans les oxysels ammoniacaux, l'hydrogène de la molécule d'eau, qui leur est indispensable, se combine avec l'ammoniaque AzH^3 pour former l'ammonium AzH^4, groupe jouissant de toutes les propriétés chimiques d'un métal. Quant à l'oxygène de la même molécule d'eau, elle se combine à l'ammonium et fournit l'oxyde d'ammonium AzH^4O, assimilable à la potasse KO, à la soude NaO et aux autres protoxydes. La combinaison directe des hydracides avec le gaz ammoniac, sans l'intervention de l'eau, trouve dans cette théorie une explication très-simple. L'hydrogène, par exemple, de l'acide chlorhydrique forme avec le gaz ammoniac le métal théorique AzH^4, et le chlore du même acide, se combinant avec ce métal, constitue du chlorure d'ammonium, analogue au chlorure de potassium, etc.

2. On obtient un amalgame d'ammonium soit par l'action de la pile, soit par la décomposition du sel ammoniac au moyen de l'amalgame de potassium. L'aspect parfaitement métallique de cet amalgame rend très-probable l'existence de l'ammonium, bien qu'on n'ait pas encore isolé ce métal. L'amalgame d'ammonium est très-instable; il se décompose spontanément en mercure, en gaz ammoniac et en hydrogène. Cependant un froid de — 90° le stabilise. Il est alors dur et cassant comme la fonte.

3. Le sulfure d'ammonium $SAzH^4$ s'obtient en saturant d'acide sulfhydrique une dissolution aqueuse de gaz ammoniac, et en ajoutant à la liqueur saturée une nouvelle quantité d'ammoniaque égale à la

première. Ce composé est un excellent réactif pour les sels dont les métaux appartiennent aux quatre dernières sections.

4. On prépare en grand le chlorure d'ammonium, ou sel ammoniac ClAzH⁴, en saturant par de l'acide chlorhydrique le carbonate d'ammoniaque contenu dans les produits de la distillation des matières animales, ou dans les liquides des vidanges, ou dans les eaux de condensation des usines à gaz.

5. Le sel ammoniac brut est purifié par la sublimation dans des vases hémisphériques en fonte.

6. Le sel ammoniac est décomposé par divers métaux, et par les oxydes de la forme MO, qu'il transforme en chlorures. Il sert spécialement au décapage des métaux; il facilite l'étamage en faisant disparaître, sous forme de chlorures volatils, les oxydes qui se produisent pendant l'opération.

7. Le sulfate d'ammoniaque SO³,AzH⁴O s'obtient en grand en traitant par l'acide sulfurique, ou par le sulfate de chaux, les mêmes liquides ammoniacaux qui servent à la préparation du sel ammoniac. Il est isomorphe avec le sulfate de potasse.

8. Le sesquicarbonate d'ammoniaque s'obtient en distillant un mélange de craie, carbonate de chaux, et de sulfate d'ammoniaque. C'est un sel volatil, dégageant une odeur ammoniacale non désagréable. Il est employé en médecine et dans la pâtisserie, pour rendre les pâtes légères et poreuses.

9. L'azotate d'ammoniaque se dédouble, à une température de 250°, en protoxyde d'azote et en eau. Il est employé comme sel réfrigérant. On l'obtient en traitant le carbonate d'ammoniaque par l'acide azotique.

10. Traités par la chaux, la potasse ou la soude, les sels ammoniacaux laissent dégager du gaz ammoniac, reconnaissable à son odeur, à son action sur le papier de tournesol rougi, aux fumées blanches répandues à l'approche d'une baguette de verre trempée dans l'acide chlorhydrique.

CHAPITRE XII

BARYUM
Ba = 68,6.

1. Préparation et propriétés du baryum. — On obtient le baryum en décomposant son oxyde, la baryte, par le potassium en vapeurs. Supposons un tube en fer contenant deux nacelles de platine, dans l'une desquelles se trouve du potassium, et dans l'autre de la baryte. Dès que le tube est porté au rouge, température à laquelle le potassium se résout en vapeurs, on y fait passer un courant de gaz sans action chimique sur le métal, hydrogène ou azote. La vapeur de potassium est ainsi entraînée sur la baryte, lui enlève son oxygène et met le baryum en liberté. L'appareil refroidi, on introduit du mercure dans la nacelle du baryum, pour former un amalgame de ce dernier métal et le séparer ainsi de la potasse et de la baryte non décomposée. En chauffant l'amalgame dans une cornue, le mercure distille, et le baryum reste.

Le baryum a la couleur et l'éclat de l'argent. Il est plus lourd que l'eau. Il se ternit à l'air, en absorbant l'oxygène; il décompose l'eau avec facilité; aussi doit-il être conservé dans de l'huile de naphte.

2. Origine des principaux composés barytiques. — On trouve abondamment dans la nature une roche très-lourde, appelée *spath pesant* par les minéralogistes. C'est du sulfate de baryte. Son poids considérable a fait donner au métal qui nous occupe le nom de baryum, dérivé d'un mot grec qui signifie lourd. Le spath pesant est la matière première avec laquelle sont obtenus les divers composés barytiques et le baryum lui-même.

Si l'on calcine dans un creuset un mélange intime de charbon et de spath pesant, l'oxygène du minéral est converti en oxyde de carbone, et il reste du sulfure de baryum, soluble dans l'eau.

$$SO^3, BaO + 4C = 4CO + SBa.$$

En traitant par l'eau le résidu de la calcination, on obtient une dissolution de sulfure de baryum, qui peut servir à la préparation des autres composés barytiques.

Ainsi, traité par l'acide chlorhydrique, le sulfure de baryum laisse dégager de l'acide sulfhydrique et se trouve converti en chlorure de baryum.

$$SBa + HCl = ClBa + SH.$$

Traitée par une dissolution de carbonate alcalin, la dissolution de sulfure de baryum laisse déposer du carbonate de baryte avec formation de sulfure alcalin qui reste dissous.

$$SBa + CO^2, KO = CO^2, BaO + SK.$$

Avec l'acide azotique, on obtient de l'azotate de baryte et de l'hydrogène sulfuré.

$$SBa + AzO^5, HO = AzO^5, BaO + SH.$$

Enfin l'azotate de baryte, décomposé par la calcination, laisse de l'oxyde de baryum ou baryte caustique BaO. Décomposée par les vapeurs de potassium, la baryte caustique donne le baryum métallique, ainsi que nous venons de le voir. Telle est la marche générale qui, d'un produit naturel, le spath pesant, fait dériver les principaux composés barytiques et le métal générateur.

3. **Protoxyde de baryum ou baryte.** BaO. — Si l'on chauffe jusqu'au blanc un creuset de platine contenant de l'azotate de baryte, ce sel entre en fusion, puis se décompose avec dégagement de vapeurs nitreuses, et le résidu de la calcination est de la baryte.

La baryte anhydre est une masse spongieuse, friable, d'une couleur grisâtre. Sa saveur est âcre et brûlante comme celle de la chaux. Par sa causticité, elle désorganise promptement les

168 NOTIONS DE CHIMIE.

matières animales ou végétales. Elle est infusible. Son affinité pour l'eau est telle, qu'au contact de ce liquide elle produit le frémissement d'un fer rouge. Ce bruit provient de la vapeur brusquement formée par la chaleur que dégage l'action chimique. Exposée à l'air, la baryte se comporte comme la chaux vive; elle se délite et tombe en poussière, en attirant d'abord l'humidité, puis l'acide carbonique, qui la fait passer à l'état de carbonate. Au contact de l'acide sulfurique concentré, versé goutte à goutte, elle devient incandescente, ce qui prouve ses puissantes énergies comme base. Elle est soluble en petite quantité dans l'eau. La dissolution ou *eau de baryte* est très-alcaline. On doit la conserver dans des flacons bien bouchés, pour éviter l'accès de l'acide carbonique, qui transformerait l'oxyde de baryum en carbonate de baryte.

4. Préparation industrielle de l'hydrate de baryte. — Un mélange intime de carbonate de baryte naturel ou artificiel, et de charbon en poudre, est calciné pendant une douzaine d'heures dans des fours à réverbère à sole creuse. Le carbonate perd son acide carbonique, qui se combine avec un nouvel équivalent de charbon et se dégage à l'état d'oxyde de carbone; et il reste dans le four un mélange de baryte et de charbon.

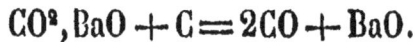

$$CO^2, BaO + C = 2CO + BaO.$$

La réaction terminée, on défourne la matière, qui, une fois refroidie, est lessivée à chaud. Par refroidissement, le liquide laisse déposer de l'hydrate de baryte en cristaux, renfermant 10 équivalents d'eau, $BaO + 10HO$. La lessive barytique est, du reste, employée telle quelle pour l'extraction du sucre des mélasses. La baryte doit à cette application son importance industrielle.

5. Bioxyde de baryum. BaO^2. — A la température du rouge sombre, la baryte absorbe autant d'oxygène qu'elle en contient déjà, et devient bioxyde de baryum. La baryte est chauffée dans un tube en porcelaine TT (fig. 32). Le vase A contient de l'air atmosphérique, chassé peu à peu par de l'eau que déverse le robinet R. L'air se dépouille de son acide carbonique dans le tube à boules B contenant une dissolution de potasse. Il

pénètre alors dans le tube à baryte T. L'oxygène est absorbé,
l'azote se rend dans l'éprouvette V. La baryte se comporte donc
ici comme une espèce de filtre qui sépare les deux éléments
de l'air, en arrêtant l'oxygène et laissant passer l'azote seul.
L'expérience est terminée quand le gaz qui arrive dans V est de
l'air tel qu'il est entré dans l'appareil.

Chauffé au rouge vif, le bioxyde de baryum abandonne la
moitié de son oxygène et repasse à l'état de baryte. Fermons le
robinet r de l'appareil, et portons la température du fourneau

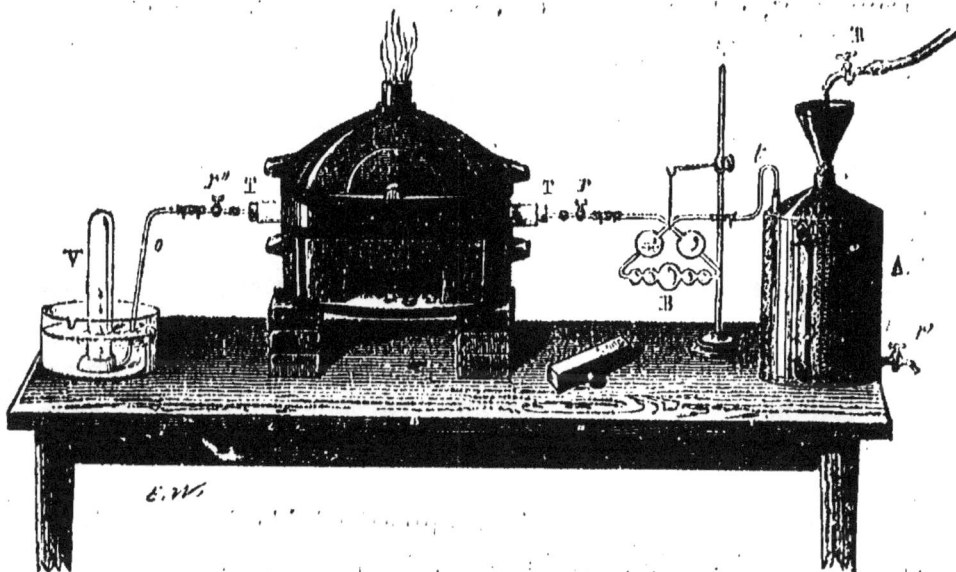

Fig. 32. — Appareil pour la préparation du bioxyde de baryum.

au rouge clair. De l'oxygène se dégage et se rend dans l'éprouvette V. Le dégagement continue jusqu'à ce que le bioxyde de
baryum ait repris l'état de baryte. Mais alors le corps est apte
à absorber de nouveau l'oxygène de l'air, si la température baisse
au rouge sombre, pour le céder après par une chaleur plus
forte. On peut donc, au moyen de la baryte, isoler l'oxygène de
l'air. Une première opération le condense dans le composé barytique; une seconde opération, à une température plus élevée,
le dégage. Avec la même baryte, cette alternative d'absorption
et de dégagement peut se répéter un assez grand nombre de
fois. Mais, à chaque opération, la baryte perd de sa porosité, et

un moment arrive où elle n'est plus apte à absorber l'oxygène.
D'ailleurs, le travail est d'une grande lenteur; il faut faire passer sur la baryte chaude, pour la saturer d'oxygène, un volume
énorme d'air avec une faible vitesse. Aussi est-il douteux que
jamais on utilise cette remarquable propriété, si l'on ne parvient à rendre l'opération plus pratique.

6. **Sels de baryum.** — Parmi les sels de baryum, il convient de citer le chlorure, que l'on obtient en traitant le sulfure
de baryum par l'acide chlorhydrique. Il cristallise en lamelles
losangiques, d'une saveur âcre, très-désagréable. C'est un composé vénéneux, comme le sont du reste tous les composés solubles du baryum. L'eau à la température ordinaire en dissout
environ la moitié de son poids. Le chlorure de baryum est le
réactif par excellence des sulfates en dissolution. Il produit avec
eux un sulfate de baryte, précipité blanc que ne dissout pas
l'acide azotique.

Le sulfure de baryum, résultat de la calcination du sulfate
naturel de baryte mélangé avec du charbon, donne de l'azotate
de baryte lorsqu'on le traite par l'acide azotique. C'est un sel
soluble dans l'eau, et par suite employé concurremment avec le
chlorure pour caractériser les sulfates. Il sert à la préparation
de la baryte anhydre.

Le chlorate de baryte est encore un sel soluble. Il est employé
par les artificiers pour produire des flammes vertes.

Toutes les fois qu'une dissolution barytique est mise en contact avec de l'acide sulfurique ou bien avec un sulfate dissous,
il se forme du sulfate de baryte très-divisé, amorphe, insoluble
et d'une grande blancheur. Ce composé est employé pour la
peinture à l'huile; il entre aussi comme blanc inaltérable dans
la fabrication des papiers peints.

7. **Caractères des sels de baryte.** — Toutes les dissolutions barytiques, sans exception, donnent un précipité blanc
avec l'acide sulfurique ou les sulfates solubles. Ce précipité,
sulfate de baryte, est insoluble dans l'acide azotique.

RÉSUMÉ

1. On retire le baryum de l'oxyde de ce métal, la baryte, que l'on réduit au moyen de la vapeur de potassium. Le baryum a la couleur et l'éclat de l'argent. Il doit être conservé dans de l'huile de naphte, à cause de sa facile oxydation au contact de l'air humide.

2. Les divers composés barytiques dérivent du sulfure de baryum, composé soluble que l'on obtient en calcinant un mélange de sulfate naturel de baryte et de charbon.

3. L'azotate de baryte décomposé par la chaleur donne l'oxyde de baryum ou baryte anhydre, composé qui présente de nombreuses analogies avec la chaux vive. Sa dissolution dans l'eau est très-alcaline et prend le nom d'*eau de baryte*.

4. La baryte hydratée s'obtient industriellement en soumettant à une haute température un mélange intime de carbonate de baryte naturel ou artificiel, et de charbon en poudre. Traité par l'eau, le produit de la calcination donne une lessive d'hydrate de baryte que l'on emploie pour extraire le sucre des mélasses.

5. La baryte chauffée au rouge sombre en présence de l'air en absorbe l'oxygène et devient bioxyde de baryum. Celui-ci, chauffé au rouge clair, perd la moitié de son oxygène, et revient à l'état de baryte, apte à condenser de nouveau de l'oxygène. Cette propriété, par une alternative de température plus faible ou plus forte, permet d'extraire l'oxygène de l'air atmosphérique.

6. Les principaux sels du baryum sont : le chlorure de baryum, réactif par excellence de l'acide sulfurique et des sulfates; l'azotate de baryte, utilisé pour la préparation de la baryte anhydre; le chlorate de baryte, qui colore en vert les flammes pyrotechniques; le sulfate de baryte artificiel, employé dans la peinture et dans la fabrication des papiers peints.

7. Les sels de baryte donnent, avec l'acide sulfurique et les sulfates, un précipité blanc de sulfate de baryte, insoluble dans l'acide azotique.

CHAPITRE XIII

CALCIUM

Ca = 20.

1. Préparation et propriétés du calcium. — En décomposant la chaux par la pile en présence du mercure, Davy obtint, le premier, un globule de ce métal, si peu important encore par lui-même, mais d'un intérêt majeur sous le rapport de ses composés. Aujourd'hui, on obtient le calcium en fondant dans un creuset de fer, fermé à vis, et chauffé graduellement jusqu'au rouge cerise, un mélange de sodium et d'iodure de calcium. L'iode abandonne le calcium pour se porter sur le sodium.

Le sodium est un métal d'un blanc jaune, rappelant le métal des cloches. Il possède à un haut degré l'éclat métallique lorsqu'il est fraîchement coupé. Sa cassure est grenue. On peut le couper, le forer, le limer et le réduire en feuilles aussi minces que le papier. Un globule de calcium, de la grosseur d'un grain de moutarde, peut s'étendre, sans se déchirer, en une feuille circulaire de 10 à 15 millimètres de diamètre. Il devient aigre et cassant sous le choc du marteau.

Le calcium conserve son éclat dans l'air sec; à l'air humide, il s'oxyde en décomposant l'eau, et se couvre rapidement d'une couche grisâtre d'hydrate de chaux. Il décompose l'eau froide, s'échauffe et donne lieu à un dégagement tumultueux d'hydrogène. Chauffé sur une feuille de platine, au-dessus d'une lampe à alcool, il fond au rouge, s'enflamme et brûle avec un éclat extraordinaire. Des fragments, gros comme le quart d'une tête d'épingle, donnent, en brûlant, des globes de lumière de 3 à 4 centimètres de diamètre. De la limaille de calcium projetée dans la flamme d'une lampe à alcool, y brûle en formant de magnifiques étincelles étoilées.

2. Protoxyde de calcium ou chaux. CaO. — Comme l'oxyde de calcium partage avec l'oxyde de baryum la propriété d'absorber l'acide carbonique de l'air, on ne le trouve jamais isolé dans la nature. Mais il est très-abondant combiné avec les acides. En combinaison avec l'acide sulfurique, il forme la pierre à plâtre ou gypse; en combinaison avec l'acide carbonique, il constitue la pierre calcaire, la craie, le marbre, etc.; associé à l'acide phosphorique et à l'acide carbonique, il entre dans la composition des os des animaux; combiné avec l'acide silicique, il fait partie d'un grand nombre de roches.

Le carbonate de chaux, craie, marbre statuaire, etc., n'est pas aussi stable que le carbonate de baryte; aussi peut-on s'en servir pour la préparation de la chaux ou oxyde de calcium. A cet effet, on calcine à la chaleur blanche des fragments de marbre blanc. Il se dégage de l'acide carbonique, et la chaux est le résidu du traitement. Mais pour avoir de la chaux très-pure, il est préférable de dissoudre du marbre blanc dans de l'acide azotique et de faire bouillir la liqueur avec un peu de chaux. De cette manière les oxydes métalliques que le marbre pouvait contenir, alumine et magnésie, se déposent. La liqueur filtrée, évaporée et calcinée, laisse pour résidu de la chaux d'une extrême pureté.

5. **Propriétés de la chaux.** — La chaux pure est une matière blanche, amorphe, d'une saveur brûlante, infusible aux températures les plus élevées, désorganisant avec rapidité les matières animales ou végétales. Exposée à l'air, elle en attire l'humidité et s'hydrate en augmentant de volume et tombant en poussière; puis elle se combine avec l'acide carbonique et devient effervescente. Si l'on verse un peu d'eau sur de la chaux, la matière s'échauffe jusque vers 300°, se fendille avec des sifflements dus au dégagement des vapeurs, augmente de volume, ou, comme on dit, foisonne, et finalement se réduit en poudre. La chaux prend alors le nom de *chaux éteinte;* elle est combinée avec un équivalent d'eau, et constitue un hydrate dont la formule est CaO,HO. Par la calcination, la chaux hydratée perd son équivalent d'eau et redevient chaux anhydre CaO ou *chaux vive*, ce que ne fait pas l'hydrate de baryte. La chaux éteinte ou hydratée, additionnée d'assez d'eau pour faire une bouillie très-claire, prend le nom de *lait de chaux*. La chaux est peu soluble

dans l'eau froide et encore moins dans l'eau bouillante. 1 litre d'eau à 15° en dissout 1^{gr},3 environ. Cette dissolution prend le nom d'*eau de chaux*. Elle possède une réaction alcaline et se trouble au contact de l'air en absorbant l'acide carbonique et produisant un carbonate insoluble. Pour obtenir de l'eau de chaux, dont on fait un fréquent emploi dans les laboratoires, il suffit de mettre de la chaux éteinte et de l'eau dans un flacon, d'agiter et de laisser reposer. Le liquide clair qui surnage au-dessus de la matière déposée est saturé d'hydrate de chaux. Le flacon doit être maintenu toujours plein, pour éviter l'accès de l'acide carbonique de l'air. En résumé, la *chaux vive* est l'oxyde de calcium anhydre CaO ; la *chaux éteinte* est l'oxyde de calcium combiné avec un équivalent d'eau CaO,HO ; l'*eau de chaux* est une dissolution d'hydrate de chaux ; le *lait de chaux* est une bouillie claire d'hydrate de chaux et d'eau.

4. Préparation en grand de la chaux. Fours intermittents. — La chaux, dont les usages sont si nombreux et si fréquents, s'obtient en calcinant au rouge, dans des fours dits *fours à chaux*, le carbonate de chaux naturel ou *pierre calcaire*. A cette température, le carbonate se décompose : la chaux reste, et l'acide carbonique, dont le dégagement est facilité par la vapeur d'eau que fournit l'humidité de la pierre calcaire et par le courant d'air qui traverse le four, se dissipe dans l'atmosphère. On distingue deux sortes de fours à chaux : ceux pour lesquels il faut suspendre le travail de la cuisson lorsqu'on veut retirer la chaux, et ceux où le travail est continu. Les premiers sont dits *fours intermittents*; les seconds, *fours coulants*.

Le four intermittent (fig. 33) a une hauteur d'environ 3 mètres. Il est bâti en briques, et le revêtement intérieur est en briques réfractaires. Il porte une ou plusieurs ouvertures inférieures par lesquelles on retire la chaux quand elle est suffisamment cuite. Pour charger ce four, on construit, au-dessus de la grille sur laquelle on brûle le combustible, une espèce de voûte avec de grosses pierres calcaires, voûte qui doit supporter toute la charge dont on remplit la cuve. On brûle des fagots, des broussailles ou de la tourbe. Dans le commencement, on ménage le feu ; au bout de douze heures, on chauffe davantage, et l'on continue jusqu'à ce que la pierre calcaire supérieure soit convenablement calcinée. La cuisson achevée, on suspend le travail et l'on retire la chaux.

Un procédé, encore suivi dans quelques localités, et le plus anciennement employé, consiste à disposer par couches alternatives, dans un four circulaire, la pierre calcaire et le combustible, bois, tourbe ou charbon de terre. Le tout repose sur un lit de fagots qui sert à allumer. Lorsque le feu est arrivé à la moitié de la charge du four, on en recouvre la partie supérieure avec du gazon,

Fig. 33. — Four à chaux intermittent.

pour que la cuisson soit plus lente et plus régulière.

5. Fours coulants. — On réalise une grande économie en combustible en employant des fours continus, dans lesquels on charge la pierre calcaire par la partie supérieure ou *gueulard*, tandis qu'on retire la chaux, à mesure qu'elle est cuite, par des portes ménagées à la partie inférieure. Ces fours continus, dits *fours coulants*, sont de deux sortes : dans les uns on dispose, en couches alternatives, le calcaire et le combustible ; on défourne la chaux à mesure qu'elle est cuite et l'on ajoute de nouvelles couches alternes par l'orifice supérieur. La qualité de la chaux obtenue de la sorte est altérée par la présence des cendres du combustible.

Dans les fours coulants de la seconde espèce, la chaux et le combustible ne sont pas ensemble, et le produit est plus pur. Dans un foyer latéral A (fig. 34), on brûle du bois, ou de la tourbe, ou de la houille. Un large carneau B porte la flamme vers trois embouchures équidistantes, situées à la base de la charge en calcaire. Une embrasure D, placée au bas du four, permet de retirer la chaux à mesure qu'elle est arrivée au point convenable de cuisson. Pour commencer l'opération, on forme une voûte avec de gros morceaux de pierre calcaire et l'on achève de remplir le four de pierres concassées. On allume en D un feu de bourrées sous la voûte, et dès que la température rouge est arrivée à la hauteur C des ouvertures des carneaux, on cesse de faire du feu en D, et l'on chauffe par le foyer latéral A. La porte G sert à renouveler la pierre calcaire quand on a fait baisser la charge en retirant par l'embrasure D la chaux suffisamment cuite.

Fig. 34. — Four coulant.

L'expérience a montré que la cuisson est facilitée par la présence de la vapeur d'eau. Aussi l'opération marche-t-elle plus rapidement par un temps humide que par un temps sec. Pour ce motif, il est plus avantageux d'employer le calcaire humide, immédiatement à sa sortie de la carrière, que de le laisser sécher par une exposition prolongée à l'air.

6. **Classification des chaux.** — On appelle *chaux grasse*, la chaux qui, mise en contact avec l'eau, s'échauffe, foisonne beaucoup et forme une pâte forte et liante. On appelle *chaux maigre*, celle qui, dans les mêmes circonstances, ne s'échauffe guère, se délite lentement et augmente à peine de volume. Le calcaire qui produit la première est presque pur ; celui qui donne la seconde renferme de la magnésie, de l'oxyde de fer, de la silice ou sable quartzeux. Ces deux espèces de chaux se distin-

guent par la manière dont elles se comportent avec l'eau. La chaux grasse forme une pâte onctueuse, forte et liante; l'autre donne une pâte sèche et courte. Exposées à l'air pendant longtemps, et surtout quand elles sont mélangées à certaines matières, ces pâtes acquièrent une grande dureté. Cette propriété de durcir à l'air fait appeler ces deux espèces de chaux : *chaux aériennes.*

Il existe une troisième qualité de chaux, qui est douée de la remarquable propriété de durcir sous l'eau, et qui, pour cette raison, prend le nom de *chaux hydraulique.* C'est aux proportions d'argile, silicate d'alumine, que contient le calcaire, qu'il faut attribuer la plus ou moins grande hydraulicité de la chaux qui en provient. Lorsqu'un calcaire renferme 8 à 12 centièmes d'argile, la chaux qu'il fournit durcit après deux ou trois semaines d'immersion dans l'eau. S'il en contient 15 à 18 centièmes, il ne faut plus qu'une semaine; mais trois ou quatre jours suffisent lorsque le calcaire contient le quart de son poids d'argile.

On donne le nom de *ciment* à une variété de chaux qui acquiert une grande dureté après un contact de quelques heures avec l'eau, et provient d'un calcaire renfermant 40 centièmes environ d'argile. Ce ciment est *gâché* par petites portions et employé immédiatement à la manière du plâtre. Les calcaires à ciment se trouvent en divers points de la France, par exemple à Vassy dans la Haute-Marne; on peut, d'ailleurs, obtenir des ciments artificiels en calcinant du calcaire mélangé avec 40 centièmes d'argile.

7. **Mortiers.** — La chaux est principalement employée à unir entre eux, à souder en quelque sorte les matériaux de nos constructions, de manière à donner à l'ensemble la solidité désirable. Mais, seule, la chaux ne remplirait pas le but proposé; il faut qu'elle soit associée à d'autres corps. De cette association résultent *les mortiers.*

» Le *mortier ordinaire* est un mélange de sable et de chaux éteinte. Il durcit à l'air, et fait solidement adhérer les pierres qu'il empâte; mais il résiste mal à l'action de l'eau.

Le *mortier hydraulique* est un mélange de chaux hydraulique et de sable, ou de chaux grasse avec des argiles cuites, telles que briques, poteries, tuiles réduites en poudre. A ces argiles cuites, on substitue avec avantage les *pouzzolanes*, argiles pulvérulentes rejetées par les volcans. Leur nom leur vient de Pouzzoles, au pied du Vésuve. Rome en faisait un grand usage pour ses monuments, dont la solidité brave encore l'action destructive des siècles. La propriété de durcir au contact de l'eau fait employer le mortier hydraulique pour les maçonneries des ponts, des canaux, des citernes, des fondations, des caves, etc.

Le *béton* est un mélange de chaux hydraulique et de pierres concassées. On le coule en assises pour servir de base aux constructions dans un sol humide ; pour supporter, par exemple, les piles d'un pont. On en fait de grands blocs rectangulaires, énormes pierres artificielles employées pour les digues.

8. **Théorie des mortiers ordinaires.** — Pourquoi la chaux durcit-elle mieux lorsqu'elle est associée à des corps étrangers que quand elle est seule ? Pour quelle raison certains mortiers résistent-ils à l'action de l'eau, tandis que d'autres ne résistent qu'à l'action de l'air ? Telle est la question que nous allons examiner.

Si l'on abandonne à l'air une pâte formée de chaux et d'eau, elle se dessèche, se fendille et devient friable. Mélangée préalablement avec du sable, de petits cailloux, elle ne se fendille plus, se contracte moins et forme un tout résistant. Lorsqu'on examine cette dernière pâte, durcie depuis longtemps, on trouve que la chaux est complétement carbonatée à la surface, et qu'elle l'est moins à mesure que l'on pénètre dans la masse ; si bien que la partie centrale du mortier peut se trouver encore dans son état primitif. D'un autre côté, chaque grain de sable, chaque petit caillou est entouré d'une pellicule carbonatée qui lui adhère très-fortement. Ce fait nous explique pourquoi on ajoute des matières étrangères à la chaux, et comment les mortiers rendent solidaires les différentes pièces d'une construction.

Dès qu'on a déposé entre deux pierres une couche de mortier mélangé de chaux et de sable, une partie de l'eau est absorbée par les surfaces sèches, et la pâte prend un peu de consistance en adhérant aux deux pierres qui l'emprisonnent.

Bientôt l'acide carbonique de l'air intervient; il agit sur les parties qu'il peut atteindre; sur la superficie d'abord, et de proche en proche dans la masse. La chaux est ainsi convertie en carbonate, en pierre calcaire, qui s'attache aux parties voisines, aux divers grains de sable et les recouvre d'un enduit cristallin. Dès ce moment, l'acide carbonique, dont l'accès est entravé, ne peut plus agir que d'une manière très-lente; il pénètre avec peine dans l'intérieur de la couche. Toutefois, le peu de carbonate de chaux qui s'y forme se combine avec l'hydrate de chaux et produit le composé $CO^2,CaO + HO,CaO$, plus consistant et plus dur que l'hydrate lui-même. Alors la chaux libre, encore humide, adhère à la surface soit du sable, soit de la nouvelle combinaison de carbonate et d'hydrate, soude toutes ces particules les unes aux autres, et constitue avec les deux pierres assemblées un tout doué d'une grande dureté. En résumé, le mortier durcit parce que la chaux se combine avec l'acide carbonique de l'air et devient carbonate à la surface de la couche; et plus profondément, combinaison de carbonate et d'hydrate. Mais en se carbonatant seule, la chaux se fendille et reste friable. Pour la rendre compacte et dure, il faut multiplier les surfaces de contact avec des corps étrangers où elle adhère fortement; tel est le rôle du sable réparti dans sa masse, rôle purement physique et non chimique. Le sable, en effet, ou acide silicique, n'entre pas en combinaison pour former un silicate de chaux; car, si l'on traite du vieux mortier par un acide, la chaux carbonatée se dissout avec effervescence et le sable reste comme résidu, sans trace de silice gélatineuse, qu'on obtiendrait, si réellement le mortier contenait du silicate de chaux.

9. **Théorie des mortiers hydrauliques.** — Le rôle du sable dans le durcissement des mortiers aériens est simplement physique; l'argile ou mieux ses principes contenus dans les mortiers hydrauliques, ont au contraire une action chimique dans le durcissement sous l'eau. La chaux hydraulique provient, avons-nous dit, d'un calcaire renfermant une proportion plus ou moins forte d'argile, silicate d'alumine. Traité par les acides, ce calcaire laisse un résidu d'argile insoluble. Pendant la cuisson, l'argile se scinde en ses deux principes, qui se portent sur

la chaux et produisent du silicate et de l'aluminate de chaux,
mélangés, à proportion variable, avec de la chaux libre. Il est
facile, en effet, d'établir la présence du silicate de chaux dans la
chaux hydraulique; il suffit de la traiter par un acide étendu.
On obtient ainsi de la silice gélatineuse, provenant du silicate
calcique décomposé. Or, le silicate de chaux, au contact de l'eau,
s'hydrate et produit un composé insoluble très-cohérent. Il en
est de même de l'aluminate de chaux. La prise sous l'eau des
mortiers hydrauliques a donc pour cause l'hydratation du silicate
et de l'aluminate de chaux, qui ne préexistaient pas dans la
pierre calcaire, mais ont été formés pendant la cuisson. Puisque
les éléments de l'argile sont cause de la prise sous l'eau une fois
que la calcination les a associés à la chaux, on comprend sans
peine qu'on puisse obtenir une excellente chaux hydraulique en
calcinant un mélange artificiel d'argile et de calcaire non argileux.

On obtient encore des mortiers hydrauliques en mélangeant
de la chaux ordinaire avec des matériaux argileux pulvérulents
aptes à communiquer l'hydraulicité, savoir : les pouzzolanes, les
briques et les tuiles pilées, etc. Ces mortiers renferment bien
les mêmes principes que les chaux hydrauliques, mais non encore combinés, puisque la cuisson s'est faite à part. Ainsi le silicate de chaux, qui possède à un degré si prononcé la propriété
de durcir sous l'eau en s'hydratant, ne s'y trouve pas encore;
mais il se forme peu à peu par la réaction entre l'argile cuite,
la chaux et l'eau.

C'est principalement aux patients travaux de Vicat que l'on
doit la lumière qui s'est faite dans cette branche de la chimie
technique. L'art des constructions était jadis entravé par la difficulté de se procurer certains matériaux de maçonnerie; il fal-
lait faire venir de loin les chaux hydrauliques et les ciments, et
la dépense en transports était souvent un obstacle à l'exécution.
Il n'en est plus ainsi aujourd'hui : quand on a de la chaux et
de l'argile, toute construction devient facile. D'après les calculs
d'Arago, les découvertes de Vicat sur les chaux hydrauliques ont
procuré à l'État, dans l'espace de trente ans, une économie
d'environ 200 millions de francs

10. Emploi de la chaux en agriculture. Chaulage. —
L'agriculture emploie la chaux pour améliorer les sols qui naturellement ne renferment que peu ou point de calcaire, l'un
des principes essentiels des terres arables. Les sols argileux,
schisteux, granitiques, tourbeux, sont ceux où la chaux produit
d'excellents effets. L'opération du *chaulage* consiste à déposer
la chaux dans les champs, par petits tas séparés, que l'on mélange, quand on le peut, à des matières organiques, gazons,
boues des cours, des fossés et des mares, et que l'on recouvre
de terre. En trois ou quatre semaines, la chaux se trouve
éteinte. La masse de chaque tas est remuée, mélangée avec
soin, puis épandue sur le sol. L'action de la chaux dans une
terre arable est multiple. Elle désorganise promptement les
matières animales et végétales du sol et les met dans un état
favorable à l'alimentation des plantes. Tel est son premier effet
dès son introduction dans le sol. Cette propriété explique déjà
les admirables résultats qu'on obtient dans les sols défrichés, où
les siècles ont accumulé de grandes quantités de débris organiques. — Si l'on introduit de l'argile dans un lait de chaux et
que l'on agite souvent le mélange, après un certain temps, le
liquide s'épaissit. Vient-on à jeter la pâte sur un filtre, on trouve
des alcalis dans la liqueur filtrée; l'attaque-t-on par l'acide
chlorhydrique, une partie se dissout et il reste de la silice gélatineuse ayant l'aspect de la gelée de fruits. Cela signifie que la
chaux a d'une part décomposé les parcelles de silicates alcalins
que les argiles renferment toujours, et d'autre part enlevé à
l'argile une partie de son acide silicique pour former un silicate
de chaux. L'action de la chaux se porte donc aussi sur les principes minéraux de la terre arable, ce qui rend compte des effets
admirables du chaulage dans les terres de nature schisteuse, argileuse, granitique. La chaux met en liberté des alcalis em-
prisonnés dans le granit, et fournit ainsi à la végétation des
éléments énergiques de développement. Elle enlève de l'acide
silicique à la partie argileuse et donne lieu à la formation du silicate de chaux qui, rendu soluble par l'acide carbonique du sol
et des eaux, est absorbé par les racines et porte dans les céréales
le principe, la silice, qui donne à leurs chaumes la rigidité.

Ainsi, cette poussière granitique ou schisteuse qui abonde dans nos terres arables, et qui par elle-même est un détritus minéral inerte, devient tout à coup, par l'influence de la chaux, une source de silice, de potasse et de soude, c'est-à-dire des trois principes indispensables à l'existence et à la prospérité des plantes. — Tels sont les principaux effets essentiellement chimiques de la chaux privée d'acide carbonique par la cuisson. Mais elle ne peut rester longtemps décarbonatée; car, une fois incorporée à la terre, elle se trouve entourée d'acide carbonique provenant soit de l'air, soit de la combustion lente des engrais. Elle se convertit donc en carbonate pulvérulent. Son action change alors d'allure, mais ses effets ne sont pas moins importants. D'abord elle neutralise l'acidité du sol, et c'est pourquoi elle fait tant de bien dans les sols tourbeux; ensuite, par son contact avec les matières organiques surtout si le sol est poreux, perméable, elle contribue à la formation spontanée des azotates, dont l'efficacité est si grande dans les cultures. Enfin, la chaux entre elle-même, à l'état de divers sels à acides organiques, dans la constitution des plantes, car on la retrouve toujours, ainsi qu'une douzaine d'autres principes, dans les cendres des végétaux. Ces quelques notions suffisent pour expliquer comment l'emploi de la chaux a régénéré tant de contrées agricoles.

Les merveilleux effets de cet amendement font qu'en bien des contrées la chaux est fabriquée par des procédés rapides et puissants, en vue des besoins seuls de l'agriculture. Ainsi, dans la Mayenne, où l'emploi de la chaux a converti des landes argileuses incultes en riches pâturages ou en terres à blé d'une exceptionnelle fécondité, on fabrique la chaux dans des fours énormes (fig. 35), d'une douzaine de mètres de hauteur, et appuyés par trois contre-forts sur l'escarpement qui fournit la pierre calcaire et parfois aussi le combustible, l'anthracite.

RÉSUMÉ

1. Le calcium s'obtient en décomposant à une haute température l'iodure de calcium par le sodium. C'est un métal jaune rappelant l'alliage des cloches. Il est très-malléable et très-oxydable. L'air humide

le ternit immédiatement. Il décompose l'eau à froid. Il s'enflamme au rouge et brûle avec un éclat extraordinaire.

2. On prépare le protoxyde de calcium ou chaux CaO en calcinant au rouge clair du carbonate de chaux pur. On obtient de la chaux à un très-grand état de pureté en décomposant par la chaleur l'azotate de chaux.

Fig. 35. — Four à chaux de la Mayenne.

3. La chaux anhydre ou *chaux vive*, arrosée avec de l'eau, dégage beaucoup de chaleur, et tombe en poussière en augmentant de volume. En cet état, elle prend le nom de *chaux éteinte*; elle contient une molécule d'eau, CaO,HO. Abandonnée à l'air, la chaux absorbe l'acide carbonique et devient carbonate. Un litre d'eau en dissout un peu plus d'un gramme, à la température ordinaire. La dissolution s'appelle *eau de chaux*. On nomme *lait de chaux* une bouillie claire de chaux éteinte et d'eau.

4. Pour les besoins de l'industrie, des constructions, de l'agriculture, la chaux s'obtient en grand en calcinant la pierre calcaire dans des fours dits *fours à chaux*. L'acide carbonique chassé par la chaleur se répand dans l'atmosphère, et il reste de la chaux. Dans les *fours intermittents*, une fois la calcination terminée, le travail est

suspendu pour retirer la chaux; après quoi on recharge le four, et l'opération recommence.

5. Dans les *fours coulants*, la chaux est retirée par la partie inférieure, à mesure qu'elle est arrivée au point de cuisson convenable, tandis que l'on achève de remplir le four par la partie supérieure avec une nouvelle charge de calcaire. On réalise ainsi une grande économie en combustible.

6. On classe les chaux en chaux *aériennes*, dont les mortiers durcissent à l'air, et en chaux *hydrauliques*, dont les mortiers durcissent sous l'eau. Les chaux aériennes se divisent en chaux *grasses*, provenant de calcaires presque purs, et en chaux *maigres*, provenant de calcaires plus ou moins riches en corps étrangers, carbonate de magnésie, silice, oxyde de fer, etc. Les chaux grasses, au contact de l'eau, développent beaucoup de chaleur; elles foisonnent beaucoup, c'est-à-dire doublent ou triplent de volume, et forment une pâte forte et liante. Les chaux maigres se délitent lentement, foisonnent peu et forment une pâte sèche et non liante. Les chaux hydrauliques doivent leur propriété de faire prise sous l'eau, à la proportion plus ou moins grande d'argile contenue dans le calcaire d'où elles proviennent. On nomme *ciment* une variété de chaux hydraulique qui fait immédiatement prise avec l'eau comme le plâtre. Le ciment provient d'un calcaire renfermant de 30 à 40 centièmes d'argile.

7. Le *mortier ordinaire* est un mélange de chaux éteinte, grasse ou maigre, et de sable. Le *mortier hydraulique* est un mélange de chaux hydraulique et de sable, ou de chaux grasse avec des argiles cuites et pulvérulentes. Le *béton* est un mélange de chaux hydraulique et de pierres concassées.

8. Les mortiers ordinaires durcissent peu à peu à l'air, parce qu'ils absorbent l'acide carbonique et deviennent carbonate de chaux. Le sable n'y remplit guère qu'un rôle physique : il donne de la dureté à la masse du mortier en multipliant les surfaces d'adhérence.

9. La chaux hydraulique contient du silicate de chaux et de l'aluminate de chaux, provenant des éléments de l'argile séparés par la chaleur au moment de la cuisson, et combinés avec la chaux fournie par le carbonate. En s'hydratant, ces deux composés acquièrent une grande cohérence. Telle est la cause de la prise sous l'eau des mortiers hydrauliques.

10. La chaux est un précieux *amendement* en agriculture. Elle convient aux terres fortes, argileuses, granitiques, schisteuses, etc. Elle désorganise les matières animales et végétales; elle met en liberté la potasse et la soude des silicates alcalins; elle rend soluble la

silice nécessaire à l'organisation des céréales; elle neutralise l'acidité des sols tourbeux; elle favorise la formation spontanée des azotates, etc.

CHAPITRE XIV

SELS DU CALCIUM

1. **Chlorure de calcium**. ClCa. — Lorsqu'on attaque le carbonate de chaux par l'acide chlorhydrique, il se dégage de l'acide carbonique, et le liquide retient en dissolution du chlorure de calcium.

$$CO^2,CaO + ClH = CO^2 + CaCl + HO.$$

Concentrée par évaporation, puis refroidie, la liqueur laisse déposer des cristaux de chlorure de calcium hydraté, dont la formule est CaCl + 6aq. Leur forme est le prisme hexagonal terminé par des pyramides à six faces. Ils sont très-déliquescents. Mélangés avec de la glace pilée, ils produisent un grand abaissement de température; chauffés, ils fondent dans leur eau de cristallisation; à 200°, ils en perdent les 2/3 et se transforment en une masse poreuse. C'est dans cet état que les chimistes s'en servent pour dessécher les gaz, à l'exception du gaz ammoniac, qui est absorbé. Au rouge, le chlorure de calcium poreux devient anhydre et éprouve la fusion ignée. On peut alors le couler en plaques et le réduire en fragments, qu'il faut conserver dans des vases hermétiquement fermés, pour éviter l'accès de l'humidité. Le chlorure de calcium anhydre dégage beaucoup de chaleur en se dissolvant dans l'eau; il en absorbe, au contraire, lorsqu'il est hydraté. Ce dernier ne fait que changer d'état; le premier change d'état, et de plus se combine avec l'eau. Par suite de sa grande affinité pour l'eau, le chlorure de calcium fondu est employé dans les laboratoires comme matière desséchante. Son prix très-modique permet de l'employer dans les fruiteries pour absorber l'humidité de l'air et maintenir l'atmosphère dans un état de siccité favorable à la conservation des fruits. A l'état de cristaux hydratés, il constitue avec la neige un mélange réfrigérant énergique : 3 parties de chlorure de calcium cristallisé et 2 parties de neige abaissent la température de 0° à —45°. On a proposé la dissolution de chlorure de calcium pour étouffer les incendies dans les théâtres, pour empêcher la poussière sur les promenades publiques, car son extrême affinité pour l'eau maintient le sol légèrement humide, malgré les chaleurs de l'été.

2. **Carbonate de chaux** CO^2,CaO. — Le carbonate de chaux forme la majeure partie de l'écorce terrestre. En général, il est amorphe; quelquefois il est cristallisé. Dans ce dernier cas, il présente un cas remarquable de dimorphisme, le premier qui ait été observé. Tantôt il cristallise en rhomboèdres, incolores et transparents, et prend alors en minéralogie le nom de *spath d'Islande;* tantôt il affecte la forme de prismes droits à base rectangle, et d'un blanc laiteux, qui prennent le nom d'*arragonite.* Autour de chacune de ces deux formes incompatibles se groupent des formes cristallines extrêmement variées, dérivées de l'un ou de l'autre système.

Mais c'est surtout à l'état amorphe que le carbonate de chaux acquiert toute son importance. Il constitue les *calcaires,* dont quelques variétés nous donnent la chaux par la calcination, et quelques autres la pierre à bâtir; les *marnes,* mélange à proportions variables de carbonate de chaux et d'argile; la *pierre lithographique,* à contexture fine, compacte, susceptible du poli qu'exige le crayon du lithographe; les *tufs,* dépôts pierreux abandonnés par les eaux de certaines sources; les *marbres,* à texture cristalline confuse, aptes à recevoir un beau poli et recherchés pour la décoration des édifices et la statuaire; la *craie,* matière blanche et très-friable; l'*albâtre,* translucide, à texture cristalline, employé pour l'ornementation, etc.

3. **Propriétés du carbonate de chaux.** — Quelles que soient son origine et son mode de formation, le carbonate de

chaux possède toujours les mêmes propriétés chimiques. Il est décomposable par la chaleur en acide carbonique et en chaux. Sa décomposition est d'autant plus prompte et plus facile que l'acide carbonique trouve à s'écouler plus librement dans l'atmosphère. Aussi exige-t-il plus de chaleur pour se décomposer dans un creuset que dans un four à chaux. Dans le premier cas, rien n'entraîne l'acide carbonique qui se dégage au commencement de l'opération ; dans le second cas, ce gaz est entraîné par le courant d'air qui sans cesse traverse le four. Enfermé dans un vase hermétiquement clos, le carbonate de chaux ne se décompose pas, même à une haute température, parce que l'acide carbonique ne peut s'écouler. James Hall a observé qu'en chauffant de la craie dans un canon de fusil solidement bouché, la matière entre en fusion et, par le refroidissement, se transforme en une baguette de marbre. Il est à croire, d'après ce fait, que les marbres sont le résultat d'une transformation moléculaire éprouvée par les calcaires amorphes au contact des roches éruptives remontant du sein de la terre à l'état de fusion. Enfin, on a remarqué qu'il est plus facile de décomposer le carbonate de chaux sous l'influence de la vapeur d'eau que dans une atmosphère sèche. Aussi les chaufourniers préfèrent-ils les calcaires humides, et parfois répandent-ils de petites quantités d'eau dans le four.

L'eau, à la température ordinaire, ne dissout que de 2 à 3 cent-millièmes de carbonate de chaux ; mais, en présence de l'acide carbonique, elle en dissout une assez forte proportion. Faisons passer un courant de gaz carbonique dans de l'eau de chaux. L'effet des premières bulles sera de rendre le liquide laiteux par suite de la formation du carbonate de chaux. Si l'acide carbonique continue d'arriver, le dépôt de craie se dissoudra, et le liquide redeviendra limpide. A la faveur du gaz carbonique dissous dans l'eau, le carbonate de chaux se dissout donc aisément ; mais si la dissolution reste quelque temps exposée à l'air, ou bien si elle est soumise à l'action de la chaleur, le gaz carbonique se dégage et le liquide se trouble, parce que le carbonate cesse d'être dissous. L'exposition à l'air est toutefois insuffisante à déterminer l'expulsion de l'acide carbonique, lorsque sa proportion dans le liquide est très-faible. Aussi trouve-t-on du carbonate de chaux dans presque toutes les eaux des sols calcaires. Quant à l'acide carbonique nécessaire aux eaux naturelles pour tenir du carbonate de chaux en dissolution, il provient en majeure partie de l'atmosphère. En balayant l'air, où l'acide carbonique se trouve toujours dans la proportion moyenne de un demi-millième, les eaux pluviales, par exemple, s'imprègnent de ce gaz et sont désormais aptes à dissoudre du carbonate de chaux en lavant des terrains calcaires.

Les eaux riches en carbonate de chaux abandonnent ce corps lorsque, par l'exposition à l'air, elles perdent leur acide carbonique : ce sont des eaux *incrustantes*. Dans certaines grottes, l'eau calcaire arrive goutte à goutte et suinte à travers la voûte. L'acide carbonique se dissipe, et les gouttes d'eau se succédant avec lenteur en des points déterminés, produisent peu à peu un dépôt de carbonate cristallin en forme de mamelon conique dont la pointe est en bas. Là où les gouttes atteignent le sol de la grotte, un autre dépôt conique se forme, la pointe en haut. Le premier prend le nom de *stalactite*, le second, le nom de *stalagmite*. Tôt ou tard les deux dépôts, dont les pointes se rapprochent toujours, se rejoignent, se soudent et constituent une colonne irrégulière.

Les incrustations abondantes de certaines eaux minérales, comme celles de Saint-Allyre, à Clermont-Ferrand, sont dues à la même cause. Les objets exposés à l'action de ces eaux se couvrent rapidement d'un enduit pierreux, occasionné par le départ du gaz carbonique qui tenait le carbonate de chaux en dissolution.

La solubilité du carbonate de chaux dans l'eau à la faveur de l'acide carbonique, explique comment presque tous les animaux renferment des quantités assez considérables de ce sel. Les os, privés de leur matière organique, en renferment un 1/5 de leur poids; le test des mollusques, les coquilles des œufs des oiseaux, la carapace des crustacés, en sont presque entièrement formés. Enfin, toutes les plantes donnent des cendres riches en chaux. Évidemment, c'est dans les eaux que les êtres vivants puisent la majeure partie de la chaux nécessaire à leur organisation. Avec l'eau calcaire, nous buvons l'un des principes minéraux des os.

4. **Sulfate de chaux, gypse, pierre à plâtre.** SO^3,CaO + 2aq. — Le sulfate de chaux hydraté ou gypso est encore une des matières minérales les plus abondantes. On le trouve en amas considérables dans le terrain tertiaire inférieur. Les gisements célèbres de Montmartre, de Pantin, aux environs de Paris, appartiennent à cette formation. Souvent encore, il est associé au sel gemme. Généralement, le gypse est en masses compactes, blanches ou souillées par des oxydes, à texture saccharoïde résultant de menus cristaux enchevêtrés. Parfois il est en masses fibreuses d'un blanc soyeux; parfois encore en masses lenticulaires, facilement divisibles en minces lames incolores et transparentes. On nomme *albâtre gypseux*, une variété de gypse compacte et blanc, qui se taille avec une grande facilité et sert à faire des socles de pendule, des statuettes. L'albâtre gypseux ne doit pas être confondu avec l'*albâtre calcaire*, beaucoup plus solide, plus beau d'aspect, d'un meilleur poli et d'un prix bien plus élevé.

5. **Propriétés du sulfate de chaux.** — Le sulfate de chaux est plus soluble dans l'eau froide que dans l'eau chaude; aussi, une dissolution faite à froid se trouble-t-elle sensiblement quand on la chauffe. La plus grande solubilité correspond à la température de 35°. Un litre d'eau bouillante dissout 2 grammes de sulfate de chaux; 2^{gr},50 à 35°; et 2^{gr},33 à 12°. La faible solubilité du sulfate de chaux n'empêche pas ce corps de communiquer à l'eau de mauvaises qualités. L'eau est dite alors *séléniteuse*. Elle n'est pas potable; elle est impropre au savonnage et à la cuisson des légumes; elle forme dans les chaudières à vapeur des dépôts considérables qui nécessitent de fréquentes réparations.

Le sulfate de chaux est complétement insoluble dans l'alcool; aussi une eau gypseuse se trouble-t-elle par l'addition de ce liquide. Il se dissout aisément dans l'acide sulfurique et forme un bisulfate que l'eau décompose. Il se dissout aussi en partie dans l'acide chlorhydrique et devient, à la faveur de cet acide, beaucoup plus soluble dans l'eau qu'il ne l'est à son état normal.

A 80° dans un courant d'air, et entre 115° et 130° en vase clos, le gypse perd ses deux équivalents d'eau d'hydratation et devient complétement anhydre; mais il est apte à s'hydrater de nouveau s'il est mis en contact avec l'eau. Chauffé à 160° et au delà, il ne peut plus s'hydrater que très-lentement. Au rouge blanc, il fond, et, par le refroidissement, il se prend en une masse cristalline de sulfate de chaux anhydre, analogue à une roche naturelle nommée *anhydrite* par les minéralogistes. L'emploi du plâtre comme mortier se rattache à la propriété du gypse de se déshydrater à une température modérée et de s'hydrater de nouveau et promptement en présence de l'eau. En reprenant les deux équivalents d'eau éliminés par la chaleur, le plâtre revient à la forme cristalline; il fait prise et durcit par suite de l'enchevêtrement de tous les petits cristaux.

6. **Fabrication du plâtre.** — Pour convertir le gypse en plâtre, il suffit donc d'éliminer les deux équivalents d'eau d'hydratation à l'aide d'une chaleur modérée. A cet effet, on construit, au moyen de gros blocs de pierre à plâtre, de petites voûtes peu larges, que l'on charge avec des fragments moindres, en plaçant graduellement les plus gros en bas et les moins volumineux en haut. On cuit en brûlant des fagots ou des broussailles sous les voûtes. Plus la cuisson est lente, meilleurs sont les produits. L'opération dure en moyenne dix heures. Il est évident que la masse ne peut être également cuite dans toutes ses parties. La portion qui est plus près du feu est trop calcinée pour faire prise avec l'eau; celle qui est plus éloignée est imparfaitement déshydratée. Entre ces deux extrêmes, inertes ou peu actifs, il y a le plâtre arrivé au point convenable de cuisson, le seul qui puisse faire prise avec l'eau. Le tout réuni cependant donne un plâtre d'excellente qualité, car une proportion assez forte de matières inertes, loin de nuire au plâtre, lui donne de la cohérence. Avec un gypse pur et une cuisson bien faite, on obtient un plâtre fin et blanc qui se gonfle beaucoup et fournit un enduit peu solide : tel est le plâtre des mouleurs. Pour les constructions, il faut que le plâtre renferme des matières inertes, de même que le mortier ordinaire. Aussi obtient-on du bon plâtre à bâtir par une cuisson très-irrégulière.

Le plâtre destiné au moulage des objets délicats doit être cuit avec un soin particulier hors du contact avec le combustible. Il faut en outre qu'il soit pur, car devant être gâché assez clair pour pouvoir être coulé en couches minces dans tous les détails des moules, il est nécessaire qu'il solidifie une forte proportion d'eau, condition qu'il ne remplit qu'à l'état pur. Le plâtre du moulage s'obtient avec du gypse en cristaux, que l'on chauffe à la température du rouge sombre à peine, dans des fours pareils à ceux des boulangers.

Une fois cuit, le plâtre est broyé sous des meules verticales, et la poudre obtenue est soumise au tamisage. Cette poudre doit être conservée dans un local sec, car elle attire aisément l'humidité de l'air, s'hydrate en partie, et n'est plus apte à faire prise avec l'eau. On dit alors que le plâtre est *éventé*. Pour employer le plâtre, on le *gâche* par petites portions avec son volume d'eau au moment de s'en servir. Le sulfate de chaux anhydre reprend les deux équivalents d'eau que la cuisson lui a fait perdre ; il redevient sulfate de chaux hydraté. Il y a là véritable combinaison ; aussi la matière s'échauffe-t-elle. L'eau se trouve ainsi solidifiée, c'est-à-dire associée au sulfate de chaux, pour former un tout solide ou un feutre cohérent de cristaux hydratés. Ce retour à l'état hydraté est accompagné d'une augmentation de volume, circonstance qui permet au plâtre des mouleurs de pénétrer dans les moindres recoins d'un moule et d'en reproduire les plus fins détails.

7. **Stuc. Plâtre aluné.** — On obtient le *stuc* en gâchant du plâtre avec une dissolution de colle-forte. Pour imiter les veines colorées des marbres, on introduit dans la pâte des oxydes métalliques de coloration diverse. On polit le stuc, lorsqu'il est sec, en le frottant avec une pierre à aiguiser. On lave avec une éponge la partie frottée et on achève le polissage d'abord avec un feutre imbibé d'huile et de tripoli en poudre, ensuite avec du feutre imbibé seulement d'huile. Le stuc au plâtre ne résiste pas aux intempéries ; mais au sec, dans l'intérieur des appartements, il constitue un marbre artificiel économique, assez dur, d'un beau poli et de teintes variées.

On prépare le plâtre aluné en faisant cuire du gypse de belle qualité que l'on plonge, après la cuisson, dans de l'eau tenant en dissolution de l'alun. Imprégnés de cette dissolution, les morceaux sont cuits une seconde fois, mais à une température plus élevée, et enfin réduits en poudre. Le plâtre aluné fait prise avec l'eau plus lentement que le plâtre ordinaire; il donne un produit qui résiste mieux que le stuc aux intempéries, et qui possède à la fois la dureté et la demi-transparence du marbre.

8. **Emploi du plâtre en agriculture.** — L'action fertilisante du plâtre sur les légumineuses, bien qu'il soit difficile encore de s'en rendre compte, est un des faits agricoles les mieux avérés. Répandu sur les prairies artificielles à l'époque où les plantes ont acquis un certain développement, le plâtre, pour peu que l'épandage soit suivi d'une pluie légère, procure un rapide développement aux légumineuses, trèfle et luzerne, base de ces prairies. Il agit aussi d'une manière favorable sur le colza, les choux, le lin, le sarrasin, le tabac, etc., mais il ne produit à peu près rien sur les céréales. On recommande enfin, avec raison, de saupoudrer de plâtre les tas de fumier en fermentation, pour empêcher la déperdition de l'ammoniaque, l'un des agents les plus précieux des engrais. Par double échange, le sulfate de chaux convertit le carbonate d'ammoniaque volatil en sulfate d'ammoniaque non volatil.

9. **Phosphates de chaux.** — L'acide phosphorique est triatomique, c'est-à-dire qu'il contient 3 équivalents d'eau, susceptibles d'être remplacés en tout ou en partie par une autre base, en particulier par la chaux. De là trois phosphates de chaux, dont aucun ne sort de la neutralité, telle qu'il faut logiquement l'entendre, malgré les fausses indications de leurs noms. Tous les trois renferment 3 molécules de base, eau ou chaux indifféremment. Ce sont :

Le phosphate basique de chaux $PhO^5,3CaO$, qui fait partie des os concurremment avec le carbonate de chaux ;

Le phosphate neutre de chaux $PhO^5,(2CaO + HO)$, obtenu en décomposant du chlorure de calcium par du phosphate de soude ;

Le phosphate acide de chaux $PhO^5,(CaO + 2HO)$, que l'on obtient en traitant par l'acide sulfurique les os calcinés.

De ces trois sels, le premier et le dernier seuls nous intéressent, car le phosphate basique est l'un des principes minéraux des os, et le phosphate acide sert à la préparation du phosphore.

Le phosphate acide de chaux est en paillettes nacrées déliquescentes. On ne l'emploie que pour la préparation du phosphore. Calciné au rouge, il se boursoufle et fond. Après le refroidissement, il a un aspect vitreux. Il est alors insoluble par suite d'un changement de nature. La calcination, en effet, lui a fait perdre son eau basique et l'a transformé en métaphosphate de chaux PhO^5,CaO.

Le phosphate basique de chaux existe non-seulement dans les eaux des animaux, mais encore dans la nature minérale. On en connaît des gisements considérables particulièrement en Espagne, près de Truxillo, en Estramadure. Le phosphate de chaux forme les 4 cinquièmes de la roche; le reste est constitué par de la silice, de l'oxyde de fer, du fluorure de calcium. Le phosphate basique de chaux est insoluble dans l'eau, mais il y devient légèrement soluble à la faveur des acides même très-faibles, en particulier à la faveur de l'acide carbonique. C'est le plus important des phosphates, car il sert de matière première à leur préparation. Il nous donne le phosphore, et par suite l'acide phosphorique et tous les phosphates imaginables.

10. Emploi du phosphate de chaux en agriculture. — L'importance du phosphate de chaux n'est pas moins grande en agriculture qu'en industrie. L'acide phosphorique, sous diverses combinaisons salines, entre dans l'organisation des plantes. Tous nos végétaux cultivés contiennent des phosphates dans leurs cendres; 1000 kilogrammes de blé renferment 11 kilogrammes d'acide phosphorique, correspondant à 24 kilogrammes de phosphate de chaux. Chaque récolte enlève ainsi au sol une proportion plus ou moins forte de sels phosphatés, que l'agriculture doit renouveler au moyen des engrais, sous peine de voir assez rapidement les terres frappées de stérilité faute de l'un des principes indispensables à la végétation. Les plaines de la Sicile, certaines contrées de la Grèce, de l'Asie mineure, de l'Afrique septentrionale, si fécondes dans l'antiquité, sont aujourd'hui d'une désolante stérilité, bien que le climat n'ait pas changé.

Par une culture qui prenait toujours sans jamais rendre, le sol s'est appauvri d'un principe que le jeu seul des forces naturelles ne peut réintégrer. Ce principe est sans contredit le phosphate de chaux. On donne au sol l'acide phosphorique que réclament nos récoltes, par l'un ou l'autre des moyens suivants. Le fumier d'étable, employé en quantité suffisante, restitue au sol l'acide phosphorique de la précédente récolte. Le noir animal, après avoir servi comme décolorant dans les raffineries, est employé comme engrais et joue un grand rôle agricole, car il contient plus de la moitié de son poids de phosphate de chaux. Sans être convertis d'abord en noir animal, les os, réduits en poudre, sont associés aux engrais. Enfin, on emploie les phosphates de chaux naturels, tels que ceux de l'Estramadure et de divers points de la France. Quelle que soit son origine, le phosphate de chaux se dissout peu à peu dans l'eau imprégnée d'acide carbonique. En cet état, il est absorbé par les racines et concourt au développement des plantes.

11. Chlorure de chaux. Sa préparation industrielle. — Nous avons déjà reconnu qu'en faisant arriver un courant de chlore dans une dissolution alcaline étendue, il se forme à la fois un chlorure et un hypochlorite. C'est ainsi que se préparent l'eau de Javelle, mélange de chlorure de potassium et d'hypochlorite de potasse, et la liqueur de Labarraque, mélange de chlorure de sodium et d'hypochlorite de soude. La chaux soumise à un courant de chlore donne un produit analogue, fort improprement dénommé en industrie *chlorure de chaux*. Il ne faut pas confondre le chlorure de chaux avec le chlorure de calcium. Le premier est un mélange de chlorure de calcium et d'hypochlorite de chaux, mélange d'un grand emploi industriel à cause de la facilité avec laquelle il laisse dégager son chlore; le second est une substance définie qui ne peut en rien remplacer la première. Le chlorure de chaux résulte de la réaction du chlore sur la chaux. Sans changer d'aspect, celle-ci se transforme moitié en chlorure de calcium, moitié en hypochlorite de chaux, qui restent mélangés.

$$2CaO + 2Cl = ClCa + ClO,CaO.$$

De la chaux éteinte est disposée en couche mince sur des tablettes superposées T, T', T'', T''' (fig. 36), et contenues dans

Fig 36. — Chambre pour la fabrication du chlorure de chaux.

une chambre construite en dalles de pierre inattaquable, grès dur, lave, etc. Une charpente en bois maintient le tout assemblé. Le chlore arrive par le canal M et parcourt successivement les divers étages à tour de rôle, d'arrière en avant et d'avant en arrière. Des râteaux R, R', R'', R''', dont le manche s'engage dans un trou qu'il bouche exactement, restent en place sur chaque tablette, et permettent de remuer de temps à autre la masse et de renouveler les surfaces de contact avec le chlore. Quatre jours sont nécessaires pour saturer de chlore la chaux contenue dans ces vastes chambres, qui ont 7 mètres de longueur sur 3 de hauteur. Le gaz, d'ailleurs, doit arriver très-lentement pour éviter une élévation de température qui provoquerait la formation de chlorate de chaux.

Le chlore est généralement obtenu par la décomposition de l'acide chlorhydrique au moyen du bioxyde de manganèse. Cette décomposition se fait dans des bonbonnes en grès B (fig. 37) que l'on chauffe au bain-marie. Dans l'acide chlorhydrique qu'elles contiennent plonge un panier cylindrique en terre, percé de trous. On remplit ce panier de bioxyde de mangandse en morceaux, et on le bouche avec le couvercle P. De cette manière le bioxyde ne se trouve que partiellement en contact avec l'acide. L'attaque se fait donc peu à peu, et à mesure que l'oxyde dissous fait place au fond du panier à l'oxyde en réserve. On dispose un certain nombre de ces bonbonnes C (fig. 38) dans des marmites en fonte contenant une dissolution saline que chauffent les foyers F. La température de ces bains-marie peut s'élever ainsi jusqu'à vers 105°. Au sortir du vase générateur, le chlore se rend dans une bonbonne D à demi pleine d'eau, où il se lave, puis dans un flacon à trois tubulures qui achève le lavage et permet de juger du degré de rapidité du dégagement. Ainsi débarrassé de

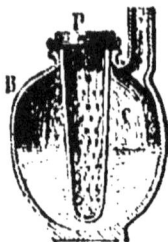

Fig. 37. — Bonbonne pour la production du chlore.

Fig. 38. — Appareil pour la fabrication du chlorure de chaux.

l'acide chlorhydrique qu'il peut entraîner, le gaz pénètre dans la chambre M où la chaux est étalée.

12. Propriétés et usages du chlorure de chaux. — Le chlorure de chaux est une matière blanche, amorphe, pulvérulente, répandant une odeur de chlore. Il est très-soluble dans l'eau. Comme il renferme toujours un peu de chaux libre, il ramène au bleu le tournesol rougi, puis il le décolore par le chlore dégagé. Par l'ébullition dans l'eau, il se transforme en un mélange de chlorate de chaux et de chlorure de calcium.

$$3(ClO,CaO + ClCa) = ClO^5,CaO + 5ClCa.$$

Il est décomposé par les acides même les plus faibles, tels que l'acide carbonique. Il se forme un sel de chaux avec l'acide qui provoque la décomposition, et il se dégage du chlore. La réaction est la suivante, si l'on représente par A un équivalent d'un acide arbitraire :

$$ClO,CaO + ClCa + 2A = 2(A,CaO) + 2Cl.$$

Avec l'acide carbonique et les autres acides faibles, le dégagement du chlore se fait avec lenteur, et telle est la cause pour laquelle le chlorure de chaux exposé à l'air se décompose peu à peu et répand longtemps une faible odeur de chlore. L'acide carbonique de l'air provoque cette lente décomposition. Mais avec les acides puissants la décomposition est instantanée et le dégagement de chlore considérable. Cette réaction nous explique le rôle industriel du chlorure de chaux. Ce composé est en quelque sorte du chlore condensé sous un petit volume d'un transport facile; c'est un réservoir à chlore, qui, par l'action d'un acide, abandonne rapidement et en abondance ce gaz si précieux pour la décoloration, le blanchiment, l'assainissement. Il contient 200 fois environ son volume de chlore.

Toutes les fois que l'industrie doit faire intervenir l'action du chlore, c'est au chlorure de chaux qu'elle s'adresse. Elle l'emploie en particulier pour blanchir la pâte de chiffons destinée à faire du papier. On en fait usage pour assainir l'atmosphère des hôpitaux, des prisons, des ateliers malsains, des laboratoires d'anatomie, des fosses d'aisances, enfin de tous les points infectés par des émanations miasmatiques. Dans ces différents cas, l'emploi du chlorure de chaux est préférable au dégagement direct du chlore : l'action est plus lente, plus continue, et, sans rien perdre de son efficacité antiputride, est loin d'irriter autant les organes respiratoires.

13. Caractère des sels de chaux. — Le réactif par excellence des sels de chaux solubles est l'oxalate d'ammoniaque. Il se forme un précipité blanc d'oxalate de chaux, complètement insoluble dans l'eau, mais qui se redissout dans l'acide azotique et l'acide chlorhydrique.

Les dissolutions des sels calcaires sont encore précipitées en blanc par les carbonates alcalins. Le précipité, carbonate de chaux, est soluble dans les acides.

Si les dissolutions sont concentrées, elles donnent également un précipité blanc avec l'acide sulfurique et les sulfates solubles; mais étendues, elles ne produisent aucune réaction.

RÉSUMÉ

1. Le chlorure de calcium est le résultat de l'action de l'acide chlorhydrique sur le carbonate de chaux. Sa grande affinité pour l'eau le fait employer comme moyen de dessiccation des gaz, le gaz ammoniac excepté. A l'état cristallisé, il renferme 6 équivalents d'eau, et produit un abaissement de température considérable en se dissolvant dans l'eau.

2. Le carbonate de chaux forme la majeure partie de l'écorce terrestre. Parmi ses nombreuses variétés se trouvent: le *spath d'Islande* et l'*arragonite* à l'état cristallisé, la *pierre à bâtir* calcaire, le *marbre*, la *craie*, la *pierre lithographique*, certaines *marnes*, l'*albâtre calcaire*, etc.

3. Le carbonate de chaux est décomposé par la chaleur à la température du rouge clair. Il se dégage de l'acide carbonique, et il reste de la chaux. Chauffé sous une haute pression, dans un vase clos qui ne permet pas à l'acide carbonique de se dégager, le carbonate de chaux entre en fusion, et par le refroidissement se transforme en marbre. Les marbres résultent apparemment d'une métamorphose des calcaires amorphes dans le voisinage des roches ignées. Le carbonate de chaux se dissout dans l'eau à la faveur de l'acide carbonique. Le dégagement de cet acide, soit par la chaleur, soit par l'exposition à l'air, provoque le dépôt du carbonate dissous. C'est dans l'eau calcaire que la plante et l'animal puisent la chaux qu'on trouve constamment dans l'organisation. Les eaux riches en carbonate de chaux sont incrustantes.

4. Le *gypse* ou pierre à plâtre est du sulfate de chaux hydraté $SO^3,CaO + 2aq$. Il est très-abondant, mais bien moins que le carbonate. Les principaux gisements se trouvent dans les terrains tertiaires inférieurs. Tel est celui de Montmartre.

5. Le sulfate de chaux est un peu soluble dans l'eau, à laquelle il

communique de fort mauvaises qualités au point de vue des usages domestiques et industriels. Entre 115° et 130°, le gypse perd ses deux équivalents d'eau et devient anhydre. Il prend alors le nom de *plâtre*.

6. On prépare le plâtre en calcinant à une température modérée des fragments de gypse. Après calcination, la matière est broyée sous des meules, et tamisée. Gâché avec un volume d'eau à peu près égal au sien, le plâtre se combine avec les deux équivalents d'eau que la chaleur lui avait fait perdre; il redevient sulfate de chaux hydraté, et se prend, par le fait de la combinaison, en une masse solide.

7. Le *stuc* est du plâtre gâché avec une dissolution de colle-forte. En lui incorporant des oxydes colorés, on obtient une imitation du marbre veiné. Le stuc ne résiste pas aux intempéries.

Le *plâtre aluné* s'obtient en trempant des morceaux de gypse cuit dans une dissolution d'alun, et en les soumettant à une seconde cuisson. Le plâtre aluné donne un produit qui possède à la fois la dureté et la demi-transparence du marbre.

8. Le plâtre est employé en agriculture. Il produit d'excellents effets sur les légumineuses des *prairies artificielles*. Il n'a pas d'action sur les céréales.

9. La triatomicité de l'acide phosphorique donne naissance à trois phosphates de chaux, dont le plus important, le phosphate basique $PhO^5,3CaO$, est un des principes minéraux des os.

10. L'acide phosphorique à l'état salin fait partie de l'organisation des plantes, en particulier des céréales. De là résulte la nécessité de restituer au sol, sous une forme ou sous l'autre, les phosphates enlevés par les précédentes récoltes. A cet effet, on emploie le noir animal des raffineries, les os réduits en poudre, le phosphate de chaux naturel dont on connaît divers gisements, etc.

11. Le produit commercial appelé *chlorure de chaux* est un mélange d'hypochlorite de chaux et de chlorure de calcium, $ClO,CaO + ClCa$. On l'obtient en faisant arriver du chlore sur de minces couches de chaux éteinte et humide.

12. Par l'action de l'acide carbonique de l'air, ainsi que de tous les acides même les plus faibles, le chlorure de chaux se décompose en dégageant 200 fois environ son volume de chlore. Il est employé, de préférence au chlore, pour blanchir et pour assainir.

13. Les dissolutions de sels de chaux donnent avec l'oxalate d'ammoniaque un précipité blanc d'oxalate de chaux complétement insoluble dans l'eau, mais soluble dans l'acide azotique et dans l'acide chlorhydrique.

CHAPITRE XV

MAGNÉSIUM
Ng = 12.

1. Préparation du magnésium. — Le charbon réduit la potasse et la soude; le potassium et le sodium réduisent, à leur tour, la baryte et la chaux, mais ils ne réduisent pas la magnésie et l'alumine. Il faut que les métaux de ces derniers oxydes soient combinés avec le chlore pour que les métaux alcalins puissent le leur enlever et les mettre en liberté. Dans un creuset de fer chauffé au rouge, on introduit un mélange intime de 600 grammes de chlorure de magnésium et 100 grammes de sodium métallique coupé en menus morceaux. Pour augmenter la fluidité et rendre plus facile la séparation des grains de magnésium disséminés dans la masse, on ajoute au mélange 100 grammes de chlorure de sodium et autant de fluorure de calcium. Le creuset est aussitôt fermé avec son couvercle. Une réaction très-vive se déclare, accompagnée d'un bruit strident; le chlore abandonne le magnésium pour se porter sur le sodium, et le premier métal est mis en liberté. On retire le creuset du feu, et pendant que la masse saline se refroidit et se fige, on l'agite constamment avec une tige de fer pour rassembler en un seul culot les grains métalliques épars. En cassant la scorie, on trouve des globules et un culot principal de magnésium, dont le poids collectif est de 45 grammes. Pour être purifié, le métal brut est soumis à la distillation. Vers 1000°, il se réduit en vapeurs que l'on entraîne par un courant d'hydrogène, et qui vont se condenser dans les parties froides du vase distillatoire.

La réduction du chlorure de magnésium par le sodium métallique est assez prompte et assez facile pour se prêter à une expérience de cours. Dans un creuset de platine on dispose par couches alternatives du chlorure de magnésium et du sodium en menus morceaux. Le creuset muni de son couvercle, que l'on assujettit avec des fils de fer, est chauffé avec une forte lampe à alcool. En quelques minutes la réaction s'accomplit, et le creuset est brusquement porté à l'incandescence par la chaleur que dégage le conflit chimique.

2. Propriétés du magnésium. — Le magnésium a presque l'éclat de l'argent. Il se laisse limer, et il est assez malléable; mais il est peu tenace, et, par suite, peu ductile. Pour l'obtenir en fils, comme on le trouve dans le commerce, on ne peut donc employer la filière. On a recours à la presse hydraulique, qui le comprime dans un moule en acier percé d'un trou, d'où il s'échappe en fil. Sa densité est 1,75; il entre en fusion vers 500° et se volatilise à 1000°. Le zinc, qui présente avec le magnésium certaines analogies, entre en fusion et se volatilise à peu près aux mêmes températures.

Dans l'air sec, le magnésium est inaltérable; mais il se ternit et s'oxyde dans l'air humide. Il décompose très-lentement l'eau à froid, et rapidement l'eau bouillante. Chauffé au contact de l'air, et à plus forte raison de l'oxygène pur, il brûle en répandant une belle lumière blanche, d'un éclat éblouissant. Réduit en limaille, et projeté dans la flamme d'une lampe à alcool, il donne d'admirables étincelles. Le produit de sa combustion est une matière blanche, farineuse, douce au toucher, enfin de la magnésie.

La lumière que répand le magnésium en brûlant à l'air est très-remarquable et par son intensité, et par ses propriétés chimiques. Il faudrait soixante-quatorze bougies ordinaires pour donner ensemble autant de clarté qu'un fil de magnésium de 1/3 de millimètre de diamètre. Enfin, comme la lumière solaire, la lumière du magnésium est apte à provoquer les réactions chimiques. Elle fait détoner le mélange de chlore et d'hydrogène; elle impressionne les plaques photographiques.

3. Oxyde de magnésium. Magnésie. MgO. — On obtient la magnésie en décomposant par la chaleur soit l'azotate de magnésie, soit la magnésie des pharmaciens, ou hydrocarbonate de magnésie. C'est une matière blanche, infusible aux plus hautes températures, un peu soluble dans l'eau, et par conséquent un peu sapide. 1 litre d'eau en dissout de 1 à 2 centigrammes. La dissolution est faiblement alcaline; elle verdit le sirop de violette et ramène au bleu le tournesol rougi. L'oxyde de magnésium peut se combiner avec 1 équivalent d'eau et former un hydrate MgO,HO, que l'on obtient sous forme de précipité lorsqu'on décompose un sel de magnésie par la potasse. Cet hydrate absorbe peu à peu l'acide carbonique de l'air, et devient carbonate de magnésie. L'oxyde de magnésium est une base énergique, qui neutralise très-bien les acides. C'est le contre-poison habituel des acides, avec lesquels il forme des combinaisons inoffensives, alors même qu'elles sont solubles. Avec l'acide arsénieux ou arsénic, en particulier, la magnésie constitue un composé insoluble, non absorbable désormais par l'organisation. Son emploi comme antitoxique est la conséquence de la réunion de deux propriétés qu'on ne trouve plus associées dans les autres oxydes, savoir : son énergie comme base et son défaut de causticité, qui permet de l'administrer à hautes doses sans péril pour l'organisation. La chaux et la baryte ont bien des propriétés aussi prononcées en tant que bases, mais, à cause de leur action corrosive, elles ne pourraient être impunément introduites dans l'estomac. L'innocuité de la magnésie est telle qu'on en fait usage pour saturer les acides développés par une digestion difficultueuse, et dissiper de simples aigreurs d'estomac.

4. **Carbonate de chaux et de magnésie ou dolomie** $2CO^2,(CaO+MgO)$. — Les minéralogistes désignent sous le nom de *dolomie* une roche assez abondamment répandue dans les divers terrains géologiques, et constituée par un carbonate double de chaux et de magnésie. Cette substance est probablement l'origine première des sels magnésiens des terres arables et des eaux. Beaucoup de sources contiennent du sulfate de magnésie qui communique à leurs eaux des propriétés purgatives et les rend impropres à la boisson; le sol fréquemment se couvre d'efflorescences blanches, d'une saveur amère, constituées par le même sel. Cette diffusion du sulfate de magnésie paraît avoir pour cause la décomposition de la dolomie par le gypse. Si, en effet, sur une couche de dolomie pulvérisée, on fait passer à diverses reprises de l'eau gypseuse, il s'effectue

un double échange entre le carbonate de magnésie et le sulfate de chaux, et le liquide ne contient bientôt plus que du sulfate de magnésie (fig. 39).

5. Sulfate de magnésie SO³,MgO + 7aq. — Le sulfate de magnésie se trouve dans les eaux-mères des salines, dans les eaux de certaines sources, comme celles d'Epson, en Angleterre, et de Sedlitz, en Bohême. On peut l'obtenir en traitant les roches dolomitiques par l'acide sulfurique. C'est un sel incolore, d'une saveur amère et salée, efflorescent, soluble dans l'eau. Il varie de forme cristalline et de degré d'hydratation suivant la température à laquelle il cristallise.

Fig. 39. — Appareil pour la formation naturelle du sulfate de magnésie.

Celui du commerce, qui a cristallisé à la température ordinaire, est en petits prismes allongés et renferme 7 équivalents d'eau. Lorsqu'on chauffe le sulfate de magnésie, il fond dans son eau de cristallisation, devient anhydre, subit plus tard la fusion ignée, et finit par se décomposer.

Le sulfate de magnésie est employé comme purgatif. Les eaux minérales d'Epson et de Sedlitz lui doivent leurs propriétés. Enfin on s'en sert pour la préparation de la *magnésie blanche* des pharmaciens.

6. Magnésie blanche des pharmaciens ou hydrocarbonate de magnésie. — Dans ce composé, il entre du carbonate de magnésie et de l'hydrate de magnésie, d'où le nom d'hydrocarbonate qu'on lui donne. Sa formule est :

$$3(CO^2,MgO) + HO,MgO + 3aq.$$

On l'obtient en faisant bouillir une dissolution de sulfate de magnésie avec un léger excès de carbonate de potasse. Il se dégage de l'acide carbonique et il se forme un précipité gélatineux qu'on lave et qu'on soumet à la dessiccation. On trouve ce produit dans le commerce sous forme de gros pains rectangu-

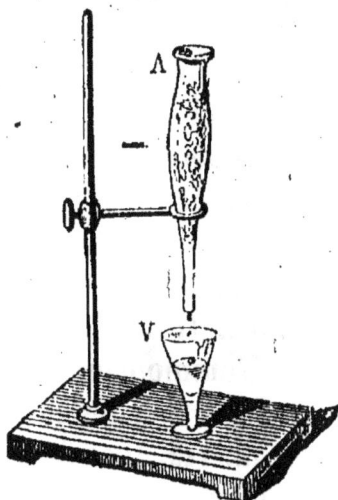

laires blancs, doux au toucher, et d'une remarquable légèreté. Il happe à la langue et n'a pas de goût, bien qu'il soit un peu soluble. Par la calcination il perd l'eau et l'acide carbonique, et devient magnésie. On en fait un fréquent usage en médecine pour combattre les aigreurs des voies digestives.

7. **Caractère des sels de magnésie.** — Une saveur amère spéciale caractérise les sels solubles de magnésie. La potasse et la soude produisent dans les dissolutions magnésiennes un précipité blanc, gélatineux, qui se redissout en présence du sel ammoniac. Il en est de même des carbonates de potasse et de soude. L'ammoniaque et son carbonate ne précipitent que la moitié de la magnésie d'un sel neutre et pur, car, avec l'acide mis en liberté, il se forme un sel ammoniacal qui se combine avec l'autre moitié du sel magnésien, et constitue un sel double soluble, indécomposable par l'ammoniaque en excès. Si ce sel double ammoniaco-magnésien préexiste dans la dissolution, aucun précipité n'a lieu. Ainsi, en ajoutant à la liqueur une certaine quantité d'un sel ammoniacal quelconque, l'ammoniaque et son carbonate ne produisent plus de précipité. Ce caractère distingue les sels de magnésie des sels de chaux et de baryte, car ceux-ci précipitent toujours par le carbonate d'ammoniaque, même après addition d'un sel ammoniacal.

Enfin, toutes les dissolutions magnésiennes qu'on a préalablement rendues ammoniacales donnent, avec le phosphate de soude, un précipité grenu et cristallin de phosphate double d'ammoniaque et de magnésie.

RÉSUMÉ

1. On obtient le magnésium en décomposant son chlorure par le sodium.

2. C'est un métal d'un blanc d'argent, malléable, mais très-peu tenace et très-peu ductile. Il décompose l'eau à chaud. Chauffé au contact de l'air, il brûle avec un éclat extraordinaire. La lumière qu'il répand est remarquable par son intensité et par ses aptitudes chimiques.

3. L'oxyde de magnésium ou magnésie s'obtient en calcinant l'hy-

drocarbonate de magnésie des pharmaciens. C'est une base puissante, mais sans causticité. Aussi l'emploie-t-on comme contre-poison des acides, en particulier de l'acide arsénieux.

4. La *dolomie* est un carbonate double naturel de chaux et de magnésie. De cette roche dérivent apparemment le sulfate de magnésie des eaux naturelles et les composés magnésiens des terres arables. Lavée avec de l'eau gypseuse, la dolomie donne du sulfate de magnésie par double décomposition.

5. On extrait le sulfate de magnésie des eaux de la mer, et de certaines eaux naturelles, où il est probablement introduit par l'action des eaux gypseuses sur les roches dolomitiques. Les eaux minérales d'Epson et de Sedlitz lui doivent leurs propriétés purgatives. Il est employé en médecine comme purgatif.

6. La magnésie blanche des pharmaciens est un composé de carbonate de magnésie et d'hydrate de magnésie. On l'obtient en faisant bouillir une dissolution de sulfate de magnésie avec un léger excès de carbonate de potasse. Elle se trouve dans le commerce en pains blancs d'une grande légèreté. On l'emploie en médecine.

7. On reconnaît les sels magnésiens en ce que leurs dissolutions ne sont précipitées par l'ammoniaque qu'autant qu'elles sont neutres et ne contiennent pas de sels ammoniacaux. Les dissolutions magnésiennes rendues ammoniacales donnent, avec le phosphate de soude, un précipité grenu et cristallin de phosphate ammoniaco-magnésien.

CHAPITRE XVI

ALUMINIUM
$Al = 13,75.$

1. **Préparation de l'aluminium par le procédé des laboratoires.** — Comme le magnésium, l'aluminium s'extrait de son chlorure réduit par un métal alcalin. En 1827, Wöhler, en soumettant le chlorure d'aluminium à l'action réductrice du potassium, obtint pour la première fois l'aluminium métalli-

que, sous la forme d'une poudre grise qui, par le brunissoir, prenait l'éclat métallique parfait de l'étain. Vingt-sept ans plus tard, M. H. Deville substitue au potassium le sodium obtenu par des moyens économiques, et crée l'industrie métallurgique de l'aluminium qui, depuis lors, a pris rang parmi les métaux usuels.

Comme dans la plupart des opérations métallurgiques, trois substances sont en jeu pour arriver à l'aluminium métallique : le minerai, le réducteur et le fondant. Le minerai, chlorure double d'aluminium et de sodium, est un composé artificiel dont nous décrirons tout à l'heure la préparation industrielle. Le réducteur, c'est-à-dire le corps qui doit enlever le chlore à l'aluminium, est le sodium préparé par les moyens industriels que nous avons déjà fait connaître. Le fondant est destiné à donner plus de fluidité aux produits accessoires de la réaction et à permettre ainsi aux globules épars d'aluminium de se rassembler en un culot. Ce fondant est du fluorure de calcium, ou mieux un autre produit naturel, la *cryolithe*, qui nous vient du Groënland. La cryolithe est un fluorure double de sodium et d'aluminium.

On introduit dans un creuset un mélange intime de 200 grammes de chlorure double d'aluminium et de sodium, de 40 grammes de sodium coupé en menus morceaux, et de 100 grammes de fluorure de calcium. On chauffe ce creuset dans un bon fourneau à réverbère. Dès que la réaction a eu lieu, réaction qui se manifeste par un bruissement après un quart d'heure de chauffe, on brasse le bain avec une baguette de fer et l'on continue à chauffer encore pendant quelques minutes. Enfin, on coule sur une pelle de fer le contenu liquide du creuset. La masse est concassée et lavée par lévigation. L'aluminium reste sous la forme de grosse grenaille.

2. **Préparation industrielle de l'aluminium.** — La première opération consiste à obtenir de l'alumine aussi pure que possible, en particulier exempte de fer. On y parvient en traitant par le carbonate de soude un minerai, très-riche en alumine, du village de Baux en Provence. Par la calcination dans un four à réverbère, ce minerai donne, avec le carbonate de

soude, un aluminate de soude soluble, qu'on isole par lixi
vation. Décomposée par un acide quelconque, la dissolution
d'aluminate de soude laisse précipiter de l'alumine qu'on lave
et qu'on dessèche. Ce premier produit sert à la préparation du
chlorure double d'aluminium et de sodium.

On mélange intimement de l'alumine, du sel marin et du
charbon de bois en poudre, et l'on ajoute assez d'eau pour faire
une pâte. Bien malaxée, la matière est façonnée en boules de la
grosseur du poing, que l'on met sécher dans une étuve. Ces
boules sont introduites dans une cornue cylindrique A en terre
réfractaire (fig. 40) que peut chauffer la flamme d'un foyer F.

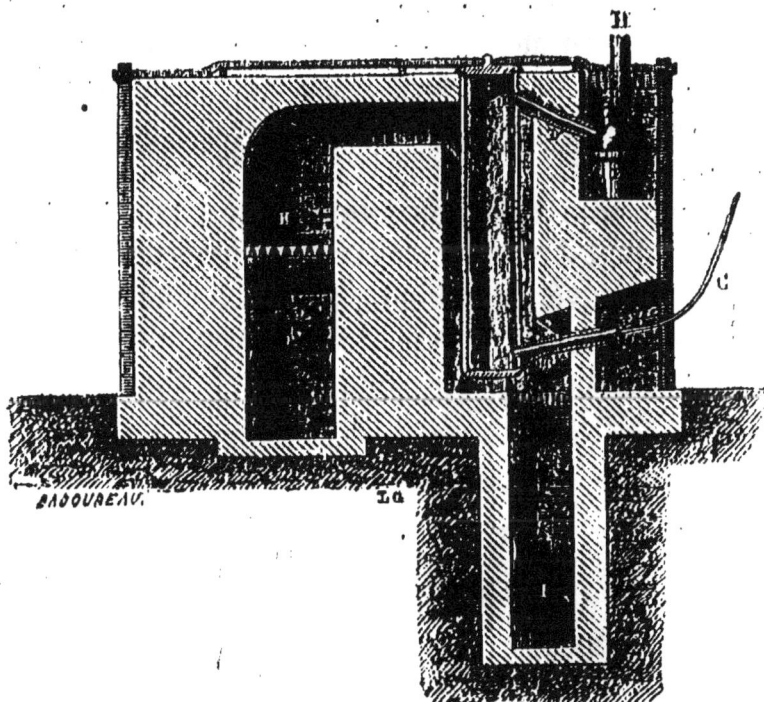

Fig. 40. — Four pour la fabrication du chlorure double d'aluminium
et de sodium.

La flamme enveloppant la cornue est dirigée de haut en bas et
se rend dans une cheminée par l'ouverture I. La cornue est armée de deux tubulures latérales, l'une inférieure B, par où arrive un courant de chlore au moyen du conduit C, communi-

quant avec un appareil où ce gaz est produit ; l'autre supérieure
D, en rapport avec un vase E, dans lequel distille le chlorure
double d'aluminium et de sodium, composé volatil à la température rouge. Un tuyau H, surmontant le vase condensateur,
laisse dégager dans la cheminée les gaz produits par la réaction.
La cornue étant pleine des boulettes d'alumine, de sel et de
charbon, on la ferme avec son couvercle, on la porte à la température rouge et l'on fait alors arriver le chlore par le canal C
La réaction ne tarde pas à se déclarer. Le charbon réduit l'alumine et le chlore s'empare du métal pour former du chlorure
d'aluminium, qui s'associe au sel marin, chlorure de sodium,
et constitue avec lui un chlorure double. Ce double chlorure se
volatilise, s'engage dans le tube D où il se condense et ruisselle
dans le vase condensateur E. Une fois solidifié, c'est une masse
couleur de soufre, friable, formée de longues aiguilles cristallines enchevêtrées. A 200°, sa fluidité est parfaite; au rouge, il
se réduit en vapeurs.

La troisième et dernière opération a pour but de réduire le
chlorure double et d'en extraire l'aluminium à l'état métallique.
A cet effet, on pulvérise le chlorure double d'aluminium et de
sodium, et on le mélange avec le fondant réduit également en
poudre et le sodium coupé par morceaux. Le tout est introduit

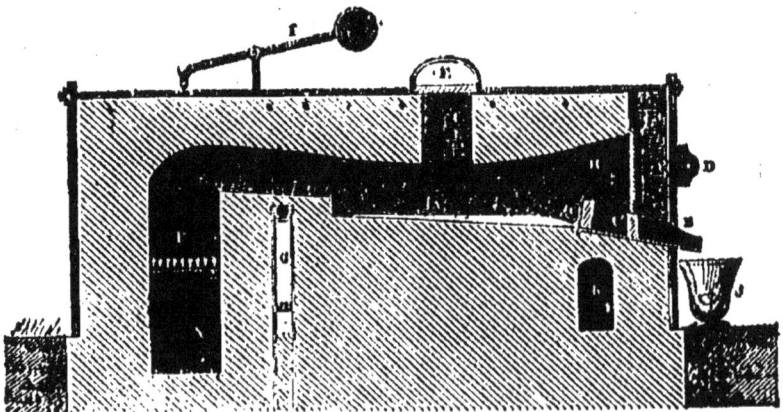

Fig. 41. — Four pour la fabrication de l'aluminium.

dans un four à réverbère par une ouverture E pratiquée dans la
voûte (fig. 41). On ferme toutes les issues et l'on élève la tem-

pérature. Bientôt il se produit comme un roulement de tambours ou une fusillade lointaine. C'est la réaction du sodium et du chlorure qui se déclare. Lorsque le bruissement a cessé, on ouvre la porte du four et on brasse la matière avec une raclette de fer. Enfin, l'aluminium, isolé, forme une couche fluide sur laquelle nage la scorie fondue, composée de sel marin et de fluorure. On soulève une brique qui retient le métal, et l'aluminium s'écoule dans un récipient en fonte J, d'où on l'extrait pour le couler dans des lingotières. S'il contient quelques traces de scorie, on l'en débarrasse par deux ou trois fontes successives, en enlevant, à l'aide d'une cuiller, la crasse qui se réunit à la surface de la masse fondue. Il faut environ 3 kilogrammes de sodium pour obtenir 1 kilogramme d'aluminium.

3. Propriétés physiques de l'aluminium. — L'aluminium est un métal d'un très-beau blanc, légèrement bleuâtre lorsqu'il est poli. Il est malléable et ductile, presque aussi tenace et aussi dur que l'argent. Il conduit l'électricité huit fois mieux que le fer, à diamètre égal des fils; il se refroidit moins rapidement que les autres métaux, à cause de sa grande capacité calorifique. Son point de fusion est intermédiaire entre celui du zinc et celui de l'argent. Il n'est pas sensiblement volatil. C'est le plus léger des métaux usuels. Sa densité est 2,56, c'est-à-dire à peu près celle de la porcelaine et du verre. Il est très-sonore. Suspendu à un fil, un lingot d'aluminium rend, par le choc, un son pareil à celui d'une cloche de verre.

4. Propriétés chimiques de l'aluminium. — L'air et l'hydrogène sulfuré n'ont aucune action sur l'aluminium, même à la température rouge. Sous ce rapport, il est comparable à l'or, et bien supérieur à l'argent, qui se ternit avec tant de rapidité au contact de l'acide sulfhydrique.

L'acide azotique faible ou concentré n'agit pas à froid sur l'aluminium; l'acide bouillant ne l'attaque qu'avec lenteur. L'acide sulfurique n'a pas non plus d'action sur lui; mais l'acide chlorhydrique le dissout très-énergiquement : c'est le dissolvant par excellence de l'aluminium.

Les dissolutions aqueuses alcalines et même l'ammoniaque attaquent rapidement l'aluminium, en donnant lieu à un dégagement d'hydrogène et à la formation d'un aluminate alcalin. Par contre, les alcalis fondus sont sans action.

Le jus des fruits acides ne l'altère point ; mais l'acide acétique ou vinaigre, surtout s'il est mêlé avec du sel marin, le dissout lentement.

Enfin, l'aluminium peut être fondu avec de l'azotate de potasse sans être attaqué par ce puissant agent d'oxydation. En résumé, ce métal est très-remarquable par sa grande résistance à l'altération.

L'aluminium s'allie à divers métaux. Il donne en particulier avec le cuivre un bronze d'un beau jaune d'or aussi tenace que le fer et beaucoup moins altérable que le bronze ordinaire. Dans ce bronze, déjà utilisé et appelé sans doute à rendre de grands services, l'aluminium n'entre que pour un dixième du poids total.

5. Usages de l'aluminium. — La légèreté de ce métal, sa malléabilité, son inaltérabilité, sont des qualités trop précieuses pour que l'usage de l'aluminium ne se vulgarise à mesure que baissera le prix de revient. En attendant une diminution de prix, l'aluminium offre de grandes ressources à la bijouterie, à la marqueterie, à la coutellerie. La facilité avec laquelle il se laisse mouler, ciseler, estamper, lui permet de servir à la fabrication d'une multitude d'objets d'ornementation. A cause de sa légèreté et de son inaltérabilité à l'air, il est destiné sans doute à remplacer le cuivre et l'acier dans la fabrication de certains instruments de chirurgie, de physique, de mathématiques. En somme, si les applications de l'aluminium sont encore restreintes, elles ne manqueront pas de prendre de l'extension le jour où ce métal pourra être fabriqué dans de bonnes conditions d'économie. Il ne faut pas oublier, en effet, qu'avec 1 kilogramme d'aluminium, le volume métallique est suffisant pour faire un objet qui nécessiterait $7^k,519$ d'or, ou $4^k,081$ d'argent, ou $3^k,420$ de cuivre, ou $2^k,847$ d'étain, ou enfin $2^k,670$ de zinc.

6. Alumine ou oxyde d'aluminium Al^2O^3. Son état naturel. — A l'état cristallisé, les matières les plus triviales peuvent acquérir un prix excessif. Nous en avons vu un exemple au sujet du diamant, la somptueuse gemme chimiquement identi-, que avec un fragment de charbon. D'autres pierres précieuses, qui parfois rivalisent avec le diamant, ont une origine commune avec l'argile grossière, dont le potier fait une écuelle ou une tuile. Le principe essentiel de l'argile est, en effet, une combinaison de silice et d'alumine; et, d'autre part, l'alumine cristallisée se trouve disséminée dans certaines roches, particulièrement les granits, et constitue l'espèce minéralogique nommée *corindon*. Les cristaux de corindon sont de l'alumine pure. Leur aspect est celui du verre le plus limpide. Ils sont infusibles et durs au point de rayer tous les corps autres que le diamant. Leur forme est celle d'un rhomboèdre. S'il entre dans le corindon quelques traces de divers oxydes métalliques, la coloration change ainsi que le nom de la gemme.

Le *rubis* est la variété rouge. S'il est d'une limpidité par-faite et d'une belle teinte de feu, le rubis dépasse en valeur le diamant lui-même : l'argile l'emporte sur le charbon. Le *saphir* est la variété bleue; l'*émeraude orientale*, la variété verte ; la *topaze*, la variété jaune; l'*améthyste*, la variété violette.

Les cristaux grossiers de corindon sont recherchés pour être réduits en poudre et constituer l'*émeri* avec lequel on taille et polit les pierres précieuses. Mais dans le commerce on donne souvent le nom d'émeri à des matières dures tout à fait diffé-rentes.

C'est de l'Asie, des côtes de Malabar, du Thibet et de la Chine surtout, que nous arrivent les gemmes d'alumine. On les trouve dans les sables qui proviennent de la destruction des roches et sont entraînés par les cours d'eau. Il en existe aussi dans les granits des Alpes et dans les roches dolomitiques du Saint-Gothard.

7. Préparation de l'alumine. — Aucune des variétés na-turelles d'alumine n'est utilisée dans les laboratoires : les unes ont trop de cohésion pour pouvoir être attaquées par les réactifs, les autres sont d'un prix trop élevé.

Nous venons de voir comment on obtient en grand de l'alu-mine pour l'extraction de l'aluminium. Le minerai des Baux en Provence, ou *bauxite*, est formé d'alumine et de sesquioxyde de fer. On le calcine en présence du carbonate de soude. Il se dégage de l'acide carbonique, et il se forme de l'aluminate de soude qui reste mélangé avec le sesquioxyde de fer. L'aluminate de soude est soluble dans l'eau, l'oxyde de fer ne l'est nullement. Par la lixiviation, on peut donc séparer le sel aluminique sans entraîner de l'oxyde de fer. Enfin, la dissolution d'aluminate de soude, additionnée d'une quantité convenable d'acide chlorhydrique, laisse déposer de l'alumine, tandis qu'il se forme du chlorure de sodium.

Dans les laboratoires, on s'adresse à l'alun pour obtenir l'alumine. L'alun est un sulfate double d'alumine et de potasse, ou d'alumine et d'ammoniaque. Si dans une dissolution d'alun on verse de l'ammoniaque, ou mieux une dissolution de carbonate d'ammoniaque, on obtient un dépôt d'alumine hydratée, avec dégagement d'acide carbonique dans le cas où l'on a fait usage du carbonate ammoniacal. Ce dépôt est blanc et de consistance gélatineuse. Lavé à l'eau bouillante, puis desséché et calciné, il donne de l'alumine anhydre. On obtient encore de l'alumine anhydre en calcinant fortement de l'alun ammoniacal.

8. **Propriétés de l'alumine.** — L'alumine anhydre est une poudre blanche, amorphe, indécomposable par la chaleur, insoluble dans les acides et dans les alcalis, d'une fusibilité très-difficultueuse. La chaleur dégagée par la combustion du mélange détonant d'oxygène et d'hydrogène peut seule la faire entrer en fusion. On est parvenu ainsi à faire cristalliser l'alumine pure et à obtenir des gemmes artificielles aluminiques, ne différant des gemmes naturelles que par leur opacité, qui leur enlève toute valeur en joaillerie. Il est probable que cette défectuosité disparaîtrait si l'on pouvait refroidir la matière lentement. L'alumine communique son infusibilité aux argiles; aussi emploie-t-on les argiles très-alumineuses pour la fabrication des fourneaux et des creusets.

L'alumine hydratée est une substance gélatineuse, ayant l'aspect de l'empois. Elle est insoluble dans l'eau. Elle est soluble dans les acides, ainsi que dans la potasse et la soude. Avec les premiers, elle donne des sels dans lesquels elle fait fonction de base; avec la potasse et la soude, elle donne des aluminates.

c'est-à-dire des sels dans lesquels elle fait fonction d'acide. Cette propriété de se dissoudre indifféremment dans les acides ou dans les alcalis, et de se combiner avec eux, lui a fait donner le nom d'oxyde indifférent, pour rappeler qu'elle peut, suivant les circonstances, remplir le rôle de base ou le rôle d'acide, et donner naissance à un sel d'alumine ou bien à un aluminate.

Tout au contraire de ce qui a lieu avec la potasse et la soude, l'alumine est très-peu soluble dans l'ammoniaque. Tel est le motif qui fait employer ce dernier alcali pour séparer l'alumine de ses combinaisons, et non la potasse et la soude.

L'alumine est irréductible par le charbon seul aux plus hautes températures. Elle est également irréductible par les métaux alcalins, le potassium et le sodium. Pour obtenir le métal, l'aluminium, il faut, nous l'avons vu, convertir d'abord l'alumine en chlorure par l'action combinée du charbon et du chlore, puis décomposer le chlorure par le sodium.

9. **Usages de l'alumine.** — La propriété qui donne à l'alumine son emploi industriel le plus fréquent est celle de se combiner avec les matières colorantes. Dans une décoction de cochenille, introduisons de l'alumine en gelée et chauffons. La matière colorante contracte combinaison avec l'alumine, qui, par le refroidissement, se dépose en une pâte carminée, tandis que le liquide surnageant reste incolore.

Portons à l'ébullition une dissolution d'alun dans laquelle on a mis quelques pincées de garancine ou garance concentrée et épurée. Le liquide dissout la matière colorante et prend une teinte rouge. On filtre, et dans le liquide clair on verse une dissolution de carbonate de soude pour précipiter l'alumine. Celle-ci se dépose, colorée en rouge par le principe tinctorial de la garance.

On donne le nom de *laques* aux combinaisons de l'alumine avec les matières colorantes. Les laques sont d'un usage continuel en peinture. C'est également à l'état de laques formées sur le tissu même, que diverses matières colorantes entrent dans la teinture. Ainsi un tissu de coton pourrait indéfiniment rester en contact avec une décoction chaude de garance sans se teindre. Mais s'il est préalablement imprégné d'alumine, il se

teint en beau rouge, parce que l'alumine forme une laque de
cette couleur avec la matière tinctoriale. Au point de vue de sa
propriété de produire des laques colorées adhérant sur les tissus, l'alumine est qualifiée de *mordant*.

10. **Chlorure d'aluminium** Cl^3Al^2 **et chlorure double
d'aluminium et de sodium** $Cl^3Al^2,ClNa$. — On prépare le
chlorure d'aluminium en faisant arriver du chlore parfaitement
sec dans une cornue où se trouve un mélange intime d'alumine
et de charbon chauffé au rouge. Pour faire ce mélange, on
prend 100 parties d'alumine pure provenant de la calcination
de l'alun ammoniacal, et 4 parties de charbon. On les pulvérise
ensemble et on les réduit, au moyen d'huile, en une pâte assez
consistante, qu'on chauffe au rouge vif dans un creuset. Calcinée et refroidie, cette pâte est découpée en petits morceaux et
introduite dans la cornue E (fig. 42). Le chlore s'engendre dans

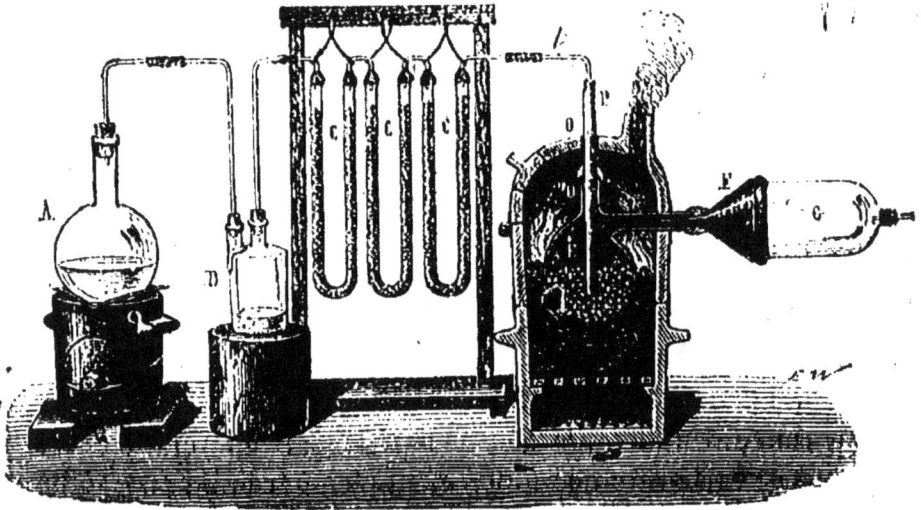

Fig. 42. — Appareil pour la préparation du chlorure d'aluminium.

le ballon A; il se lave dans le flacon B, se dessèche dans les
tubes C, et pénètre dans la cornue par le tube P. Au col de la cornue est adapté et luté un entonnoir F en grès ou en porcelaine,
à l'ouverture duquel est fixée une cloche G, où doit se condenser le chlorure. Pendant les premiers moments de la chauffe, il
s'échappe par le col de la cornue des vapeurs d'eau provenant

du charbon alumineux, qui est très-hygrométrique. On n'adapte l'entonnoir-récipient que lorsque commence à se dégager le chlorure d'aluminium, reconnaissable à ses fumées épaisses. Le chlorure d'aluminium est en lames cristallines incolores et quelque peu transparentes. Il est très-fusible, et il se volatilise à une température peu supérieure à 100°. Il est très-déliquescent, très-soluble dans l'eau avec dégagement de chaleur. Il répand à l'air des fumées suffocantes.

Si l'on introduisait dans la cornue un peu plus de 1 équivalent de chlorure de sodium pour 1 équivalent d'alumine, on obtiendrait, avec la plus grande facilité, le chlorure double d'aluminium et de sodium. La promptitude avec laquelle le chlorure de sodium se combine avec le chlorure d'aluminium, la distillation du double chlorure à une température de 180° à 200°, et son figement rapide au-dessous de cette température, permettent de remplacer l'entonnoir et sa cloche par un récipient ordinaire, par un matras tubulé. L'opération devient alors des plus simples et des plus aisées. On reproduit ainsi, dans une expérience de laboratoire, le traitement employé par l'industrie pour obtenir le chlorure double d'aluminium et de sodium, d'où s'extrait l'aluminium métallique.

11. Fluorure d'aluminium Fl^3Al^2. **Gemmes artificielles aluminiques.** — Sans importance par lui-même, le fluorure d'aluminium acquiert de l'intérêt en considération de ce qu'il permet d'obtenir artificiellement les gemmes aluminiques. Presque tous les fluorures métalliques étant volatils, il est facile de faire agir leurs vapeurs sur des substances oxygénées fixes ou volatiles, provoquer un échange d'éléments entre les corps agissants, et produire ainsi des espèces cristallisées pareilles à celles qui, dans les entrailles de la terre, se sont probablement formées par suite de réactions analogues.

On introduit dans un creuset de charbon du fluorure d'aluminium, au-dessus duquel on dispose une petite coupelle de charbon remplie d'acide borique. Le creuset, muni de son couvercle et convenablement protégé contre l'action de l'air par un autre creuset en terre réfractaire, est chauffé au blanc pendant une heure environ. La vapeur de fluorure d'aluminium et celle d'acide borique se rencontrant dans l'espace libre du creuset, se décomposent mutuellement en donnant du fluorure de bore et de l'alumine en beaux cristaux incolores ou corindon. En modifiant un peu les conditions de cette expérience, MM. H. Deville et Caron ont obtenu le rubis, le saphir, l'émeraude, etc. Mais ici, comme pour le diamant, les cristaux obtenus sont sans valeur commerciale à cause de leur faible volume.

12. **Alun potassique** $3SO^3, Al^2O^3 + SO^3, KO + 24aq.$ **Sa préparation.** — L'alun potassique est un sulfate double d'alumine et de potasse. On l'obtient par l'un ou l'autre des procédés suivants.

Dans quelques localités de la Hongrie, et dans les environs de Rome, on trouve un minéral connu sous le nom d'alunite, et composé de 1 équivalent de sulfate de potasse, de 1 équivalent de sulfate d'alumine, et de 2 1/2 équivalents d'alumine hydratée. Or, l'alun étant composé lui-même d'équivalents égaux de sulfate de potasse et de sulfate d'alumine, on conçoit qu'en grillant l'alunite on détruise l'affinité qui lie ses principes constitutifs, et qu'ensuite, par l'action de l'eau, on puisse enlever ceux qui y sont solubles, c'est-à-dire précisément ceux qui, associés, constituent l'alun. L'alunite est donc modérément calcinée, réduite en poudre et lessivée avec de l'eau. La dissolution, contenant les seuls principes solubles, savoir, le sulfate de potasse et le sulfate d'alumine, est abandonnée dans des bassins à la cristallisation. Les deux sulfates s'associent et cristallisent ensemble sous forme de cubes. C'est ce qu'on nomme l'*alun de Rome*. Le principal emploi de l'alun se trouve dans la teinture. Il fournit l'alumine qui, avec la matière colorante, constitue les laques formées sur les tissus mêmes. Pour que ces laques soient d'une nuance pure, il faut que l'alumine soit très-pure elle-même; si elle est associée à d'autres oxydes, par exemple à celui de fer, il se produit des laques secondaires qui altèrent la nuance de la laque aluminique. Les opérations de la teinture réclament donc de l'alun très-pur. Celui de Rome est dans ce cas. Aussi est-il préféré aux aluns d'autre provenance, aluns parfois souillés par des traces de sulfate de fer.

Dans presque toute l'Europe, on obtient l'alun en associant

le sulfate de potasse au sulfate d'alumine artificiel. On se procure ce dernier sel en chauffant ensemble de l'argile aussi pure que possible et de l'acide sulfurique. Les argiles sont principalement composées de silice et d'alumine; elles renferment, en outre, de l'eau et de l'oxyde de fer. Par une calcination convenablement ménagée, on rend l'argile facilement attaquable, et en même temps on suroxyde le fer, qui, plus tard, peut ainsi être séparé sans peine. La matière pulvérisée est traitée par de l'acide sulfurique étendu, et le mélange est maintenu plusieurs jours à la température d'une soixantaine de degrés. L'alumine se dissout, la silice se dépose, ainsi que l'oxyde de fer. La liqueur, décantée et mélangée avec du sulfate de potasse, par le repos cristallise en octaèdres réguliers, forme qui n'est pas identique avec celle de l'alun de Rome, mais qui en dérive par la troncature similaire des huit angles solides. L'alun cubique ne diffère de l'alun octaédrique qu'en ce qu'il renferme un peu de sous-sulfate d'alumine. Cette légère modification change la forme du cristal, mais sans altérer le type cristallin, qui est toujours le type cubique.

Dans quelques localités de la France, en Allemagne et en Angleterre, on extrait le sulfate d'alumine de schistes argileux contenant du sulfure de fer ou pyrite, et des matières charbonneuses. Calcinés, puis exposés à l'air humide, ces schistes pyriteux se désagrègent, et leur principe argileux devient beaucoup plus attaquable par les acides. Par une oxygénation spontanée au contact de l'air, la pyrite ou bisulfure de fer donne du sulfate de fer et de l'acide sulfurique.

$$S^2Fe + 7O + HO = SO^3,FeO + SO^3,HO.$$

L'acide sulfurique libre attaque l'argile et produit du sulfate d'alumine. En lessivant la matière, on a donc un mélange de sulfate de fer et de sulfate d'alumine. Par l'évaporation, le sulfate de fer cristallise, tandis que le sulfate d'alumine, beaucoup plus soluble, reste dans les eaux-mères. Celles-ci, solution ferrugineuse de sulfate d'alumine, est additionnée de sulfate de potasse, et laisse alors cristalliser de l'alun, que l'on purifie par une seconde cristallisation. L'alun ainsi obtenu est encore en octaèdres.

13. Propriétés de l'alun. — L'alun a un goût d'abord sucré, ensuite styptique et amer. Il se dissout à raison de 10 parties environ pour 100 parties d'eau à 10°, et de 358 pour 100 d'eau bouillante. Ainsi que le sulfate de soude, l'alun peut donner des dissolutions sursaturées dont nous avons examiné ailleurs les remarquables propriétés. L'alun renferme 24 équivalents d'eau d'hydratation; aussi subit-il aisément la fusion aqueuse. Refroidi en cet état, il prend l'aspect vitreux et porte alors le nom d'*alun de roche*. Chauffé davantage, il perd toute son eau de cristallisation, se boursoufle, augmente considérablement de volume, et devient anhydre. Enfin, si la température est très-élevée, il se décompose sans subir la fusion ignée. La formule de l'alun laisse entrevoir de quelle manière la chaleur doit agir sur ce sel. L'eau se dégage tout d'abord, et, des deux sulfates qui restent, celui d'alumine est seul décomposé. L'alun calciné est donc un mélange d'alumine et de sulfate de potasse. Mais si l'on calcinait l'alun à une température extrêmement élevée, l'alumine réagirait sur le sulfate alcalin, chasserait l'acide, et il se formerait de l'aluminate de potasse.

Chauffé avec du charbon, l'alun donne du sulfure de potassium très-divisé par le charbon en excès et par l'alumine. Projeté dans l'air humide, ce mélange prend feu spontanément et brûle avec de vives étincelles.

La dissolution d'alun a une réaction acide; elle rougit la teinture de tournesol. Avec la potasse et la soude, elle donne un précipité d'alumine gélatineuse, qui se redissout dans un excès d'alcali, et produit de l'aluminate de potasse ou de soude. Avec l'ammoniaque, le même précipité se forme, mais sans se redissoudre.

14. Alun ammonique. — Ce que l'industrie utilise dans l'alun, c'est uniquement l'alumine. Le sulfate de potasse, associé au sulfate d'alumine, n'a aucune utilité immédiate; son rôle est de se combiner avec le sulfate aluminique et de former un sel double à tendances puissamment cristallines, tendances très-faibles dans le sel d'alumine seul. En déterminant ainsi, par l'association du sel potassique, une facile cristallisation, on débarrasse le sulfate d'alumine des corps étrangers, en particulier du sulfate de fer, dont la présence serait très-préjudiciable à l'emploi de l'alumine dans les opérations tinctoriales. On comprend donc que tout autre sel susceptible de s'associer au sulfate d'alumine et d'en déterminer la cristallisation en commun, sans apporter lui-même des éléments perturbateurs dans l'opération tinctoriale, pourrait entrer dans l'alun commercial. Tel est le sulfate d'ammoniaque, isomorphe du sulfate de potasse. Ce sel forme, avec le sulfate d'alumine, ce qu'on nomme l'alun commercial, alun doué des mêmes propriétés industrielles que l'alun potassique, et cristallisant comme lui en octaèdres. L'élévation toujours croissante du prix des sels potassiques fait aujourd'hui généralement remplacer ces composés salins par les composés ammoniques dans la fabrication de l'alun. Dans les opérations que nous venons de décrire, remplaçons le sulfate de potasse par le sulfate d'ammoniaque, et nous aurons de l'alun ammoniacal, sulfate double d'alumine et d'ammoniaque :

$$3SO^3,Al^2O^3 + SO^3,AzH^4O + 24aq.$$

L'alun ammonique a le même aspect que l'alun potassique, la même forme cristalline, les mêmes propriétés générales. Pour les distinguer l'un de l'autre, il faut les broyer avec un peu d'eau et de la chaux. L'alun à base d'ammoniaque dégage des vapeurs ammoniacales; l'alun à base de potasse ne produit rien.

Les deux aluns peuvent se trouver associés dans le même cristal à proportions variables. On a alors un alun complexe, qu'on désigne sous le nom d'*alun ammoniacal*. Quant à l'alun où l'ammoniaque remplace en entier la potasse, on le nomme *alun à base d'ammoniaque*, ou, pour abréger, *alun ammonique*. Par la calcination, l'alun à base d'ammoniaque se décompose entièrement et laisse un résidu d'alumine pure. Traité à chaud par le charbon, il ne donne pas le produit inflammable qu'on obtient avec l'alun potassique.

15. Usages de l'alun. — La teinture utilise la majeure partie de l'alun, à raison des laques que l'alumine forme avec les matières colorantes. Le plus estimé est celui qui renferme le moins de sulfate de fer, à cause de la nuance terne que ce sel occasionne par la formation de laques de fer bien différentes, en coloration, de celles d'alumine. Le tannage des cuirs, l'encollage du papier à écrire, la clarification des suifs, etc., le mettent en œuvre. La médecine emploie l'alun comme astringent ; à l'état calciné, elle l'utilise comme caustique dans le traitement des ulcères. On s'en sert dans la proportion de $\frac{1}{8}$ à $\frac{1}{4}$ de millième pour la clarification des eaux limoneuses. Ajouté à l'eau de mer, il prévient en partie l'altération des matières organiques qu'elle renferme et l'odeur désagréable qu'elle développe quand on la distille.

16. Aluns en général. — Abstraction faite de ses applications, l'alun est un sel important au point de vue exclusivement chimique. Il est le type d'une nombreuse série de composés isomorphes, désignée sous le nom de *série* ou *groupe des aluns*.

Supposons qu'on remplace l'équivalent de potasse KO par 1 équivalent d'oxyde d'ammonium AzH⁴O, ou par 1 équivalent de soude NaO, nous aurons l'alun potassique, l'alun ammonique, l'alun sodique, ou bien des sulfates doubles d'alumine et de potasse, ou d'ammoniaque, ou de soude.

Mais, dans l'alun, l'alumine peut être à son tour remplacée par un oxyde de même formule, par l'oxyde de chrome Cr^2O^3, par l'oxyde de manganèse Mn^2O^3, par l'oxyde de fer Fe^2O^3. Par cet échange de composés remplaçant, les uns la potasse, les autres l'alumine, on obtient autant de nouveaux aluns, qui appartiennent tous au même système cristallin, au système cubique, qui renferment tous la même proportion d'eau de cristallisation, 24 équivalents. Le mot *alun*, tout en désignant, dans le langage vulgaire, le corps spécial dont nous nous occupons, a donc pour le chimiste une signification générale, et réveille l'idée d'une combinaison de deux sulfates, dont l'un à base MO, et l'autre à base M^2O^3, plus 24 équivalents d'eau.

$$3SO^3,M^2O^3 + SO^3,MO + 24aq.$$

Ainsi, l'alun de chrome, par exemple, est un sulfate double de sesquioxyde de chrome et d'une autre base protoxydée, potasse, soude, ammoniaque, plus 24 équivalents d'eau de cristallisation.

La série des aluns présente un des plus beaux exemples de l'isomorphisme, car la substitution d'une base MO à la potasse KO, et la substitution d'une seconde base M^2O^3 à l'alumine Al^2O^3 de l'alun primitif, n'altère en rien la forme cristalline, qui appartient toujours au système cubique, et se traduit généralement par un octaèdre.

17. Sulfate d'alumine $3SO^3, Al^2O^3 + 18aq.$ — Puisque, dans l'alun commercial, le sulfate d'alumine est le seul composé réellement utile, et que les sulfates de potasse ou d'ammoniaque qui l'accompagnent n'ont d'autre utilité que d'en rendre la cristallisation facile et d'en éliminer ainsi les corps étrangers, il est visible que le sel aluminique, si l'on pouvait l'obtenir pur, rendrait les mêmes services que l'alun lui-même. On parvient à obtenir du sulfate d'alumine apte à de nombreux usages, en attaquant, par l'acide sulfurique, une argile exempte de fer, nommée *kaolin*. On trouve le sulfate d'alumine dans le commerce en blocs rectangulaires, blancs, plus ou moins durs. Il a une saveur acerbe, analogue à celle de l'alun, mais plus forte. Il est très-soluble dans l'eau et déliquescent à l'air humide. Son plus grand emploi est dans l'encollage des pâtes à papier. Suffisamment pur, il rend à l'industrie des toiles peintes les mêmes services que l'alun.

18. Aluminate de soude. — Parmi les dérivés aluminiques employés comme mordants dans les ateliers des toiles peintes, il convient de citer l'aluminate de soude, qu'on a longtemps préparé en décomposant l'alun par la soude caustique, et en ajoutant de l'alcali jusqu'à ce que le précipité primitif fût redissous. Nous avons déjà vu, au sujet de la métallurgie de l'aluminium, comment on peut en grand préparer l'aluminate sodique en attaquant, dans un four à réverbère, le minerai des Baux en Provence, ou *bauxite*, par le carbonate de soude. Le produit, prêt pour les usages industriels, est une poudre sèche au toucher et d'une teinte d'un vert jaunâtre. C'est un composé extrêmement soluble dans l'eau, même froide. Sa dissolution, chargée d'une matière colorante, donne une laque lorsqu'on précipite l'alumine par l'addition d'un acide.

10. Caractères des sels aluminiques. — Les dissolutions salines aluminiques ont une saveur styptique et astringente. Concentrées et chaudes, elles donnent par le refroidissement, après addition préalable de sulfate de potasse, un dépôt grenu et cristallin d'alun. La potasse et la soude y produisent un précipité d'alumine gélatineuse, soluble dans un excès de réactif. L'ammoniaque donne le même précipité, mais ne le redissout pas. Les sulfures alcalins précipitent en blanc les sels aluminiques purs avec dégagement d'hydrogène sulfuré. L'acide sulfhydrique n'a pas d'action sur les dissolutions d'alumine. Enfin, chauffés au chalumeau avec de l'azotate de cobalt, les sels aluminiques prennent une coloration d'un magnifique bleu.

RÉSUMÉ

1. En 1827, Wöhler obtint l'aluminium en réduisant son chlorure par le potassium. On prépare aujourd'hui ce métal en soumettant à l'action de la chaleur un mélange de chlorure double d'aluminium et de sodium, de fluorure de sodium ou mieux de fluorure double de sodium et d'aluminium, et enfin de sodium métallique. Le premier corps est le minerai, le second est le fondant, le troisième est le réducteur.

2. Le minerai des Baux, en Provence, ou bauxite, très-riche en alumine, donne de l'aluminate de soude par la calcination avec le carbonate de soude. Décomposé par un acide, l'aluminate de soude fournit l'alumine. Celle-ci, mélangée à du charbon en poudre et à du sel marin, est soumise à chaud à l'action du chlore. On obtient ainsi le chlorure double d'aluminium et de sodium, composé aisément volatil. Ce chlorure double, mélangé à du fondant et à du sodium, est décomposé dans un four à réverbère. L'aluminium métallique résulte de cette décomposition.

3. L'aluminium est d'un beau blanc d'argent, très-sonore, malléable et ductile. C'est le plus léger des métaux usuels.

4. Il n'est vivement attaqué que par l'acide chlorhydrique et par les dissolutions alcalines bouillantes. Sa grande résistance à l'altération en fait un métal des plus précieux pour une foule d'usages. Le bronze d'aluminium, composé de 90 parties de cuivre et de 10 parties d'aluminium, est d'un beau jaune d'or et aussi tenace que le fer.

5. En attendant une diminution de prix qui permette d'en vulga-
riser l'emploi, l'aluminium est une ressource précieuse pour la bijouterie, la marqueterie, la coutellerie, etc.

6. L'alumine cristallisée se trouve dans la nature et forme diverses
gemmes ou pierres précieuses : le corindon, le rubis, l'améthyste, la
topaze, l'émeraude, le saphir.

7. On obtient l'alumine hydratée et gélatineuse en précipitant par
l'ammoniaque une dissolution d'alun. On l'obtient anhydre en calcinant l'alun à base d'ammoniaque. Décomposé par un acide, l'aluminate de soude donne aussi de l'alumine hydratée.

8. L'alumine anhydre fortement calcinée est une poudre blanche,
amorphe, insoluble dans les acides et dans les alcalis. L'alumine
hydratée ou en gelée est soluble indifféremment dans les acides et
dans les alcalis, potasse et soude. L'alumine est donc un oxyde indifférent, qui forme avec les acides des sels d'alumine, et avec les bases
des aluminates.

9. L'alumine joue un grand rôle dans l'industrie des toiles peintes,
à cause de son aptitude à se combiner avec les matières colorantes et
à former ainsi ce qu'on nomme des *laques*.

10. Pour une expérience de laboratoire, on peut préparer le chlorure
double d'aluminium et de sodium en soumettant dans une cornue, à
l'action simultanée de la chaleur et du chlore, un mélange d'alumine,
de charbon et de sel marin.

11. Le fluorure d'aluminium permet d'obtenir artificiellement les
gemmes aluminiques.

12. L'alun potassique est un sulfate double d'alumine et de potasse.
On l'obtient directement de l'*alunite*, ou en associant du sulfate de
potasse au sulfate d'alumine, que l'on retire soit des argiles traitées
par l'acide sulfurique, soit des schistes pyriteux dont le sulfure éprouve
une combustion lente à l'air humide.

13. L'alun cristallise en cubes ou en octaèdres. Il contient 24 équi-
lents d'eau de cristallisation. Chauffé, il fond dans son eau de cristallisation, et se prend par le refroidissement en une masse vitreuse qui
porte le nom d'*alun de roche*. Chauffé davantage, il devient anhydre
et s'appelle alors *alun calciné*.

14. Au sulfate de potasse on peut substituer le sulfate d'ammoniaque, et l'on a ainsi l'alun à base d'ammoniaque, dont l'emploi
industriel est le même que celui de l'alun à base de potasse.

15. L'alun a pour principal débouché l'industrie des toiles peintes.

16. L'alun vulgaire est le type de la *série des aluns*. On nomme
aluns, en général, des sulfates doubles formés par la combinaison d'un

sulfate à base MO et d'un sulfate à base M²O³. Ils contiennent tous 24 équivalents d'eau. Ils sont isomorphes et appartiennent au système cristallin cubique.

17. Le sulfate d'alumine s'obtient en traitant par l'acide sulfurique les argiles exemptes de fer. Lorsqu'il est pur, la teinture l'emploie aux mêmes usages que l'alun.

18. L'aluminate de soude est également employé comme mordant dans les ateliers de toiles peintes.

19. Les sels aluminiques donnent un dépôt cristallin d'alun, quand on les mélange avec du sulfate de potasse. Le précipité que les alcalis produisent dans une dissolution d'un sel aluminique est redissous par le réactif précipitant, mais non par l'ammoniaque.

CHAPITRE XVII

FER
Fe = 28

1. État naturel du fer. — A une époque dont l'archéologie commence à discuter aujourd'hui la haute antiquité, l'homme ne possédait pour armes offensives que des silex grossièrement taillés en éclats (fig. 43). Avec sa hache de pierre emmanchée au bout d'un bâton, peut-être affrontait-il l'ours des cavernes et le mammouth, dont les races n'existent plus depuis bien avant les temps historiques. La hache en silex polie fut un notable progrès dans ces premiers essais de l'industrie humaine (fig. 44). Le métal vint après, non le fer, mais le bronze, d'un travail plus facile (fig. 45). Enfin le fer, si tenace, si dur, si résistant au choc, devint, entre les mains de l'homme, la matière par excellence de l'arme et de l'outil. Trois grandes étapes sont ainsi à distinguer dans les voies progressives de l'industrie humaine : l'âge de la pierre ou du silex, l'âge du bronze, et l'âge du fer. Cette succession résulte de la force même des choses. Le silex est l'arme directement offerte par la nature; il suffit de le casser pour lui faire acquérir une arête tranchante. Les premières tentatives métallurgiques se sont faites nécessairement sur les métaux qui, pour être isolés, n'exigent pas de

Fig. 43. — Hache en silex taillée en éclats.

Fig. 44. — Hache en silex polie.

manipulations préalables, enfin sur les métaux natifs. Le cuivre, l'un des éléments du bronze, est dans ce cas; et l'étain, l'autre élément, est d'une extraction des plus faciles. Quant au fer, toujours engagé dans des combinaisons d'un traitement difficultueux, il est le dernier en date, parce que son extraction suppose des connaissances métallurgiques très-avancées. Et en effet, lorsque les Européens pénétrèrent dans le nouveau monde, les Mexicains et les Péruviens étaient déjà en possession du cuivre et de l'or, qui se trouvent en veines métalliques dans la roche native; mais ils n'avaient pas la moindre idée du fer, qu'ils voyaient pour la première fois dans les mains de leurs futurs conquérants.

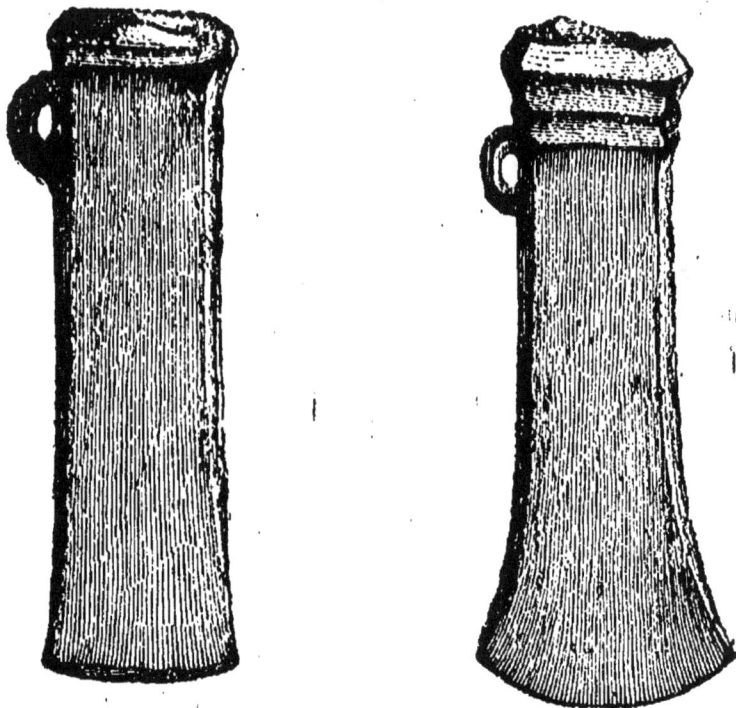

Fig. 45. — Haches en bronze.

L'emploi tardif du fer a pour cause la difficulté métallurgique du minerai et non la rareté. Aucun métal, en effet, n'est aussi commun que le fer. Presque toutes les roches, toutes les terres, en contiennent, sinon comme élément essentiel, du moins comme élément accessoire. Cependant, les minerais qui se prêtent à l'exploitation sont assez peu nombreux en espèces chimiques, mais, par contre, très-abondants. Ce sont :

L'oxyde de fer magnétique Fe^3O^4, le sesquioxyde de fer anhydre Fe^2O^3, le sesquioxyde de fer hydraté Fe^2O^3,HO, et le carbonate de fer CO^2,FeO. Les sulfures de fer ou pyrites, qui sont si communs, ne servent pas à l'extraction du fer : le travail serait trop difficultueux, et le produit de mauvaise qualité. Il n'y a donc, en somme, que les oxydes et le carbonate qui soient exploitables.

L'oxyde de fer magnétique constitue des masses inépuisables, des montagnes entières, dans les Alpes scandinaves. Il donne un fer très-pur et très-estimé. Les variétés compactes et douées d'éclat métallique constituent la pierre d'aimant. Le sesquioxyde de fer anhydre se trouve en superbes cristaux irisés dans les mines de l'île d'Elbe. On lui donne alors le nom de *fer oligiste*. A l'état amorphe, il constitue des masses compactes rougeâtres, nommées *hématite*, ou des matières terreuses appelées *ocres rouges*.

Le sesquioxyde de fer hydraté, ou *limonite*, n'a jamais l'éclat métallique. On le trouve en masses compactes jaunes, en feuillets schisteux, en globules arrondis plus ou moins gros, qui lui valent le nom de *fer oolithique*, ou de fer en grains; on le trouve encore en stalactites, en rognons, et enfin en amas terreux d'*ocre jaune*.

Le carbonate de fer, ou *fer spathique* des minéralogistes, présente aussi diverses variétés. A l'état oolithique, il se montre dans les terrains jurassiques; à l'état de masses compactes ou terreuses, il se trouve dans les formations houillères; en filons et en amas lamellaires, il appartient aux terrains de cristallisation.

2. **Fer natif météorique.** — Le fer naturellement dégagé de toute combinaison, le fer natif, enfin, ne paraît pas faire partie des matériaux de l'écorce terrestre; du moins, s'il s'y trouve, c'est fort rarement. Mais, fait bien remarquable, les pierres tombées du ciel, les aérolithes, en contiennent fréquemment à l'état métallique. Il nous arrive des espaces planétaires, tantôt des poussières de fer, tantôt des blocs plus ou moins volumineux où ce métal est disséminé en grains isolés, tantôt des masses énormes composées presque en entier de fer pur. Le muséum de Paris vient récemment de recevoir du Mexique un bloc de ce fer céleste, du poids de 780 kilogrammes. L'analyse y constate sur 100 parties : 93,01 de fer, 4,32 de nickel, des

traces de soufre et de silice, et 3,70 d'un résidu inattaquable. Le bloc météorique mexicain fait le pendant à un autre, du poids de 625 kilogrammes, et provenant des Alpes-Maritimes. On cite des masses de fer d'origine extra-terrestre bien plus considérables; ainsi, à Wolfsmilhe, près de Thorn, il s'en trouverait une pesant au moins 20000 quintaux métriques.

3. Traitement préalable du minerai. Fondants. — Les minerais de fer sont ordinairement mêlés à des matières étrangères, dont il convient de les débarrasser en majeure partie. Ces matières étrangères portent le nom de *gangue*. Au sortir de la mine, les minerais sont concassés et triés; s'ils sont terreux, on les lave dans un courant d'eau pour entraîner l'excès de gangue. Parfois on les soumet au grillage pour les rendre plus poreux et d'une réduction plus facile, pour chasser l'acide carbonique et l'eau, et surtout, lorsqu'ils sont pyriteux, pour dégager le soufre, qui altérerait la qualité du fer.

Après ce traitement, si les minerais étaient purs, il suffirait de les chauffer avec du charbon pour les réduire à l'état de métal. On pourrait procéder de même si la gangue était fusible; on n'aurait qu'à marteler la masse métallique encore incandescente pour l'en débarrasser. Mais si la gangue n'est point fusible, il faut la rendre telle; et on n'y parvient que lorsqu'on connaît sa nature, ainsi que les matières qui peuvent lui communiquer la fusibilité.

Deux cas principaux peuvent se présenter : la gangue est siliceuse, ou bien elle est calcaire. Par gangue siliceuse, il faut entendre le quartz ou silice, et l'argile ou silicate d'alumine. Seuls ces corps sont infusibles; mais ils le deviennent par la combinaison avec certaines bases, l'oxyde de fer et la chaux en particulier. Aux minerais siliceux on ajoute donc du carbonate de chaux ou *castine*, suivant l'expression usitée en métallurgie. La castine fournit de la chaux, le minerai fournit de l'oxyde de fer, de l'acide silicique et de l'alumine. Il se forme donc des silicates de fer ou de chaux, des silicates doubles d'alumine et de fer, d'alumine et de chaux, composés qui sont tous plus ou moins fusibles.

Si le minerai est calcaire, on fait l'inverse : on ajoute des matières siliceuses, ou, comme on dit, de l'*erbue*, pour donner naissance aux mêmes silicates fusibles.

Le silicate double d'alumine et de fer est beaucoup plus fusible que le silicate double d'alumine et de chaux. Si donc la gangue est éliminée sous le premier état, le traitement est plus facile, car il n'exige pas une température aussi élevée ; mais alors une notable partie du fer est perdue et passe dans les *scories*. Pour utiliser autant que possible le métal du minerai, il faut déterminer la fusion de la gangue par l'intervention de la chaux, sans que le fer entre lui-même dans le silicate pour une proportion notable. L'extraction presque complète du fer est donc subordonnée à la formation d'un silicate double d'alumine et de chaux, fusible, il est vrai, mais à une température très-élevée. Or, dans ces conditions de chaleur, le fer se combine avec le charbon et passe à l'état de *fonte*. Ainsi les minerais ne peuvent fournir leur fer qu'à l'état de carbure ou de fonte lorsqu'on veut utiliser la majeure partie du métal, et ils ne donnent directement du fer presque pur qu'à la condition qu'une partie se combine avec la gangue et passe dans les scories.

De là résultent deux méthodes d'exploitation des minerais de fer. L'une exige une haute température et donne presque tout le métal, mais combiné avec du carbone et sous forme de fonte : c'est la méthode des *hauts fourneaux*. L'autre n'exige pas une énorme chaleur, et donne seulement une partie du métal, mais assez pur pour être livré au commerce : c'est la *méthode catalane*. Dans tous les cas, le fer ne peut être extrait à l'état de fonte ou à l'état de métal presque pur, qu'à la condition qu'il se forme un double silicate, à base d'alumine et de fer dans les forges à la catalane, à base d'alumine et de chaux dans les hauts fourneaux.

4. Méthode catalane. — La méthode catalane est reléguée dans quelques contrées riches en excellents minerais et en forêts. Telles sont la Corse et les Pyrénées. La production du fer par cette méthode ne dépasse guère le trentième de la production totale en France.

La disposition d'une forge catalane est très-simple. Un creuset quadrangulaire, de 0^m,7 à 0^m,8 de profondeur, est empri-

sonné dans un massif, au dessous d'une tuyère,dont la direction
fait, avec l'ouverture du creuset, un angle d'une quarantaine
de degrés (fig. 46). Supposons qu'au début de l'opération la cavité soit remplie de charbon incandescent, sur lequel on dispose deux amas distincts et juxtaposés, l'un de charbon, plus
grand, et du côté de la tuyère, l'autre de minerai, en arrière.

Fig. 46. — Forge catalane.

A mesure que la combustion marche et que la double masse
s'affaisse, on ajoute de nouveau combustible. La gangue du minerai se convertit en un silicate très-ferrugineux, coule dans le
creuset, et entraîne le métal réduit. L'opération est terminée
lorsque tout le minerai est descendu dans le creuset sous forme
de scorie fondue et de fer métallique en masse spongieuse. Une
portion des scories s'écoule par une ouverture pratiquée dans la
partie inférieure du creuset, l'autre portion reste emprisonnée
dans la *loupe*, c'est-à-dire dans le bloc pâteux de métal. On

porte la loupe sur une enclume pour la battre avec un puissant marteau appelé *mail*, dont le poids est au moins de 600 kilogrammes. La scorie s'écoule sous la pression, la masse spongieuse se resserre, les parois des cavités se soudent les unes aux autres, finalement, le fer acquiert une structure compacte et homogène. Le bloc est divisé en *lopins*, que l'on forge et que l'on étire en barres, et l'opération est terminée : le fer est apte aux usages qui l'attendent.

Examinons les faits chimiques qui se passent dans une forge catalane. L'air lancé par le soufflet convertit en acide carbonique le charbon qui avoisine la tuyère. Ce gaz se trouve en rapport avec un excès de charbon incandescent, qui le ramène à l'état d'oxyde de carbone; celui-ci, à son tour, est en contact avec de l'oxyde de fer, et le réduit pour repasser à l'état d'acide carbonique.

$$C + 2O = CO^2.$$
$$CO^2 + C = 2CO.$$
$$Fe^2O^3 + 3CO = 2Fe + 3CO^2.$$

Dans le cours de seconde année, nous avons appelé l'attention sur cette métamorphose de l'acide carbonique en oxyde de carbone au contact d'un excès de charbon incandescent, et sur l'action réductrice de l'oxyde de carbone.

En même temps qu'une partie de l'oxyde de fer est ramenée à l'état métallique par l'oxyde de carbone, une autre partie échappe à la réduction et se combine avec la gangue du minerai pour former une *scorie* ou *laitier*, qui est un silicate double d'alumine et de fer, le minerai étant argileux lui-même.

Ce procédé est très-simple, mais une bonne partie du fer du minerai est perdue, car elle entre dans le *laitier*. Suivant toute apparence, la méthode catalane est la première que l'homme ait mise en œuvre pour l'extraction du fer, et longtemps elle est restée la seule connue. On rencontre aujourd'hui, dans bien des forêts, des amas de scories très-ferrugineuses, dont il est impossible à l'histoire de retrouver l'origine. Ils datent peut-être des premiers temps de l'âge du fer, succédant à l'âge du bronze. Des sidérurgistes ambulants parcouraient le pays avec leurs forges, et, lorsqu'ils trouvaient du minerai convenable, ils l'exploitaient sur place. Le minerai venait-il à manquer, ils transportaient ailleurs leurs fourneaux et laissaient les scories sur les lieux, comme un témoignage de leur industrie nomade.

5. Disposition des hauts fourneaux. — L'exploitation des minerais par les hauts fourneaux, ce qui revient à dire par une très-haute température, est adoptée aujourd'hui par toutes les nations civilisées. C'est elle qui constitue réellement l'industrie sidérurgique actuelle, et qui produit les énormes quantités de fer que l'Europe emploie tous les ans.

Un haut fourneau (fig. 47) se compose de deux troncs de cône réunis par la base. Bien que la forme de ces appareils change selon la nature des combustibles employés, leur disposition générale reste toujours la même. Leur hauteur est d'environ 10 mètres lorsqu'ils sont chauffés avec le charbon de bois, et de 20 mètres lorsque le coke sert de combustible. En G est le *gueulard*, ou l'ouverture du fourneau par laquelle on jette le combustible et le minerai. Il est surmonté d'une courte cheminée H, où est pratiquée une porte pour le service du gueulard. Le cône supérieur GV est la *cuve*, le cône inférieur VE constitue les *étalages*. Le raccordement des deux cônes V porte le nom de *ventre*. Au-dessous des étalages se trouve un espace prismatique O, appelé l'*ouvrage*. Il s'étend jusqu'à la tuyère *t*. La partie *c*, placée au-dessous de la tuyère, porte le nom de *creuset*. La paroi antérieure du creuset est formée par une pierre prismatique *d*, appelée *dame*, et qui se trouve un peu en avant de la paroi *p* de l'ouvrage, paroi qu'on nomme *tympe*. En dehors du fourneau, un plan incliné fait suite à la dame. Telles sont les dispositions d'un haut fourneau.

6. Réactions chimiques des hauts fourneaux. — Par le gueulard, on introduit peu à peu, de manière que le fourneau reste toujours plein, du minerai, du charbon, et du fondant de la gangue. L'air, incessamment injecté par de fortes machines soufflantes, arrive par la tuyère *t*, brûle le charbon, forme de l'acide carbonique, et produit une haute température. L'acide carbonique, à mesure qu'il s'élève dans l'ouvrage et dans les étalages, traverse une couche de charbon incandescent

qui le fait passer à l'état d'oxyde de carbone. L'oxyde de carbone rencontre à son tour de l'oxyde de fer assez chaud pour
être réduit, et il repasse ainsi en partie à l'état d'acide carbo-

Fig. 47. — Haut fourneau.

nique. Ce dernier gaz ne se rencontre donc en quantités considérables qu'aux deux extrémités de l'appareil : en bas, il résulte
de la combustion directe du charbon aux dépens de l'oxygène
de l'air; en haut, de la combustion de l'oxyde de carbone aux

dépens de l'oxygène du fer oxydé. Quant à la région moyenne du fourneau, elle est principalement occupée par de l'oxyde de carbone.

Suivons maintenant la marche descendante du minerai et du combustible. Dans le haut du fourneau, le minerai commence par se déshydrater et se dessécher. Il traverse un certain espace de la cuve sans altération; mais, comme il s'échauffe à mesure qu'il descend, un moment arrive où il est réduit par l'oxyde de carbone. L'acide carbonique qui provient de cette réduction s'ajoute à celui que dégage le carbonate de chaux ou castine, additionné comme fondant, et se dégage par le gueulard. Fer réduit, gangue, chaux et charbon descendent ensemble et atteignent les étalages, où règne une température plus élevée. C'est alors que la chaux réagit sur la gangue pour former un silicate fusible d'alumine et de chaux; c'est alors aussi que le fer, très-fortement chauffé, se combine avec du carbone et un peu de silicium, et se convertit en fonte. Or, cette fonte, bien plus fusible que le fer pur, continue à descendre, mélangée aux silicates, et arrive dans l'ouvrage, où la température atteint son maximum. Le mélange achève de s'y fluidifier et tombe dans le creuset dans un état de liquidité parfaite. La fonte, plus lourde, gagne le fond du creuset; les silicates, plus légers, ou le laitier, surnagent et débordent enfin par la dame, en s'écoulant du fourneau à mesure que le creuset se remplit.

En résumé, cinq régions sont à distinguer dans un haut fourneau, chacune caractérisée par un travail spécial.

Entre le gueulard et une certaine profondeur de la cuve, le minerai est déshydraté, et la castine perd son acide carbonique. C'est là que sont expulsées les matières volatiles du combustible, du fondant et du minerai. On peut nommer cette région la *zone de déshydratation et de décarbonatation*.

De cette première région jusqu'au ventre du fourneau, l'oxyde de carbone réduit le minerai. C'est la *zone de réduction*.

Entre le ventre et le bas des étalages, commence la réaction du fondant sur la gangue, à la faveur d'une haute température. Mais en même temps le fer se combine avec du carbone et devient fonte. C'est la *zone de carburation*.

Dans l'ouvrage, la température atteint toute son intensité. Les silicates et la fonte s'y liquéfient complétement. Là est la *zone de fusion*.

Enfin, dans le *creuset*, la fonte se rassemble, préservée du contact de l'air lancé par la tuyère, et mise à l'abri de l'oxydation par la couche de laitier, qui surnage et s'écoule en débordant la dame à mesure qu'il est en excès.

Au bas du creuset est une ouverture qui, pendant l'opération, est fermée avec un tampon d'argile ; elle porte le nom de *trou de coulée*. Lorsque le creuset est plein, on retire le tampon, et la fonte coule dans des rigoles creusées dans du sable, où elle prend, en se solidifiant, la forme de lingots nommés *gueuses* ou *gueusettes*, suivant leur longueur.

7. Hauts fourneaux au charbon de bois et hauts fourneaux au coke. — Nous avons dit que, d'ordinaire, la gangue du minerai ne fond que par suite de l'addition d'un fondant, et que le laitier qui en résulte est un silicate multiple, à base d'alumine et de chaux. Or, ces sortes de sels ne fondent, en général, qu'à une température élevée. Cependant, ceux dans lesquels l'oxygène de l'acide silicique est double de celui des bases sont plus fusibles que ceux où l'acide et les bases en contiennent la même proportion.

Or, le charbon de bois laisse peu de cendres ; d'ailleurs, ces cendres forment avec la silice des composés aisément fusibles, et, de plus, elles ne renferment aucun principe capable d'altérer la qualité de la fonte. Dans ce cas, rien ne s'oppose à ce que l'on ait un laitier rendu plus fusible par la prédominance de l'acide silicique. Le coke, au contraire, donne beaucoup de cendres renfermant du sulfure de fer, et à la température à laquelle se forme le silicate facilement fusible, ce sulfure de fer introduirait du soufre dans la fonte, au détriment de la qualité. Pour éviter ce grave inconvénient, on ajoute beaucoup de chaux par une plus forte proportion de castine. Il se forme alors du sulfure de calcium, qui passe dans les scories. Mais cet excès de chaux rend le laitier moins fusible, et, par conséquent, la température doit être bien plus élevée. On est donc obligé de donner une plus grande hauteur aux fourneaux chauffés par le coke, afin d'augmenter le degré de chaleur par un tirage plus énergique. Pour le même motif, on porte ordinairement à trois le nombre des tuyères. En somme, les hauts fourneaux chauffés au charbon de bois sont moins élevés que les hauts fourneaux chauffés au coke; la chaleur y est moins forte et les laitiers plus fusibles.

8. Fontes, leurs variétés, leur composition. — Le résultat immédiat de la réduction des minerais dans les hauts fourneaux est de la *fonte*, c'est-à-dire du fer combiné avec du carbone et du silicium, et renfermant de faibles quantités de phosphore, de soufre, de manganèse et d'arsenic. Il existe plusieurs variétés de fontes qui peuvent être ramenées à deux types : la *fonte blanche* et la *fonte grise*. L'une et l'autre renferment de 2 à 5 pour 100 de carbone, mais non distribué de la même manière.

Si l'on attaque de la fonte grise par l'acide chlorhydrique, il se dégage de l'hydrogène très-fétide, mélangé à de l'hydrogène carburé, et l'on a un résidu charbonneux, composé de paillettes cristallines de graphite.

La fonte blanche, traitée de la même manière, laisse dégager les mêmes produits gazeux, mais ne laisse pas un résidu de graphite.

Il est donc évident que la fonte grise contient du carbone à deux états différents : en combinaison avec le fer et attaquable par l'acide chlorhydrique, qui le transforme en carbure d'hydrogène, et à l'état de simple mélange, sous une de ses formes ordinaires, le graphite. Dans la fonte blanche, au contraire, tout le carbone est à l'état de combinaison.

La fonte grise a une couleur qui varie du noir au gris clair. Sa densité dépasse rarement 7. Son point de fusion varie de 1100 à 1200°. Elle se laisse limer, couper au ciseau, forer assez facilement, et reçoit l'impression du marteau. En général, elle contient beaucoup moins de manganèse et plus de silicium que la fonte blanche. Elle se rouille et se laisse altérer par l'eau plus facilement que la fonte blanche. Cela tient probablement à ce que le graphite, se trouvant en contact avec le fer, forme un couple voltaïque qui accélère la décomposition de

l'eau, décomposition qui a pour résultat l'oxydation de la partie
ferrugineuse de la fonte. C'est sans doute encore à la présence
du charbon graphitique que la fonte grise doit d'entrer en fusion plus tard que la fonte blanche. Par contre, elle acquiert
une fluidité franche et devient liquide tout d'un coup, dès
qu'elle a atteint la température nécessaire, tandis que l'autre
espèce de fonte passe d'abord par l'état pâteux. Pour ce motif,
la fonte grise est employée de préférence au moulage, soit directement à l'issue même du haut fourneau, soit après une seconde fusion dans des ateliers spéciaux de fonderie. C'est avec
elle que l'on fabrique les tuyaux de conduite des eaux, les poêles,
les marmites, les grilles, etc. Pour les moulages de seconde fusion, on préfère les fontes très-riches en carbone, autrement dit
les *fontes noires*, parce que ce surcroît de manipulation, cause
d'une déperdition de carbone, leur fait moins perdre de leurs
qualités premières.

La fonte blanche a un éclat métallique, et quelquefois une
couleur argentine. Sa densité ne dépasse pas 7,85. Elle est
très-cassante, cède au choc du marteau, et résiste à la lime et
au foret. Son point de fusion est entre 1050 et 1100°. Les
fontes très-manganésifères sont toujours blanches; leur cassure
est cristalline et à larges lames brillantes, qui leur font donner le
nom de *fontes lamellaires*. La fusion pâteuse de la fonte blanche
est cause que l'on emploie rarement cette variété pour le moulage. On l'*affine* d'ordinaire, c'est-à-dire on la convertit en fer.

9. **Transformation des fontes.** — La fonte blanche, fondue
et refroidie lentement, devient grise ; la fonte grise fondue et refroidie brusquement, devient blanche. Ces transformations sont
dues au mode de distribution du carbone Lorsque la fonte liquide, association homogène de carbone et de fer, se refroidit avec
lenteur, une portion du carbone se sépare et cristallise dans la
masse en lamelles de graphite. L'homogénéité primitive disparaît, et la masse figée est de la fonte grise. Mais si le refroidissement est brusque, le carbone, uniformément dissous dans la
masse liquide, n'a pas le temps de se séparer; l'homogénéité
persiste après la solidification, et le résultat est de la fonte blanche. Tant qu'elle est liquide, la fonte appartient donc à la variété

blanché. La lenteur de la solidification ou sa rapidité, en permettant au carbone de cristalliser en paillettes de graphite, ou en empêchant cette cristallisation, déterminent la variété de la fonte obtenue, grise avec une solidification lente, blanche avec une solidification brusque. On voit donc comment l'une quelconque des deux fontes peut donner naissance à l'autre par un refroidissement conduit en conséquence.

Toutefois, la formation des différentes fontes n'est pas toujours subordonnée à ces moyens. Celles qui renferment du phosphore et du soufre restent toujours blanches, même après un refroidissement très-lent. Il en est de même des fontes très-manganésifères. La conduite du feu dans le haut fourneau, la proportion entre le combustible et le minerai, contribuent également à produire de toutes pièces les différentes variétés de fonte. Une basse température donne des fontes blanches et moins siliceuses; une haute température donne des fontes grises et plus siliceuses.

10. Affinage de la fonte. — Outre le fer, qui en forme la majeure partie, la fonte renferme du carbone, du silicium, du manganèse, du phosphore, etc. Pour la transformer en fer, il faut éliminer ces matières étrangères. On y parvient par l'action combinée de la chaleur et de l'air atmosphérique. Le carbone brûle et se dégage en acide carbonique, le silicium et le phosphore s'acidifient, le manganèse et une faible proportion du fer deviennent oxydes. De la combinaison des acides et des oxydes ainsi formés résultent des composés salins, silicates et phosphates de fer et de manganèse, qui constituent un laitier très-fusible et se séparent aisément de la masse métallique. Cette opération prend le nom d'*affinage*.

11. Affinage par le procédé comtois ou au petit foyer. — On affine la fonte tantôt au charbon de bois, tantôt à la houille. La disposition des fours varie suivant la nature du combustible. Lorsqu'on affine par le procédé comtois, c'est-à-dire quand on chauffe au charbon de bois, on se sert de foyers qui ont une certaine ressemblance avec les forges ordinaires (fig. 48).

La cavité C est une espèce de creuset quadrangulaire formé

de plaques de fer recouvertes d'argile. L'air est amené par la tuyère t. Au-devant du creuset se trouve une plaque de fonte ab, légèrement inclinée. Le foyer est recouvert d'une hotte H, surmontée d'une cheminée. La cavité C étant remplie de charbon incandescent que traverse le souffle de la tuyère, on place la fonte sur le lit de combustible. Elle entre en fusion et tombe par gouttes au fond du creuset, en traversant le vent de la tuyère. Elle s'oxyde donc à sa surface ; le silicium, le carbone,

Fig. 48. — Fourneau d'affinage au petit foyer.

le phosphore, sont en partie brûlés, avec formation de silicate de fer, de manganèse, etc. C'est là un commencement d'affinage.

En perdant du carbone, la fonte devient moins fusible et prend de la consistance. L'ouvrier peut donc la ramener avec un ringard au-dessus du combustible, et, par conséquent, au-dessus du vent. La fonte se trouve ainsi exposée à une nouvelle action oxydante. A ce moment, on augmente tout à la fois le feu et le vent, de sorte que la température puisse fondre le métal. Cela fait, l'affinage est très-avancé, et la matière, devenue encore moins fusible, forme au fond du creuset une masse spongieuse. L'ouvrier donne alors issue aux scories par un trou de coulée, puis il sort la masse de fer ou *loupe*, et la porte sous un marteau pour la *cingler*, c'est-à-dire pour la soumettre à une violente percussion. Sous les coups répétés du marteau, les scories fluides, interposées dans le métal spongieux, sont exprimées, et le fer prend ainsi la forme d'un prisme, qu'on divise en quatre ou cinq *lopins* ou morceaux, qu'on étire plus tard en barres.

L'affinage au charbon de bois est donc une opération très-simple, soit par la manière dont elle est conduite, soit par la disposition de la forge. Dans son ensemble, il rappelle en quelque sorte le traitement par la méthode catalane. On y remarque deux phases, résultat de deux fusions successives : pendant la première, la fonte ne subit qu'un affinage partiel ; pendant la seconde, l'affinage s'achève. Les ouvriers, dans un langage qui se complaît à la forte métaphore, désignent cette seconde phase par l'expression *avaler la loupe*. Il serait difficile de remonter à l'origine de cette étrange locution. On *avale la loupe* lorsque, pour la fondre de nouveau, on place une seconde fois sur le charbon la masse demi-affinée ; on fait *prendre nature* au fer quand on expose au vent de la tuyère les fragments dont l'affinage est incomplet.

L'affinage comtois donne un fer d'excellente qualité, mais avec une perte inévitable, puisque l'élimination des corps étrangers dépend de l'oxydation d'une partie du métal. Par ce procédé, on n'obtient que 72 à 76 de fer pour 100 de fonte.

12. Affinage de la fonte par la méthode anglaise. Finage. — L'affinage par la houille ou par la méthode anglaise ne peut être conduit comme le précédent, car en mettant en rapport direct avec la fonte le combustible, presque toujours riche en sulfure, on introduirait du soufre dans le fer, au grand désavantage de la qualité. L'affinage ne peut se faire qu'au seul contact de la flamme. Dans le traitement par la houille on distingue deux phases, comme dans le traitement au charbon de bois. On les désigne par les expressions de *finage* et de *puddlage*. Chacune s'accomplit dans un fourneau spécial.

Le fourneau où l'on fait subir à la fonte la première fusion, et qui s'appelle *feu de finerie*, consiste en un creuset rectangulaire O (fig. 49), formé avec des caisses en fonte CC, dans lesquelles circule de l'eau fraîche pour en empêcher la fusion. Le fond du creuset est formé par du sable. Les tuyères *tt*, qui lan-

cent l'air dans le creuset, sont inclinées de telle sorte que leurs
axes vont rencontrer les faces verticales opposées du creuset à

Fig. 40. — Coupe d'un four de finerie.

II, cheminée; AA, bâtis qui supportent la cheminée; RR, tube abducteur d'eau
froide; EE, récepteur d'eau froide destinée à rafraîchir les tuyères; tt, tuyères;
DD, récepteur de l'eau qui a rafraîchi les tuyères; CC, caisses en fonte où circule de l'eau froide; TT, cylindres par où arrive l'air qui alimente les tuyères;
O, creuset.

une petite distance de leur arête inférieure. Ces tuyères ont une
double enveloppe dans laquelle circule continuellement de l'eau
froide, qui leur permet de résister à la haute température du
foyer. Le creuset est surmonté d'une cheminée II, par où s'é-
chappent les produits de la combustion.

On place la fonte sur le coke incandescent dont le creuset est
rempli; et l'on active la combustion par le vent des tuyères. La
fonte se liquéfie et tombe par gouttes dans le creuset, à travers
le courant d'air des tuyères. Il se passe là les mêmes faits chimiques que dans la première phase de l'affinage au charbon de
bois. La presque totalité du silicium est brûlée et forme du silicate de fer avec une partie du métal oxydé. Une partie du char-

bon est ainsi éliminée à l'état d'acide carbonique. Après ce commencement d'affinage, la fonte réunie au fond du creuset est parfaitement fluide, à cause de la haute température développée. On lui donne issue par un trou de coulée, et on la coule en plaques que l'on refroidit brusquement. Dans cet état elle est blanche, aigre et cassante. C'est le *fine-metal* des Anglais.

13. Puddlage. — Par la précédente opération, ou le *finage*, la fonte a perdu presque tout son silicium; mais elle contient encore beaucoup de carbone, qu'on élimine en soumettant le *fine-metal* à un traitement qui correspond à la seconde phase de l'affinage par le procédé comtois, alors que l'ouvrier soulève la loupe du fond du creuset et la remet dans le vent de la tuyère. Ce traitement s'effectue dans un four spécial, appelé four à puddler (fig. 50).

Fig. 50. — Coupe d'un four à puddler.

La houille brûle à l'écart du métal, pour ne pas y introduire du soufre, sur la grille *dd*, que l'on charge par *a*. Sa flamme arcourt un four à réverbère, dont la sole est recouverte d'une couche de *fine-metal*, dans la proportion de 200 à 250 kilogrammes, auxquels on ajoute environ 50 kilogrammes de scories très-riches en oxyde de fer. La matière est introduite par l'ouverture *b*. Le four étant chauffé au rouge blanc, le métal fond, prend un état demi-pâteux, et se recouvre de scories liquides. L'ouvrier, avec un ringard qu'il passe par l'ouverture *c*, brasse alors la pâte métallique pour en exposer toutes les parties à l'action de l'oxyde de fer des scories, qui cède en partie son oxygène au charbon et le convertit en oxyde de carbone. De petites flammes bleues sont le résultat de cette élimination du carbone. Quand l'affinage est à point, l'ouvrier fait couler une portion des scories par l'ouverture *o*; il rassemble avec son ringard les parties du fer affiné, il les soude les unes aux autres et en forme des *loupes*, qui sont à mesure portées sous le marteau. Le martelage expulse les scories fluides interposées. Par la méthode anglaise, 100 kilogrammes de fonte donnent environ 83 kilogrammes de fer ductile.

14. Conversion de la fonte en fer par le procédé Bessemer. — Quand on réfléchit sur la marche que l'on suit en général pour transformer la fonte en fer, on est frappé de cette circonstance que la fonte en fusion, refroidie à sa sortie du haut fourneau, est refondue au foyer de finerie, puis refroidie de nouveau pour être refondue une troisième fois au four de puddlage. Dans la série complète des traitements, on perd donc deux fois toute la chaleur, deux fois tout le combustible qu'il faut pour liquéfier la fonte. On se demande alors comment on ne transformerait pas la fonte en fer par un procédé qui prendrait la matière liquide à l'issue du haut fourneau. On y parvient par le procédé de Bessemer.

L'appareil (fig. 51) se compose d'un *cubilot*, c'est-à-dire d'un vase cylindrique construit avec des matériaux très-réfractaires. Sa hauteur est de 1 mètre; son diamètre intérieur mesure $0^m,55$. Un dôme *e* le recouvre et peut être soulevé pour l'introduction de la fonte liquide. Une ouverture *b* est pratiquée dans le dôme pour livrer passage aux étincelles et aux produits gazeux pendant l'opération. Un gros tube en fonte *a* entoure le cubilot. De ce tube partent d'autres plus petits, qui vont déboucher obliquement à une faible distance du fond de l'appareil. Une machine soufflante injecte de l'air par ce système de tubes. L'ouverture *b* sert à l'écoulement du fer liquide et des scories à la fin de l'opération.

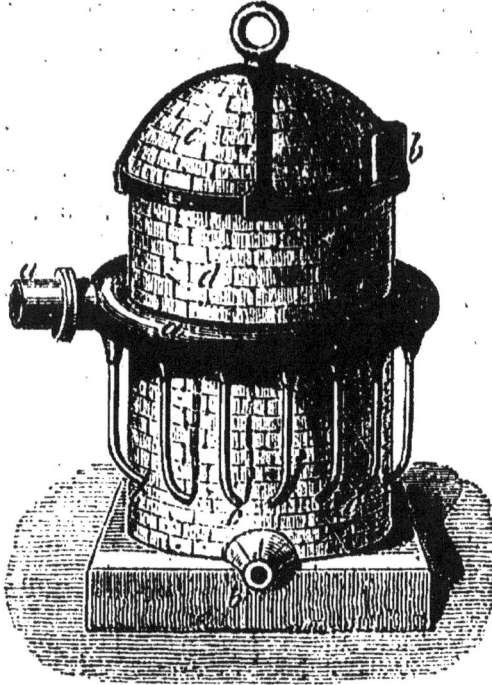

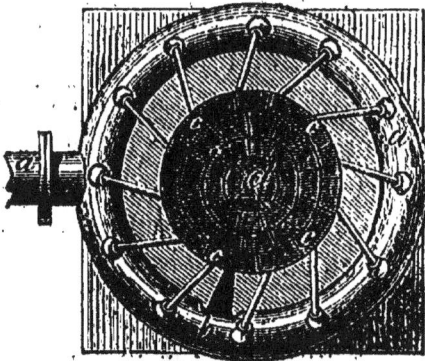

Quand on veut faire marcher l'appareil, on donne le vent à haute pression, et en même temps on coule dans le cubilot environ 300 kilogrammes de fonte liquide, provenant directement du haut fourneau. En quelques minutes, la réaction s'opère entre l'oxygène de l'air insufflé et le métal liquide. Des gerbes d'étincelles s'échappent violemment par l'ouverture *b* et brûlent avec une flamme jaune, brillante d'abord, puis bleuâtre. Une ébullition tumultueuse soulève la masse métallique, agitée d'un mouvement rapide de rotation par l'accès oblique de l'air. Bientôt l'ébullition s'apaise, et la flamme bleue

Fig. 51. — Fourneau Bessemer.

redevient jaune. A cet instant on arrête l'opération, on débouche le trou de coulée *b*, et l'on reçoit dans les lingotières un métal fluide comme la fonte, et d'un éclat éblouissant. C'est du fer. L'opération dure de vingt à trente minutes.

Dans la mise en œuvre de ce procédé, un fait bien digne d'intérêt se passe : c'est la fusion parfaite du fer, fusion que nous ne pouvons atteindre dans nos foyers métallurgiques. D'où provient l'excessive température nécessaire à cette fusion? L'oxygène de l'air lancé dans la masse liquide doit y trouver un combustible autre que les 4 à 5 centièmes de carbone de la fonte. Ce combustible, qui dégage tant de chaleur, c'est le fer lui-même : le déchet de 40 pour 100 le prouve. Mais l'oxyde de fer qui se forme dans le four en sort en grande partie à l'état de scorie, et la scorie suppose un fondant, qui ne peut être fourni que par les briques de l'intérieur de l'appareil. Aussi, après trois ou quatre opérations, le four est-il complétement dégradé.

Le fer préparé par ce procédé ne peut être de première qualité. En effet, lorsque l'élimination du carbone de la fonte s'effectue avec rapidité, les autres corps étrangers, soufre, phosphore, arsenic, etc., restent en grande partie. En outre, tout l'oxyde de fer que le passage de l'air forme dans la masse méallique ne peut être éliminé entièrement, et le produit, sans ténacité, peu ductile, dépourvu de texture nerveuse, a tous les défauts du *fer brûlé*.

Avec des fontes riches en carbone, en manganèse, ou silicium, mais dépourvues de phosphore, de soufre, d'arsenic, les ésultats sont bien meilleurs. Si l'on arrête l'opération lorsque tout le silicium est brûlé, et que le carbone est ramené à une proportion convenable, le procédé Bessemer permet d'obtenir de l'acier fondu par une manipulation aussi rapide que peu oûteuse.

15. Préparation du fer chimiquement pur. — Industriellement obtenu par les moyens que nous venons de faire connaître, le fer contient toujours de petites quantités de matières étrangères. Le fer absolument pur ne peut être obtenu que par l'action réductrice du gaz hydrogène sur un oxyde ou un chlorure de fer, préparés artificiellement; ou bien encore en fondant un excellent fer du commerce avec de l'oxyde de fer et du verre pilé. Cette dernière substance fait office de fondant; l'oxyde de fer acidifie, aux dépens de son oxygène, le carbone, le phosphore et le silicium qui se trouvent dans le métal ordinaire. L'acide carbonique se dégage, l'acide silicique et l'acide phosphorique passent dans le fondant, qui abrite le fer de l'action de l'air.

On opère la réduction de l'oxyde par l'hydrogène de la manière suivante. Dans un tube en verre effilé (fig. 52) on introduit

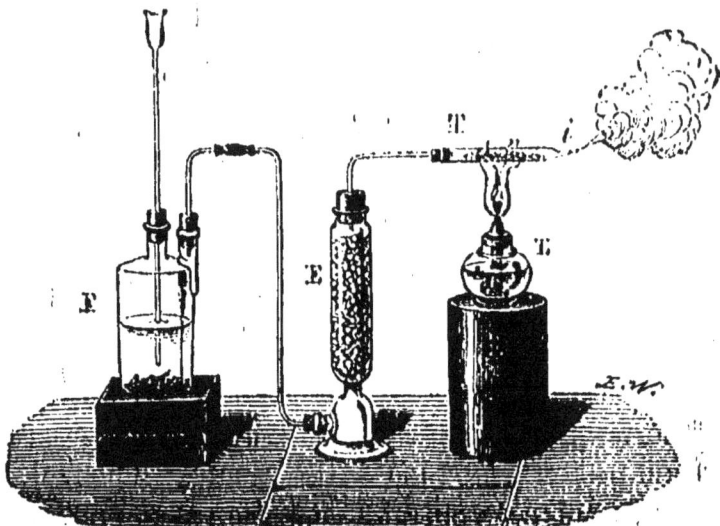

Fig. 52. — Appareil pour la réduction de l'oxyde de fer au moyen de l'hydrogène.

F, flacon générateur de l'hydrogène ; E, éprouvette pour dessécher le gaz ; T, tube contenant l'oxyde ; *i*, orifice de dégagement de la vapeur d'eau.

du sesquioxyde de fer que l'on chauffe avec une lampe à alcool. Un courant d'hydrogène sec est dirigé sur l'oxyde chaud. Il se forme de l'eau, qui se dégage en un jet de vapeur, et il reste dans le tube du fer pur dans un état d'extrême division. Si la température n'a pas dépassé 250 à 300°, la poussière de fer ainsi obtenue prend feu spontanément et retombe en étincelles incandescentes quand on la projette dans l'air. C'est ce qu'on nomme le fer *pyrophorique*. Mais si la température s'est beaucoup élevée pendant la réduction par l'hydrogène, la combustion spontanée ne peut plus avoir lieu.

On obtient un fer éminemment pyrophorique en chauffant dans un courant d'hydrogène un mélange de sesquioxyde de fer et d'alumine, mélange que l'on obtient en décomposant par l'ammoniaque une dissolution de sulfate de sesquioxyde de fer, additionnée d'une dissolution d'alun.

RÉSUMÉ

1. Le fer est le métal le plus abondamment répandu dans la nature, mais comme il est toujours engagé dans des combinaisons d'un traitement difficultueux, l'industrie humaine ne l'a obtenu que fort tard, et après avoir demandé au silex et au bronze la matière de ses armes et de ses outils. On n'emploie comme minerais de fer que les oxydes et le carbonate.

2. Le fer se trouve à l'état natif dans les aérolithes ou pierres tombées des espaces planétaires. On connaît des blocs énormes de ce fer d'origine céleste.

3. La *gangue* qui accompagne les minerais de fer est tantôt siliceuse, tantôt calcaire. Pour en provoquer la fusion, on ajoute comme fondant, dans le premier cas, du carbonate de chaux ou *castine;* dans le second cas, des matières argileuses ou *erbue.* Il se forme ainsi un silicate double d'alumine et de chaux.

4. La *méthode catalane* n'est applicable qu'aux minerais très-riches, car une partie du fer passe dans les scories à l'état de silicate double d'alumine et de fer, plus fusible que le silicate double d'alumine et de chaux. Le minerai est réduit par le charbon, que le vent de la tuyère entretient incandescent. L'air lancé par la tuyère convertit la première portion de charbon qu'il rencontre en acide carbonique; ce gaz est ramené par le charbon incandescent à l'état d'oxyde de carbone; celui-ci, à son tour, réduit une partie de l'oxyde de fer du minerai, tandis que l'autre partie se combine avec la gangue et la rend fusible.

5. Un *haut fourneau* se compose de deux troncs de cône de hauteur différente, réunis par la base.

6. Les réactions chimiques qui s'y passent sont essentiellement les mêmes que ceux de la forge catalane. Le minerai y est réduit par l'oxyde de carbone provenant de l'acide carbonique qui, formé au voisinage de la tuyère, s'élève à travers une couche de charbon incandescent. On distingue dans un haut fourneau la *zone de déshydratation*, où le minerai se dessèche; la *zone de réduction*, où il est réduit par l'oxyde de carbone; la *zone de carburation*, où le fer se combine avec du carbone et du silicium; la *zone de fusion*, où se liquéfient les silicates et la fonte.

7. Les hauts fourneaux chauffés au charbon de bois sont moins élevés que les hauts fourneaux chauffés au coke. La chaleur y est moins forte et les *laitiers* plus fusibles. Pour empêcher le soufre du

coke de s'introduire dans le fer, on augmente la proportion de chaux au moyen de la *castine*, ce qui rend le laitier moins fusible et exige des fourneaux plus élevés et à température plus forte.

8. Pour obtenir la totalité du fer contenu dans le minerai, il faut empêcher le métal oxydé d'entrer pour une portion notable dans les laitiers. On arrive à ce résultat par l'intervention de la chaux fournie par la castine. Mais le silicate double d'alumine et de chaux exige pour se fondre une haute température, à laquelle le fer se combine avec du carbone et du silicium et devient *fonte*. Les hauts fourneaux ne peuvent donc donner directement du fer ductile. Ils donnent seulement de la fonte. L'inégale distribution du carbone dans la *fonte grise* est la cause de la différence qu'elle présente comparativement à la *fonte blanche*, où le carbone est réparti d'une manière homogène dans toute la masse. La fonte blanche est plus dure, plus cassante, et moins altérable que la fonte grise. Celle-ci se laisse limer, forer et couper au ciseau. La fonte grise est employée de préférence au moulage; la fonte blanche est affinée et convertie en fer.

9. La fonte blanche fondue et refroidie lentement, devient grise; la fonte grise, fondue et refroidie brusquement, devient blanche.

10. Par l'*affinage*, la fonte devient fer. Sous l'influence de la chaleur et de l'air une grande partie de son carbone devient acide carbonique ou oxyde de carbone; le silicium, le phosphore, le manganèse, etc., s'oxydent, se salifient et passent dans les scories.

11. Dans le *procédé comtois*, on affine la fonte avec le charbon de bois. Ce procédé donne d'excellent fer, mais avec une perte notable, parce que l'élimination des corps étrangers dépend de l'oxydation d'une partie du métal, qui passe dans les scories.

12. Dans la *méthode anglaise*, on affine la fonte avec le coke et la houille. On y distingue deux phases : le *finage* et le *puddlage*. Dans le finage, la fonte subit une première fusion sur un lit de coke incandescent et sous le vent de tuyères.

13. Le *puddlage* s'effectue dans un four à réverbère sous la flamme de la houille, brûlant à l'écart du métal pour ne pas introduire des sulfures.

14. Le *procédé Bessemer* consiste à convertir la fonte en fer en injectant de l'air comprimé au travers de la fonte liquide dès sa sortie du haut fourneau. Le fer préparé de la sorte n'est pas de la meilleure qualité.

15. On prépare dans les laboratoires du fer chimiquement pur, en réduisant de l'oxyde de fer ou du chlorure par un courant d'hydrogène; ou bien en fondant le meilleur fer ordinaire avec de l'oxyde

do fer et du verre pilé. La réduction de l'oxyde de fer par l'hydrogène donne, quand la température ne s'est pas trop élevée, du fer en poudre impalpable qui prend feu spontanément à l'air. C'est le *fer pyrophorique.*

CHAPITRE XVIII

FER

(SUITE)

1. Propriétés physiques du fer. — Débarrassé, autant que le permet l'opération de l'affinage, des corps étrangers avec lesquels il est associé à l'issue du haut fourneau, carbone, silicium, phosphore, manganèse, etc., etc., le fer prend dans le commerce le nom de *fer doux.* Sa couleur est d'un gris bleuâtre. Sa densité est 7,84. Il est le plus tenace des métaux. Son coefficient de rupture, lorsqu'il est étiré en fil, est de 61 kilogrammes, c'est-à-dire qu'il supporte, avant de se rompre, 61 kilogrammes par millimètre carré de section. Écroui par l'action de la filière, du laminoir, de la percussion, il devient cassant. Le recuit lui rend sa flexibilité première. Il entre en fusion à 1500° environ, c'est-à-dire à la plus haute température que puisse produire un bon fourneau à vent. La fusibilité augmente quand le fer est associé au carbone. Aussi la fonte est-elle plus fusible que le fer doux. Bien avant de se fondre, le fer se ramollit. Il peut alors être façonné sous le marteau, se souder à lui-même et prendre telle forme que l'on veut. Le fer est magnétique. Sous l'influence d'un aimant ou d'un courant, il s'aimante et se désaimante tour à tour avec d'autant plus de facilité qu'il est plus pur. Mais s'il est carburé, il conserve l'aimantation une fois acquise. A la chaleur rouge, ces propriétés magnétiques disparaissent.

La texture du fer est naturellement grenue; elle devient fibreuse par le martelage. C'est alors que le fer possède sa plus grande ténacité. Mais cet état anormal peut être remplacé peu à peu par l'état primitif, l'état grenu et cristallin. Un fer fibreux qui redevient cristallin perd sa ténacité. Ce changement est la reproduction d'un fait général, consistant en ce que tout corps qui se trouve dans un état moléculaire forcé tend à rentrer dans sa constitution normale. La forme cristalline du fer est le cube ou l'octaèdre; il est naturel que les molécules, forcément groupées en fibres par l'écrouissage, tendent à reprendre leur arrangement octaédrique. Les vibrations, une tension continue, le magnétisme, etc., provoquent cette métamorphose moléculaire. Les essieux des wagons, les canons en fer, les câbles des ponts suspendus, les barres assujetties à des ébranlements réitérés, sont à structure fibreuse au début. A la longue, par l'effet de vibrations répétées, la structure cristalline apparaît, et la ténacité est fâcheusement amoindrie, à tel point que des ruptures soudaines surviennent alors même que l'aspect extérieur ne dénote aucune altération. Parfois, ce passage d'une structure moléculaire à l'autre est d'une singulière rapidité. Dans la fabrication de quelques espèces de fer, la barre est laminée; puis on en forge successivement les deux moitiés. Le forgeage terminé, l'ouvrier donne quelques coups de marteau sur la moitié qui a été forgée la première. Lorsque cette moitié est refroidie, on remarque qu'elle est cassante et à structure cristalline, bien qu'un instant auparavant elle fût tenace et fibreuse.

Le fer de bonne qualité est de texture grenue avant le martelage; mais, après le martelage, il est franchement fibreux. Il se laisse marteler et courber sans casser, à froid et à chaud. C'est le *fer fort* du commerce.

On nomme *fers rouverains* les fers de médiocre qualité. Quand ils contiennent du soufre, ils sont cassants à la température rouge et insoudables. S'ils renferment du phosphore, de l'arsenic, ils sont cassants à froid. S'ils contiennent des scories, ou des particules de fonte non suffisamment affinée, ils sont cassants à froid et à chaud. L'interposition de parcelles de scories, de fonte mal affinée, d'oxyde, constitue ce qu'on nomme les *pailles.*

2. **Propriétés chimiques du fer.** — L'air sec est sans action sur le fer à la température ordinaire; mais l'action de l'air humide est très-prompte. Le résultat de cette action est de l'hydrate de sesquioxyde de fer ou de la *rouille.* Si les éléments de l'air n'étaient pas solubles dans l'eau, ou bien si l'air ne contenait exclusivement que de l'oxygène et de l'azote, le fer ne se rouillerait pas. L'acide carbonique est la cause déterminante de l'oxydation. Il se forme d'abord un carbonate de protoxyde, qui, plus tard, passe à l'état de sesquioxyde. Dès qu'un point de la surface est oxydé, ce point devient un foyer d'où l'oxydation se propage rapidement en vertu d'une action électrique, car le fer et son oxyde constituent un couple voltaïque qui détermine la décomposition de l'eau. Dès lors, non-seulement l'acide carbonique de l'air, mais encore l'oxygène de l'eau décomposée, contribuent à oxyder le fer. Ainsi l'acide carbonique, sous l'influence de l'humidité, est la cause initiale de l'oxydation, et l'électricité en est la cause continuatrice. L'intervention de l'électricité dans la formation de la rouille explique la présence de l'ammoniaque dans la rouille elle-même. En effet, si l'eau, en se dégageant, porte son oxygène sur le métal, son hydrogène se combine avec l'azote dissous dans l'eau, et forme de l'ammoniaque.

On préserve le fer de l'oxydation en le recouvrant d'une mince couche d'étain, *fer étamé,* ou d'une mince couche de zinc, *fer galvanisé.* On emploie encore la peinture à l'huile, les vernis.

L'air sec agit sur le fer à une température élevée. Le métal s'oxyde à la surface et prend diverses nuances occasionnées par la mince pellicule d'oxyde. Ce sont : le jaune d'or à 234°, le violet pourpre à 250°, le bleu à 300°. Toute coloration disparaît à 400°, pour reparaître plus tard et disparaître encore. Enfin, la couleur bleue se montre une dernière fois, quelques instants avant la chaleur rouge, température à laquelle le fer s'oxyde rapidement et donne les écailles oxydées ou *battitures,* qui s'en détachent en étincelles quand il est battu sur l'enclume. Chauffé au blanc, le fer brûle avec vivacité.

Le fer décompose l'eau à la température rouge. Il se convertit en oxyde magnétique aux dépens de l'oxygène de l'eau, e
laisse l'hydrogène se dégager.

Certains acides sont aussi décomposés par le fer. L'acide azotique, qui est de ce nombre, présente des particularités for
remarquables. Moyennement affaibli par de l'eau, il attaque le
fer avec une violence extrême, l'oxyde en lui cédant une partie
de son oxygène, et donne d'abondantes vapeurs rouges d'acide
hypoazotique. Très-concentré ou monohydraté, il est sans action
sur le fer. Bien plus, le fer qui a séjourné un instant dans l'a-
cide monohydraté peut être plongé dans l'acide faible sans être
attaqué. On dit alors qu'il est devenu *passif*. Mais si on le touche avec un fil de cuivre ou avec du fer non passif, l'attaque
aussitôt se déclare, aussi violente que jamais.

Le fer décompose l'eau à froid en présence de l'acide sulfurique : il se dégage de l'hydrogène, et il se produit du sulfate
de fer. Mais l'acide sulfurique seul n'attaque le fer qu'à la faveur d'une élévation de température. De l'acide sulfureux et du
sulfate de fer sont les produits de cette réaction.

L'acide chlorhydrique attaque le fer à froid. Il y a dégagement d'hydrogène et formation d'un protochlorure de fer.

3. **Acier.** — L'association du carbone au fer, dans la proportion de 1 à 2 centièmes environ, modifie profondément les propriétés de celui-ci, et constitue l'acier. Pour faire de l'acier, il
faut ajouter du carbone au fer, qui n'en contient pas, ou en re-
trancher à la fonte, qui en contient dans une proportion exagé-
rée. Une fonte moyennement affinée, c'est-à-dire débarrassée
dans des limites convenables de son excès de carbone, donne
l'*acier naturel;* le fer, associé au carbone par une manipulation spéciale, donne ce qu'on nomme l'acier de *cémentation.* I
suffit de comparer les nombres du tableau suivant pour voir
qu'en effet l'acier est de la fonte moins du carbone, ou bien du
fer plus du carbone.

COMPOSITION MOYENNE DU FER, DE L'ACIER ET DE LA FONTE.

	FER.	ACIER.	FONTE OBTENUE AU CHARBON DE BOIS.	
			GRISE.	BLANCHE.
Fer..........	99,51	99,18	95,00	91,38
Carbone et azote..	0,24	0,71	2,20	2,60
Silicium..	0,25	0,05	1,00	0,39
Manganèse........	traces.	traces.	traces.	2,40
Phosphore..	traces.	0,06	0,90	0,33
	100,00	100,00	100,00	100,00

4. Acier naturel des forges catalanes, ou fer acié-reux. — Nous avons vu que, dans le traitement du minerai par la méthode catalane, on obtenait directement du fer malléable; cependant, dans certaines régions de la forge, le fer peut se carburer, ce qui permet d'obtenir à volonté plus ou moins d'acier. On y parvient par des procédés dont le but principal est d'éloigner les causes décarburantes. Dans l'affinage de la fonte, le carbone est brûlé par l'oxygène de l'oxyde de fer contenu dans les silicates très-ferrugineux des scories. Les scories ferrugineuses sont donc décarburantes, et la décarburation est d'autant plus complète que leur contact avec le fer carburé est plus prolongé. Une des principales méthodes à suivre pour avoir de l'acier dans les forges catalanes, c'est de faire écouler souvent les scories ferrugineuses pour abréger leur contact avec le fer. Un autre procédé, c'est d'avoir beaucoup moins de scories et beaucoup plus de charbon. On augmente ainsi la cause carburante en laissant peu de prise à la cause contraire.

La masse métallique qui sort des forges catalanes ne peut être de l'acier homogène à cause de l'impossibilité où se trouve l'ouvrier de se rendre complétement maître des causes carburantes et des causes inverses, à la fois en jeu dans la forge. Cette masse est donc un mélange d'acier et de fer. Comme l'acier devient cassant par la trempe, on peut séparer le fer de l'acier en faisant refroidir brusquement la masse commune, que l'on soumet ensuite à quelques coups de marteau bien appliqués.

L'acier provenant des forges catalanes est employé sans affinage préalable. Il sert surtout à la confection des armes blanches, des ressorts, des faux, des socs de charrues et d'autres instruments d'agriculture. Il est connu sous le nom de fer aciéreux.

5. **Acier naturel obtenu par la décarburation partielle de la fonte, ou acier de forge.** — Les fontes avec lesquelles on fait de l'acier sont celles dites fontes manganésifères, obtenues aux fourneaux à charbon de bois. Dans l'affinage, le manganèse rend les scories très-fluides, et sert à ralentir leur action décarburante sur la fonte. Les localités où l'on fabrique l'*acier de forge*, c'est-à-dire celui que l'on produit par la décarburation incomplète de la fonte, sont très-nombreuses en Europe; et comme les procédés, quoique fondés sur les mêmes principes, ne sont pas les mêmes dans toutes les usines, nous nous bornerons à parler sommairement de celui que l'on pratique en France, et spécialement dans l'Isère.

On opère, comme si l'on affinait la fonte au petit foyer, par la méthode comtoise.

On charge sur le contrevent (partie du creuset qui est en face de la tuyère) 1000 à 1200 kilogrammes de fonte, avec des scories riches, provenant d'une opération précédente : le charbon de bois est chargé sur la tuyère, puis on conduit la fusion très-lentement; elle doit durer au moins huit heures. Il faut que la température soit moins élevée que dans les feux ordinaires d'affinerie, et cependant il est nécessaire que les scories restent bien fluides. D'un autre côté, on a soin de maintenir la fonte à l'état liquide, et de la travailler avec un ringard pour en favoriser la décarburation.

C'est pendant cette période, qui dure environ six heures, qu'a lieu l'affinage, qui, d'ailleurs, résulte de l'action des scories riches sur la fonte; car, étant très-basiques, elles retiennent faiblement une certaine quantité de leur oxyde de fer. Celui-ci réagit sur le carbone de la fonte et le convertit en oxyde de carbone; mais alors, si l'on veut s'opposer à ce que la décarhuration se complète, il faut porter toute son attention sur le bain; et quand on s'apercevra que sa surface est sur le point de s'épaissir, ou, en termes d'usine, lorsque la fonte commence à *prendre nature*, on tempérera autant que possible l'action des scories, en y ajoutant du sable quartzeux, et en modérant le jeu de la tuyère. Bientôt c'est le tour de l'acier de *prendre nature*, car il vient former à la surface une croûte spongieuse, dont l'ouvrier fait une loupe qu'il pousse vers le contrevent. Après la première croûte, une seconde se forme, puis une troisième, et ainsi de suite, jusqu'à ce que tout l'acier ait été enlevé. Chaque loupe est martelée, puis chauffée de nouveau pour être étirée.

D'après ce que nous avons dit sur la fabrication de l'acier naturel ou de forge, on conçoit que ce produit ne peut pas être homogène; aussi, dans une même opération, obtient-on de l'acier proprement dit, du *fer aciéreux*, et du fer. La proportion de ce dernier sera toujours plus grande lorsqu'on opère par la méthode catalane que lorsqu'on traite des fontes.

6. **Acier de cémentation.** — L'acier de cémentation s'obtient en chauffant de bon fer entouré de charbon en poudre dans des caisses de briques réfractaires, qui ont 3 à 5 mètres de longueur, de 0^m,7 à 0^m,9 de largeur, et autant de hauteur: elles sont disposées dans un four voûté (fig. 53), de manière que la flamme les enveloppe de toute part. Le combustible est ordinairement de la houille, quelquefois du bois. Pour charger une caisse de cémentation, on commence par mettre dans son fond une couche bien tassée de *cément*, ayant 0^m,05 d'épaisseur[1]. Sur cette couche on range un lit de barres de fer posées sur champ, et espacées de 0^m,01 environ, surtout plus courtes que l'intérieur de la caisse, pour que leur dilatation s'opère librement. On répand et on tasse du cément sur ce premier lit, de manière à en former une couche de 15 à 20 millimètres d'épaisseur, sur laquelle on met un second lit de barres. On procède ainsi jusqu'à 0^m,15 des bords, et on remplit la caisse avec

[1] Le cément se compose de charbon de bois dur pulvérisé, mêlé souvent à $\frac{1}{10}$ de son poids de cendre et à un peu de sel marin.

du sable quartzeux. Chaque four renferme deux caisses contenant en tout de 15 à 25000 kilogrammes de fer.

Dans les parois du four sont ménagés de petits ouvreaux qui correspondent à des ouvertures pratiquées dans les caisses. Par

Fig. 53. — Four de cémentation.

CC, caisses contenant le fer et le cément ; BB, canaux dans lesquels circule la flamme; EE, registres pour régler le courant de la flamme; B'B', ouvreaux pour retirer les barres d'essai.

cette disposition, on peut retirer de temps à autre des barres de fer, qui servent de témoins, et permettent de surveiller les progrès de la cémentation. Lorsque les caisses sont assez chauffées pour être rouges, on les entretient à cette température pendant un nombre de jours proportionné à la section transversale des barres et au degré de carburation qu'on veut leur donner. On laisse refroidir lentement le fourneau pour terminer une opération qui dure de seize à vingt jours.

La surface des barres les mieux forgées devient très-inégale, et se recouvre d'ampoules, ce qui a fait donner à l'acier de cémentation le nom d'*acier-poule*.

L'acier brut, quelle que soit sa provenance, ne peut avoir

que des applications très-restreintes. Celui de cémentation, par exemple, n'est guère utilisé qu'à des ressorts de voiture ou à des objets grossiers. Cela tient à son défaut d'homogénéité. Nous avons déjà fait connaître cette circonstance en parlant de l'acier naturel. On conçoit qu'une barre de fer ne peut s'aciérer uniformément dans toute sa masse; car elle se cémente, en s'imbibant de charbon de proche en proche, à partir de la surface : or il est évident que ses parties extérieures seront toujours plus carburées que celles du centre; la surface sera déjà devenue de l'acier, que l'intérieur sera encore à l'état de fer doux.

Il faut donc diminuer autant que possible ces inégalités, et on y parvient par le *corroyage*.

7. **Acier corroyé.** — Pour corroyer l'acier, on compose des trousses avec plusieurs barres d'acier brut, qu'on assortit en alternant celles qui sont très-aciérées avec celles qui le sont moins. On chauffe ces trousses dans des foyers à tuyères, et on en fait de nouvelles barres. Celles-ci, trempées et cassées, servent, avec leurs fragments, à former de nouvelles trousses qui, après chauffage, seront encore converties en barres. A chaque opération, la masse devient plus homogène, mais elle perd un peu de son carbone; par suite de cette perte, ses propriétés se modifient si bien que, dans les usines, on répète plus ou moins le corroyage, suivant la nature de l'acier que l'on veut obtenir.

L'*acier corroyé*, et surtout celui qui a été produit par cémentation, est susceptible d'un beau poli, et peut servir à la fabrication des objets de quincaillerie, car il a une texture très-serrée et un grain très-fin. Cependant, il n'est pas encore doué d'une homogénéité parfaite; aussi se rouille-t-il facilement, et dès que la rouille a commencé, elle se propage bientôt à toute la masse; en outre, cette sorte d'acier n'a pas une texture assez fine pour servir à la confection d'instruments à tranchant délié. D'un autre côté, l'acier brut de cémentation se prête beaucoup moins au corroyage que l'acier de forge; d'abord parce qu'il se décarbure plus facilement par suite des nombreuses chaudes qu'il doit subir, ensuite parce qu'il ne perd qu'imparfaitement les solutions de continuité (pailles) produites par la cémentation.

Par la fusion de l'acier on évite ces inconvénients, et on lui donne une homogénéité plus satisfaisante.

8. Acier fondu. — Pour avoir de l'acier fondu, on commence par chauffer au coke graduellement, et environ pendant douze heures, un *fourneau à vent* (fig. 54).

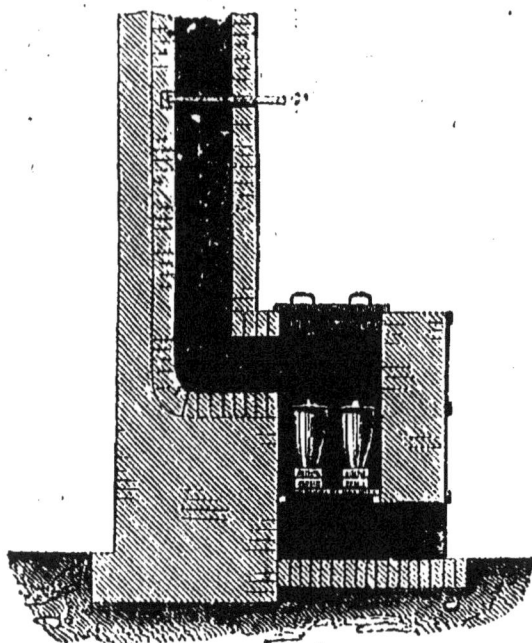

Fig. 54. — Fourneau à vent pour la fonte de l'acier.

La température étant parvenue au rouge sombre, on place dans ce fourneau deux creusets vides, parfaitement desséchés et munis de leur couvercle. On remplit le fourneau avec du coke, on ouvre complétement le registre *r*, pour qu'au bout d'une demi-heure la chaleur parvienne à son plus haut degré. On charge alors les creusets en introduisant dans chacun d'eux 13 à 14 kilogrammes d'acier brut. La charge faite, on remplit le fourneau de coke, et on fait marcher la chauffe environ pendant quatre heures. Après ce temps on retire les creusets, et on coule l'acier dans des lingotières. Le plus estimé est celui que l'on fabrique aux Indes, et qui porte nom d'*acier Wootz*.

L'acier fondu a une texture très-homogène; il est consacré aux usages les plus délicats de la coutellerie et de la bijouterie; il sert aussi à la confection des médailles; mais comme il ne peut supporter le choc du balancier, il faut d'abord le *désacié-rer*, en le chauffant, après l'avoir recouvert avec de la limaille de fer : dès que d'acier il est devenu fer, on le frappe au balancier, puis on le convertit de nouveau en acier; à cet effet, on le recouvre de poussière de charbon, et on le chauffe. Le procédé semblerait plus court si l'on frappait d'abord les médailles de fer, et si on les convertissait ensuite en acier. Mais le fer n'a pas une texture assez homogène pour reproduire, sous la pression du balancier, les empreintes les plus fines. Quand on transforme l'acier en fer on lui ôte sa dureté, mais on lui laisse sa texture.

9. Acier damassé. — Quand on dépose sur de l'acier une goutte d'acide sulfurique, par exemple, le métal de la surface mouillée se dissout, et le charbon, qui se trouve isolé, manifeste une tache noire : dans les mêmes circonstances, le fer donne lieu à une tache moins vive, parce qu'il contient fort peu de carbone. D'un autre côté, la tache de l'acier ne sera homogène que dans le cas où le carbone se trouvera également distribué dans la masse. C'est d'après cette donnée que l'on fabrique l'*acier damassé*, qui, sous le nom de *damas*, nous venait autrefois de l'Orient.

Le damas n'est donc que de l'acier où le carbone n'est pas réparti d'une manière uniforme. Plongé dans un acide, il met à nu le carbone de sa surface et prend l'aspect caractéristique qui le distingue.

On le prépare en fondant 3 kilogrammes de fer avec $\frac{1}{12}$ de graphite, $\frac{1}{32}$ de battitures, et $\frac{1}{4}$ de dolomie, qui doit servir de fondant. Quand le creuset commence à s'affaisser, l'opération est terminée. Le culot, séparé des scories, est forgé, trempé, poli, et, enfin, soumis à l'action d'une substance susceptible de mordre au fer sans toucher au carbone. L'acide sulfurique, le vinaigre, la bière, le jus de citron et le sulfate de fer alumineux, sont les meilleurs mordants.

On peut encore obtenir de beaux damassés avec de l'acier qui contiendrait de petites quantités de certains métaux, tels que tungstène, molybdène, chrome, platine, etc., etc. Il est bon, cependant, de faire remarquer que ces métaux sont très-peu attaquables par les acides.

10. Propriétés de l'acier. — L'acier est brillant, susceptible d'un beau poli, très-ductile et très-malléable. Sa texture est grenue, mais ses grains sont fins et serrés. Sa densité est un peu moindre que celle du fer.

Chauffé au rouge et refroidi peu à peu, il conserve toutes ses propriétés physiques; mais refroidi brusquement, il devient très-dur et cassant; c'est alors de l'*acier trempé*. Cette propriété le distingue particulièrement du fer.

La dureté que l'acier acquiert par la trempe est en raison de la célérité du refroidissement et de la différence entre la température du métal et celle du milieu refroidissant. Qu'on suppose, par exemple, une masse d'eau à 30°; si l'on y plonge une lame d'acier chauffée au rouge sombre, celle-ci acquerra une dureté quelconque; mais si l'on répète l'expérience avec de l'eau à 0°, la lame deviendra plus dure : il en sera de même si, au lieu de refroidir l'eau, on chauffe davantage la lame.

Il est donc prouvé que le degré de la trempe dépend de la température du métal et de celle de son milieu; mais il dépend aussi de la célérité du refroidissement.

Soient deux masses égales l'une de mercure, l'autre d'eau, ayant la même température. Qu'on y plonge séparément deux lames d'acier pareilles et chauffées également. Celle qui sera plongée dans l'eau deviendra moins dure que celle qui sera plongée dans le mercure, parce qu'elle se refroidira moins rapidement, l'eau étant un mauvais conducteur de la chaleur.

Tous ces faits prouvent que l'on peut communiquer à l'acier divers degrés de dureté, en variant les deux conditions suivantes :

1° Rapidité du refroidissement;

2° Différence de température entre le milieu refroidissant et l'acier.

Les artisans suivent cette règle lorsque, dans l'opération de la trempe, ils chauffent plus ou moins l'acier, et le plongent tantôt dans un liquide, tantôt dans un autre.

On trempe souvent l'acier par des procédés tout différents. Lorsqu'on chauffe ce métal autant que pour la trempe, puis qu'on le laisse refroidir lentement, il perd sa dureté, redevient ductile et malléable; en un mot, il se *détrempe* complétement; mais, à mesure que sa température s'élève, il se manifeste à sa surface une série de teintes dont chacune correspond à un degré déterminé de chaleur, et par conséquent à un degré particulier de détrempe.

Pour donner à l'acier la trempe voulue, quelques artisans commencent par le tremper au maximum de température, puis ils le réchauffent graduellement, jusqu'à ce que paraisse la couleur qui désigne la trempe cherchée.

Voici les différentes nuances et les températures auxquelles elles répondent :

TEINTES GRADUELLES QUE L'ACIER TREMPÉ MANIFESTE A DIFFÉRENTES TEMPÉRATURES.

Jaune paille.	+ 220°
Jaune d'or	+ 240°
Brun	+ 255°
Pourpre.	+ 265°
Bleu clair.	+ 285°
Bleu indigo.	+ 295°
Bleu très-foncé.	+ 315°
Vert d'eau.	+ 332°

La température qui ramollit le fer fond l'acier. Ainsi les points de fusion de la fonte, de l'acier et du fer, sont en rapport avec les quantités de carbone contenues dans les trois matières. Moins il y a de carbone, plus le point de fusion est élevé : c'est pourquoi la fonte est plus fusible que l'acier, et celui-ci plus que le fer.

L'acier chauffé avec du fer perd du carbone; il en prend, au contraire, si on le chauffe étant entouré de charbon en poudre. Plus il sera carburé, plus il durcira par la trempe; cependant, au delà de certaines limites, il acquiert beaucoup des propriétés de la fonte.

Les propriétés chimiques de l'acier sont généralement les mêmes que celles du fer. On ne saurait distinguer ces deux matières que par la trempe et par la tache noire que les acides laissent plus intense sur l'acier que sur le fer.

RÉSUMÉ

1. Le fer cristallise dans le système cubique. Il est magnétique et ne fond qu'aux plus hautes températures. Sa texture est naturellement grenue et cristalline; elle devient fibreuse par le martelage,

l'écrouissage. Des vibrations prolongées, un état de tension continu, font revenir le fer fibreux à l'état de fer grenu. De là résulte un affaiblissement de ténacité, cause de brusques ruptures.

2. L'air sec n'oxyde le fer qu'à chaud; l'air humide l'oxyde à froid. L'acide azotique faible attaque violemment le fer; l'acide monohydraté ne l'attaque pas. Après une courte immersion dans l'acide monohydraté, le fer est devenu *passif*, c'est-à-dire qu'il n'est plus attaquable par l'acide faible. Le contact d'un fil de cuivre ou d'un morceau de fer non passif, fait disparaître la passivité. Le fer décompose l'eau à froid en présence de l'acide sulfurique; il la décompose au rouge sans l'intervention de l'acide.

3. L'acier est une combinaison du fer avec une faible proportion de carbone, 1 à 2 centièmes. On obtient l'*acier naturel* en décarburant partiellement la fonte; on obtient l'acier de cémentation en carburant le fer. L'acier est intermédiaire entre la fonte et le fer sous le rapport de la quantité de carbone contenu.

4. Le *fer aciéreux* est un acier imparfait obtenu pendant le traitement des minerais dans les forges catalanes.

5. L'*acier de forge* est un acier naturel obtenu par la décarburation incomplète de la fonte. L'acier naturel est principalement destiné à la confection des armes blanches, des ressorts et des instruments d'agriculture.

6. L'*acier de cémentation* est celui qui provient de la carburation du fer. On l'obtient en chauffant des barres de fer dans de la poussière de charbon. A cause de son défaut d'homogénéité, on ne l'emploie que pour des instruments grossiers.

7. On le rend homogène par le *corroyage*, opération qui consiste à associer, par le soudage, les parties les plus aciérées avec celles qui le sont moins. L'acier *corroyé* est susceptible d'un beau poli et sert à la quincaillerie.

8. L'acier ne devient parfaitement homogène que par la fusion. Il est dit alors *acier fondu*. Il est affecté aux objets les plus délicats dans la coutellerie, la bijouterie, etc.

9. L'*acier damassé* est de l'acier qui a subi l'action des acides. Ceux-ci dissolvent la couche métallique superficielle et mettent à nu les particules de carbone qui, par leur inégale distribution, produisent l'effet damassé.

10. L'acier est surtout remarquable par la grande dureté que la trempe lui fait acquérir. Il est plus fusible que le fer et moins fusible que la fonte. On le distingue du fer par la trempe et par la tache noire intense et persistante produite à sa surface par le contact d'un acide.

CHAPITRE XIX

COMPOSÉS DU FER

1. Composés oxygénés du fer. — On connaît trois combinaisons du fer avec l'oxygène, savoir :

FeO, ou protoxyde de fer ;
Fe^2O^3, ou sesquioxyde de fer;
FeO^3, ou acide ferrique.

Le protoxyde est une base énergique; le sesquioxyde est une base faible, isomorphe de l'alumine; l'acide ferrique, d'une importance purement théorique, est isomorphe de l'acide chromique. Le protoxyde et le sesquioxyde, combinés entre eux, produisent divers oxydes salins, dont le principal est l'oxyde magnétique $Fe^3O^4 = FeO, Fe^2O^3$.

2. Protoxyde de fer FeO. — On obtient le protoxyde de fer anhydre en faisant agir au rouge sombre, sur du sesquioxyde de fer, un mélange d'oxyde de carbone et d'acide carbonique, mélange que l'on obtient par la décomposition de l'acide oxalique. L'oxyde de carbone se transforme en acide carbonique, et le sesquioxyde de fer, cause de cette transformation, est ramené à l'état de protoxyde.

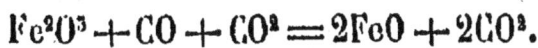

$$Fe^2O^3 + CO + CO^2 = 2FeO + 2CO^2.$$

On obtient le protoxyde de fer à l'état d'hydrate en décomposant par la potasse une dissolution de sulfate de fer ou vitriol vert. A l'instant de son apparition, le précipité est blanc; mais il passe rapidement au vert, au gris, au bleuâtre, et enfin au jaune, parce qu'il absorbe l'oxygène de l'air ambiant et devient hydrate de sesquioxyde.

L'eau en dissout $\frac{1}{180000}$. La dissolution a un goût ferrugi-

neux très-prononcé. Elle se trouble en se peroxydant aussitôt
mise en contact avec l'air.

Cet oxyde, ainsi que le sesquioxyde, est très-répandu dans la
nature. Il est difficile d'analyser une substance minérale ou organique qui ne contienne du protoxyde de fer. Les terres arables, qui ne sont pas en contact avec l'air, renferment du fer à
l'état de protoxyde; celles qui sont exposées à l'action de l'air
contiennent du fer à l'état de sesquioxyde. Aussi, exposées à
l'air, les premières changent-elles de couleur, car leur fer pro-
toxydé absorbe encore de l'oxygène, et devient sesquioxyde.

**3. Sesquioxyde de fer Fe²O³. Son état naturel. Sa pré-
paration.** — Le sesquioxyde de fer est très-répandu dans la
nature minérale. Il constitue les principaux minerais de fer.
Anhydre, il forme le *fer oligiste* ou *hématite rouge*, suivant
qu'il est cristallisé ou amorphe; hydraté, il forme la *limonite*.
A l'état anhydre, il donne sa couleur rouge aux argiles, aux
ocres rouges, à la sanguine; à l'état hydraté, il est jaune et
donne sa coloration aux ocres et aux argiles jaunes.

On l'obtient artificiellement à l'état anhydre en décomposant
par la chaleur, dans une cornue en terre, du sulfate de fer. Il
se dégage de l'acide sulfureux, des vapeurs d'acide sulfurique
anhydre, et l'on obtient le sesquioxyde pour résidu.

$$2(SO^3,FeO) = Fe^2O^3 + SO^2 + SO^3.$$

Ce résidu est une poudre d'un brun rouge, amorphe, nommée
colcothar.

On l'obtient anhydre et cristallisé en calcinant un mélange
de sulfate de fer et de sel marin dans la proportion de 1 pour
le premier et de 3 pour le second. Débarrassés par le lavage
du sulfate de soude formé pendant la réaction, les cristaux de
sesquioxyde de fer ainsi obtenus sont de belles paillettes d'un
violet foncé et très-dures. On les emploie pour affiler les rasoirs.
De là le nom de *poudre à rasoirs*, que l'on donne au sesquioxyde de fer préparé par cette méthode.

Enfin, la calcination de l'azotate de sesquioxyde de fer, obtenu en traitant le fer par l'acide azotique, laisse un résidu de
sesquioxyde de fer presque noir.

Pour obtenir le sesquioxyde de fer à l'état d'hydrate, on décompose par un alcali un sel de sesquioxyde de fer. Les sels de protoxyde en produisent encore, car le précipité, primitivement blanc verdâtre, tourne avec rapidité au jaune par l'exposition à l'air, et devient hydrate de sesquioxyde. Cet hydrate a pour formule $2Fe^2O^3 + 3aq$. La rouille dont se couvre le fer au contact de l'air humide est le même composé.

4. Propriétés du sesquioxyde de fer. —Anhydre, le sesquioyde de fer est rouge. Quelquefois il est noir, avec un reflet métallique plus ou moins prononcé. Tel est le sesquioxyde obtenu par la calcination de l'azotate, tel est surtout l'*oligiste*. Mais réduits en poudre, ces oxydes noirs deviennent rouges. Le sesquioxyde obtenu par la calcination du sulfate de fer, ou le colcothar, est assez dur pour polir les glaces ; cristallisé, il entame l'acier et donne du fil aux rasoirs. Il n'est que difficilement attaquable par les acides énergiques et bouillants. Il est réduit par l'hydrogène, en donnant de l'eau et du fer métallique. Il est également réduit par l'oxyde de carbone. C'est sur cette propriété qu'est basée la métallurgie du fer.

Le sesquioxyde de fer hydraté est jaune. Par la calcination, il perd son eau d'hydratation et devient rouge. Aussi les ocres et les argiles jaunes, qui doivent leur coloration à cet hydrate, deviennent-elles rouges par l'action du feu. Il est très-soluble dans les acides, même les plus faibles ; mais une fois calciné, il n'est plus attaqué qu'avec une extrême difficulté. Tenu en suspension dans une dissolution concentrée de potasse, que l'on fait traverser par un courant de chlore, il se suroxyde et devient acide ferrique. Il se forme du ferrate de potasse, qui colore la liqueur en beau rouge. L'hydrogène le réduit aisément à la température d'une simple lampe à alcool. Le résidu est le *fer pyrophorique*, dont nous avons parlé dans le précédent chapitre. Ce fer, très-divisé, prend feu spontanément quand on le projette dans l'air. Les substances organiques ramènent avec facilité le sesquioxyde de fer hydraté à l'état de protoxyde ; mais, comme ce dernier absorbe avec une grande rapidité l'oxygène de l'air, le sesquioxyde se reforme à mesure qu'il cède une partie de son oxygène aux matières combustibles en con-

tact avec lui. Le sesquioxyde doit donc être considéré comme
un oxydant, qui porte sur les matières organiques l'oxygène
puisé dans l'air. C'est par l'effet de cette lente combustion que
le bois en contact avec des clous de fer se détériore si rapidement dans une atmosphère humide ou dans l'eau. Les parties
des navires clouées avec du fer sont détruites en très-peu de
temps. Après quelques lessivages, les taches d'encre des tissus
de lin ou de coton sont remplacées par des trous. Les traces de
rouille laissées par l'encre, dans la composition de laquelle il
entre du fer, sont cause de la destruction du tissu. Lorsque,
dans les colonnades communes, il se trouve des paillettes de fer
provenant des cardes, ce fer se rouille pendant les opérations
du blanchiment, et en quatre ou cinq jours l'étoffe est trouée.
Enfin, il est probable que le sesquioxyde de fer joue un rôle
important dans les terres arables, en fixant de l'oxygène sur les
matières organiques, qui sont ainsi transformées en principes
assimilables par les plantes.

5. Applications du sesquioxyde de fer. — Sous les
noms de *colcothar*, *rouge d'Angleterre*, *rouge à polir*, on emploie le sesquioxyde de fer pour polir le verre et les métaux.
Pour être approprié utilement à cet usage, l'oxyde doit être en
poudre d'une extrême finesse. La calcination du sulfate de fer
fournit un colcothar qu'on amène, par de nombreux lavages, au
degré de ténuité convenable. On arrive plus rapidement au but
de la manière suivante.

Dans une dissolution de sulfate de fer, on verse une dissolution concentrée d'acide oxalique, jusqu'à ce qu'il ne se forme
plus de précipité jaune, oxalate de fer. Cet oxalate est recueilli
sur une toile et lavé tant que l'eau de lavage est acide. Cela
fait, on l'exprime fortement et on le place sur une plaque de
tôle à bords relevés, pour le soumettre à l'action de la chaleur.
Vers 200°, la décomposition du sel commence; à une température plus élevée, elle s'opère complétement, et l'oxyde rouge
apparaît, en poussière d'une ténuité parfaite.

Enfin le sesquioxyde de fer, tantôt anhydre, tantôt hydraté,
fournit à la peinture diverses couleurs. Les ocres jaunes et les
ocres rouges, le rouge de mars, le brun rouge, la terre d'om-

bre, la terre de Sienne, etc., etc., se rattachent au sesquioxyde de fer.

6. Oxyde de fer magnétique Fe^2O^3,FeO. — Le sesquioxyde de fer est un oxyde indifférent, comme son isomorphe l'alumine. Il fait fonction de base dans l'azotate, le sulfate de sesquioxyde; il fait fonction d'acide dans l'oxyde magnétique, combinaison de 1 équivalent de sesquioxyde et de 1 équivalent de protoxyde de fer.

Cet oxyde salin forme à lui seul, en Suède, des montagnes entières. C'est le meilleur des minerais de fer. Les fers de la Suède lui doivent leur supériorité. L'aimant naturel en est formé presque entièrement. C'est une substance noire, douée de l'éclat métallique, fusible sans décomposition à une haute température.

On l'obtient artificiellement quand on décompose l'eau par le fer incandescent. Il se dégage de l'hydrogène, et le fer se recouvre d'une pellicule friable noire, qui est de l'oxyde magnétique. En sa qualité d'oxyde salin, il ne peut former de sels particuliers. Dissous dans un acide et évaporé, il donne un mélange de deux sels, sel de protoxyde et sel de sesquioxyde. Ou bien encore, le protoxyde seul passe à l'état de sel, et le sesquioxyde reste comme résidu. Ainsi, en traitant l'oxyde magnétique par l'acide chlorhydrique en quantité insuffisante, on obtient du protochlorure de fer et un résidu de sesquioxyde.

7. Bisulfure de fer S^2Fe. — Le fer donne, avec le soufre, des combinaisons plus nombreuses encore qu'avec l'oxygène. Deux seulement ont assez d'importance pour être mentionnées ici : ce sont le bisulfure et le protosulfure.

Le bisulfure de fer, en minéralogie pyrite, est un produit naturel très-abondamment répandu. Ce composé est dimorphe : il cristallise en cubes ou en prismes à base rhombe. La pyrite cubique est d'un beau jaune d'or et d'un superbe éclat métallique, cause de fréquentes illusions chez les personnes non familières avec ces apparences trompeuses. Le nom vulgaire d'*or des ânes* fait allusion à ce riche aspect d'une matière sans valeur. La pyrite cubique est très-dure, au point de faire feu sous le briquet. Elle n'éprouve aucune altération à l'air.

La pyrite prismatique, douée d'un bel éclat métallique comme l'autre, est d'un jaune verdâtre. Elle est très-altérable au contact de l'air humide. Elle attire l'oxygène, se gonfle, tombe peu à peu en poussière, et, finalement, est convertie en sulfate de fer. C'est à sa présence dans les schistes houillers, et à son oxydation spontanée, que l'on attribue les incendies qui parfois éclatent dans certaines houillères.

Distillées en vase clos, les pyrites dégagent une portion de leur soufre et se transforment en sulfure double correspondant à l'oxyde salin magnétique, c'est-à-dire en une combinaison de sesquisulfure et de protosulfure.

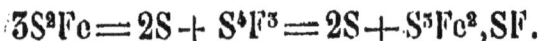

$$3S^2Fe = 2S + S^4F^3 = 2S + S^3Fe^2,SF.$$

Ce double sulfure se trouve aussi à l'état naturel. Il est fort digne de remarque que ce sulfure salin, correspondant à l'oxyde salin dans lequel l'oxygène serait remplacé par du soufre, est magnétique comme lui. La substitution du soufre à l'oxygène laisse ici intact l'édifice chimique, et respecte jusqu'à sa propriété physique fondamentale, sa propriété magnétique. On donne à ce composé, qui établit entre le soufre et l'oxygène de si curieuses analogies, le nom de *pyrite magnétique*. C'est, dans la série sulfurée, l'analogue de l'oxyde magnétique dans la série oxygénée.

Grillées au contact de l'air, les pyrites dégagent de l'acide sulfureux. C'est ainsi que s'obtient généralement aujourd'hui le gaz sulfureux nécessaire à la fabrication de l'acide sulfurique.

Enfin les pyrites prismatiques, exposées à l'action prolongée de l'air humide, donnent une grande partie du sulfate de fer du commerce.

8. **Protosulfure de fer** SFe. — En chauffant en vase clos des poids égaux de limaille de fer et de fleur de soufre, on obtient une masse noire de protosulfure de fer, que l'on utilise dans les laboratoires pour obtenir le gaz acide sulfhydrique. Il suffit, en effet, d'attaquer ce composé par l'acide chlorhydrique pour dégager de l'hydrogène sulfuré.

$$SFe + ClH = SH + ClFe.$$

Le soufre et le fer en limaille se combinent ensemble à la température ordinaire, lorsque le mélange est un peu humecté. La réaction est assez énergique pour que le mélange s'échauffe très-sensiblement. Si même on opère sur des masses un peu fortes, il peut y avoir inflammation. Un chimiste renommé du dernier siècle, Lémery, attribuait à un fait de ce genre les éruptions volcaniques. Il enterrait dans le sol humide un mélange de soufre et de fer. Quelque temps après, le sol se boursouflait, s'ouvrait de crevasses, et laissait échapper des jets de flamme. Il est évident que l'explosion était produite par la vapeur d'eau, dont la tension brisait l'enveloppe de terre; enfin le sulfure de fer, très-chaud, était lancé dans l'air et y brûlait avec incandescence. Il est reconnu aujourd'hui que la cause de l'activité des volcans n'a rien de commun avec les réactions chimiques en jeu dans le volcan artificiel de Lémery. Pour reproduire en petit l'expérience du vieux chimiste, on introduit dans un flacon un mélange humide de limaille de fer et de fleur de soufre. On ferme le flacon avec un bouchon de liége portant un tube ouvert. Au bout de quelque temps, on voit sortir par le tube une gerbe de vapeur produite par la haute température qu'acquiert le mélange.

Si l'on expose à l'air le sulfure de fer humide ainsi formé, on le voit en peu de temps changer de couleur en absorbant de l'oxygène. De noir qu'il est au début, il devient d'abord blanchâtre à la surface, parce qu'il se transforme en sulfate de fer; plus tard il passe au jaunâtre, en devenant sulfate de sesquioxyde.

9. Ferrocyanure de potassium, ou prussiate jaune de potasse $(FeCy^3)K^2$. — Si l'on calcine au rouge un mélange de matières très-azotées, comme chair desséchée, rognures de cuir, etc., avec de la limaille de fer et du carbonate de potasse, on obtient une matière qui, traitée par l'eau bouillante, fournit du prussiate jaune de potasse, se déposant en cristaux par le refroidissement.

Ce sel est en cristaux aplatis, d'un jaune citron, friables, d'un goût d'abord sucré, puis amer et salé. Il renferme 3 équivalents d'eau de cristallisation, qu'il perd à 100°. Il est soluble dans quatre fois son poids d'eau froide, et dans deux fois son poids d'eau bouillante. Il est insoluble dans l'alcool et inaltérable à l'air.

Presque tous les sels métalliques solubles décomposent sa dissolution et donnent lieu à des précipités souvent remarquables par leur couleur, qui peut servir de caractéristique dans la détermination d'un sel. Ainsi, les sels de cuivre produisent un précipité d'un rouge cramoisi, les sels de sesquioxyde de fer un précipité d'un beau bleu, etc. C'est à cause de cette propriété que le prussiate jaune de potasse acquiert de l'intérêt. Tous ces précipités ont une composition qui correspond à celle du prussiate qui les a déterminés, avec cette différence que le potassium y est remplacé par une quantité équivalente du métal qui se trouvait dans la dissolution saline. Voici quelques exemples de ces réactions remarquables, où un composé ternaire, contenant du fer et du cyanogène, ou, en d'autres termes, du fer, du carbone et de l'azote, fait le double échange, se déplace tout d'une pièce, et remplit enfin le rôle d'un corps simple. On donne à ce radical ternaire $FeCy^3$ le nom de *ferrocyanogène*.

$$(FeCy^3)K^2 + 2(SO^4)Cu = (FeCy^3)Cu^2 + 2(SO^4)K$$

Ferrocyanure de potassium. Sulfate de cuivre. Ferrocyanure de cuivre. Sulfate de potasse.

$$(FeCy^3)K^2 + 2(AzO^6)Pb = (FeCy^3)Pb^2 + 2(AzO^6)K$$

Ferrocyanure de potassium. Azotate de plomb. Ferrocyanure de plomb. Azotate de potasse.

$$(FeCy^3)K^2 + 2ClZn = (FeCy^3)Zn^2 + 2ClK.$$

Ferrocyanure de potassium. Chlorure de zinc. Ferrocyanure de zinc. Chlorure de potassium.

On le voit, d'après ces quelques exemples, que l'on pourrait indéfiniment multiplier, le composé $FeCy^3$, contenant 1 équivalent de fer et 3 de cyanogène, ou bien, en tenant compte de la composition du cyanogène, 1 équivalent de fer, 6 de carbone et 3 d'azote, fait office de corps simple et se substitue à un radical non métallique, en particulier au chlore, malgré sa nature très-complexe, constituée par 10 équivalents de trois corps simples différents.

Le ferrocyanogène prend rang à la suite du cyanogène dans la famille du chlore, de l'iode, etc. On lui connaît un hydracide ou un ferrocyanure d'hydrogène, correspondant à l'acide chlorhydrique du chlore, à l'acide cyanhydrique du cyanogène, etc.; seulement, cet acide est biatomique, c'est-à-dire qu'il renferme 2 équivalents d'hydrogène échangeables pour 2 équivalents d'un autre métal. On soumet à l'action de l'hydrogène sulfuré le cyanoferrure de plomb, obtenu en décomposant une dissolution d'un sel de plomb par une dissolution de prussiate jaune de potasse. Il se forme du sulfure de plomb et de l'hydracide du ferrocyanogène, c'est-à-dire de l'acide ferrocyanhydrique.

$$(FeCy^3)Pb^2 + 2SH = 2SPb + (FeCy^3)H^2.$$

Ferrocyanure de plomb.	Acide sulfhydrique.	Sulfure de plomb.	Acide ferrocyanhydrique.

Ce composé est solide, cristallisable, soluble dans l'eau, et doué d'une saveur aigre. Il décompose les carbonates avec effervescence et se comporte comme un hydracide, comme l'acide chlorhydrique en particulier. Mis en contact avec de la potasse ou du carbonate de potasse, il donne naissance à du cyanoferrure de potassium, de même que l'acide chlorhydrique, dans ces circonstances, donne naissance à du chlorure de potassium.

Si l'on traite convenablement le prussiate jaune de potasse par l'acide chlorhydrique, on obtient encore l'acide ferrocyanhydrique. Dans ce cas, les deux radicaux échangent entre eux les métaux avec lesquels ils sont combinés.

$$(FeCy^3)K^2 + 2CIH = (FeCy^3)H^2 + 2ClK.$$

Tous ces faits permettent de considérer le prussiate jaune de potasse comme un corps analogue, par sa constitution, aux chlorures, aux bromures, aux cyanures, etc. Son radical est le ferrocyanogène, et son véritable nom est ferrocyanure de potassium. Il nous reste à voir d'où lui vient le nom vulgaire de prussiate jaune de potasse.

10. **Bleu de Prusse.** — Si, dans une dissolution saline de sesquioxyde de fer, on verse une dissolution de cyanoferrure de potassium, il se produit à l'instant un précipité d'une magni-

fique matière bleue. C'est le *bleu de Prusse*, ainsi appelé parce qu'il fut découvert en Prusse, au commencement du dernier siècle, par Diesbach, chimiste de Berlin. L'expression de prussiate fait donc allusion à ce beau composé; on veut entendre par là le sel de potasse qui donne le bleu de Prusse, avec les sels de sesquioxyde de fer. La formule du bleu de Prusse est $(FeCy^3)^{1\frac{1}{2}}Fe^2$; c'est donc un sesquiferrocyanure de fer.

Le bleu de Prusse du commerce est en masses plus ou moins compactes, à cassure terne. Il est d'un bleu foncé à reflet rougeâtre, et, par le frottement, acquiert un bel éclat métallique bronzé, ayant quelque analogie avec celui de l'indigo. Le bleu de Prusse est complétement insoluble dans l'eau et l'alcool, et inattaquable par les acides étendus. Après un contact d'une paire de jours avec l'acide chlorhydrique ou l'acide sulfurique, il devient soluble dans l'acide oxalique. Les proportions qui donnent les plus belles dissolutions sont les suivantes : 8 parties de bleu de Prusse, préalablement traité par l'acide sulfurique ; 1 partie d'acide oxalique et 25 parties d'eau. C'est ainsi qu'on prépare l'*encre bleue*. La teinture des tissus, l'impression des indiennes, la peinture à l'huile, la fabrication des papiers peints, etc., etc., font usage du bleu de Prusse, la plus belle et la plus utile des couleurs minérales.

11. **Ferricyanure de potassium, ou prussiate rouge de potasse** $(Fe^2Cy^6)K^3$. — Le prussiate jaune en dissolution, traité à froid par le chlore, abandonne à celui-ci une partie de son potassium, et devient ce que l'on appelle prussiate rouge de potasse, ou ferricyanure de potassium.

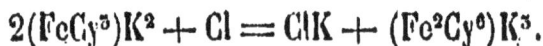

$$2(FeCy^3)K^2 + Cl = ClK + (Fe^2Cy^6)K^3.$$

| Ferrocyanure de potassium. | | Ferricyanure de potassium. |

L'opération est terminée lorsque la liqueur, traversée par le courant de chlore, ne donne plus de précipité de bleu de Prusse avec les sels de sesquioxyde de fer. Par l'évaporation, le nouveau composé cristallise en beaux prismes rhomboïdaux d'un rouge orangé. Ces cristaux sont inaltérables à l'air, presque insolubles dans l'alcool, solubles dans l'eau. Le ferricyanure de

potassium sert à découvrir les moindres traces de protoxyde de
fer dans les dissolutions salines ; car, pour peu qu'il y en ait, il
se produit un précipité d'un bleu intense magnifique, précipité
qui n'est pas le véritable bleu de Prusse, malgré ses apparences.

On admet, dans le prussiate rouge de potasse, l'existence d'un
radical (Cy^6Fe^2), auquel on donne le nom de ferricyanogène. Ce
radical est triatomique ; il se combine avec 3 équivalents d'hydrogène pour former l'acide ferricyanhydrique $(Cy^6Fe^2)H^3$, que
l'on obtient par un procédé pareil à celui qu'on met en œuvre
pour obtenir l'hydracide du ferrocyanogène. Ces 3 équivalents
d'hydrogène peuvent être remplacés par 3 équivalents d'un
autre métal, ce qui donne naissance aux divers ferricyanures,
dont la formule générale est $(Cy^6F^2)M^3$.

12. **Sulfate de fer** $SO^3,FeO + 7aq$. **Sa préparation.** —
Le sulfate de fer est connu dans le commerce sous les noms de
couperose verte, vitriol vert. Ce produit important est industriellement obtenu de deux manières : par l'action de l'acide
sulfurique sur le fer, et par la transformation que les pyrites
éprouvent au contact de l'air humide.

L'acide sulfurique étendu dissout le fer avec dégagement
d'hydrogène et formation d'un sulfate de protoxyde.

$$SO^3,HO + Fe = SO^3,FeO + H.$$

Pour réaliser cette réaction dans le but d'obtenir la couperose
verte, l'industrie emploie de l'acide sulfurique de qualité inférieure, celui, par exemple, qui a déjà servi à l'épuration des
huiles, et serait impropre à d'autres usages. Dans cet acide,
étendu d'eau, on introduit de vieilles ferrailles, et les déchets
des ateliers de tournure et de forage. L'hydrogène infect dégagé
par la réaction s'écoule dans une cheminée. Quand la liqueur
cesse de dissoudre du fer, on la concentre et on l'abandonne
dans des cuves en bois doublées de plomb, où, par le repos, elle
ne tarde pas à abandonner, sur des bâtons immergés, de volumineuses grappes de cristaux.

Dans la seconde méthode, on utilise le bisulfure naturel de
fer. Les pyrites en masses ou en rognons, les schistes, les marnes,
les argiles, les houilles, où le sulfate de fer est disséminé en vei-

nules, en filons, enfin les divers minerais pyriteux, sont soumis, lorsque par eux-mêmes ils ne sont pas suffisamment altérables, à un grillage qui les désagrége et les rend plus aptes à absorber l'oxygène de l'air. La matière est alors amoncelée en tas, que l'on arrose avec de l'eau de temps à autre. Si le minerai est peu riche en sulfure, on l'alterne avec des couches de combustible que l'on enflamme pour activer l'oxydation. Au bout de quelques mois, les tas sont convertis en une matière pulvérulente, de couleur grisâtre, due à la transformation du sulfure de fer en sulfate. On lessive la matière, et la liqueur, concentrée par la chaleur, est amenée dans des cristallisoirs ou vastes citernes en pierre, où plongent de nombreuses perches. C'est sur ces perches, ainsi que sur les parois des citernes, que la couperose verte se dépose en cristaux.

Préparé de la sorte, le sulfate de fer ne peut être pur, les pyrites ne l'étant pas elles-mêmes. En effet, celui du commerce contient du cuivre, du zinc, du manganèse, de l'alumine, de la magnésie et de la chaux, substances qui accompagnent les pyrites ou leurs gangues. Parmi toutes ces impuretés, le cuivre seul pourrait nuire dans certaines applications. On l'en débarrasse en mettant la dissolution du sel impur en contact avec du fer, qui remplace le cuivre dans le composé salin et le précipite à l'état métallique. Toutefois, les teinturiers préfèrent, pour quelques cas particuliers, la couperose cuprifère. Aussi, sous le nom de *vitriol de Salzbourg*, le commerce donne-t-il un double sel, dans lequel entrent 3 équivalents de sulfate de fer pour 1 équivalent de sulfate de cuivre.

On obtient du sulfate de fer pur, à l'usage des laboratoires, en attaquant du fil de fer par l'acide sulfurique étendu, et en faisant cristalliser plusieurs fois.

13. **Propriétés du sulfate de fer.** — Le sulfate de protoxyde de fer cristallise en prismes obliques, à base rhombe, d'un vert clair, et contenant 7 équivalents d'eau. Il a une saveur styptique. L'eau bouillante en dissout trois fois son poids ; 100 parties d'eau à 15° en dissolvent 70. Chauffé à 100°, le sulfate de fer perd 6 équivalents d'eau de cristallisation, et devient blanc ; il en fait autant dans l'alcool, sans s'y dissoudre. Le

septième équivalent d'eau de cristallisation ne disparaît qu'à 300°. Au rouge sombre, le sulfate de fer se décompose en sesquioxyde de fer ou colcothar, en acide sulfureux et en acide sulfurique anhydre.

Exposés à l'air, les cristaux de sulfate de fer perdent leur transparence et prennent un aspect ocreux. Ce changement est dû à la formation d'un sous-sulfate de sesquioxyde, sous l'influence de l'oxygène de l'air. C'est le même sous-sel qui prend naissance dans une dissolution de sulfate de fer exposée à l'air, et se dépose sous forme d'une ocre jaunâtre. La suroxydation de ce sel se fait avec tant de facilité, que, pour le dissoudre dans l'eau sans amener la formation de quelques traces de sulfate de sesquioxyde, il faut prendre des précautions, dont la principale est la désaération de l'eau par l'ébullition. Il faut, en outre, conserver la dissolution hors de tout contact avec l'air, c'est-à-dire dans des flacons pleins et bien bouchés.

La prompte action de l'air sur le sulfate de protoxyde de fer fait pressentir celle des corps oxydants, chlore, acide azotique, etc. Si l'on fait passer un courant de chlore dans une dissolution de ce sel, la couleur verte est remplacée par une couleur jaunâtre, et le liquide contient alors du sulfate de sesquioxyde. Pareille chose arrive avec l'acide azotique.

Au contraire, on peut ramener les sels de sesquioxyde à l'état de sels de protoxyde, par l'action de corps réducteurs. Que l'on fasse arriver un courant d'hydrogène sulfuré dans une dissolution de sulfate de sesquioxyde, et l'on verra la liqueur jaunâtre devenir verte, avec un dépôt de soufre. L'ébullition avec de la limaille de fer convertit également le sulfate de sesquioxyde en sulfate de protoxyde.

Le protosulfate de fer, ainsi que tous les sels de fer à base de protoxyde, absorbent facilement le bioxyde d'azote et se colorent en brun. Cette réaction est mise à profit pour reconnaître les azotates. Une liqueur que l'on a additionnée d'acide sulfurique et de cristaux de sulfate de fer, devient rose si elle contient des traces d'azotate, et brune si elle en contient une proportion un peu forte.

14. Usages du sulfate de fer. — C'est principalement

dans la teinture que le sulfate de fer trouve une importante application. Avec le concours de la noix de galle et autres matières végétales riches en tannin, il teint les étoffes en noir. L'encre ordinaire résulte également d'une réaction du tannin sur le sulfate de fer. C'est avec lui que se préparent, par la distillation, l'acide de Nordhausen et le colcothar. Le bleu de Prusse est le produit de sa réaction avec le prussiate jaune de potasse. La facilité avec laquelle il se suroxyde le fait employer comme agent réducteur, par exemple, pour désoxygéner l'indigo et le rendre ainsi soluble. On l'utilise, enfin, pour fixer l'acide sulfhydrique à l'état de sulfure de fer, et désinfecter ainsi les fosses d'aisance.

15. Caractères des sels de fer. — Deux genres de sels sont ici à distinguer : les sels à base de protoxyde, et les sels à base de sesquioxyde.

Les *sels de protoxyde de fer* sont verts à l'état hydraté, blancs à l'état anhydre. Ils ont une saveur astringente, analogue à celle de l'encre. Ils se suroxydent au contact de l'air et prennent une coloration ocreuse, due à la formation d'un sel de sesquioxyde.

Avec les alcalis, ils donnent un précipité d'un blanc verdâtre qui, par l'exposition à l'air, se suroxyde et se convertit en rouille.

Avec les sulfures alcalins, ils donnent un précipité noir de sulfure de fer.

Avec le prussiate jaune de potasse, ils donnent un précipité blanc, que l'air bleuit peu à peu.

Avec le prussiate rouge, il se produit un précipité d'un beau bleu.

Avec l'infusion de noix de galle, il n'y a point de réaction.

Les *sels de sesquioxyde de fer* ont une coloration jaunâtre ou rougeâtre, rappelant plus ou moins celle de la rouille.

Avec les alcalis, ils laissent précipiter un hydrate de sesquioxyde de fer d'un jaune rougeâtre.

Avec le prussiate jaune de potasse, ils donnent du bleu de Prusse.

Avec le prussiate rouge, il n'y a pas de réaction.

Avec l'infusion de noix de galle, il se produit un précipité d'un bleu noir foncé.

Avec les sulfures alcalins, il y a un précipité noir.

La caractéristique par excellence des sels de fer est fournie par la réaction de l'un ou de l'autre prussiate. Toute liqueur qui renferme du fer à l'état salin donne un précipité bleu, ou du moins bleuit, par l'addition du prussiate jaune ou du prussiate rouge, suivant l'état d'oxydation où se trouve le fer.

RÉSUMÉ

1. On connaît trois composés oxygénés du fer : le protoxyde, le sesquioxyde et l'acide ferrique.

2. Le protoxyde de fer s'obtient anhydre en réduisant, au rouge sombre, du sesquioxyde de fer par un mélange d'oxyde de carbone et d'acide carbonique. On l'obtient à l'état d'hydrate en décomposant par un alcali une dissolution saline de protoxyde, en particulier une dissolution de couperose verte. Cet hydrate passe avec une grande facilité, au contact de l'air, à l'état d'hydrate de sesquioxyde.

3. Le sesquioxyde de fer, anhydre ou hydraté, est très-abondant dans la nature. Il forme la majeure partie des minerais de fer. On l'obtient artificiellement anhydre et cristallisé en calcinant un mélange de sulfate de fer et de sel marin. On l'obtient anhydre et amorphe en décomposant par la chaleur le sulfate de fer. On l'obtient hydraté, en décomposant par un alcali une dissolution d'un sel de sesquioxyde.

4. Le sesquioxyde de fer est rouge ou d'un noir métallique suivant qu'il est en poudre ou agrégé en masse. Les acides l'attaquent difficilement. Le sesquioxyde de fer hydraté est jaune et soluble sans difficulté dans les acides. Il est réduit par l'hydrogène et par l'oxyde de carbone.

5. Le sesquioxyde de fer forme le *rouge d'Angleterre* ou *colcothar*, la *poudre à rasoirs*. Il fait partie des *ocres rouges* ou *jaunes*, de la *terre de Sienne*, de la *terre d'Ombre*, du *rouge de mars*, etc.

6. L'oxyde de fer magnétique est un oxyde salin naturel. C'est le meilleur des minerais de fer. En Suède, il constitue des montagnes entières. L'aimant naturel en est presque entièrement formé. On l'obtient artificiellement lorsqu'on décompose l'eau par le fer incandes-

cent. Il est formé d'un équivalent de protoxyde, faisant fonction de base et d'un équivalent de sesquioxyde, faisant fonction d'acide. Ce dernier est un oxyde indifférent, comme l'alumine, son isomorphe.

7. Le bisulfure de fer ou *pyrite* est un produit naturel très-abondamment répandu. Ce composé est dimorphe : il cristallise en cubes ou en prismes à base rhombe. La *pyrite cubique* ne s'altère que difficilement à l'air ; la *pyrite prismatique* s'oxyde aisément et se convertit en sulfate de fer. Chauffé en vase clos, le bisulfure de fer abandonne du soufre et devient *pyrite magnétique*, correspondant à l'oxyde magnétique.

8. On obtient le protosulfure de fer en fondant dans un creuset un mélange de soufre et de fer. Ce produit est utilisé pour préparer l'acide sulfhydrique. En présence de l'eau, le soufre se combine au fer avec beaucoup de facilité. Le volcan artificiel de Lémery est basé sur cette réaction. Le protosulfure de fer obtenu par cette voie absorbe rapidement l'oxygène de l'air et devient sulfate de fer.

9. Le *ferrocyanogène* $FeCy^3$ est un radical biatomique, que l'on obtient en combinaison avec le potassium lorsqu'on calcine un mélange de matières animales azotées, de carbonate de potasse et de limaille de fer. Ce composé $(FeCy^5)K^{2'}$ prend le nom de ferrocyanure de potassium ou de *prussiate jaune de potasse*. Avec l'hydrogène, ce radical produit l'*acide ferrocyanhydrique*.

10. Par double échange, le cyanoferrure de potassium donne, avec les sels métalliques, des précipités de coloration variée, dont le plus remarquable est le bleu de Prusse ou sesquiferrocyanure de fer. On obtient le bleu de Prusse en versant une dissolution de prussiate jaune de potasse dans une dissolution saline de sesquioxyde de fer.

11. Au moyen du chlore, on enlève au prussiate jaune de potasse le quart de son potassium et on le transforme en *prussiate rouge* ou *ferricyanure de potassium*. Dans ce composé, il entre un radical triatomique Fe^2Cy^6, qui fournit l'acide ferricyanhydrique $(Fe^2Cy^6)H^3$.

12. Le sulfate de protoxyde de fer s'obtient en grand soit par l'oxydation spontanée des pyrites, soit par le traitement du fer au moyen de l'acide sulfurique étendu.

13. Le sulfate de protoxyde de fer, *couperose verte, vitriol vert*, est d'un beau vert émeraude et d'une saveur d'encre. Il s'altère aisément au contact de l'air et devient sulfate de sesquioxyde.

14. Le sulfate de fer sert dans la teinture en noir, dans la fabrication de l'encre, du bleu de Prusse, du colcothar, de l'acide sulfurique du Nordhausen, etc., etc.

15. La caractéristique par excellence des sels de fer est fournie par

l'un ou l'autre prussiate. Les sels à base de protoxyde donnent un précipité bleu avec le prussiate rouge, les sels à base de sesquioxyde donnent un précipité bleu avec le prussiate jaune.

CHAPITRE XX

ZINC

Zn = 33.

1. Minerais de zinc. — Le zinc, dont l'emploi comme métal d'un usage vulgaire date seulement de ce siècle, s'extrait de la *calamine* et de la *blende*. La calamine est un carbonate de zinc, souvent accompagné de silicate de ce métal, et toujours associé à de l'oxyde de fer et à de la gangue. C'est une matière amorphe, blanchâtre ou jaunâtre, constituant de grands amas dans les terrains de sédiment, depuis la formation carbonifère jusqu'à la formation jurassique. Elle contient jusqu'à 68 pour 100 d'oxyde de zinc. Ce minerai, d'un traitement facile, fournit la majeure partie du zinc. Les principaux gisements sont dans la haute Silésie et en Belgique, surtout aux environs d'Aix-la-Chapelle, où se trouvent les mines renommées de la Vieille-Montagne.

La blende est un sulfure de zinc, mêlé à de faibles quantités de gangue et de sulfure de fer. Lorsqu'elle est pure, elle a la forme d'octaèdres jaunâtres et translucides. La plus commune est d'un brun rouge verdâtre, à cassure tantôt lamelleuse, tantôt fibreuse. Rarement la blende forme des gîtes à elle seule; elle accompagne le sulfure de plomb ou galène, quelquefois en quantité considérable.

Bien que la calamine et la blende diffèrent de composition, on les soumet aux mêmes traitements pour en retirer le zinc. Ces traitements débutent par des lavages, qui ont pour but d'élimi-

ner la gangue, consistant surtout en argile très-ocreuse. Le minerai épuré est alors soumis au grillage. La calamine perd son

Fig. 55. — Four belge pour l'extraction du zinc.

acide carbonique, la blende perd son soufre et s'oxyde, et toutes
les deux laissent pour résidu de l'oxyde de zinc. Ramenés de
cette manière à l'état d'oxyde, les deux minerais sont chauffés

avec du charbon qui les réduit. Le zinc métallique et l'oxyde de carbone sont les produits de cette réduction.

Le zinc est volatil à une haute température, et peut être distillé ; aussi son extraction du minerai se fait-elle par distillation dans des vases clos. Deux systèmes sont mis en œuvre, différant par la forme des vases et la disposition des fours. L'un est le système belge, employé dans les mines de la Vieille-Montagne, l'autre le système silésien.

2. **Système belge.** — Le minerai, grillé et réduit en poudre sous des meules, est mélangé avec de la houille maigre en menus fragments, qui sert de réducteur. Le mélange est introduit dans des cylindres en terre réfractaire, de 1 mètre environ de longueur, ouverts à une extrémité et fermés à l'autre. On superpose obliquement, au moyen d'appuis pratiqués sur les parois du four, de quarante à quatre-vingts de ces cylindres C, C, C (fig. 55). Quatre fours, adossés l'un à l'autre, communiquent avec une cheminée centrale et forment ce qu'on appelle un *massif*. La flamme issue des foyers F, F, etc., circule dans les intervalles des quatre piles de cylindres. A l'orifice de chacun de ces cylindres on ajuste, avec de l'argile, un tube en terre conique.

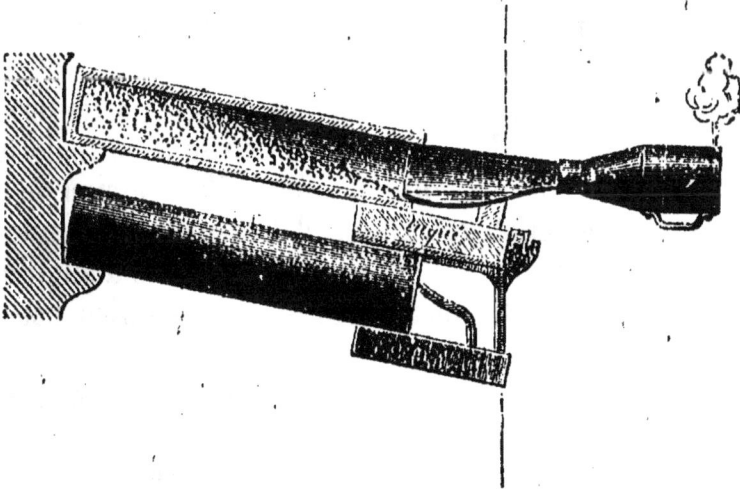

Fig. 50. — Disposition des cylindres, tubes et allonges dans le système belge.

ventru inférieurement (fig. 50). Enfin, ce tube en terre est coiffé d'une allonge en tôle, percée d'un trou de quelques millimètres pour le dégagement des produits gazeux. Dans le creuset cylindrique, porté à une température de 1200° environ, le minerai est réduit par la houille ; le zinc distille et vient se condenser dans le ventre du tube. L'allonge en tôle terminale reçoit les poussières métalliques condensées les dernières. A la fin de la journée on enlève cette allonge, que l'on secoue dans un bac en tôle pour recueillir son contenu, et l'on introduit une curette dans le ventre du tube pour en extraire le zinc liquide, que l'on fait tomber dans un vase en fer battu. Cela fait, on remet l'allonge en place, et l'on continue la distillation jusqu'à ce que le contenu des creusets cylindriques ait fourni tout son métal. Ces creusets sont alors nettoyés, chargés de nouveau, et l'opération recommence.

3. Système silésien. — Dans le système silésien, un four central chauffe des mouffles en terre réfractaire M, contenant le mélange de minerai et de charbon. Ces mouffles, au nombre de trente à quarante, sont rangées parallèlement sur deux banquettes latérales. Un tube condenseur ventru A reçoit les vapeurs métalliques (fig. 57). C'est là que s'amasse le zinc liquéfié. Un cornet en tôle T termine le condenseur et recueille les poussières métalliques. Comme dans le procédé belge, on puise le zinc dans la partie ventrue du condenseur au moyen d'une curette.

Les poussières métalliques amassées dans la partie terminale de l'appareil belge et de l'appareil silésien sont en majorité formées d'oxyde de zinc ou *cadmie*, suivant l'expression métallurgique. Le zinc, en effet, est un métal très-oxydable à une haute température ; et comme les appareils sont pleins d'air, l'oxydation est inévitable. Ces poussières sont recueillies pour être traitées comme minerai.

4. Épuration du zinc. — Le zinc commercial contient divers corps étrangers provenant soit du minerai, soit de la houille qui a servi de réducteur. On y trouve des traces de fer, de cuivre, de plomb, de cadmium, de charbon, d'arsenic, de soufre. Par la distillation, on le débarrasse des principes fixes. Cette distillation peut se faire dans les laboratoires, dans une simple cornue en grès, ou bien dans un creuset dont le fond, percé d'un tron, donne passage à un tube en terre, comme le représente la figure 58. Le creuset plein de zinc, fermé avec son couvercle et soigneusement luté, est placé sur un support *r* au centre d'un

Fig. 57. — Four silésien pour l'extraction du zinc.

fourneau. Le tube de dégagement des vapeurs métalliques *t* traverse le fond du creuset, le support, la grille et le fond du fourneau. Par l'extrémité *t*, le métal distille et t mbe goutte à goutte dans un vase plein d'eau V.

Après la distillation, le zinc, toutefois, n'est pas encore chimiquement pur : il contient toujours les éléments volatils, soufre, arsenic, cadmium. En le faisant fondre avec une petite quantité d'azotate de potasse, on élimine le soufre et l'arsenic, qui sont acidifiés. Enfin une dernière distillation, dont on a soin de rejeter les premiers produits, élimine le cadmium, plus volatil que le zinc.

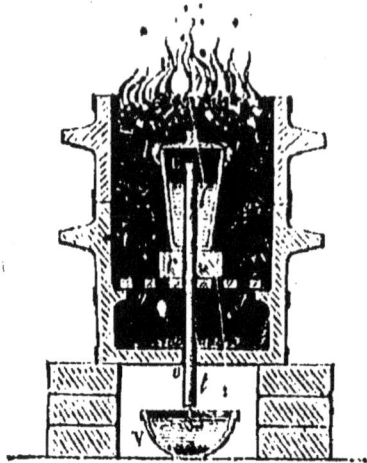

Pour obtenir du zinc pur, le moyen le plus efficace est de calciner dans un creuset un mélange intime d'oxyde de zinc et de sucre. Le résidu charbonneux est alors introduit dans un tube en terre placé sur un fourneau incliné. L'oxyde est réduit par le charbon, le zinc se volatilise et vient se condenser dans la partie moins chaude du tube, d'où il s'écoule dans une terrine pleine d'eau.

Fig. 58. — Appareil pour épurer le zinc.

5. Propriétés physiques du zinc. — Le zinc est d'un blanc bleuâtre et d'une texture lamelleuse. Sa densité est de 6,8 lorsqu'il a été fondu, et de 7,2 lorsqu'il a été laminé. Il est peu flexible, quoique mou. Il s'attache à la lime et la *graisse*, comme le font, à un plus haut degré, l'étain et le plomb. Pur, le zinc est un des métaux les plus malléables; mais lorsqu'il contient, comme celui du commerce, des traces de charbon, d'arsenic, de plomb, de cuivre, de fer, etc., il perd sa malléabilité et se casse aisément à la température ordinaire. Toutefois, à 100° il peut être forgé, laminé et tiré en fils. A une température plus élevée, il redevient cassant; à 200°, il peut être pulvérisé dans un mortier avec facilité. Le zinc est le plus dilatable des métaux, aussi une feuille de ce métal clouée sur son contour est-elle exposée à se déchirer par suite des variations de température. Son point de fusion est à 500°, et son point de volatilisation à 1040°, ou au rouge blanc.

6. Propriétés chimiques du zinc. — L'air sec et froid n'a pas d'action sur le zinc. Au-dessus du point de fusion, l'oxydation est rapide; le zinc brûle en répandant une lumière blanche éclatante. Les particules d'oxyde de zinc en suspension dans la flamme déterminent cet éclat par leur propre incandescence.

L'air humide oxyde lentement le zinc. Il se forme ainsi une couche d'hydrocarbonate imperméable à l'air, qui protége désormais le métal contre l'oxydation. Le zinc impur du commerce est facilement attaquable par les acides; le zinc pur ne l'est pas. Mettons séparément, dans de l'eau acidulée avec de l'acide sulfurique, deux fragments de zinc, l'un tel que le donne le commerce, l'autre purifié par les moyens que nous venons de faire connaître. Le zinc impur produira un abondant dégagement d'hydrogène en se dissolvant, le zinc pur restera intact, et sans apparition de l'hydrogène. On attribue aux métaux, cuivre, plomb, fer, etc., qui accompagnent le zinc du commerce, la cause de cette singulière différence. Ces métaux constituent avec le zinc un couple voltaïque dans lequel ce dernier est le métal attaquable. L'électricité éveille ainsi l'action chimique avec du zinc impur, ce qui ne peut avoir lieu avec du zinc pur. Mais si ce dernier, sur lequel l'eau acidulée n'a pas de prise encore, est mis en contact avec du cuivre, du plomb, etc., un élément voltaïque est formé, et l'attaque a lieu, comme avec du zinc impur.

Le zinc décompose l'eau à la température de l'ébullition en présence de la potasse ou de la soude. Il se dégage de l'hydrogène, et il se forme de l'oxyde de zinc, qui fait fonction d'acide par rapport aux alcalis énergiques. Il se produit ainsi du zincate de potasse ou de soude.

Le zinc seul décompose sensiblement l'eau à 100°, propriété qui le rapproche du magnésium; il la décompose abondamment à une température élevée. Si l'on fait passer de la vapeur d'eau sur des fils de zinc chauffés dans un tube en porcelaine, on a la reproduction de ce qui se passe avec les fils de fer.

7. **Usages du zinc. Fer galvanisé.** — Les usages du zinc sont fort nombreux. A l'état de feuilles, ce métal sert pour les toitures, les gouttières, les baignoires, les arrosoirs, etc. On en fait des objets d'art moulés ou repoussés, mais il ne peut entrer dans les ustensiles de cuisine, parce qu'il est facilement attaquable par les acides et produit avec eux des composés vénéneux. Enfin, il constitue l'élément oxydable des piles voltaïques.

En dehors de ces applications directes, le zinc en a d'autres tout aussi importantes. Il fait partie de quelques alliages d'un haut intérêt, en particulier du *laiton*, dont il sera parlé après l'histoire du cuivre et du *fer galvanisé*, dont nous allons dire ici quelques mots.

Pour protéger le fer contre la rouille on le *galvanise*, c'est-à-dire qu'on le recouvre de zinc en le plongeant dans un bain de ce métal fondu. Il se fait ainsi un alliage superficiel de fer et de zinc. Dans cette association de deux métaux, constituant un couple voltaïque, le zinc est le métal oxydable. C'est sur lui que se porte l'action de l'air humide. D'ailleurs, cette action est de courte durée, car il se produit un enduit, un vernis d'hydrocarbonate imperméable. De la sorte, le fer est protégé par le zinc, et celui-ci par son enduit oxydé.

La galvanisation s'opère comme il suit. Le fer en lames ou en fils séjourne d'abord quelque temps dans de l'eau contenant $\frac{1}{100}$ d'acide sulfurique. Ce *décapage* a pour effet de nettoyer la surface du fer et d'en enlever toute trace d'oxyde, qui empêcherait l'application uniforme du zinc. Le fer, décapé et séché, est plongé dans un bain de zinc fondu, contenu dans de grands creusets en forme de baignoire allongée. Sur le zinc fondu flotte une couche de sel ammoniac, qui préserve le métal de l'oxydation et achève de décaper le fer au moment de son immersion. Au sortir du bain métallique, les pièces galvanisées sont plongées dans une solution étendue de sel ammoniac. Le zinc non adhérent se détache, et l'opération est terminée. Les menus objets en fer, tels que les clous, sont mis dans un panier en fil de fer et plongés ainsi dans le bain de zinc.

8. Oxyde de zinc ZnO. Sa préparation. — Pour une expérience de laboratoire, on fond du zinc dans un creuset. A la température rouge, les vapeurs métalliques, en contact avec l'air, s'enflamment et brûlent avec une éblouissante lumière blanche. En remuant la masse métallique pour renouveler la surface en rapport avec l'air, on donne plus d'éclat encore à cette splendide combustion. En même temps, du sein de la flamme, s'élèvent, entraînés par l'air, des flocons aussi blancs que la neige, aussi légers que le plus fin duvet. Frappés de sa blancheur et de sa délicatesse, les anciens chimistes avaient donné à

ce duvet métallique les noms de fleurs de zinc, de laine philoso-
phique, etc. Ces flocons neigeux sont du zinc brûlé, de l'oxyde
de zinc.

On obtient le même oxyde, mais à l'état pulvérulent et
lourd, en calcinant soit l'azotate, soit le carbonate de zinc; en
décomposant la vapeur d'eau par du zinc chauffé. On l'obtient
hydraté ZnO,HO en décomposant une dissolution d'un sel de
zinc par la potasse ou la soude; mais il faut éviter d'employer
un excès de réactif, car l'oxyde hydraté se dissout aisément
dans les alcalis, et produit des zincates, ou sels dans lesquels
l'oxyde de zinc fait fonction d'acide.

9. Fabrication industrielle de l'oxyde de zinc. —
L'oxyde de zinc est un produit commercial dont la peinture
fait usage; aussi l'opération de laboratoire, qui consiste à brûler du zinc dans un creuset ouvert, est-elle devenue le point de
départ d'une manipulation en grand. Le zinc en lingots est introduit dans des cornues cylindriques A (fig. 59) ouvertes anté-
rieurement. Le métal entre en fusion et se volatilise. Les vapeurs, à l'issue des cornues, rencontrent un courant d'air dirigé
de B en C. Elles prennent feu et deviennent de l'oxyde de zinc.
Celui-ci, en petite partie, retombe dans le récipient D; en plus
grande partie, il est entraîné par le courant d'air et se rend
dans une chambre à obstacles multipliés, où il se dépose. Des
trémies, terminées par des tuyaux de toile, reçoivent le dépôt et
permettent de l'embariller.

10. Propriétés de l'oxyde de zinc. — L'oxyde de zinc
est toujours blanc; si quelquefois il est jaune, il le doit à la présence d'un peu d'oxyde de fer. Il se colore également en jaune
par une forte chaleur, mais alors la coloration est temporaire,
car par le refroidissement l'oxyde reprend sa blancheur primitive. Il est infusible, absolument fixe, très-légèrement soluble
dans l'eau.

Parmi les bases métalliques proprement dites, l'oxyde de zinc
est une de celles qui saturent le mieux les acides; aussi le consi-
dère-t-on comme une base énergique. Il est indécomposable
par la chaleur et réductible sans difficulté par le charbon. Les
dissolutions alcalines sont à peu près sans action sur l'oxyde de

zinc anhydre et calciné; mais elles dissolvent l'hydrate avec production d'un zincate. L'oxyde de zinc est donc un oxyde indifférent, tour à tour base ou acide, suivant les circonstances. Anhydre ou hydraté, il est facilement dissous par les acides

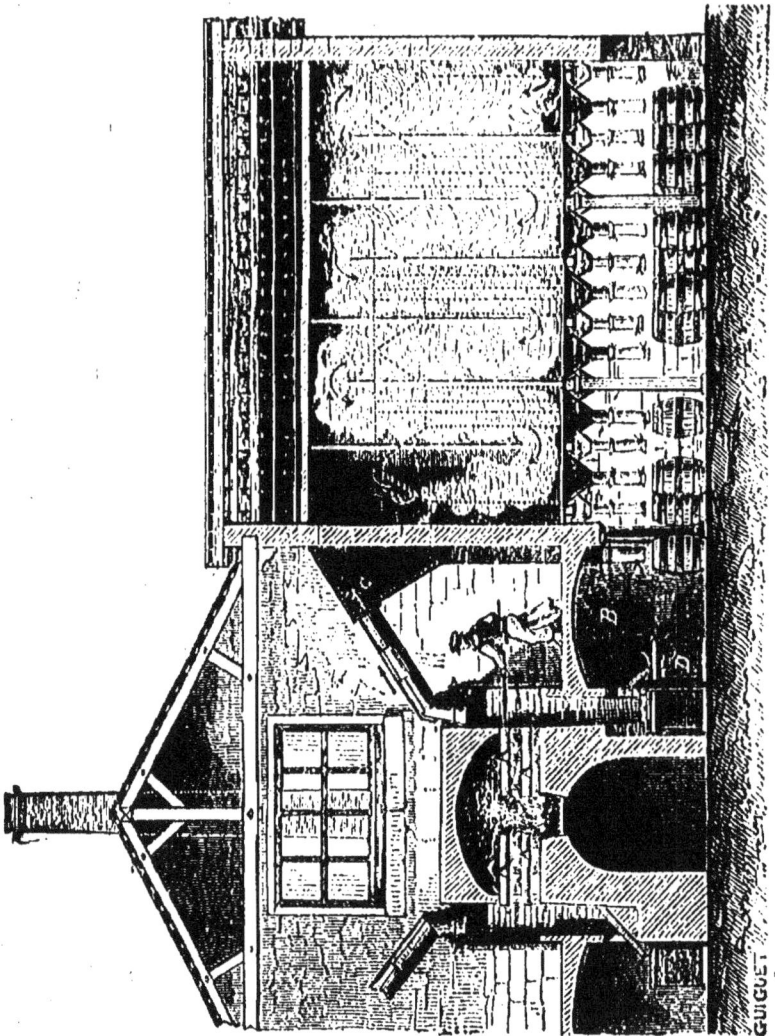

Fig. 59. — Fabrication de l'oxyde de zinc.

puissants, acide chlorhydrique, acide azotique, acide sulfurique, qui tous forment avec lui des sels solubles.

11. Usages de l'oxyde de zinc. — Le principal emploi de l'oxyde de zinc est dans la peinture, où il est connu sous le nom de *blanc de zinc*. Il remplace le *blanc de plomb* ou *céruse*, composé très-vénéneux, comme le sont, du reste, tous les sels plombiques, et, de plus, noircissant peu à peu à l'air, sous l'influence des émanations sulfhydriques. Le blanc de zinc est inoffensif; il n'a rien de l'action mortelle que la céruse exerce sur la santé des ouvriers; il ne brunit point par l'hydrogène sulfuré; il conserve à la peinture sa première fraîcheur; mais ces qualités ne suffisent pas pour le faire triompher d'une routine séculaire.

12. **Chlorure de zinc** ZnCl. **Ciment à l'oxychlorure de zinc.** — Le zinc décompose l'acide chlorhydrique avec violence. Il se dégage de l'hydrogène, et il se forme du chlorure de zinc. En évaporant la dissolution, on obtient d'abord du chlorure de zinc cristallisé et hydraté. Si l'évaporation est continuée, le produit final est une matière de consistance butyreuse, que les anciens chimistes appelaient *beurre de zinc.* C'est du chlorure de zinc anhydre. Ce composé est gris, transparent, fusible à 250°. Il ne commence à répandre des vapeurs sensibles qu'à 400°, propriété qui le rend très-commode pour faire des bains à température élevée constante. Il est très-soluble dans l'eau, et déliquescent.

Le chlorure de zinc associé à l'oxyde constitue une sorte de ciment d'une dureté remarquable. On a utilisé cette propriété pour faire une sorte de peinture inaltérable et hydrofuge. La facilité avec laquelle, soit le ciment, soit la peinture, se solidifient, rend indispensable l'intervention de substances ayant la faculté de retarder la dessiccation. Tels sont le borax, le sel ammoniac, le carbonate de soude ou de potasse.

Le ciment à l'oxychlorure de zinc est plus dur que le marbre; le froid et l'humidité ne l'altèrent point; il résiste à une chaleur de 300°, et les acides les plus énergiques l'attaquent à peine. Pour le rendre moins cher, on peut y mêler de la limaille de fer ou de fonte, de la pyrite de fer, de la blende, de l'émeri, du granit, du marbre, ou des calcaires durs. On s'en sert pour sceller. Ce ciment se fait en délayant de l'oxyde de zinc très-dense dans du chlorure liquide, marquant de 50 à 60° à l'aréomètre de Baumé, et auquel on ajoute 3 pour 100 de borax ou de sel ammoniac. Les proportions pondérales entre le chlorure et l'oxyde doivent être de 1 équivalent pour chacun de ces composés.

Pour préparer la peinture à l'oxychlorure de zinc, on ajoute, à 2 litres de chlorure de zinc à 58° Baumé, 5 litres d'eau tenant en dissolution $\frac{2}{100}$ de carbonate de soude, et on délaye peu à peu dans ce liquide assez d'oxyde de zinc pour que le mélange acquière la consistance de la peinture à l'huile. On ne doit préparer à la fois que la quantité de peinture que l'on peut employer en une heure, car en deux heures elle commence à durcir. Cette peinture s'applique sur bois, sur métaux et sur toile. Elle résiste bien à l'air et à l'humidité, mais il faut éviter de l'employer par un temps de pluie ou de gelée, car elle devient alors farineuse ou s'écaille.

13. Sulfate de zinc $SO^3, ZnO + 7aq$. **Sa préparation.** — Ce sel porté dans le commerce les noms de *couperose blanche* et de *vitriol blanc*. On l'obtient en dissolvant des rognures de zinc dans de l'acide sulfurique étendu. C'est le résidu de la préparation de l'hydrogène dans les laboratoires. La pile, dont l'élément oxydable est du zinc, est encore une source de vitriol blanc. Dans les grands établissements de galvanoplastie, de dorure et d'argenture galvaniques, les dissolutions de zinc sont concentrées et versées dans des cristallisoirs, où le sulfate de zinc se dépose. Enfin, on prépare ce sel par le grillage de la blende ou sulfure naturel de zinc. Ainsi traité, ce minerai s'oxyde en perdant une partie de son soufre, tandis que l'autre partie devient acide sulfurique et se combine avec l'oxyde formé. Le sel est séparé par le lessivage et la cristallisation. Pour en rendre le transport plus facile, on le fond dans son eau de cristallisation, et on le coule en pains.

Ces divers procédés ne peuvent donner qu'un produit impur, car le zinc du commerce et la blende ne sont pas purs non plus. La matière étrangère que l'on trouve le plus souvent dans le sulfate de zinc, et dont la présence est pernicieuse pour certaines applications, est le sulfate de protoxyde de fer. Pour l'éliminer, on fait passer un courant de chlore dans la dissolution de sulfate de zinc impur. Par l'action de ce gaz, tout le protoxyde de fer se convertit en sesquioxyde. On chauffe pour chasser l'excès de chlore, et l'on introduit dans le liquide un peu d'oxyde de zinc. Celui-ci, base puissante, expulse de la combinaison saline le sesquioxyde de fer, base faible. En quelques heures, tout le sesquioxyde de fer est déposé. Le liquide surnageant est une dissolution de sulfate de zinc pur.

14. Propriétés et usages du sulfate de zinc. — Ce sel est en cristaux incolores, sous forme de prismes droits terminés par des pyramides quadrangulaires. Il est isomorphe avec le sulfate de magnésie. Sa saveur est amère, styptique. Il s'effleurit à l'air. L'eau à l'ébullition en dissout poids pour poids; à la température ordinaire, elle en dissout du tiers à la moitié de son poids. A 100°, le sulfate de zinc fond dans son eau de cristallisation, et perd 6 équivalents d'eau; à 238°, il devient anhydre. Par une très-forte chaleur, il se décompose en oxyde, en acide sulfureux et en oxygène.

Le sulfate de zinc est employé dans les ateliers d'indiennerie; comme le sulfate de fer, il peut servir à la désinfection des fosses d'aisance; la médecine l'utilise comme caustique, en particulier dans les ophthalmies.

15. Caractères des sels de zinc. — Les sels de zinc sont incolores, à moins que leur acide ne soit coloré lui-même. Ils ont une saveur styptique, amère et nauséabonde. Deux caractères chimiques permettent aisément de les reconnaître.

Les sulfures alcalins donnent, avec les dissolutions des sels de zinc, un précipité blanc de sulfure de zinc. Les autres sels métalliques produisent un précipité généralement coloré en noir.

L'ammoniaque donne un précipité blanc d'hydrate d'oxyde de zinc, et le dépôt qui se forme est redissous par un excès de réactif. Cette propriété sert à distinguer les sels de zinc des sels où entre l'alumine, car, si celle-ci est soluble dans un excès de potasse ou de soude, elle ne l'est pas dans un excès d'ammoniaque.

RÉSUMÉ

1. Les minerais de zinc sont la *calamine* ou carbonate de zinc et la *blende* ou sulfure de zinc. Les principaux gisements des minerais de zinc se trouvent en Belgique et dans la Silésie.

2. La calamine et la blende, préalablement grillées, sont ainsi converties en oxyde. Cet oxyde est réduit par le charbon.

3. Le traitement se fait d'après le système belge ou le système silésien, qui diffèrent dans la forme des fours et des appareils à réduction.

4. Le zinc du commerce contient des traces de fer, de cuivre, de plomb, de charbon, de soufre, d'arsenic, etc. On l'épure, dans les laboratoires, en le distillant dans une cornue en terre ou dans un creuset armé d'un tube qui en traverse le fond. On obtient du zinc chimiquement pur en réduisant l'oxyde de zinc par le charbon très-divisé provenant de la calcination du sucre.

5. Très-malléable lorsqu'il est pur, le zinc devient cassant lorsqu'il renferme des matières étrangères. A 100° le zinc du commerce peut être forgé et laminé; à 200° il est tellement cassant, qu'on peut le pulvériser dans un mortier. Le zinc est le plus dilatable des métaux.

6. Le zinc pur ne décompose pas l'eau acidulée; le zinc impur la décompose. Les métaux étrangers qui l'accompagnent forment avec lui un couple voltaïque dans lequel il constitue l'élément oxydable; et telle est la cause de son activité chimique à l'état impur.

7. Le *fer galvanisé* est du fer recouvert d'une couche de zinc. Les deux métaux constituant un couple voltaïque dont le zinc est l'élément oxydable, le fer se trouve ainsi préservé de la rouille. On galvanise le fer en le plongeant bien décapé dans un bain de zinc fondu.

8. L'oxyde de zinc est le produit de la combustion du zinc, ou de la calcination du carbonate et de l'azotate. On l'obtient hydraté en décomposant un sel de zinc par un alcali, dont on doit éviter un excès qui redissoudrait le précipité.

9. L'oxyde de zinc se fabrique en grand par la combustion des vapeurs métalliques.

10. L'oxyde de zinc appartient à la classe des oxydes indifférents. A l'état d'hydrate, il se dissout dans les alcalis et produit des zincates. C'est une base énergique isomorphe avec la magnésie.

11. Le *blanc de zinc* des peintres n'est autre que de l'oxyde de zinc. Il remplace le *blanc de plomb* ou *céruse*, dont il n'a pas les propriétés toxiques ni le défaut de noircir sous l'influence des émanations sulfhydriques.

12. L'oxyde et le chlorure de zinc associés, équivalent pour équivalent, donnent un ciment susceptible d'une grande dureté, et une peinture qui résiste à l'air et à l'humidité.

13. Le sulfate de zinc, *vitriol blanc* ou *couperose blanche*, s'obtient par le grillage de la blende, par la dissolution du zinc dans

l'acide sulfurique étendu. Le résidu des piles est du sulfate de zinc. On épure le sulfate de zinc du commerce au moyen d'un courant de chlore.

14. Le sulfate de zinc est employé dans les ateliers d'indiennerie. La médecine l'utilise comme caustique.

15. Une dissolution saline renferme du zinc quand elle précipite en blanc par les sulfures alcalins.

CHAPITRE XXI

ÉTAIN

$Sn = 89$.

1. **Minerai de l'étain.** — Le bioxyde anhydre d'étain ou la *cassitérite* est le seul minerai que l'on exploite pour obtenir ce métal. On le trouve dans les terrains de cristallisation, où il forme des filons, des amas, associés à des gangues granitiques; on le trouve aussi en petites masses roulées dans les détritus alluviens ou sables des roches stannifères. Les principaux gisements sont dans le comté de Cornouailles en Angleterre, en Saxe et en Bohême, enfin aux Indes dans la presqu'île de Malacca et l'île de Banca. C'est une matière brune, quelquefois blanche, cristallisant dans le système prismatique droit à base carrée. Il est facilement réductible par le charbon, aussi le métal qu'on en retire, l'étain, est-il connu depuis très-longtemps. Le bronze, alliage de cuivre et d'étain, a fourni à l'homme ses premiers outils métalliques. Aujourd'hui, la production annuelle de ce métal s'élève à environ 75000 quintaux métriques. L'Angleterre en fournit la moitié; la Saxe et la Bohême, un quart; les Indes, le reste.

2. **Métallurgie de l'étain.** — Ce que l'extraction de l'étain présente de plus difficultueux, c'est l'épuration du minerai, qui renferme une gangue siliceuse, des sulfures et des arséniures

de fer, de cuivre, de plomb, des tungtates de fer et de manganèse, etc. On soumet au lavage les sables stannifères, déjà débarrassés par des lavages naturels de la majeure partie de la gangue. Le minerai d'étain, très-lourd, gagne le fond des appareils, les matières étrangères, plus légères, sont entraînées par le courant. Le minerai en filons et en amas est d'abord broyé sous des pilons. L'oxyde d'étain, qui est très-dur, reste à peu près intact; les matières qui l'accompagnent tombent en poussière et sont éliminées par un lavage. On se débarrasse du soufre et de l'arsenic par le grillage, et du tungtène par une calcination avec du carbonate du soude qui le transforme en tungtate de soude soluble. Le minerai ainsi épuré contient jusqu'à la moitié de son poids d'étain. Il est chargé dans un fourneau F (fig. 60) par couches alternes avec du charbon, qui doit servir de réducteur. Une machine soufflante lance de l'air par la tuyère engagée dans l'orifice S et active la combustion. A mesure que la réduction se fait, le métal liquide passe dans le creuset C avec les scories, qui, pâteuses et moins denses que le métal, occupent la partie supérieure du bassin et se laissent enlever sans difficulté. Lorsque le creuset est plein, on débouche le trou de coulée O; et

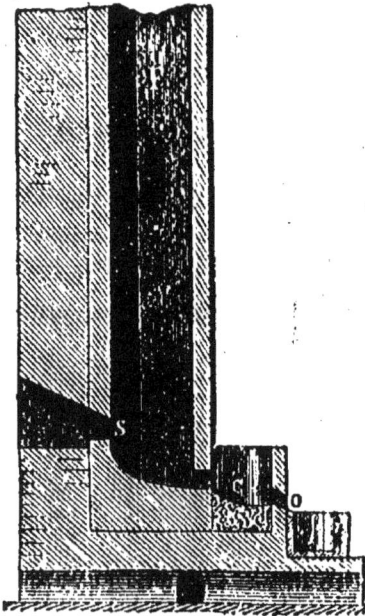

Fig. 60. — Four pour le traitement du minerai d'étain.

le métal liquide passe dans le bassin de réception, où il est épuré par un procédé assez singulier. On brasse le bain à plusieurs reprises avec un bâton de bois vert qui, étant très-chauffé, dégage beaucoup de gaz. Il se produit ainsi un bouillonnement qui entraîne à la surface les masses disséminées dans la masse liquide; en même temps, la portion d'oxyde qui s'y trouvait dissoute se réduit. Lorsque le bain est sur le point de se figer, on enlève le métal avec de grandes cuillères de fer et on le coule dans des lingotières.

L'étain de première fusion n'est pas pur; il contient des traces de fer, de cuivre, de plomb, d'antimoine, etc. On le purifie par la *liquation*, c'est-à-dire par ce procédé qui consiste à soumettre un alliage à l'action ménagée de la chaleur, de manière à liquéfier seulement le métal le plus fusible. Sur la sole inclinée d'un fourneau à réverbère, on range des lingots ou *saumons* d'étain. Le métal pur qu'ils renferment fond le premier et suinte à travers la masse. Comme la sole du fourneau est inclinée, le métal liquide s'achemine vers le trou de coulée et tombe dans un bassin de réception. Le résidu est un alliage très-ferrugineux où se trouvent engagés les divers métaux étrangers. Si l'étain traité de la sorte n'est pas assez pur, on le soumet à une seconde liquation.

3. Propriétés physiques de l'étain. — L'étain est d'un blanc argentin à reflet jaunâtre. Il cristallise facilement, et sa tendance à cristalliser est d'autant plus grande qu'il est moins pur. Frotté dans les mains, il dégage une odeur désagréable. Il est dépourvu d'élasticité, et par conséquent n'est pas sonore. Il est très-flexible, et, lorsqu'on le plie, il fait entendre un bruit qui annonce un déchirement. On appelle ce bruit le *cri de l'étain*. Il est très-malléable; on peut le réduire par le battage en feuilles très-minces. Martelé ou laminé, il conserve sa flexibilité et sa densité 7,3; en un mot, il ne s'écrouit pas. Le plomb partage avec lui cette propriété, tandis que tous les autres métaux s'écrouissent. L'étain occupe un des derniers rangs sous le rapport de la ténacité. Un fil de 2 millimètres de diamètre est rompu sous une charge de 15 à 16 kilogrammes. Toutefois, il est un peu plus tenace que le plomb. Son point de fusion est à 228°, température insuffisante pour amener la destruction du papier. Aussi une mince feuille d'étain peut être fondue sur une feuille de papier placée sur un poêle modérément chaud.

L'étain du commerce est en feuilles, en baguettes, en tables, en pains, en saumons et en larmes. Sous cette dernière forme, il prend le nom de *grain-tin*. L'étain en larmes s'obtient en laissant tomber à terre, d'une certaine hauteur, des lingots chauffés au-dessus de 100°. Comme à cette température l'étain est friable, le choc sur le sol le divise en petits fragments.

4. **Propriétés chimiques de l'étain.** — L'air froid ne l'altère pas, mais il s'oxyde facilement au contact de l'air chaud. Et, en effet, toutes les fois que l'on maintient l'étain en fusion, sa surface se voile d'une pellicule grisâtre formée par un mélange de deux oxydes à différents degrés.

L'étain décompose la vapeur d'eau à la chaleur rouge avec formation d'acide stannique SnO^3. L'acide chlorhydrique froid et étendu ne l'attaque qu'avec lenteur; concentré et chaud il l'attaque avec énergie et dégagement d'hydrogène. L'acide azotique de moyenne force l'attaque avec une extrême violence. Il y a dégagement de vapeurs rutilantes et formation d'acide stannique. L'acide azotique très-concentré est au contraire sans action. L'acide sulfurique concentré et chaud se décompose en présence de l'étain. Il se dégage de l'acide sulfureux, de l'hydrogène sulfuré, et du soufre est mis en liberté. Le produit de la réaction est encore de l'acide stannique. Il est évident que le métal est oxydé à la fois par l'oxygène de l'acide et par celui de l'eau. Le dégagement de l'hydrogène sulfuré et l'apparition du soufre le démontrent. Ainsi l'acide sulfurique normal SO^3,HO éprouve à la fois la décomposition de l'acide anhydre SO^3 et de l'eau combinée HO. L'acide anhydre fournit le gaz sulfureux, l'eau fournit l'hydrogène, qui réagit à l'état naissant sur une portion du gaz sulfureux et produit de l'hydrogène sulfuré. Celui-ci, par sa réaction sur une autre portion de l'acide sulfureux, engendre de l'eau et rend libre du soufre. L'apparition du soufre et de l'hydrogène sulfuré ne sont donc que des résultats secondaires.

Enfin les dissolutions concentrées et bouillantes de potasse ou de soude attaquent l'étain avec dégagement d'hydrogène. L'eau est donc décomposée. Le résultat de la réaction est un stannate alcalin.

5. **Usages de l'étain.** — **Étamage.** — Les sels d'étain en petite quantité sont inoffensifs; d'ailleurs ce métal est peu altérable à l'air et sous l'influence de nos diverses préparations alimentaires. Aussi l'étain est-il employé pour la fabrication des mesures de capacité des liquides, des vases et ustensiles de mé-

nage. Réduit en minces feuilles, il sert à envelopper et à préserver de l'humidité et de l'air diverses substances destinées à l'alimentation, saucissons, chocolats, thé, etc. Allié au cuivre, il constitue le bronze; allié au plomb, il forme la soudure des plombiers. Associé au mercure, il donne l'étamage des glaces. Nous reviendrons sur ces divers alliages après l'étude des métaux correspondants. Enfin, l'étain sert à *étamer* les métaux, spécialement le cuivre et le fer.

On se propose, par l'étamage, de recouvrir un métal oxydable et parfois toxique d'un métal inoxydable et inoffensif. L'étamage le plus vulgaire est celui des ustensiles de cuivre. Les surfaces à étamer sont chauffées et frottées avec du sel ammoniac. L'emploi de ce sel a pour résultat de décaper la surface du cuivre, d'en transformer l'oxyde en chlorure, composé volatil que la chaleur chasse ou qu'on enlève par le frottement sans difficulté aucune. De l'étain fondu est alors promené avec un tampon d'étoupe sur la surface brillante. Il se forme ainsi un alliage superficiel de cuivre et d'étain. Tant que l'étamage est opéré avec de l'étain et que la couche étamante n'est pas assez usée pour mettre à nu quelques parties du cuivre, il n'y a aucune crainte à avoir pour la salubrité. Mais il en est autrement lorsqu'au lieu d'étain pur on se sert d'alliages où le plomb et le zinc entrent pour une notable proportion. Dans ce cas les ustensiles culinaires, bien que le cuivre ne soit pas à nu, peuvent occasionner des empoisonnements, parce que les graisses, les acides, et en général les substances organiques qui font partie des aliments, exercent, sous l'influence de la chaleur, une action dissolvante sur ces métaux, dont les composés sont délétères.

6. **Fer-blanc ou fer étamé.** — Ce qu'on nomme *fer-blanc* est du fer étamé. Des feuilles de fer passées au laminoir et bien décapées sont d'abord immergées dans de la graisse fondue, puis dans un bain d'étain recouvert lui-même de graisse. Le rôle de la graisse est de mettre le fer et l'étain à l'abri de l'air et d'en empêcher ainsi l'oxydation. Au sortir du bain métallique, la feuille est lavée, brossée et nettoyée avec du son pour enlever l'excès d'étain. L'étamage est bien fait lorsque l'enduit stan-

nique ne présente aucune solution de continuité. Dans le cas contraire, le fer-blanc se rouille plus facilement que le fer non étamé. Cela tient à ce que le fer et l'étain constituent un couple voltaïque, dans lequel le fer est le métal attaquable. C'est tout l'opposé de ce qui a lieu dans le fer galvanisé ou recouvert de zinc. Si un point du fer est à nu, l'oxydation s'y déclare promptement sous l'influence électrique et gagne avec rapidité de proche en proche. C'est pour ce motif que le fer-blanc coupé se détériore facilement. L'oxydation commence sur les bords où le fer n'est pas protégé et se propage dans toute la feuille.

7. Moiré du fer-blanc. — Nous avons dit que l'étain a une grande tendance à cristalliser. Aussi la surface du fer étamé présenterait-elle une cristallisation à grandes lames, si la structure intime n'était masquée par une pellicule d'étain. Si l'on enlève cette couche amorphe superficielle, la cristallisation apparaît, et le fer-blanc acquiert cet aspect particulier que l'on connaît sous le nom de *moiré métallique*.

Pour fabriquer le moiré, on dispose horizontalement une feuille de fer-blanc au-dessus d'un fourneau, et on la chauffe jusqu'à ce qu'elle prenne une teinte jaune. On la soumet alors à un lavage avec de l'acide sulfurique étendu d'eau. La feuille étant bien égouttée, on y applique, au moyen d'une éponge ou d'une espèce de brosse de laine, une liqueur acide contenant d'ordinaire de l'eau régale. Immédiatement après l'action de l'acide, la surface du fer-blanc se trouve recouverte de cristallisations en lames fibreuses. Par certains artifices, on peut varier la forme du moiré. On obtient le moiré d'aspect granitique, si, avant d'appliquer la composition acide, on fait chauffer le fer-blanc de manière à fondre l'étain, et si, après l'avoir saupoudré avec du sel ammoniac, on le plonge rapidement dans l'eau froide. On obtient le moiré étoilé si, sur la feuille chauffée, on projette de petites gouttes d'eau froide. Dans tous les cas, il faut avoir soin de ne pas trop prolonger l'action de l'acide. Enfin, pour préserver la surface moirée de l'oxydation, il faut la recouvrir d'un vernis. Le plus usité est le vernis au copal.

8. Protoxyde d'étain, SnO. — Cet oxyde est tantôt hydraté, tantôt anhydre. On l'obtient hydraté en décomposant le protochlorure d'étain par l'ammoniaque ou par un carbonate alcalin. Dans ce dernier cas il se dégage de l'acide carbonique. C'est une substance blanche, insoluble dans l'eau, soluble dans les acides. Elle est d'ailleurs peu stable, elle se suroxyde en absorbant l'oxygène de l'air.

A l'état anhydre, le protoxyde d'étain est remarquable par ses divers états isomériques. — Si l'on verse un peu de potasse dans une dissolution de protochlorure d'étain, il se forme un dépôt blanc de protoxyde hydraté. Si l'on porte le liquide à l'ébullition, le protoxyde se déshydrate au sein de l'eau, devient anhydre et *noir*. — En chauffant à 250° l'oxyde noir séparé du liquide, il augmente de volume, décrépite et devient *olivâtre*. — Si l'on précipite le protochlorure d'étain par l'ammoniaque en excès, et que l'on fasse bouillir pendant quelques secondes le précipité obtenu en ayant soin de conserver un excès d'ammoniaque; enfin si l'on évapore une petite quantité du liquide qui tient en suspension ce précipité, on verra celui-ci prendre une belle couleur *rouge vermillon*. — Les trois substances, noire, olivâtre et vermillon, sont toujours du protoxyde d'étain anhydre. Elles présentent un frappant exemple d'isomérie, de cette transformation de structure moléculaire qui change la propriété des corps bien que la composition chimique reste la même. De ces trois variétés d'un même oxyde, la variété olivâtre semble être la plus stable, car c'est en celle-ci que tendent toujours à se transformer les deux autres : la variété noire, par une température élevée ; la variété rouge par le simple frottement.

9. **Bioxyde d'étain**, SnO^2. — La *cassitérite* ou minerai d'étain est du bioxyde anhydre. Le même composé prend naissance lorsqu'on calcine le métal à l'air libre. Ce produit artificiel sert à la fabrication des *émaux*, c'est-à-dire des vernis blancs et opaques dont on couvre les poteries. Il prend alors le nom de *potée d'étain*. Les potiers le préparent en calcinant au contact de l'air un mélange d'étain et de plomb. Ce dernier métal favorise l'oxydation du premier.

A l'état hydraté, le bioxyde d'étain se présente sous deux états isomériques : l'acide métastannique et l'acide stannique.

L'acide métastannique $Sn^5O^{10} + 10aq$, est le produit de la réaction de l'acide azotique sur l'étain. C'est une matière blanche, pulvérulente, insoluble dans l'eau, insoluble dans les acides, soluble dans la potasse et la soude avec lesquelles il forme des métastannates.

L'acide stannique $SnO^2 +$ aq s'obtient en décomposant le bichlorure d'étain par un carbonate alcalin. Il y a dégagement d'acide carbonique et dépôt d'une matière blanche gélatineuse qui est de l'acide stannique. Ce composé est soluble dans les acides ainsi que dans les dissolutions alcalines.

La métamorphose de l'acide stannique en acide métastannique, et réciproquement, se fait sans difficulté. Il suffit de chauffer l'acide stannique, soluble dans les acides pour le convertir en acide métastannique insoluble. Celui-ci à son tour, calciné avec de la potasse, se convertit en acide stannique.

Le plus employé de ces deux acides est l'acide métastannique, parce qu'il est le plus stable. On le prépare en lavant et en calcinant le produit de l'action de l'acide azotique sur l'étain. C'est à sa présence qu'est due l'opalescence de certains verres. Il sert aussi à la préparation d'une couleur céramique, le *pink-colour*, qui donne à la faïence une teinte *rouge œillet*. On obtient le *pink-colour*, en calcinant au rouge un mélange d'acide métastannique, de craie et d'oxyde de chrome. Enfin, l'acide stannique, à l'état de stannate de soude, est employé en teinture.

10. Bisulfure d'étain, SnS^2. — *Or mussif*. Pour obtenir ce composé, on mêle 7 parties de fleur de soufre, 6 parties de sel ammoniac, et un amalgame formé de 12 parties d'étain et 6 parties de mercure. On chauffe graduellement ce mélange dans un matras à long col, placé dans un bain de sable. Du sel ammoniac, du soufre, du protochlorure d'étain, du sulfure de mercure, vont se condenser dans le col du matras, tandis que le bisulfure d'étain reste dans le fond. C'est une matière écailleuse, à lames micacées, grasses au toucher, d'une couleur jaune d'or. Le bisulfure d'étain préparé de cette manière porte le nom d'*or mussif*, d'*or de Judée*, d'*or mosaïque*. Il est employé dans les arts pour bronzer les objets en plâtre et les poteries, pour donner à la peinture les reflets du bronze, pour frotter les coussins des machines électriques, etc.

11. Protochlorure d'étain, ClSn. — Le *sel d'étain* du commerce est du protochlorure d'étain hydraté ClSn + 2aq. On l'obtient en dissolvant de l'étain dans de l'acide chlorhydrique bouillant. Il se dégage de l'hydrogène d'une odeur fétide due aux corps étrangers qui accompagnent le métal. La liqueur concentrée laisse déposer le protochlorure en petites aiguilles.

Le sel d'étain du commerce a l'aspect d'une masse cristalline composée de petites aiguilles, ayant une odeur désagréable et une saveur styptique, et se dissout dans une petite quantité d'eau sans altération; mais si l'eau est en excès, la dissolution se trouble et laisse déposer un précipité blanc d'oxychlorure d'étain. En même temps le liquide retient en dissolution un chlorure double d'hydrogène et d'étain soluble. Évidemment ici l'eau est décomposée : un de ses éléments, l'oxygène, fait partie du précipité; l'autre, l'hydrogène, fait partie du chlorure double en dissolution.

$$3ClSn \ + \ HO \ = \ ClSn,SnO \ + \ ClH,ClSn.$$

Chlorure d'étain.	Eau	Oxychlorure d'étain.	Chlorure double d'hydrogène et d'étain.

En présence d'un excès d'acide chlorhydrique, cette décomposition n'a pas lieu.

Le caractère dominant du protochlorure d'étain est son affinité pour l'oxygène; aussi est-il un réducteur par excellence. Abandonné au contact de l'air à l'état solide, il absorbe rapidement l'oxygène et jaunit en se transformant en bioxyde d'étain et en bichlorure.

$$2ClSn + 2O = Cl^2Sn + SnO^2.$$

Dissous dans l'eau, il ne s'altère que plus rapidement encore. Mis en présence de certains oxydes métalliques, du sesquioxyde de fer ou de manganèse par exemple, il les réduit partiellement et les ramène à l'état de protoxyde. Cette propriété est fréquemment mise à profit dans les ateliers d'indiennerie. Un exemple va nous renseigner sur ce point. Soit une tache de rouille sur un linge blanc. On humecte la tache avec une dissolution de sel d'étain acidulée avec de l'acide chlorhydrique. Le sesquioxyde

de fer est ramené à l'état de protoxyde, celui-ci se dissout aisément dans l'acide chlorhydrique et un simple lavage enlève ra
dicalement la tache ferrugineuse sans altérer en rien le tissu.
Supposons maintenant un tissu teint d'une manière uniforme
en noir, en brun, etc., avec des composés colorés où entrent le
sesquioxyde de fer ou le sesquioxyde de manganèse. Si sur cette
étoffe de coloration uniforme, on imprime par places du sel d'é-
tain et qu'après la réaction on lave, tout ce que le protochlorure
aura touché reviendra à la couleur blanche primitive du tissu,
et l'on aura de la sorte des dessins blancs sur un fond coloré.
A ce point de vue, le sel d'étain est ce qu'on nomme un *rongeant* dans les ateliers de teinture, parce qu'il ronge, qu'il détruit, qu'il enlève certaines combinaisons colorées.

Le sel d'étain sert encore comme *mordant*, c'est-à-dire
comme substance apte à fixer certaines matières colorantes sur
les tissus. Il sert surtout pour les couleurs rouges et violacées,
dont il rehausse l'éclat.

12. Bichlorure d'étain. Cl^2Sn. — *Liqueur fumante de
Libavius.* On fait passer du chlore sec sur de la grenaille d'é-
tain légèrement chauffée dans une cornue en verre. Le métal
brûle avec flamme et se convertit en bichlorure volatil, qui va
se condenser dans un récipient refroidi par un filet d'eau.

Le bichlorure d'étain anhydre, découvert par Libavius, est un
liquide incolore, transparent, d'une odeur insupportable. Sa
densité est 2,28. Il bout à 120°. Exposé à l'air, il répand des
fumées très-intenses, qui lui ont valu l'ancienne dénomination
de *liqueur fumante de Libavius.* Ces fumées sont dues à la
combinaison du bichlorure avec l'humidité de l'air. Ce composé,
en effet, a une grande affinité pour l'eau. Lorsqu'on en verse
une petite quantité dans ce liquide, il se produit un frémissement semblable à celui d'un fer rouge et il se dégage beaucoup
de chaleur. Le résultat de la combinaison se dépose en beaux
cristaux dont la formule est $Cl^2Sn + 5aq$.

Le bichlorure hydraté $Cl^2Sn + 5aq$ peut s'obtenir directement
en dissolvant de l'étain dans de l'eau régale, ou en faisant passer
un courant de chlore dans une dissolution de protochlorure. Dans
le commerce, on lui donne le nom d'*oxymuriate d'étain.* Comme

le protochlorure, ce sel se dissout sans altération dans une petite quantité d'eau, ou dans un excès d'eau fortement accidulée avec de l'acide chlorhydrique; mais dans un excès d'eau pure, il se décompose en produisant de l'acide stannique et de l'acide chlorhydrique. L'eau intervient encore dans cette réaction.

$$Cl^2Sn + 3HO = SnO^2, HO + 2ClH.$$

Le bichlorure d'étain a une grande tendance à se combiner avec les chlorures alcalins et terreux pour former des chlorures doubles ou des chlorosels. C'est un chlorure acide.

Le bichlorure d'étain est employé comme *mordant*.

13. Caractères des sels d'étain. — Tous les sels d'étain soit ceux de protoxyde, soit ceux de bioxyde, ou bien les composés correspondants, comme le protochlorure et le bichlorure, donnent un précipité d'étain métallique si l'on plonge dans leurs dissolutions une lame de zinc ou de fer.

Tous encore donnent avec la potasse et la soude un précipité blanc soluble dans un excès de réactif.

L'hydrogène sulfuré sert à distinguer les sels au minimum, sels de protoxyde, protochlorure, etc., des sels au maximum, sels de bioxyde, bichlorure, etc. Avec les premiers, il donne un précipité brun marron soluble dans les sulfures alcalins; avec les seconds, il donne un précipité jaune sale, également soluble dans les sulfures alcalins.

RÉSUMÉ

1. Le seul minerai d'étain est la cassitérite ou bioxyde anhydre. Son principal gisement en Europe se trouve dans le comté de Cornouailles, en Angleterre.

2. La métallurgie de l'étain est très-simple. Il suffit de traiter à chaud par le charbon le minerai épuré par des lavages et le grillage.

3. L'étain est d'un blanc argentin à reflet jaunâtre. Il cristallise facilement. Il est très-malléable mais peu tenace. Comme le plomb, il ne s'écrouit pas par le laminage, le martelage.

4. L'étain est oxydable à chaud. Il décompose l'eau à la chaleur rouge. Les acides azotique et sulfurique l'attaquent et l'oxydent, mais sans se combiner avec l'oxyde formé. L'acide chlorhydrique le dissout

et le transforme en chlorure. A l'ébullition, il décompose l'eau en présence de la potasse ou de la soude. Dans ces conditions, il se forme un stannate alcalin.

5 L'étain, peu altérable et dont les composés sont inoffensifs en petite quantité, est employé à la fabrication de divers ustensiles domestiques. On l'emploie pour *étamer*, c'est-à-dire pour recouvrir d'une mince couche inoxydable et inoffensive, les métaux oxydables ou vénéneux, en particulier le cuivre.

6. Le *fer-blanc* est du fer étamé. On le prépare en plongeant dans un bain d'étain fondu des feuilles de fer bien décapées. Si en quelques points le fer est à découvert, l'oxydation du fer étamé est plus rapide que celle du fer seul, parce que les deux métaux forment un couple voltaïque dans lequel le fer est le métal attaquable. C'est tout le contraire dans le *fer galvanisé*.

7. En soumettant le fer-blanc à l'action modérée de l'eau régale, on dissout la pellicule superficielle d'étain et l'on met à nu les couches inférieures à l'état cristallisé. On obtient ainsi le *moiré métallique*.

8. Le protoxyde d'étain peut affecter trois formes distinctes : tantôt il est noir et cristallin, tantôt olivâtre et pulvérulent, tantôt rouge et amorphe. La variété olivâtre est la plus stable.

9. Anhydre, le bioxyde d'étain constitue la *cassitérite*. Il entre aussi dans la *potée d'étain*, employée pour l'émail des poteries. Hydraté, il affecte deux états isomériques : l'acide métastannique, insoluble dans les acides, et l'acide stannique, soluble dans les acides. On obtient le premier en attaquant l'étain par l'acide azotique ; on obtient le second en décomposant le bichlorure d'étain par un carbonate alcalin.

10. Le bisulfure d'étain, *or mussif*, *or mosaïque*, *bronze des peintres*, est une matière écailleuse, douce au toucher, d'un jaune d'or. Il sert pour bronzer le plâtre, le bois, etc.

11. Le protochlorure d'étain s'obtient en attaquant l'étain par l'acide chlorhydrique bouillant. C'est le *sel d'étain des teinturiers*. Sa tendance à passer à l'état de bichlorure et d'acide stannique par l'action de l'oxygène, en fait un réducteur énergique. On l'emploie comme *rongeant* et comme *mordant*.

12. Le bichlorure d'étain ou *liqueur fumante de Libavius*, résulte de la réaction à chaud du chlore sec sur l'étain. C'est un liquide lourd, d'une odeur intolérable, très-fumant à l'air. Il se combine avec l'eau en dégageant beaucoup de chaleur. Son principal emploi est en teinture pour rehausser l'éclat de certains rouges.

13. Toutes les dissolutions stanniques sont décomposées par le zinc

et le fer, qui précipitent l'étain à l'état métallique. L'hydrogène sulfuré permet de distinguer les sels au minimum des sels au maximum. Avec les premiers, il donne un précipité d'un brun marron ; avec les seconds, un précipité d'un jaune sale.

CHAPITRE XXII

CUIVRE
Cu = 31,75.

1. Minerai de cuivre. — Seul ou associé à l'étain, le cuivre est le premier métal que l'homme ait su mettre à son service. Bien avant de connaître le fer, l'antiquité façonnait ses outils et ses armes en bronze, progrès immense sur la hache en caillou des temps primitifs. Cependant aujourd'hui la métallurgie du cuivre est une opération difficultueuse, qui sans nul doute dépasse les connaissances de l'âge de bronze. Chauffer et marteler, c'était là apparemment l'unique ressource de l'art naissant des métaux. Les minerais de cuivre que l'on exploite de nos jours résisteraient à ce traitement élémentaire. Il faut donc que le cuivre se soit présenté à l'homme à l'état natif et en abondance. C'est d'autant plus probable, qu'il s'en trouve encore des amas considérables, en particulier sur les rives méridionales du lac Supérieur aux États-Unis. Dans ce gisement cuprifère, il s'est trouvé des masses de cuivre pur pesant de 20 à 50 tonnes. On en cite un bloc d'une trentaine de mètres de longueur, sur 7 à 9 mètres de largeur et 2 mètres d'épaisseur. Si l'Europe et l'Asie, à l'époque des armes de bronze, ont présenté des amas pareils, maintenant épuisés, l'apparition du cuivre, devançant celle des autres métaux, s'explique d'une manière très-naturelle. Le principal minerai de cuivre exploité aujourd'hui est un sulfure double de cuivre et de fer ou *chalkopyrite, pyrite cuivreuse*, contenant 35 de cuivre, 30 de fer et

35 de soufre. C'est une substance d'aspect métallique, d'un jaune de bronze, cristallisée en prismes à base carrée. Elle est aussi en masses compactes, très-brillantes dans leur cassure fraîche. Les principaux gisements se trouvent en Angleterre, en Russie, en Autriche, en Suède. Ce minerai nous arrive encore du Japon, de la Chine, du Mexique, du Chili.

2. **Métallurgie du cuivre. — Grillage des pyrites cuivreuses. — Fonte pour mattes.** — Les pyrites cuivreuses renferment du cuivre, du fer et du soufre. Leur gangue est ordinairement siliceuse. Le fer a plus d'affinité pour l'oxygène; le cuivre en a plus pour le soufre. Si donc l'on chauffe le minerai au contact de l'air, le fer passera à l'état d'oxyde en dégageant de l'acide sulfureux, et le cuivre restera à l'état de sulfure. Pour effectuer le grillage, on dispose un lit de bois sec sur une aire bien battue. Au-dessus du combustible (fig. 61) on arrange les

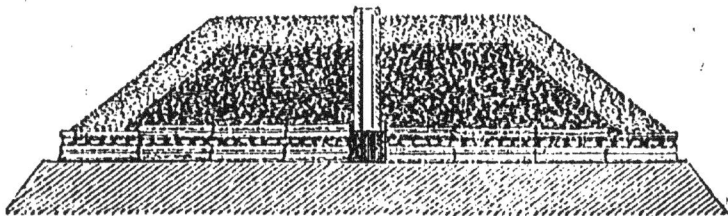

Fig. 61. — Grillage en tas du minerai de cuivre.

Fig. 62. — Grillage entre murs.

gros morceaux de minerai, puis les moyens, et enfin les mêmes fragments pour couverte. Des canaux sont ménagés dans le tas pour le tirage et communiquent avec une cheminée centrale.

On met le feu au bois, et la combustion se propage peu à peu dans le minerai, qui brûle avec dégagement d'acide sulfureux. On emploie encore l'appareil à grillage de la figure 62. Le minerai est entassé sur l'aire circonscrite par quatre murs, en ayant soin d'établir des canaux de tirage dans la masse. Pour mettre le feu au tas, on brûle du bois sur les grilles placées à la face antérieure.

Dans cette opération, il s'est formé de l'oxyde de fer, que l'on peut éliminer par la fusion, car, avec l'acide silicique de la gangue, il donne un silicate fusible. A cet effet, le produit du grillage est introduit avec du charbon dans un fourneau A, dans lequel arrive le vent d'une tuyère C (fig. 63). On obtient ainsi des scories, qui renferment la

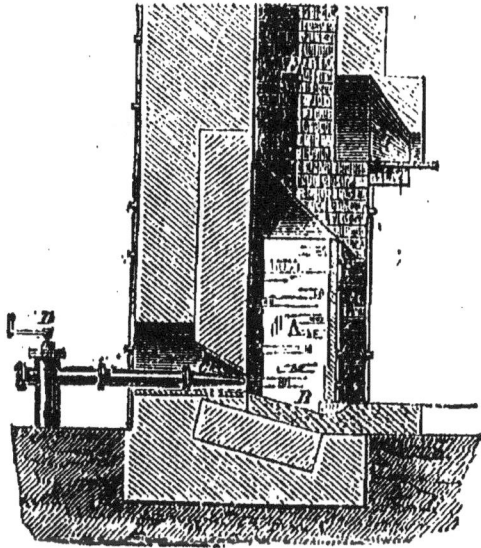

Fig. 63. — Fourneau pour la fusion des mattes.

majeure partie du fer à l'état de silicate aisément séparable du reste de la masse, et un produit appelé *matte*, qui renferme le cuivre à l'état de sulfure.

5. **Grillage des mattes. Fonte pour cuivre noir.** — La *matte* des opérations précédentes a la couleur du bronze. On peut la considérer comme un minerai plus riche en cuivre que le minerai primitif, puisque la gangue siliceuse et la majeure partie du fer viennent d'être éliminées à l'état de scories. Mais elle renferme encore du fer. On effectue donc un nouveau grillage dans l'appareil de la figure 62, puis une seconde fusion en présence de matières siliceuses. Ces opérations sont répétées jusqu'à ce que tout le fer soit éliminé. Enfin, un dernier grillage et une dernière fusion achèvent ce qu'ont déjà commencé largement les précédentes opérations, savoir : l'expulsion du soufre du sulfure de cuivre à l'état d'acide sulfureux, et l'on obtient du cuivre impur ou *cuivre noir*, où se trouvent encore

un peu de soufre et des traces de métaux étrangers : plomb, antimoine, fer, etc.

4. Raffinage du cuivre noir. Cuivre rosette. — Le cuivre noir est entassé dans un four à réverbère (fig. 64), sans

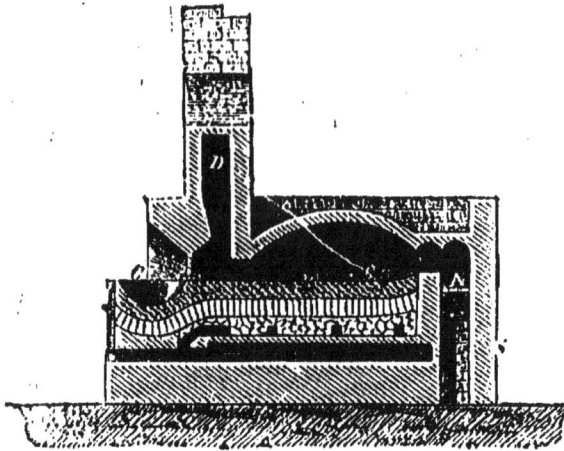

Fig. 64. — Fourneau pour le raffinage du cuivre noir.

autre réactif que l'air et les matières siliceuses des parois et de la sole. Le cuivre entre en fusion et s'oxyde en partie sous l'influence de l'air. La portion oxydée réagit sur le sulfure et donne du cuivre métallique et de l'acide sulfureux.

$$SCu^2 + 2CuO = 4Cu + SO^2.$$

En même temps, les métaux étrangers, plus oxydables que le cuivre, sont convertis en oxydes et passent dans les scories. A l'aspect du bain, l'ouvrier reconnaît que l'affinage est arrivé au point voulu. Il projette alors un peu d'eau sur le métal fondu, et provoque ainsi la formation d'un disque irrégulier de cuivre figé, qu'il enlève au moyen d'une fourche. La couleur rose particulière de ce cuivre lui a fait donner le nom de cuivre rosette. L'opération est continuée de la sorte jusqu'à ce que tout le cuivre soit enlevé.

Ainsi affiné, le métal n'a pas encore tous les caractères du cuivre pur; il n'en a pas surtout la malléabilité, parce qu'il renferme une certaine proportion d'oxydule de cuivre Cu^2O. Il est donc nécessaire de le soumettre à une action réductrice.

A cet effet, on se sert d'un moyen aussi simple qu'ingénieux, moyen que nous avons déjà vu en œuvre dans la métallurgie de l'étain. Le cuivre rosette en fusion, et recouvert avec du charbon, est brassé avec une perche de bois vert, qui dégage des gaz dont l'action est à la fois chimique et mécanique. Par leur hydrogène et leur carbone, ils ont une faculté réductrice; en outre, ils déterminent dans le bain un bouillonnement qui a pour effet d'amener à la surface l'oxyde de cuivre qui a échappé à leur action. Cet oxyde, se trouvant ainsi en contact à une haute température avec le charbon qui recouvre le bain, se réduit et est ramené à l'état de cuivre métallique.

En résumé, le traitement si complexe des pyrites cuivreuses se partage en deux phases. Pendant la première, on oxyde le fer et on l'élimine à l'état de scories ou de silicate de fer; les *mattes*, mélange de cuivre et de sulfure de cuivre, sont le résultat de ce traitement préliminaire. Pendant la seconde phase, on isole le cuivre par l'action réciproque de son oxyde et de son sulfure.

5. Préparation du cuivre pur. — Bien que le commerce offre du cuivre presque exempt de métaux étrangers, néanmoins, lorsqu'on le veut d'une très-grande pureté, il faut recourir à des procédés de laboratoire. On peut, par exemple, réduire de l'oxyde de cuivre par l'hydrogène. On peut encore décomposer du sulfate de cuivre en plongeant dans la dissolution quelques lames de zinc.

6. Propriétés physiques du cuivre. — Le cuivre est d'une belle couleur rouge. Frotté entre les doigts, il dégage une odeur désagréable. Il est très-malléable. Réduit en feuilles très-minces, il est translucide, et la lumière qui le traverse est d'un beau vert. C'est le plus tenace des métaux après le fer. Sa densité varie de 8,8 à 8,9, suivant qu'il est fondu ou étiré en fils. Il fond à la chaleur rouge. A une température plus élevée, il répand des vapeurs qui brûlent à l'air avec une flamme verte. Fondu et refroidi lentement, il donne des cristaux en octaèdres réguliers, que l'on peut mettre à nu par décantation. Cette forme est également celle du cuivre natif et du cuivre précipité par voie électrique.

7. Propriétés chimiques du cuivre. — L'air sec et froid n'altère pas le cuivre; l'air chaud l'oxyde. Le métal se couvre d'abord d'une pellicule rougeâtre d'oxyde Cu^2O, puis d'une couche noire de protoxyde CuO. Quelque élevée que soit la température, l'oxydation du cuivre se fait sans incandescence; aussi, par le choc, ce métal ne produit jamais d'étincelles. On utilise cette propriété, dans les fabriques de poudre, en se servant d'ustensiles de cuivre au lieu d'ustensiles de fer, dont une simple étincelle pourrait occasionner de si graves accidents.

L'air humide attaque le cuivre et forme ce qu'on appelle le *vert-de-gris*. Comme cette substance est un carbonate de cuivre hydraté, elle provient évidemment de l'action simultanée de l'acide carbonique, de l'oxygène et de l'eau. Le vert-de-gris joue le rôle de vernis relativement au métal dont il recouvre la surface, et le protége contre toute oxydation ultérieure. Il constitue, sur les statues en bronze et les médailles antiques, ce que l'on nomme la *patine* en terme d'art. Sans ce vernis imperméable à l'air, la numismatique et la statuaire de l'antiquité n'auraient pu nous transmettre leurs bronzes.

L'eau n'attaque pas le cuivre à froid; à une température très-élevée, elle l'oxyde, mais laborieusement.

Les acides attaquent le cuivre aux dépens de l'oxygène qui leur est propre. L'acide sulfurique concentré et chaud, mis en contact avec ce métal, dégage de l'acide sulfureux; l'acide azotique dégage du bioxyde d'azote. Dans le premier cas, il se forme du sulfate de cuivre; dans le second, de l'azotate. Ces réactions sont mises à profit pour la préparation de l'acide sulfureux et du bioxyde d'azote. L'acide chlorhydrique n'attaque le cuivre qu'à l'ébullition, avec dégagement d'hydrogène; la réaction est, du reste, pénible et très-lente.

Sous l'influence des acides, même les plus faibles, acide du vinaigre, acides des fruits, des corps gras, etc., le cuivre absorbe l'oxygène de l'air avec une grande rapidité et produit des combinaisons salines. Il suffit d'humecter de la tournure de cuivre avec un liquide acidulé pour déterminer en peu de temps la formation d'un sel, qu'on peut isoler par un lavage.

Les alcalis, et principalement l'ammoniaque, déterminent aisément encore l'oxydation du cuivre sous l'influence de l'air. Il suffit d'agiter de la tournure de cuivre et de l'ammoniaque au contact de l'air pour voir le liquide prendre une belle teinte bleue, due à de l'oxyde de cuivre qui se dissout dans l'ammoniaque à mesure qu'il se forme.

Cette facile altération du cuivre, même sous l'influence de substances peu actives, comme celles qui entrent dans notre alimentation, démontre combien il est dangereux de négliger les soins de propreté qu'on doit aux ustensiles de cuivre destinés aux usages culinaires. Tous les composés du cuivre sont, en effet, très-vénéneux. L'étamage, et surtout une extrême circonspection, nous prémunissent contre les effets redoutables des sels cuivriques. Le contre-poison, dans le cas d'une intoxication par le cuivre, est l'albumine ou blanc d'œuf, qui forme un composé insoluble avec l'oxyde cuivrique.

8. Alliages du cuivre. Laiton. — Employé seul, le cuivre sert à la fabrication des alambics, des chaudières, des ustensiles de cuisine. En lames, il est employé au doublage des navires, pour préserver le bois des tarets qui le perforent et des végétations sous-marines qui le surchargent. Mais c'est à l'état d'alliage, surtout avec le zinc, qu'il s'en consomme le plus.

Le *laiton* ou *cuivre jaune* est un alliage de cuivre et de zinc. Sa couleur varie suivant les proportions des deux métaux constitutifs; si le cuivre prédomine, elle rivalise avec le jaune vif de l'or. Le laiton sert à la fabrication des instruments de physique et de musique. Les boutons, les épingles, la bijouterie fausse, les jouets d'enfants, et mille ustensiles, lampes, flambeaux, garnitures de meubles, etc., d'un emploi domestique, sont fabriqués avec cet alliage. Après le fer, le laiton est le métal dont l'usage est le plus fréquent. Cet alliage est plus fusible que le cuivre; il se laisse laminer et marteler, mais il graisse les limes, empâte les outils, et difficilement se travaille au tour. On lui communique une consistance qui permet de le travailler au tour, de le scier, de le forer, par l'addition de l'étain et du plomb.

9. Maillechort. — Parmi les alliages où entrent le cuivre et le zinc, se distingue le *maillechort*, dont on fait des cou-

verts, des gobelets, des garnitures de couteaux et de pisto
lets, etc. Sa composition, en général, est de 50 parties de cui
vre, 25 de zinc et 25 de nickel. Récemment préparé, il a l'éclat
de l'argent, que l'usage lui fait perdre, et que rien ne peut lu
redonner.

10. Bronze. — Le *bronze* est un alliage de cuivre et d'é
tain. Il est impossible d'en déterminer les propriétés absolues
car elles se modifient suivant les proportions de ses deux élé
ments. D'une manière générale, cependant, il est plus dur e
plus dense que les deux métaux qui le composent. Il est plu
fusible que le cuivre. Par la trempe, il devient malléable, pro
priété inverse de celle de l'acier, qui, une fois trempé, est cas
sant. Pour marteler le bronze dans la fabrication des cymbale
et des tam-tams, pour le frapper en médailles, il faut d'abor
le tremper et le rendre ainsi apte à supporter la percussion
puis on le recuit pour le durcir, c'est-à-dire qu'après l'avoi
chauffé on le laisse refroidir lentement. Tout au contraire, l'a
cier recuit devient malléable.

Lorsque le bronze fondu se refroidit, il se sépare en plusieur
alliages de composition et de propriétés différentes. Chauff
graduellement, il laisse suinter de l'étain liquide à mesur
qu'il approche de son point de fusion. Ce n'est donc pas un
combinaison homogène, mais un mélange d'associations di
verses d'étain et de cuivre, associations qui, en se modifiant
sont la cause de beaucoup de difficultés, principalement dan
la fabrication de grosses pièces, telles que les canons. Ces armes
exposées à de fortes pressions, à des ébranlements réitérés,
de hautes températures, perdent nécessairement et peu à pe
leurs qualités primitives.

La composition du bronze varie suivant les usages auxquel
on le destine. Voici les principales variétés :

	Cuivre.	Étain.
Bronze des canons. . . .	90. . .	10
— des cloches. . . .	78. . .	22
— des cymbales. . . .	80. . .	20
— des médailles. .	95. . .	5 plus quelques millièmes de zinc.

Pour préserver les médailles de l'oxydation qui compromettrait la délicatesse de l'empreinte, on les recouvre d'un vernis qui leur donne le ton sombre du bronze florentin, plus agréable à l'œil que celui de l'alliage lui-même. Cette opération s'appelle *bronzage*. A cet effet, on commence par faire bouillir dans une capsule de cuivre, avec 8 à 10 litres d'eau, une pâte homogène de 800 grammes de vert-de-gris ou sous-acétate de cuivre, et de 475 grammes de sel ammoniac. Le liquide, tiré au clair, est versé dans une autre capsule de cuivre où sont rangées les médailles sans se toucher. Une ébullition d'un quart d'heure suffit pour achever l'opération.

11. Bronze d'aluminium. — Un vingtième d'aluminium communique au cuivre l'éclat et la belle couleur de l'or, en même temps qu'une dureté suffisante pour rayer l'alliage d'or employé dans les monnaies, et cela sans nuire aucunement à sa malléabilité. — Un dixième d'aluminium produit avec le cuivre un alliage couleur d'or pâle, très-dur et assez malléable; de plus, il est susceptible de prendre, par le poli, un éclat comparable à celui de l'acier.

12. Sous-oxyde ou oxydule de cuivre Cu^2O. — Cet oxyde existe dans la nature, tantôt sous forme de masses compactes, tantôt sous celle de cristaux rouges octaédriques réguliers. Obtenu artificiellement, il a l'aspect d'une poudre cristalline d'un rouge foncé. On le prépare en grand pour les arts en calcinant à la chaleur blanche un mélange de 100 parties de sulfate de cuivre, de 28 parties de carbonate de soude sec et de 25 parties de limaille de cuivre. Le sulfate de cuivre cède son acide sulfurique au carbonate de soude, et l'oxyde CuO est ramené, par le cuivre métallique, à l'état de sous-oxyde Cu^2O.

On l'obtient encore dans les laboratoires en portant à l'ébullition une dissolution d'acétate de cuivre, additionnée de *glucose* ou sucre d'amidon. Le glucose, facilement oxydable, est partiellement brûlé aux dépens de la moitié de l'oxygène contenu dans l'oxyde cuivrique de l'acétate, et cet oxyde devient l'oxydule Cu^2O, qui se dépose en poudre cristalline d'un rouge sombre.

18

Le sous-oxyde de cuivre sert à colorer le verre en rouge rubis.

13. Protoxyde de cuivre CuO. — C'est un corps pulvérulent, de couleur noire quand il est anhydre, d'un bleu gris lorsqu'il est hydraté. On l'obtient anhydre en chauffant de la tournure de cuivre au contact de l'air. Le métal se couvre d'une couche noire qui, par le broyage, se détache en minces écailles. Si le cuivre est très-divisé, l'oxydation gagne toute la masse. On fait agir du zinc métallique sur une dissolution de sulfate de cuivre; le précipité rougeâtre de cuivre pulvérulent qui en résulte est lavé avec de l'acide sulfurique étendu et chaud. On le sèche, et on le chauffe dans un creuset au contact de l'air. Le métal est bientôt transformé en oxyde noir.

On l'obtient hydraté en décomposant par la potasse une dissolution de sulfate de cuivre. Il est alors d'un bleu grisâtre. Une légère ébullition suffit pour le déshydrater au sein même de l'eau et pour le rendre noir. Cet hydrate se dissout très-facilement dans l'ammoniaque, et donne à la liqueur une magnifique teinte bleue légèrement pourprée. L'*eau céleste* des pharmaciens, contenue dans de grands bocaux qui servent d'ornement, n'est autre qu'une dissolution ammoniacale d'oxyde de cuivre.

L'hydrogène et le charbon réduisent aisément l'oxyde de cuivre. La réduction par l'hydrogène se fait à l'aide d'une faible température. Une brusque incandescence l'accompagne. Les matières organiques hydrogénées et carbonées lui enlèvent également son oxygène pour se transformer en eau et en acide carbonique. Si l'on chauffe, par exemple, dans un tube, un mélange intime d'amidon et d'oxyde de cuivre, il se dégage un mélange de vapeur d'eau et de gaz carbonique, provenant de la combustion de l'amidon au moyen de l'oxygène de l'oxyde. Cette propriété de céder aisément son oxygène le fait employer dans l'analyse des matières organiques, pour déterminer la proportion du carbone au moyen de la quantité d'acide carbonique dégagé, et la proportion d'hydrogène au moyen de la quantité d'eau. Enfin, dans l'industrie, il sert à colorer les verres en vert.

14. Sulfate de cuivre $SO^3, CuO + 5aq$. **Sa fabrication industrielle.** — Le sulfate de cuivre, *couperose bleue, vitriol* *bleu* du commerce, s'obtient de diverses manières, dont l'une rappelle la fabrication du sulfate de fer au moyen des pyrites grillées.

Les pyrites cuivreuses, disposées par couches alternatives avec du combustible, sont grillées, puis abandonnées à l'action oxydante de l'air humide. Du sulfate de cuivre est le résultat de ce traitement. On le sépare de la masse terreuse par le lessivage, et le liquide est abandonné à la cristallisation. Le sulfate de cuivre ainsi obtenu est nécessairement impur; il contient du sulfate de fer, puisque les pyrites d'où il provient renfermaient du sulfure de fer. On purifie le vitriol bleu du commerce en introduisant dans sa dissolution une certaine quantité d'acide azotique, et en évaporant ce mélange jusqu'à siccité. De cette manière, la plus grande partie du fer passe à l'état de sous-sulfate de sesquioxyde insoluble. En reprenant par l'eau le produit de la dessiccation, on dissout seulement le sulfate de cuivre, qui ne renferme plus que des traces de sesquioxyde de fer, dont on le débarrasse en le faisant bouillir avec un peu d'oxyde de cuivre hydraté. Ce dernier oxyde, base plus puissante, élimine le sesquioxyde et rend au sulfate toute sa pureté.

Les vieilles lames de cuivre ayant servi au doublage des navires servent aussi à la fabrication industrielle de la couperose bleue. On les mouille avec de l'eau, et on les saupoudre de fleur de soufre. En cet état elles sont soumises à l'action de la chaleur et de l'air dans des fours. Le cuivre se trouve ainsi converti superficiellement, partie en sulfure, partie en sulfate. Plongées encore chaudes dans de l'eau, les lames cèdent leur sulfate au dissolvant. Cela fait, on les recouvre encore de soufre, pour recommencer le traitement au four. On continue de la sorte jusqu'à ce que tout le cuivre soit converti en sulfate.

Enfin, on obtient le sulfate de cuivre en traitant à chaud, par l'acide sulfurique, les rognures et planures de cuivre provenant des ateliers de tournage et de laminage de ce métal. L'attaque se fait dans des cuviers en bois doublés de plomb. On chauffe le liquide au moyen d'un jet de vapeur. L'acide sulfureux dégagé est utilisé pour la fabrication des sulfites alcalins.

15. Propriétés du sulfate de cuivre. — Le sulfate de

cuivre est d'un beau bleu. Il cristallise en prismes obliques à base parallélogramme contenant 5 équivalents d'eau. Sa saveur est métallique, styptique, très-désagréable. Il est vénéneux, propriété qu'il partage du reste avec les autres sels cuivriques. Le sulfate de cuivre est insoluble dans l'alcool, soluble dans 4 parties d'eau froide et dans 2 parties d'eau bouillante. Chauffé à 100°, il perd 4 équivalents de son eau de cristallisation, et verdit ; à 243°, il perd le cinquième et dernier équivalent d'eau, et devient blanc. Le sulfate anhydre et blanc mis en contact avec l'eau reprend sa constitution primitive et redevient bleu. Chauffé à la chaleur blanche, le sulfate de cuivre se décompose en oxygène, acide sulfureux et oxyde de cuivre.

16. **Usages du sulfate de cuivre.** — Le principal emploi du sulfate de cuivre est dans la teinture, pour teindre la laine et la soie en noir, en lilas, en violet. On obtient avec lui diverses couleurs utilisées en peinture. — Les *cendres bleues* résultent de la décomposition du sulfate de cuivre par la chaux. Elles sont formées d'un mélange d'hydrate bleu d'oxyde de cuivre, de sulfate de chaux et de chaux. — Le *vert minéral* est un carbonate de cuivre associé à de l'hydrate de cuivre. On l'obtient en versant une dissolution de carbonate alcalin dans une dissolution de sulfate de cuivre. Il se forme un précipité volumineux et bleuâtre, que la chaleur verdit et resserre. Sa composition est la même que celle de la *malachite*, exploitée en Sibérie comme minerai du cuivre. Les blocs compactes de malachite sont débités en feuilles minces, et utilisés comme pièces de placage d'une rare beauté pour socles de pendule, tables, chambranles de cheminée, etc. — Le vert de Scheele est un arsénite de cuivre que l'on prépare en versant une dissolution d'arsénite de potasse dans une dissolution bouillante de sulfate de cuivre. — A la suite du vert de Scheele, il faut citer le vert de Schweinfurt, bien qu'obtenu avec un sel de cuivre autre que le sulfate. Il résulte de l'action de l'acide arsénieux sur l'acétate basique de cuivre. — Toutes les couleurs dérivées du cuivre sont vénéneuses, et au plus haut degré le vert de Scheele et le vert de Schweinfurt, qui aux propriétés toxiques du cuivre ajoutent celles de l'arsenic.

17. Caractères des sels de cuivre. — Les sels de cuivre sont bleus ou verts. Leur saveur métallique est très-désagréable. Trois réactifs principalement servent à les caractériser : le fer, l'ammoniaque et le prussiate jaune de potasse.

Le fer, ainsi que le zinc, plongé dans une dissolution de sel de cuivre, se substitue à ce métal et le précipite de la dissolution en poudre rougeâtre, ou pour le moins en pellicule de cuivre métallique adhérant au métal précipitant. Une aiguille, plongée dans une liqueur acide qui ne contiendrait que $\frac{1}{180000}$ de cuivre, se recouvre, au bout de vingt-quatre heures, d'une pellicule de cuivre, reconnaissable à sa couleur rouge.

L'ammoniaque en excès donne lieu à une réaction très-tranchée. Elle produit d'abord un précipité d'hydrate d'oxyde, puis elle dissout cet hydrate et donne une liqueur d'un magnifique bleu. Une dissolution qui contient des traces de cuivre bleuit donc par l'ammoniaque. Mais, isolée, cette réaction est insuffisante, parce qu'elle est commune aux sels de nickel.

Dans les dissolutions riches en cuivre, le prussiate jaune de potasse donne un précipité spongieux d'un brun amarante. Avec une dissolution pauvre, il y a une simple coloration rose. La puissance de ce réactif est assez grande pour déceler $\frac{1}{78000}$ de cuivre.

Enfin, l'acide sulfhydrique et les sulfures alcalins produisent un précipité noir de sulfure de cuivre.

RÉSUMÉ

1. Le cuivre se trouve à l'état natif; mais le minerai le plus abondant est un sulfure double de cuivre et de fer ou *chalkopyrite, pyrite cuivreuse.*

2. Le fer a plus d'affinité pour l'oxygène et le cuivre pour le soufre. Par le grillage des pyrites cuivreuses, le fer passe donc à l'état d'oxyde. La fusion succède au grillage. L'acide silicique de la gangue se combine avec l'oxyde de fer et donne des scories ferrugineuses qui se séparent du reste de la masse. Le produit de cette double opération prend le nom de *matte.* C'est un minerai concentré, mais encore très-impur.

3. Les *mattes* sont grillées à diverses reprises pour achever l'oxydation du fer et fondues en présence de matières silicouses. Le cuivre en même temps se désulfure peu à peu et l'on obtient un métal impur appelé *cuivre noir* où se trouvent encore des métaux étrangers et du soufre.

4. Le *cuivre noir* soumis à l'action de la chaleur et de l'air dans un fourneau à réverbère, s'oxyde en partie. La réaction de l'oxyde de cuivre sur le sulfure de ce métal, dégage de l'acide sulfureux et met en liberté du cuivre métallique. Quant aux métaux étrangers, plus oxydables que le cuivre, ils sont convertis en oxydes et passent dans les scories. Le produit de cette opération s'appelle *cuivre rosette*. L'affinage du cuivre rosette s'affectue en brassant le métal en fusion avec une perche de bois vert, dont les gaz réduisent l'oxydule de cuivre et ramènent les crasses à la superficie du bain.

5. Le cuivre chimiquement pur s'obtient en réduisant de l'oxyde de cuivre par l'hydrogène; en décomposant du sulfate de cuivre par le zinc.

6. Après le fer, le cuivre est le métal le plus tenace. Il est très-malléable, il cristallise en octaèdres réguliers.

7. L'air chaud oxyde le cuivre, l'air humide le fait passer à l'état de *vert-de-gris*, association de carbonate et d'hydrate de cuivre. Les acides l'attaquent facilement ainsi que les alcalis. La facile altération du cuivre avec formation de composés vénéneux, exige un soin scrupuleux au sujet des ustensiles culinaires façonnés avec ce métal.

8. Le *laiton* ou *cuivre jaune* est un alliage de cuivre et de zinc. Il entre dans la fabrication d'une foule d'objets.

9. Le *maillechort* a l'éclat de l'argent. Il contient du cuivre, du zinc et du nickel.

10. Le *bronze* est un alliage de cuivre et d'étain. La trempe le rend malléable et le recuit lui donne de la dureté. C'est tout le contraire des propriétés de l'acier, qui durcit par la trempe et devient malléable par le recuit.

11. Le *bronze d'aluminium*, alliage de cuivre et d'aluminium, est d'une couleur d'or et susceptible d'un beau poli. Quoique malléable, il est doué d'une grande dureté.

12. L'*oxydule* ou sous-oxyde de cuivre est rouge. On le trouve dans la nature. On le prépare en chauffant une dissolution d'acétate de cuivre additionnée de glucose. Il sert à colorer le verre en rouge rubis.

13. Le protoxyde de cuivre est noir. On l'obtient en calcinant du cuivre très-divisé au contact de l'air. Il est facilement réductible. On

l'emploie dans l'analyse des matières organiques. En cédant son oxygène, il convertit leur carbone en acide carbonique et leur hydrogène en eau. Dans l'industrie, il sert à colorer le verre en vert.

14. Le sulfate de cuivre, *couperose bleue*, *vitriol bleu*, s'obtient en grand, par le grillage des pyrites cuivreuses, par l'action du soufre et de l'air sur les lames de cuivre hors d'usage, par l'action de l'acide sulfurique sur les rognures et planures de cuivre des ateliers.

15. Le sulfate de cuivre est d'un beau bleu. Ses cristaux contiennent 5 équivalents d'eau. Le vitriol bleu du commerce contient du sulfate de fer.

16. Le sulfate de cuivre est employé en teinture. Il sert à la fabrication de diverses couleurs à l'usage des peintres, *cendres bleues*, *vert minéral*, *vert de Scheele*. Toutes ces couleurs sont vénéneuses.

17. Les sels de cuivre donnent du cuivre métallique en présence du fer ou du zinc. Ils produisent une coloration d'un beau bleu avec l'ammoniaque ; avec le prussiate jaune de potasse, ils donnent un précipité amarante ou du moins une teinte rose.

CHAPITRE XXIII

PLOMB
$Pb = 104.$

1. Minerai de plomb. Galène. — Le minerai de plomb le plus répandu et le plus important, c'est le sulfure ou *galène*, matière d'aspect métallique, d'un gris brillant, cristallisant en cubes, facile à pulvériser. Pure, la galène contient de 86 à 87 de plomb pour 13 à 14 de soufre. Dans les terrains de cristallisation et dans les dépôts de sédiment anciens, elle forme des filons, des amas, des couches, où elle est associée au sulfure de zinc ou blende, au sulfate de baryte, au fluorure de calcium, etc. L'Angleterre, l'Allemagne, l'Espagne, l'Italie, l'Algérie, en possèdent des gisements considérables. La France en possède peu. Nos exploitations les plus importantes se trouvent en Bretagne. L'Angleterre, à elle seule, fournit plus de la moitié de ce que donne l'Europe. La galène, telle qu'elle sort de la mine, est accompagnée de beaucoup de gangue dont il faut la débarrasser en grande partie pour enrichir le minerai et en rendre le traitement plus facile. A cet effet, elle est triée, concassée, et enfin soumise à des lavages qui entraînent les matières terreuses. Le traitement métallurgique ultérieur s'effectue de deux manières différentes : par *réduction* et par *réaction*.

2. Métallurgie du plomb. Méthode par réduction. — Cette méthode, fondée sur l'affinité du soufre, plus grande pour

le fer que pour le plomb, est réservée aux galènes très-siliceuses. Si l'on fond la galène en présence du fer métallique, le soufre abandonne le plomb pour se porter sur le fer. Les fours où s'opère cette réaction (fig. 65) ont de 5 à 6 mètres d'élévation. Ce sont des *demi-hauts fourneaux*. Leur section est rectangulaire. Par l'orifice O on décharge dans le gueulard G le combustible et le minerai mélangé avec 12 à 14 p. 100 de ferraille ou de fonte, et 15 p. 100 de scories de forge. Une tuyère lance de l'air dans la masse; les produits gazeux de la combustion s'écoulent dans une cheminée par l'ouverture de départ O'. Sous le vent de la tuyère, le sulfure de plomb entre en fusion et cède son soufre au fer qui l'accompagne. Les matières fondues tombent dans le creuset B, et se superposent d'après l'ordre de leur densité : le plomb métallique au fond, le sulfure de fer et les scories à la

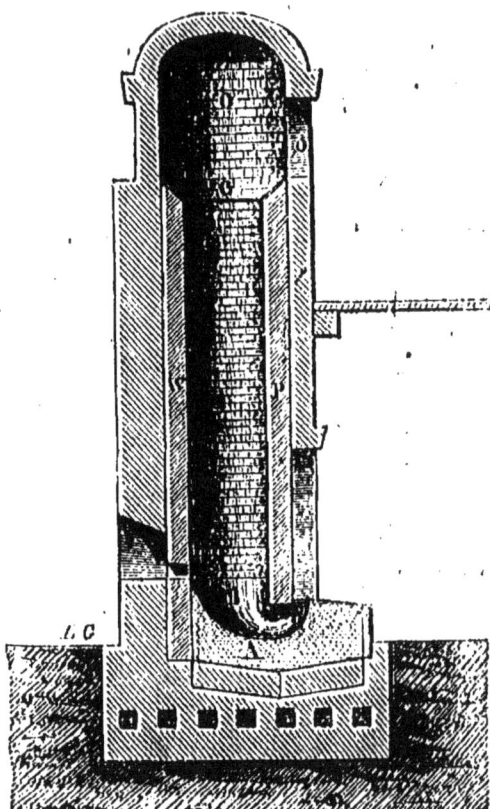

Fig. 65. — Four de réduction de la galène par le fer.

surface. Les scories s'écoulent sur le sol de l'usine d'une manière continue par l'ouverture située en avant du creuset. Quand le creuset est plein, on fait écouler le plomb en débouchant un canal spécial. Cette méthode est dispendieuse, à cause de l'intervention de la fonte, sans valeur aucune lorsqu'elle est convertie en sulfure par la réduction de la galène; aussi emploie-t-on généralement la méthode suivante, lorsque la nature du minerai le permet.

3. **Méthode par réaction.** — Cette méthode est ainsi appelée parce qu'elle est fondée sur l'action réciproque de l'oxyde, du sulfure et du sulfate de plomb.

1 équivalent de sulfure de plomb et 2 équivalents d'oxyde renferment les éléments de 1 équivalent d'acide sulfureux et de 3 équivalents de plomb métallique.

$$SPb + 2PbO = SO^2 + 3Pb.$$

1 équivalent de sulfate de plomb et 1 équivalent de sulfure renferment de quoi faire 2 équivalents d'acide sulfureux et 2 de plomb.

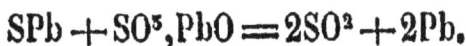

$$SPb + SO^3, PbO = 2SO^2 + 2Pb.$$

Cela admis, qu'arrivera-t-il si l'on soumet la galène à l'action simultanée de la chaleur et de l'air? Les éléments seront attaqués par l'oxygène; il se formera de l'oxyde de plomb et du gaz acide sulfureux; mais cet acide ne se dégagera pas entièrement, il passera en partie à l'état d'acide sulfurique. Il y aura donc nécessairement formation de sulfate de plomb. Ajoutons que l'action de l'air pendant le grillage est lente et non interrompue, de sorte que, à un certain moment, la masse doit être un mélange d'oxyde, de sulfure et de sulfate de plomb. N'est-il pas clair que si l'on supprime alors l'accès de l'air et que l'on contienne l'action de la chaleur, les réactions précédentes se déclareront dans le mélange et mettront le plomb en liberté?

La galène pulvérisée est introduite par la trémie T dans un fourneau à réverbère (fig. 66). On l'étend en mince couche sur la sole, dont l'inclinaison générale converge vers le bassin intérieur B. Ce bassin peut être mis en rapport avec un autre B', situé en dehors du fourneau. Les produits de la combustion du foyer F sont conduits par des arceaux en maçonnerie dans une

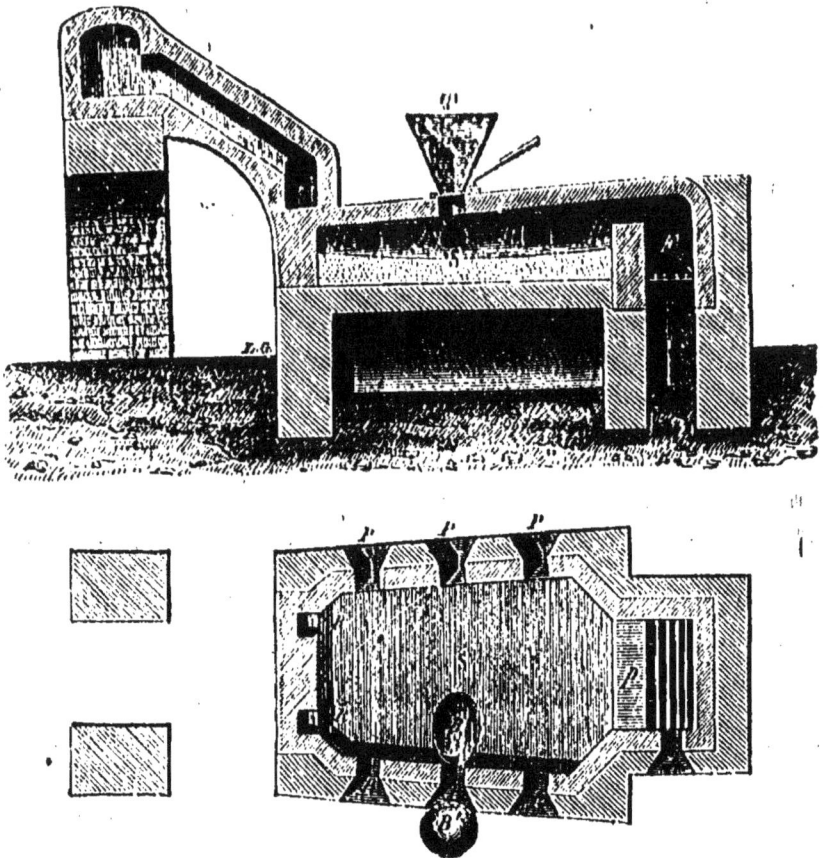

Fig. 66. — Four pour le traitement de la galène par réaction.

cheminée. P, P, etc., sont des portes, au nombre de six, donnant accès à l'air. Comme le four est très-chaud au moment du chargement, l'oxydation marche avec rapidité. Au bout de deux heures de chauffe, on brasse la matière avec des ringards introduits par les portes P, on mélange intimement les parties oxydées et les parties non oxydées, on ferme toutes les ouvertures pour suspendre l'arrivée de l'air, et l'on donne un bon coup de feu. C'est alors que se passent les réactions entre l'oxyde, le sulfure et le sulfate. Du plomb métallique est le résultat de ces réactions. Il coule de tous les points de la sole et s'amasse dans le bassin B. Un trou de coulée le fait passer dans le bassin exté rieur B′ maintenu à la température de la fusion du plomb. Le métal est puisé dans ce bassin et coulé en lingots.

Le procédé que nous venons de décrire est employé en Bretagne, en Angleterre, etc., partout enfin où la galène est peu siliceuse. Mais si la silice est abondante, pour éviter les pertes qu'amènerait la formation du silicate de plomb, il faut recourir au traitement par le fer. C'est ce que l'on pratique dans le Harz.

4. Traitement du plomb argentifère. Pattinsonage
— Dans la plupart des galènes, le sulfure de plomb est associé au sulfure d'argent, de sorte que le minerai est exploité au double point de vue du plomb et de l'argent. Une galène qui renferme $\frac{2}{10000}$ d'argent est dite *pauvre*, celle qui en renferme $\frac{1}{1000}$ est dite *riche*. Les galènes argentifères sont d'abord traitées comme il vient d'être dit. Le plomb qui en résulte, appelé *plomb d'œuvre*, est soumis à des manipulations nouvelles en vue de l'extraction de l'argent. Le premier traitement, désigné sous le nom d'*affinage par cristallisation* ou de *pattinsonage*, dénomination qui rappelle Pattinson, l'inventeur du procédé, est basé sur ce que le plomb argentifère fondu se partage, par le refroidissement, en plomb presque pur qui se prend en masse cristalline, et en alliage plus fusible que le plomb et plus riche en argent que l'alliage primitif. Une dizaine de chaudières hémisphériques en fonte C, C, etc. (fig. 67), disposées sur un même massif et chauffées chacune par un foyer particulier, composent un atelier de pattinsonage. D'autres chaudières plus petites c, c, etc., sont rangées en avant des grandes. Dans la grande

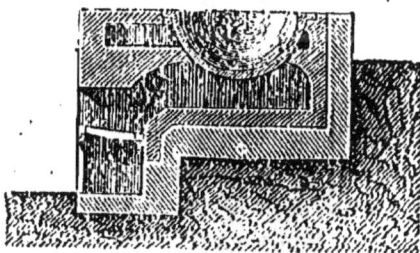

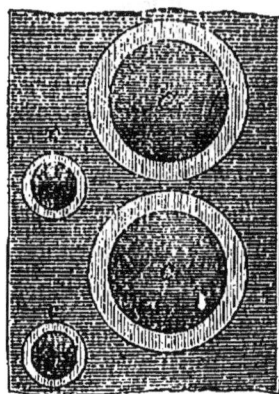

Fig. 67. — Cuves de pattinsonage.

chaudière en tête de la série, on fait fondre de 3000 à 12000 kilogrammes de plomb d'œuvre. Quand la fusion est parfaite, on laisse tomber le feu. Le plomb se refroidit et se fige partiellement en cristaux de plomb presque pur, que l'on enlève avec une écumoire pour les déposer dans la petite chaudière voisine. Le résidu fluide est un alliage plus riche en argent que la matière primitive. Ce résidu est transvasé dans la grande chaudière suivante, pour y subir le même traitement, et ainsi de suite d'une extrémité à l'autre de la série entière des chaudières. On arrive de la sorte à concentrer dans une petite masse à peu près la totalité de l'argent contenu dans le plomb d'œuvre.

5. **Coupellation.** — Pour achever de séparer les deux métaux, on soumet à la *coupellation* le plomb argentifère concentré par les cristallisations successives. A une température élevée et au contact de l'air, le plomb s'oxyde et devient *litharge*, matière très-fusible et facilement éliminable; l'argent, au contraire, est d'une fusion difficultueuse; il est, de plus, inoxydable dans ces conditions. Le four de coupellation est un fourneau à réverbère (fig. 68) dont la sole est excavée en un bassin formé de poudre d'os calcinés, et appelé *coupelle*. Le plomb argentifère est introduit par les ouvertures O, O. La matière entre en fusion. Sous l'influence de l'air lancé par une tuyère *t*, le plomb s'oxyde;

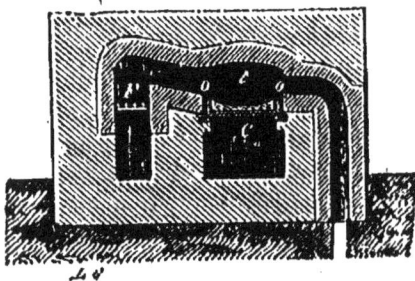

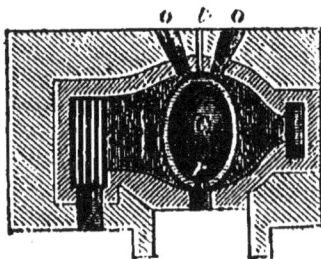

Fig. 68. — Four de coupellation.

l'argent, non. La litharge fluidifiée surnage et s'écoule, à mesure qu'elle se forme, par la rainure *r*. L'argent reste au fond de la coupelle, après le départ du plomb à l'état de litharge. Cette litharge est elle-même un produit commercial. On peut, d'ailleurs, la réduire par le charbon et la ramener à l'état de plomb métallique.

6. Préparation du plomb chimiquement pur. — Le plomb commercial renferme toujours des traces de métaux étrangers, particulièrement de l'argent. Pour l'obtenir pur, il faut recourir à un traitement de laboratoire, qui consiste à réduire par le charbon l'oxyde provenant de la calcination de l'acétate ou de l'azotate de plomb.

7. Propriétés physiques du plomb. — Le plomb est blanc bleuâtre et très-éclatant sur une coupure fraîche. Il cristallise en octaèdres réguliers. Il a une odeur particulière qui se développe par le frottement entre les doigts. Sa densité est 11,44. Il est le plus mou des métaux usuels, et se prête par conséquent à des usages pour lesquels il ne peut être remplacé par aucun autre. On peut le plier sous les doigts, le rayer avec l'ongle, le couper au couteau. Sa mollesse lui permet de laisser une trace d'un gris bleuâtre sur le papier contre lequel on le frotte. Il est très-malléable. Ses feuilles ne le cèdent, sous le rapport de la ténuité, qu'à celles de l'or, de l'argent, du cuivre, de l'étain et du platine. Il ne s'écrouit pas sous le marteau. L'étain en fait autant. Il est le moins tenace des métaux usuels; aussi ne peut-il s'étirer à la filière en fils comparables pour la finesse à ceux du cuivre, du fer, du zinc, etc. Il fond à 335°. Au rouge clair, il répand des vapeurs, cause d'une déperdition sensible dans certaines opérations métallurgiques.

8. Propriétés chimiques du plomb. — L'air sec et froid est sans action sur le plomb; il s'oxyde, au contraire, très-rapidement, si l'on fait intervenir la chaleur. Dans ces circonstances, comme vient de nous l'apprendre la coupellation, une masse considérable de plomb peut passer en très-peu de temps à l'état d'oxyde, si on enlève ce dernier à mesure qu'il se forme, afin que le métal soit toujours en rapport avec l'air.

Au contact de l'air humide, le plomb se ternit rapidement; mais l'altération s'arrête à la surface, car l'oxyde formé constitue un vernis imperméable, qui protège les couches profondes.

L'eau pure, eau distillée, eau pluviale, altère promptement le plomb en présence de l'air. Il se forme une combinaison de carbonate et d'hydrate d'oxyde de plomb. Il suffit de projeter

19

de la limaille de plomb dans une eau pareille pour voir paraître aussitôt des traînées blanches, qui partent des parcelles métalliques non encore arrivées au fond. Aussi les eaux pluviales dégradent-elles les toitures en plomb et acquièrent-elles des propriétés toxiques. Il faut donc éviter de recueillir les eaux pluviales dans des récipients en plomb, et de condenser l'eau distillée dans des serpentins de ce métal. Tout au contraire, les eaux de source, de rivière, etc., contenant des traces de diverses matières salines, chlorures, sulfates, carbonates, sont sans action sur le plomb. Pour la conduite des eaux potables, on peut donc sans danger employer des tuyaux de plomb, ce qu'il serait imprudent de faire avec les eaux pluviales. Toutefois, les eaux, soit de puits, soit de rivière, contenant une quantité notable de matières organiques azotées, donnent lieu, par leur contact avec le plomb, à une production spontanée et continue de sels solubles de ce métal, par suite d'une réaction dont le résultat est de l'acide nitreux. Ce fait explique pourquoi certaines eaux conservent leur potabilité quoique conduites par des tuyaux en plomb, tandis que d'autres la perdent en se chargeant de sels vénéneux plombiques.

L'acide azotique dissout le plomb avec facilité, même à froid. Il y a dégagement de vapeurs rutilantes et formation d'azotate de plomb. L'acide chlorhydrique ne l'attaque que très-difficilement, à la température de l'ébullition. L'acide sulfurique étendu n'a pas d'action sur lui, comme le prouvent la fabrication de cet acide dans des chambres en plomb, et sa concentration partielle dans des vases en plomb. Mais ces vases ne pourraient servir pour arriver à la concentration complète, et obtenir l'acide sulfurique monohydraté, car à chaud cet acide serait décomposé avec formation de sulfate de plomb et dégagement d'acide sulfureux.

9. **Usages du plomb. Fabrication des tuyaux de plomb.** — La flexibilité de ce métal, qui lui permet de céder sous la main, de se plier sans gerçures et de se prêter à toute configuration, le rend très-précieux dans une foule de cas. Réduit en feuilles, le plomb sert à recouvrir les toits, à tapisser les cuves pneumatiques des laboratoires et l'intérieur des réser-

voirs. Les jardiniers l'emploient en minces feuilles pour étiquettes, où un poinçon imprime aisément un numéro d'ordre; pour lier les plantes à leurs tuteurs, ils se servent de fils de plomb, moins altérables que les fils de fer et d'un usage plus facile, plus expéditif, à cause de leur souplesse. Avec le plomb, se fabriquent les tuyaux de conduite pour le gaz de l'éclairage et pour l'eau. Ces tuyaux s'obtiennent par compression, de la manière suivante :

Dans un réservoir cylindrique peut se mouvoir de bas en haut un piston surmonté d'une tige verticale, qui, supérieurement, s'engage dans un trou de filière en acier. Ce piston est mû par une presse hydraulique. Le réservoir étant rempli de plomb fondu, on fait agir la presse. Le plomb, refoulé par le piston, s'engage dans l'ouverture annulaire comprise entre la tige centrale et la filière d'acier, et se fige hors du récipient en un cylindre creux, que l'on enroule sur un tambour. Par la répétition de cette manœuvre, on obtient des tuyaux d'une longueur indéfinie.

10. **Fabrication du plomb de chasse.** — Lorsqu'une goutte de plomb liquide tombe d'une hauteur assez grande pour se figer avant de toucher terre, elle prend la figure d'une larme. Mais si le plomb contient une proportion convenable d'arsenic, la goutte métallique, en se solidifiant, prend la forme sphérique. C'est sur cette propriété qu'est fondée la fabrication du plomb de chasse. Pour le plomb doux, très-malléable, 5 millièmes d'arsenic sont suffisants; pour le plomb aigre, antimonifère, il en faut 8 millièmes. Si la proportion d'arsenic est trop forte, les grains sont lenticulaires; si elle est trop faible, les grains prennent une forme plano-concave. Une proportion convenable d'arsenic est donc une des conditions indispensables de la réussite. Quant à la fabrication, elle est très-simple en elle-même.

Dans une chaudière en fonte, on liquéfie 2000 à 2500 kilogrammes de plomb sous une couche de cendre ou de poussière de charbon. La fusion accomplie, on nettoie la surface du bain et l'on y introduit, par petites portions, l'arsenic préalablement allié avec du plomb, ou bien encore sous forme d'*orpiment*, ou sulfure d'arsenic. On brasse et on enlève les crasses à mesure qu'elles se forment. Lorsque l'ouvrier juge le bain prêt, il verse le métal liquide dans les *passoires* chaudes, c'est-à-dire dans des demi-sphères en tôle percées de trous parfaitement ronds. Ces passoires ont leur paroi intérieure enduite des crasses blanches et poreuses retirées en dernier lieu du bain. En traversant cette couche poreuse, le métal se divise et franchit les trous sous forme de pluie. L'appareil doit se trouver au-dessus d'un bassin d'eau, à une hauteur d'autant plus élevée que le diamètre des grains doit être plus grand. Les grains les plus petits doivent tomber d'une hauteur d'environ 50 mètres. On utilise pour cela les vieilles tours ou les puits des mines. On crible ensuite les grains pour assortir leurs diamètres, et on les lisse en les faisant tourner avec un peu de plombagine, dans des tonneaux traversés par un axe horizontal.

11. Alliages du plomb. — Parmi les nombreux alliages dont le plomb fait partie, les plus importants sont ceux dans lesquels entrent l'étain et l'antimoine.

L'alliage des ferblantiers, ou *soudure des plombiers*, est formé de plomb et d'étain. Il est plus fusible que ses métaux constitutifs, ce qui le rend d'un emploi facile pour la soudure. Il est aussi très-oxydable. Chauffé au rouge, il s'enflamme et continue à brûler seul. Le produit de cette combustion est la *potée d'étain*, stannate de plomb, que l'on emploie pour émailler la faïence.

L'alliage de plomb et d'antimoine sert pour la fabrication des caractères d'imprimerie et pour les clichés. Il est assez dur pour ne pas se déformer sous l'action de la presse, et en même temps assez mou pour ne pas déchirer le papier. D'autre part, la facilité de sa fusion et sa parfaite fluidité lui permettent de reproduire avec précision la forme des moules.

Le plomb, l'antimoine et l'étain constituent l'alliage pour les planches à graver la musique.

Le plomb, l'étain et le bismuth entrent dans les alliages de Darcet, remarquables par leur grande fusibilité. Ainsi 3 parties de plomb fusible à 335°, 2 parties d'étain fusible à 228°, et 5 parties de bismuth fusible à 264°, donnent un alliage qui fond de 91 à 92°, et par conséquent dans de l'eau non encore arrivée à l'ébullition.

12. Tôle plombée. — La tôle de fer, recouverte d'une mince couche de plomb, est employée pour les toitures. Elle est moins lourde que le plomb et plus durable que le zinc. Le procédé pour plomber le fer est à peu près le même que pour l'étamer; cependant, au lieu de préserver de l'oxydation la surface du bain métallique à l'aide d'une matière grasse, on la préserve avec du chlorure de zinc ou avec du sel ammoniac, ou bien encore avec les deux sels à la fois. Cette différence tient à ce que les matières grasses se décomposent à la température de fusion du plomb. En général, le plomb qui sert à plomber le fer est allié à 10 ou 15 pour 100 d'étain.

13. Protoxyde de plomb PbO. **Litharge, massicot.** — Calciné au contact de l'air, le plomb se convertit en protoxyde. Si la température ne s'est pas élevée jusqu'à le fondre, cet oxyde est une poudre jaune, qui prend le nom vulgaire de *massicot*. Si la fusion a eu lieu, l'oxyde de plomb cristallise en refroidissant en petites lamelles, et porte le nom de *litharge*. Le protoxyde de plomb a des aspects très-variés : il y en a de blanc, de jaune, de rouge, de rose. On distingue dans le commerce une *litharge d'or*, une *litharge d'argent*. Ces dénominations désignent des nuances, et rien de plus, nuances qui tiennent à la manière dont l'oxyde a été préparé, et à certaines influences qui provoquent des changements moléculaires sans altérer la composition chimique. On obtient encore du protoxyde de plomb en décomposant par la chaleur du carbonate ou de l'azotate de plomb. Si l'on veut l'obtenir hydraté, il faut décomposer par l'ammoniaque une dissolution d'un sel de plomb. L'oxyde hydraté est blanc; il est soluble dans l'eau dans la proportion de $\frac{1}{7000}$, et communique au liquide une réaction alcaline.

Le protoxyde de plomb fond à la chaleur rouge. A l'état de fusion, il attaque les creusets de terre avec une telle rapidité, qu'il suffit parfois de quelques minutes pour les percer. Cela tient à ce que l'oxyde de plomb se combine avec la silice du creuset et forme un silicate très-fusible. Le protoxyde de plomb se combine donc à chaud avec les acides les plus faibles, tels que l'acide silicique, l'acide borique. Il forme, dans les deux cas, des verres transparents, facilement fusibles, qui, tantôt séparés, tantôt réunis, servent de fondant pour l'application des couleurs vitrifiables.

A plus forte raison se combine-t-il avec les acides énergiques, comme l'acide sulfurique, l'acide azotique. Il forme avec eux des sels très-stables. Son énergie comme base peut être comparée à celle des alcalis.

Le protoxyde de plomb se combine encore avec les alcalis, potasse, soude, et les terres alcalines, chaux, baryte. Dans ce cas, il fait fonction d'acide et donne naissance à des plombites.

Le protoxyde de plomb sert à la fabrication de l'acétate de plomb ou *sel de saturne*, et de la céruse. Il rend siccative l'huile de lin. Certaines poudres et liqueurs, qui servent à noircir les cheveux, doivent leur efficacité à l'oxyde de plomb combiné avec un alcali. L'oxyde métallique agit sur le soufre, qui est un des éléments des cheveux, et produit un sulfure de plomb, cause de la coloration noire.

14. Acide plombique, bioxyde de plomb PbO^2. — Le protoxyde de plomb, suroxydé dans un fourneau à réverbère, se transforme en une poudre rouge appelée *minium*. C'est un oxyde salin, un plombate de plomb, où le protoxyde fait fonction de base, et le bioxyde fonction d'acide $PbO^2,2PbO$. En traitant le minium par l'acide azotique étendu et chaud, on dissout le protoxyde du composé salin; mais le bioxyde ou acide plombique reste sous la forme d'une poudre couleur puce. Cette coloration lui a valu le nom d'*oxyde puce*, par lequel on le désigne quelquefois. Pour avoir l'acide plombique très-pur, il faut renouveler le traitement par l'acide azotique tant qu'il se dissout de matière, puis laver à l'eau distillée.

Mis en contact avec des corps susceptibles de se suroxyder, l'acide plombique leur cède aisément une partie de son oxygène; aussi est-il considéré comme un oxydant des plus avantageux, surtout pour les réactions de chimie organique. Quelques expériences élémentaires peuvent établir ses énergies oxydantes. On broie vivement dans un mortier un peu chaud un mélange de 1 partie de fleur de soufre et de 6 parties d'acide plombique. Le mélange s'enflamme avec production de sulfate de plomb. Ou bien encore, on introduit dans un flacon, rempli de gaz acide sulfureux, un peu d'acide plombique réduit en bouillie épaisse au moyen d'un peu d'eau. Il se forme encore du sulfate de plomb, et la bouillie blanchit immédiatement.

Le bioxyde de plomb se combine avec les bases énergiques et forme avec elles des sels, des plombates, dans lesquels il fonctionne comme acide. Fondu avec de la potasse caustique, par exemple, il donne du plombate de potasse soluble dans l'eau et cristallisable. Il refuse, au contraire, de se combiner avec les acides, même les plus énergiques. Sa préparation avec le minium attaqué par l'acide azotique le démontre suffisamment. C'est donc un oxyde acide; il porte, à juste titre, le nom d'acide plombique. Il n'a pas d'usages hors des travaux de laboratoire.

15. Minium $PbO^2,2PbO$. — Comme l'indique sa formule, le minium est un oxyde salin, une combinaison d'acide plombique et de protoxyde de plomb. Ce produit commercial se prépare de la manière suivante.

Du plomb est maintenu fondu sur la sole d'un four à réverbère et exposé à l'action de l'air constamment renouvelé. Le métal s'oxyde, il se convertit en une poudre jaune ou massicot, dont on a soin de ne pas amener la fusion. Le massicot ainsi obtenu est broyé sous des meules, sous un courant d'eau. On sépare de la sorte le plomb non oxydé. Le massicot desséché est soumis à une nouvelle oxydation. Sa couleur change; du jaune elle passe au rouge orangé, par une plus forte proportion d'oxygène. Le résultat de cette suroxydation plus ou moins prolongée est le minium. Une condition indispensable à remplir pendant le travail, c'est de ne pas dépasser certaines limites de température (300°), car, par une chaleur trop forte, le minium abandonne de l'oxygène et se décompose. Il est rare que le minium du commerce ait une composition constante. Cela peut tenir aussi bien à des défauts de fabrication qu'à la possibilité de plusieurs degrés de combinaison de l'acide plombique avec le protoxyde de plomb. Cependant, le minium maintenu dans le four, jusqu'à ce qu'il n'augmente plus de poids, présente toujours la composition exprimée par la formule $PbO^2,2PbO$.

Le minium est d'un rouge brillant légèrement orangé. Exposé pendant longtemps à la lumière directe, il noircit; chauffé au rouge cerise, il abandonne de l'oxygène et revient à l'état de protoxyde. On le falsifie quelquefois avec du colcothar ou de la brique pilée; fraude facile à découvrir, car si l'on chauffe au rouge le minium pur, on obtient un résidu jaune de protoxyde; mais s'il est falsifié, il persiste avec la couleur rougeâtre du colcothar ou de la brique.

Il se fait une grande consommation de minium dans la fabrication du cristal, du strass, du flint-glass, qui lui doivent leur limpidité, leur pouvoir réfrigérant, leur fusibilité. On emploie encore le minium pour colorer les papiers de tenture, la cire à cacheter. Il entre dans la composition des émaux et de certaines couvertes céramiques. On l'applique en peinture sur le fer, pour le garantir de l'oxydation; réduit en pâte avec de l'huile siccative, il sert pour luter les orifices des chaudières, les cylindres des machines à vapeur, les jointures des tuyaux métalliques boulonnés, etc.

16. Sulfure de plomb SPb. — Le sulfure de plomb, ou *galène*, est, avons-nous déjà dit, le minerai de plomb le plus répandu et le plus en usage. C'est une matière gris bleuâtre, d'aspect métallique, cristallisant en cubes parfois de grandes dimensions. Presque toutes les galènes sont argentifères. Les plus riches sont celles à petites facettes.

On obtient du sulfure de plomb, amorphe et d'un noir mat, en décomposant un sel de plomb par l'acide sulfhydrique ou un sulfure alcalin. On l'obtient cristallisé en fondant du plomb en grenaille avec du soufre. Le produit, fondu une seconde fois avec une nouvelle quantité de soufre, donne une masse à texture cristalline, dans laquelle on peut constater l'arrangement cubique.

La galène s'oxyde quand on la chauffe à l'air; et selon la manière dont est conduit le grillage, le résultat est variable. Il peut se former de l'oxyde de plomb, du sulfate de cette base, et même du plomb libre. Nous avons étudié en détail ces réactions dans la partie métallurgique.

Le sulfure de plomb n'est attaqué ni par l'acide chlorhydrique, ni par l'acide sulfurique étendu d'eau. Mais ce dernier acide, concentré et bouillant, le change en sulfate de plomb aux dépens de son propre oxygène. En effet, pendant l'action il y a dégagement de gaz acide sulfureux. L'acide azotique agit sur le sulfure de plomb, mais diversement, selon son degré de concentration. S'il est faible, et si l'on hâte l'action par une légère chaleur, on a de l'azotate de plomb et du soufre; s'il est concentré, on obtient les mêmes produits, plus du sulfate de plomb; enfin, on n'a que ce dernier sel si l'acide azotique est monohydraté.

Sous le nom d'*alquifoux*, les potiers emploient la galène en poudre fine pour vernir les poteries communes. L'alquifoux est mis en suspension dans de l'eau. Les poteries, qui n'ont encore éprouvé qu'une dessiccation à l'air, sont enduites de ce liquide par une courte immersion. Elles sortent du bain avec une mince couche de sulfure de plomb. En cet état, elles sont soumises à la cuisson. La chaleur et l'air transforment la galène en protoxyde de plomb; celui-ci se combine avec la silice de l'argile et produit un verre d'un jaune de miel, ou silicate de plomb, qui forme vernis. On peut varier la coloration au moyen d'un second oxyde. L'addition d'un peu d'oxyde de cuivre donne du vert; l'oxyde de manganèse donne du brun. Le vernis céramique à l'oxyde de plomb a l'inconvénient d'être attaquable par les acides, même par le vinaigre, et de produire ainsi des sels plombiques, tous très-vénéneux. Il serait donc dangereux de conserver des matières alimentaires acides dans des poteries vernissées au plomb.

17. Carbonate de plomb CO_2, PbO. **Céruse** $2(CO_2, PbO) + PbO, HO$. **Sa fabrication industrielle.** — On trouve du carbonate de plomb naturel en beaux cristaux transparents. On l'obtient amorphe dans les laboratoires en décomposant par le carbonate de soude une dissolution d'acétate de plomb. C'est une matière blanche, pulvérulente, décomposable par la chaleur en acide carbonique et en litharge. Associé à l'hydrate d'oxyde de plomb, le carbonate de plomb donne la céruse, produit industriel d'une grande importance.

On connaît deux procédés pour la préparation de la céruse : l'un très-ancien, et portant le nom de *procédé hollandais*; l'autre moderne, imaginé par Thenard, et dit *procédé de Clichy*, du nom de la localité où il fut d'abord pratiqué. Tous les deux sont fondés sur l'action que l'acide carbonique exerce sur l'acétate basique de plomb.

Le procédé hollandais consiste à exposer des lames de plomb, sous l'influence d'une température de 35 à 40°, à l'action simultanée de l'air, de l'acide carbonique et des vapeurs de vinaigre. L'air oxyde le plomb, la vapeur de vinaigre se combine avec l'oxyde formé et produit de l'acétate basique. Enfin, ce soussel, en contact avec l'acide carbonique, donne du carbonate de plomb, maintenu ou ramené à l'état de sel basique par la présence de l'acétate basique en excès. Dans ce procédé, l'acide carbonique et la chaleur sont fournis par la fermentation du fumier. Des lames de plomb roulées en spirale sont introduites dans des pots en grès munis intérieurement d'un rebord, qui empêche le métal d'atteindre le fond, occupé par une couche de vinaigre. Fermés grossièrement par une plaque de plomb, ces pots sont disposés dans une couche de fumier de cheval et recouverts avec de la paille. On les range par étages superposés jusqu'à une hauteur de 5 à 6 mètres. Une couche de fumier sépare les divers étages. En vingt ou trente jours, les lames de plomb se trouvent converties plus ou moins profondément en céruse. On les bat pour en détacher le carbonate de plomb. Ce battage se fait mécaniquement dans des appareils clos, pour éviter des poussières très-dangereuses à respirer. Les écailles de céruse sont enfin broyées sous des meules avec un peu d'eau et réduites en une pâte très-fine que l'on porte au séchoir dans de petits pots coniques en terre poreuse.

Le procédé de Clichy consiste à dissoudre de la litharge dans du vinaigre, de manière à obtenir un acétate basique. On fait arriver un courant d'acide carbonique dans une dissolution de ce sel. Sur les 3 équivalents d'oxyde de plomb que contient l'acétate basique, 2 sont convertis en céruse, qui se précipite en une bouillie blanche; le troisième reste en dissolution à l'état d'acétate neutre. Le précipité étant recueilli, le liquide surnageant peut servir à une autre opération, car il suffit de le mettre en contact avec de la litharge pour convertir son acétate neutre en acétate basique. Une addition d'acide acétique est toutefois nécessaire pour remplacer celui qu'entraîne la céruse humide.

La céruse obtenue par le procédé de Clichy est, en général, plus blanche que la céruse du procédé hollandais. Celle-ci contient, en effet, des traces de sulfure de plomb, provenant de l'acide sulfhydrique dégagé par la fermentation du fumier. Mais, en revanche, comme elle est très-opaque et amorphe, elle couvre mieux les surfaces en peinture que ne le fait celle de Clichy, un peu transparente et cristalline.

18. **Usages de la céruse.** — La céruse, désignée aussi sous les noms de *blanc de plomb*, *blanc d'argent*, est le corps le plus fréquemment employé en peinture. Seule, elle donne un blanc très-pur et très-opaque, qui *couvre* très-bien, c'est-à-dire qui, en petite quantité, sous une faible épaisseur, voile parfaitement l'objet recouvert. On l'utilise aussi en mélange; les peintres n'appliquent presque pas de couleur qui n'en contienne. Le motif de cet emploi, c'est que la céruse détermine la dessication de l'huile et masque sa teinte désagréable. Malheureusement, la peinture à la céruse noircit par l'hydrogène sulfuré en produisant du sulfure de plomb. Tel est le motif qui fait brunir les tableaux à l'huile, inévitablement exposés, dans nos habitations, à des exhalaisons contenant de l'hydrogène sulfuré. Les diverses couleurs qui recouvrent la toile contiennent presque toutes plus ou moins de céruse, cause de l'altération des teintes subie avec le temps. Le *blanc de zinc* ne présente pas cet inconvénient, mais il couvre moins bien que la céruse.

Broyée avec une petite quantité d'huile, la céruse constitue le *mastic des vitriers*. Calcinée avec précaution au contact de l'air, elle dégage de l'eau, de l'acide carbonique, et laisse un résidu de minium d'un orangé vif, appelé *mine orange*. Ainsi que le sulfate de plomb, on emploie la céruse pour donner au papier des cartes de visite le blanc satiné et le brillant de la porcelaine. Le papier, enduit d'une composition céruséenne, est frotté avec un cylindre d'acier poli. Il suffit de brûler une carte

de visite pour constater la nature plombique de son vernis. Sur
le liséré noir accompagnant la flamme on voit apparaître de
menus globules de plomb, provenant de la réduction de l'oxyde
par le charbon.

Tous les sels de plomb, et particulièrement la céruse, sont
vénéneux. Aussi la préparation industrielle, et le maniement de
la céruse en peinture, exigent de grandes précautions au point
de vue sanitaire. Les poussières plombifères produisent, chez
les personnes exposées à les respirer dans leurs manipulations,
de graves accidents connus sous les noms de *coliques satur-
nines, coliques des peintres*. Dans les fabriques de céruse, les
précautions les plus grandes doivent donc être prises pour éviter
tout contact des ouvriers avec les produits vénéneux, et pour
remplacer le travail manuel par un travail mécanique dans un
espace clos. Enfin, les peintres, dans le broiement des couleurs
à la céruse, ne sauraient être trop prudents.

19. Caractères des sels de plomb. — Les sels solubles
de plomb ont une saveur d'abord sucrée, puis métallique et
très-désagréable. Aussi a-t-on donné à l'un des sels solubles, l'a-
cétate de plomb, le nom de *sucre de saturne*, c'est-à-dire sucre
de plomb, car les anciens chimistes, dans leur langage emblé-
matique, nommaient saturne ce métal. La vieille divinité de
l'Olympe, qui dévorait ses enfants, présidait au plomb, qui dé-
vore les autres métaux, c'est-à-dire s'allie aisément avec eux et
en masque les propriétés.

Une lame de zinc, plongée dans une dissolution plombique,
se couvre de plomb métallique en belles lamelles cristallines.
Si, dans une dissolution d'acétate de plomb, on fait plonger
quelques rubans de zinc, on obtient sur ceux-ci de larges et
minces lames cristallines de plomb d'une élégance comparable
à celle des feuilles de fougère. C'est ce qu'on nomme l'*arbre de
Saturne*.

Les sels solubles de plomb donnent, avec l'iodure de potassium, un précipité d'iodure de plomb d'un jaune superbe.

Les mêmes sels donnent, avec l'acide sulfhydrique et les
sulfures alcalins, un précipité noir de sulfure de plomb, insoluble dans un excès de réactif.

Avec la potasse et la soude, ils donnent un précipité blanc d'oxyde hydraté, qu'un excès de réactif dissout.

Avec l'acide sulfurique et les sulfates solubles, ils donnent un précipité blanc de sulfate de plomb. Cette réaction est commune aux sels de baryte ; mais les sels de plomb noircissent par l'acide sulfhydrique et les sulfures alcalins, ce que ne font pas les sels de baryte.

Enfin, chauffés sur un charbon ardent, tous les sels de plomb, solubles ou insolubles, sont réduits et donnent des globules de plomb métallique.

RÉSUMÉ

1. Le minerai de plomb le plus répandu et le plus important, est le sulfure de plomb ou galène.

2. Le plomb se retire de la galène par deux méthodes : la *méthode par réduction* et la *méthode par réaction*. Dans la méthode par réduction, on fait agir à chaud le fer sur la galène. Le soufre se porte sur le fer et le plomb est mis en liberté.

3. Dans la méthode par réaction, on oxyde partiellement la galène dans un four à réverbère sous un courant d'air, de manière à obtenir un mélange d'oxyde, de sulfate et de sulfure. Par leurs réactions mutuelles, ces trois composés donnent du plomb métallique avec dégagement d'acide sulfureux.

4. Les galènes étant fréquemment argentifères, le plomb obtenu par un premier traitement, ou *plomb d'œuvre*, est soumis à un second traitement qui a pour objet d'en retirer l'argent. L'*affinage par cristallisation* ou *pattinsonage* consiste à fondre le plomb argentifère, à séparer avec une écumoire la masse cristalline qui se forme pendant le refroidissement et à mettre à part le résidu fluide où tout l'argent se trouve à très-peu près.

5. Ce résidu argentifère est soumis à la *coupellation*, c'est-à-dire chauffé dans un four à réverbère en présence de l'air. Le plomb s'oxyde et s'écoule à l'état de *litharge*, l'argent reste dans la *coupelle*.

6. On obtient du plomb chimiquement pur en réduisant par le charbon l'oxyde obtenu par la calcination de l'azotate ou de l'acétate de plomb.

7. Le plomb est le plus mou des métaux usuels. Il est très-flexible,

malléable mais fort peu tenace. Il fond à 535°. Au rouge clair il dégage des vapeurs.

8. Le plomb s'oxyde facilement dans l'air chaud. Il est altérable par l'action de l'eau pluviale et non par celle des eaux ordinaires, pourvu qu'elles ne contiennent pas beaucoup de matières organiques. Les eaux qui attaquent le plomb cessent d'être potables, à cause de la formation de sels vénéneux. Le dissolvant par excellence du plomb est l'acide azotique.

9. Le plomb doit ses nombreux usages à sa flexibilité, qui lui permet de plier sans gerçures. En lames, il est employé pour toitures et pour revêtir l'intérieur des réservoirs. On en fait des tuyaux pour la conduite des eaux, du gaz de l'éclairage, de la vapeur.

10. Le plomb de chasse s'obtient en laissant tomber d'une certaine hauteur des gouttes de plomb fondu contenant un peu d'arsenic, qui fait prendre aux gouttes la forme sphérique.

11. Les principaux alliages du plomb sont la soudure des ferblantiers (plomb, étain), l'alliage pour les caractères d'imprimerie et pour les clichés (plomb, antimoine), l'alliage pour les planches à graver la musique (plomb, antimoine, étain), l'alliage fusible de Darcet (plomb, étain, bismuth).

12. La tôle plombée est de la tôle de fer enduite d'un alliage de plomb et d'étain. Elle est employée pour toitures.

13. Le protoxyde de plomb anhydre porte le nom de *litharge* ou de *massicot* suivant qu'il a été fondu ou non. On l'obtient en calcinant du plomb au contact de l'air. La litharge est le produit en lequel le plomb se transforme dans la coupellation du plomb argentifère. Elle sert à la fabrication de l'acétate de plomb et de la céruse. Elle rend siccative l'huile de lin.

14. Le bioxyde de plomb, acide plombique, *oxyde puce*, s'obtient en traitant le minium par l'acide azotique. C'est un oxydant énergique.

15. Le *minium* est un oxyde salin, un plombate de plomb. On le prépare en convertissant le plomb en protoxyde non fondu ou *massicot* dans un four à réverbère, et en suroxydant le massicot dans une seconde opération. C'est une matière d'un rouge orange, d'un grand emploi en peinture et dans la fabrication du cristal.

16. Le sulfure de plomb naturel ou galène est employé par les potiers sous le nom d'*alquifoux* pour vernir les poteries communes. L'enduit plombique de ces poteries est altérable par les acides et devient dangereux, s'il est en contact avec des matières alimentaires acides.

17. La *céruse* est du carbonate de plomb associé à de l'hydrate de plomb. On l'obtient par deux procédés : le *procédé hollandais* et le procédé de *Clichy*. Tous les deux sont fondés sur l'action que l'acide carbonique exerce sur l'acétate basique de plomb.

18. La céruse, *blanc de plomb*, *blanc d'argent*, est d'un usage des plus fréquents en peinture. Elle *couvre* bien, mais elle a l'inconvénient de noircir aux émanations d'hydrogène sulfuré. Elle entre dans le mastic des vitriers, dans la composition qui donne aux cartes de visites le poli et le brillant de la porcelaine. Les poussières de céruse provoquent, chez ceux qui sont exposés à en respirer fréquemment, une grave maladie nommée *colique saturnine, colique des peintres*. Le maniement de la céruse exige de grandes précautions.

19. Les sels de plomb se reconnaissent au précipité jaune qu'ils donnent avec l'iodure de potassium, au précipité blanc qu'ils donnent avec l'acide sulfurique, au précipité noir que produisent les sulfures alcalins et l'acide sulfhydrique, aux globules de plomb métallique mis en liberté par la réduction sur un charbon ardent.

CHAPITRE XXIV

MERCURE

Hg = 100.

1. Minerais du mercure. — Le mercure se trouve à l'état natif, c'est-à-dire en globules métalliques disséminés dans la gangue; mais la masse principale de ses dépôts est constituée par le sulfure ou *cinabre*. C'est une substance lourde, sans éclat métallique, rouge ou brune, à poussière d'un beau rouge, rarement en cristaux, le plus souvent en masses terreuses colorant les argiles qui l'accompagnent. Le cinabre forme des veines, des filons, des amas, plus particulièrement dans les terrains de sédiment inférieurs, au voisinage des roches de cristallisation. Il est peu abondamment répandu. Les principaux gisements sont ceux d'Almaden, sur les confins de la province de Cordoue, en Espagne; d'Idria, au fond du golfe Adriatique;

de la Bavière, du Pérou, du Mexique et de la Californie. Le gisement d'Almaden fournit à lui seul plus d'un million de kilogrammes de mercure par an, ou plus de la moitié de la production totale.

2. Métallurgie du mercure. Appareil d'Almaden. — Le traitement métallurgique du cinabre est extrêmement simple. Il consiste en un grillage du minerai sous l'influence d'un courant d'air. Le soufre brûle et passe à l'état d'acide sulfureux, tandis que le mercure est ramené à l'état métallique, et, en outre, volatilisé par la chaleur. L'ensemble des produits gazeux est amené dans des appareils de condensation; les vapeurs mercurielles s'y résolvent en mercure liquide, et le gaz sulfureux s'écoule dans l'atmosphère. Quant à la gangue, elle reste dans le four.

La figure 69 reproduit la disposition usitée à Almaden. Le

Fig. 69. — Appareil d'Almaden pour le traitement du cinabre.

foyer est en *b*, on le charge de fagots par la porte *d*; l'air arrive par le cendrier *c*; une partie de la fumée s'échappe par la cheminée *e*. Le foyer communique avec un étage supérieur *a*, où l'on charge le minerai sur une sole percée d'ouvertures. L'air chaud provenant du foyer traverse ainsi le tas de cinabre, le grille et en fait dégager un mélange de gaz sulfureux et de vapeurs mercurielles, mélange qui se rend dans l'appareil de condensation. Cet appareil se compose de douze séries d'allonges en terre ventrues au milieu, et emboîtées l'une à la file de l'autre. Ces allonges se nomment *aludels*. Les douze rangées d'aludels *ff* (fig. 69), OO (fig. 70), sont disposées sur un double

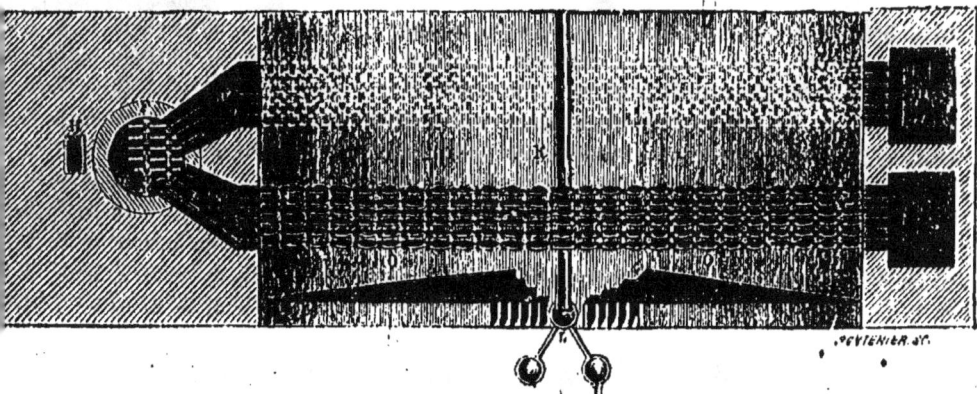

Fig. 70. — Disposition des aludels pour la métallurgie du mercure.

plan incliné, l'un descendant, l'autre remontant. Les différents joints sont lutés avec de l'argile, de façon que chaque rangée constitue un conduit continu, dont un bout communique avec le compartiment *a* où se fait le grillage, et l'autre avec une chambre de condensation K. La portion de vapeur mercurielle qui se condense dans les aludels suit la double déclivité des conduits et se rend en *g* (fig. 69), où des ouvertures lui permettent d'atteindre des bassins de réception par les deux tuyaux *hh*. La portion de vapeur qui ne s'est pas condensée dans ce trajet arrive dans la chambre K, où une cloison *l* la force à descendre jusqu'à la surface de l'eau contenue dans une bâche *i*. Ce qui échappe à la bâche trouve encore à se condenser en remontant dans la chambre et dans la cheminée K', de telle sorte qu'il ne s'échappe à très-peu près que de l'acide sulfureux par cette cheminée. Le mercure recueilli est filtré à travers des toiles de coutil, puis renfermé dans des bouteilles de fer forgé pour être livré au commerce.

3. Appareil d'Idria. — L'appareil usité à Idria, pour l'extraction du mercure, diffère du précédent en ce que les aludels sont remplacés par de vastes chambres de condensation communiquant les unes aux autres. Au-dessus du foyer f (fig. 71)

Fig. 71. — Fours d'Idria pour l'extraction du mercure.

se trouvent deux étages F et g, dont la sole est percée de trous pour donner accès à l'air chaud. L'étage inférieur est chargé de gros morceaux de minerai; l'étage supérieur est chargé de menu et de poussières contenues dans des récipients en terre cuite. L'étage supérieur déverse les vapeurs mercurielles et le gaz sulfureux dans une série de chambres B, C, G, I, etc., où le mercure se condense.

4. Propriétés physiques du mercure. — Ce métal est liquide à la température ordinaire, et d'un blanc brillant pareil à celui de l'argent. Sa fluidité et son apparence argentine lui ont fait donner le nom vulgaire d'*argent-vif*. A 0°, sa densité est 13,596. Il se solidifie à — 40°; il prend rang alors entre l'étain et le plomb pour la ténacité, la ductilité, la malléabilité. Il entre en ébullition à 350°. La densité de sa vapeur est 6,976. On peut le distiller dans une cornue en verre, pour le débarrasser, du moins en partie, des métaux étrangers qui parfois l'accompagnent. La force élastique de sa vapeur est très-faible: à 100°, elle est à peine d'un demi-millimètre.

5. Propriétés chimiques. — Le mercure exposé à l'air,

dans un milieu tranquille et pendant l'hiver, ne s'altère pas d'une manière appréciable; mais il n'en est pas de même s'il est souvent agité, pendant l'été surtout. Aussi, dans les laboratoires, le mercure de la cuve pneumatique prend un aspect terne et se recouvre d'une pellicule grise, mélange intime de mercure très-divisé et d'oxyde. A la température de son ébullition, le mercure s'oxyde et se convertit assez rapidement en oxyde rouge. Chauffé plus fortement, cet oxyde se décompose, dégage de l'oxygène et régénère du mercure métallique. Lavoisier a mis à profit ces propriétés du mercure pour déterminer la nature de l'air atmosphérique.

L'acide sulfurique et l'acide azotique attaquent le mercure et l'oxydent aux dépens d'une partie de leur oxygène. Le premier n'agit qu'à chaud. Il y a dégagement d'acide sulfureux et formation d'un sulfate. Le second agit à froid en donnant naissance à un azotate avec dégagement de bioxyde d'azote. L'acide chlorhydrique bouillant n'attaque pas sensiblement le mercure.

Le chlore, le brome, etc., attaquent le mercure à froid ; aussi ne peut-on recueillir le chlore sur le mercure, comme on le fait pour les autres gaz.

Le mercure est un poison violent. Les personnes qui le manient ou en respirent habituellement les émanations, sont exposées à une maladie qui débute par une salivation abondante et se continue par un tremblement dit *tremblement mercuriel*.

6. Usages du mercure. Étamage des glaces. — Le mercure entre dans la construction des thermomètres, des baromètres, des manomètres. Il sert en chimie pour recueillir les gaz solubles dans l'eau. Mais son grand emploi est dans l'extraction de l'or et de l'argent par le procédé de l'*amalgamation*, ainsi qu'on le verra plus loin.

Allié à l'étain, il sert à étamer les glaces, c'est-à-dire à recouvrir la lame de verre d'une pellicule métallique brillante, cause de la réflexion de la lumière. Pour étamer une glace, on commence par étendre sur une plaque parfaitement horizontale une mince feuille d'étain de la même dimension que la glace à étamer. Puis on imbibe cette feuille de mercure, qu'on promène sur sa surface, par petites quantités, à l'aide d'une patte do lièvre. Après cette première imbibition, on verse encore sur la feuille d'étain assez de mercure pour faire une couche de 4 à 5 millimètres d'épaisseur. Quand ces préparatifs sont terminés, on fait glisser la glace sur la feuille métallique, de manière à chasser l'excès de métal liquide. Lorsque les deux surfaces coïncident parfaitement dans toute leur étendue, on les abandonne à elles-mêmes, sous une certaine pression, pendant quinze à vingt jours. L'amalgame d'étain adhère alors au verre. Cet amalgame, ou *tain des glaces*, contient moyennement 4 parties d'étain pour 1 partie de mercure.

7. **Amalgame des dentistes.** — On prépare cet amalgame en dissolvant du mercure dans l'acide sulfurique, et en triturant le sulfate obtenu avec du cuivre en poudre et de l'eau à une soixantaine de degrés. Par le broyage, le cuivre précipite le mercure, et il se forme du sulfate de cuivre; mais l'excès de ce métal se combine avec le mercure et forme un amalgame, qu'on lave et qu'on exprime fortement dans un nouet. .

Chauffé à une température de 330° à 340°, cet amalgame se gonfle et se recouvre de mercure. Broyé alors dans un mortier, il se ramollit et peut être pétri entre les doigts, même après qu'il est devenu froid. Plus tard, il durcit de nouveau et prend une texture cristalline très-serrée. La faculté de pouvoir le ramollir en le chauffant, et de le maintenir quelque temps plastique, explique son application au plombage des dents.

8. **Oxyde de mercure** HgO. — Cet oxyde s'obtient en maintenant longtemps du mercure à la température de l'ébullition en présence de l'air. Il est alors violacé et d'aspect cristallin. On l'obtient encore en décomposant par la chaleur de l'azotate de mercure. Dans ces conditions, il est rouge et toujours d'aspect cristallin. Enfin, une dissolution d'azotate de mercure étant décomposée par la potasse, donne un précipité jaune, amorphe, qui est encore de l'oxyde de mercure. L'oxyde jaune se prête mieux que les deux autres aux réactions chimiques; il forme directement des combinaisons qu'on ne pourrait pas obtenir avec l'oxyde rouge et l'oxyde violacé.

Vers 400°, l'oxyde de mercure se décompose en ses éléments,

de sorte que, entre le point où le métal s'oxyde et celui où il se réduit, il y a à peine une différence de 50 degrés.

9. Sulfure de mercure SHg. Cinabre, vermillon. — Si l'on fait passer un courant de gaz acide sulfhydrique dans une dissolution d'un sel mercuriel, il se forme un dépôt noir et amorphe de sulfure de mercure.

Chauffé dans un ballon à col ouvert, ce sulfure noir se volatilise et va se condenser dans les parties froides du récipient, sous forme de cristaux d'un rouge violet. Dans cet état, il porte le nom de *cinabre*. Il est pareil à celui qu'on trouve dans la nature, et qui forme le principal minerai mercuriel. Chauffé au contact de l'air, le cinabre se décompose; son soufre passe à l'état d'acide sulfureux, et le métal devient libre. Le traitement métallurgique du minerai de mercure est basé sur cette propriété.

On nomme *vermillon* une variété de cinabre dans la fabrication de laquelle excellent les Chinois. Ce qui rend remarquable le vermillon de Chine, c'est sa résistance à l'action prolongée de la lumière. Aussi est-il préféré par les peintres. On le prépare par la voie humide. — On triture pendant plusieurs heures un mélange de 300 parties de mercure et de 114 parties de soufre. Le produit est délayé dans 400 parties d'eau tenant en dissolution 75 parties de potasse. Si cette masse reste exposée à une température de 50° pendant plusieurs heures, de noire qu'elle était, elle devient rouge. Il ne reste plus qu'à laver à l'eau et à dessécher.

Le vermillon du commerce est quelquefois falsifié avec du minium, du colcothar, de la brique pilée. On découvre la fraude en chauffant un peu de vermillon dans un têt. Tout ce qui est sulfure de mercure se volatilise, tandis que les matières étrangères restent.

10. Sous-chlorure de mercure ClHg². Calomel. — Ce composé est connu aussi sous le nom de protochlorure de mercure. Les anciens chimistes lui donnaient des dénominations bizarres, dont quelques-unes se sont conservées, telles que *mercure doux, calomélas, calomel.*

Lorsque le chlorure de mercure ClHg, ou *sublimé corrosif,*

se combine avec autant de mercure qu'il en contient déjà, il passe à l'état de sous-chlorure ou de calomel. Les premiers chimistes-préparaient, en effet, le calomel en broyant longtemps un mélange de 4 parties de sublimé corrosif et de 3 parties de mercure, mélange qu'ils faisaient ensuite sublimer.

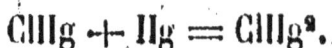

$$ClHg + Hg = ClHg^2.$$

Par ce traitement, une substance excessivement vénéneuse, le sublimé corrosif, se transformait en un autre composé mercuriel, inoffensif, le calomel. Le nom de *mercure doux* fait allusion à cette innocuité.

Le calomel se prépare aujourd'hui comme il suit, pour les besoins de la médecine. On convertit en sulfate 8 parties de mercure, puis on ajoute au sel mercuriel la même quantité de métal, et 3 parties de sel marin. La matière, intimement mélangée, est soumise à la distillation. Il se dégage des vapeurs de calomel, que l'on fait arriver dans un récipient assez vaste pour que la condensation s'effectue avant que les vapeurs touchent les parois. Le calomel se dépose ainsi en poudre impalpable qui, par un lavage, est plus facilement débarrassé des traces de sublimé corrosif qui peuvent l'accompagner. Son emploi en médecine exige, en effet, une grande pureté et l'absence totale du sublimé corrosif, si vénéneux.

Les réactions qui ont lieu entre les matières mises en présence pour la préparation du calomel peuvent être représentées par l'égalité suivante :

$$SO^3,HgO + Hg + ClNa = SO^3,NaO + ClHg^2.$$

11. Propriétés et usages du calomel. — Cristallisé par sublimation, le sous-chlorure de mercure a la forme de prismes à base carrée, terminés par un pointement octaédrique. Il est transparent et incolore. La lumière le noircit en le décomposant en chlore et en mercure; mais la décomposition s'arrête à la surface. Il est insoluble dans l'eau, l'alcool, l'éther.

L'eau de chlore le dissout aisément et le transforme en sublimé corrosif. Il en est de même de l'eau régale. L'acide azotique l'attaque avec facilité, avec production de sublimé corrosif et de sous-azotate mercuriel.

L'action des chlorures alcalins sur le calomel mérite une sérieuse attention. Si on laisse en contact pendant quelque temps, ou si, pour abréger, on chauffe du calomel avec une dissolution de sel ammoniac, ou de sel marin, ou de chlorure de potassium, enfin avec un chlorure alcalin quelconque, il se forme du sublimé corrosif, et du mercure est mis en liberté. Une réaction semblable peut se produire dans les voies digestives en présence d'aliments salés, et amener l'intoxication par un des poisons les plus redoutables, le sublimé corrosif. On ne saurait donc trop recommander de ne jamais recourir à l'emploi médical du calomel peu de temps avant ou après les repas.

Le calomel est administré comme vermifuge et comme purgatif.

12. **Chlorure de mercure** ClHg. **Sublimé corrosif.** — Le *sublimé corrosif* est encore connu sous le nom de *bichlorure de mercure*. On l'obtient en faisant arriver du chlore sec sur du mercure chaud. Les deux éléments se combinent avec dégagement de lumière. Ou bien encore on distille un mélange de parties égales de sulfate de mercure et de sel marin. Sous l'influence de la chaleur, les deux sels échangent leurs principes, d'après la loi de Berthollet. Il se forme du sublimé corrosif qui se sublime, et du sulfate de soude qui reste.

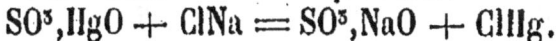

$$SO^3,HgO + ClNa = SO^3,NaO + ClHg.$$

L'opération peut se faire dans un ballon à fond plat, chauffé au bain de sable. Pour se garantir des vapeurs délétères du chlorure mercuriel, on met l'appareil sous une cheminée qui tire bien. Le haut du ballon se tapisse bientôt d'une couche blanche et cristalline de sublimé corrosif.

13. **Propriétés et usages du sublimé corrosif.** — Le chlorure de mercure obtenu par sublimation est une masse blanche, cristalline. Il a une saveur métallique des plus désagréables, qui longtemps excite la salivation. Sa densité est 6,5. Il fond environ à 265°, et se sublime vers 295°. Il est soluble dans 15 fois son poids d'eau à 10°, et dans 2 fois son poids d'eau bouillante. Il est très-soluble dans l'alcool et dans l'éther.

Le sublimé corrosif est un poison des plus énergiques. L'antidote le plus sûr contre les empoisonnements par le sublimé corrosif est l'albumine ou blanc d'œuf, qui forme avec lui un composé blanc insoluble.

Cette réaction est mise à profit pour découvrir de petites quantités d'albumine dans les liquides de l'organisation. Par l'addition du sublimé corrosif dissous, ces liquides donnent un dépôt blanc, ou du moins se troublent et blanchissent.

A faibles doses, le sublimé corrosif est utilisé en médecine. On l'emploie pour la conservation des matières animales, spécialement des pièces anatomiques, qu'il durcit en se combinant sans doute avec l'albumine, et qu'il rend désormais inattaquables par les insectes, et imputrescibles. Pour préserver les herbiers des ravages des insectes, on plonge les plantes sèches dans une dissolution de sublimé corrosif.

14. Caractères des sels de mercure. — Les sels de mercure sont décomposables par le cuivre. Il suffit donc de plonger un fil de cuivre bien décapé dans une dissolution d'un sel mercuriel pour voir ce fil blanchir par suite du dépôt de mercure à l'état métallique. Cette réaction est d'une grande sensibilité.

Si le sel est insoluble, on en met un peu dans un tube de verre avec de petits fragments de potasse, et on chauffe graduellement : des globules de mercure apparaissent dans la partie froide du tube.

Pour reconnaître le degré d'oxydation d'un sel mercuriel, on peut employer une dissolution de potasse ou d'iodure de potassium; les sels de sous-oxyde et leurs correspondants donnant avec la potasse un précipité noir de sous-oxyde de mercure; avec l'iodure de potassium, un précipité vert de sous-iodure.

Les sels d'oxyde et leurs correspondants produisent avec la potasse un précipité jaune rougeâtre d'oxyde de mercure; avec l'iodure de potassium, ils donnent un précipité d'iodure de mercure d'un rouge magnifique et soluble dans un excès de réactif. La liqueur qui provient de la solution de l'iodure rouge dans un excès d'iodure de potassium est incolore.

RÉSUMÉ

1. Le principal minerai de mercure est le sulfure ou *cinabre*. Le gisement le plus important de ce minerai se trouve à Almaden, en Espagne.

2. Le traitement métallurgique du mercure consiste dans le grillage du cinabre au contact de l'air. Le soufre se transforme en acide sulfureux et le mercure libre est réduit en vapeurs. A Almaden, les vapeurs mercurielles sont condensées dans des séries d'allonges en terre appelées *aludels*.

3. A Idria, les aludels sont remplacés par une suite de chambres de condensation.

4. Le mercure est liquide à la température ordinaire. C'est le seul métal qui présente cette particularité. Il se solidifie à -~40°. A l'état solide, il prend rang entre l'étain et le plomb pour la ténacité, la ductilité, la malléabilité.

5. Le mercure s'oxyde au contact de d'air à la température de son ébullition, c'est-à-dire à la température de 350°. Il est attaqué à froid par l'acide azotique et à chaud par l'acide sulfurique. Il est attaqué à froid par le chlore.

6. Le mercure entre dans la construction de divers instruments de physique, baromètre, thermomètre, etc. On l'emploie en grande abondance pour l'extraction de l'argent et de l'or par le procédé de l'*amalgamation*. Allié à l'étain, il constitue le *tain des glaces*, c'est-à-dire la pellicule métallique dont on revêt le verre pour produire la réflexion de la lumière.

7. L'*amalgame des dentistes* est un alliage de cuivre et de mercure. Il a la propriété de se ramollir par la chaleur, de devenir plastique et de durcir après.

8. L'oxyde de mercure HgO s'obtient en oxydant du mercure par la calcination à l'air, en décomposant l'azotate de mercure par la chaleur, ou par un alcali. Il est violacé, rouge ou jaune suivant son mode de préparation. Il se décompose à 400° en oxygène et en mercure métallique.

9. Le sulfure de mercure ou *cinabre* est en cristaux d'un rouge violet après sublimation. On le trouve dans la nature. On peut l'obtenir artificiellement en décomposant un sel mercuriel par un courant d'acide sulfhydrique et en sublimant le dépôt noir formé dans ces conditions. Le *vermillon* est une variété de sulfure de mercure d'un rouge orangé vif. Le vermillon est employé en peinture. Le plus estimé est celui de la Chine.

10. Le sous-chlorure de mercure, *protochlorure de mercure, calomel, calomélas, mercure doux*, s'obtient en sublimant un mélange de sulfate de mercure, de mercure, et de sel marin.

11. Le calomel est un purgatif et un vermifuge. L'eau de chlore et les chlorures alcalins le font passer à l'état de *sublimé corrosif*, composé très-vénéneux, tandis qu'il est lui-même inoffensif.

12. Le chlorure de mercure, *sublimé corrosif, bichlorure* de mercure, s'obtient en attaquant le mercure par le chlore à chaud, ou en sublimant un mélange de sulfate de mercure et de sel marin.

13. Le sublimé corrosif est blanc, cristallin. Sa saveur est métallique, intolérable ; elle provoque la salivation. C'est un corps très-vénéneux. Le meilleur antidote est le blanc d'œuf, qui forme avec lui un composé insoluble. Il est employé en médecine. On l'utilise pour la conservation des pièces anatomiques, pour préserver les herbiers des ravages des insectes, etc.

14. Les sels de mercure solubles se reconnaissent au mercure métallique qu'ils déposent sur une lame de cuivre. Pour peu qu'une liqueur renferme du mercure en dissolution, elle blanchit un fil de cuivre qu'on y plonge et lui communique l'aspect de l'argent. Un sel de mercure insoluble donne du mercure métallique quand il est chauffé dans un tube de verre avec un fragment de potasse.

CHAPITRE XXV

ARGENT
Ag = 108.

1. **Minerais d'argent.** — Comme le cuivre, l'argent se trouve dans la nature à l'état natif, tantôt sous forme de cristaux, tantôt sous forme de filaments, qui, parfois ramifiés, présentent la configuration de délicats arbustes métalliques, et prennent pour ce motif le nom de *dendrites*. L'éclat de ce produit naturel, son inaltérabilité à l'air, sa malléabilité, n'ont pu

manquer d'attirer l'attention des premiers observateurs; aussi l'argent est-il un des métaux les plus anciennement connus. L'argent natif ne se trouve plus aujourd'hui qu'en petite quantité, par exemple dans les filons du lac Supérieur, dans l'Amérique du Nord, où il est associé au cuivre natif. Aussi, pour l'extraction de ce métal, a-t-on recours à d'autres minerais, au sulfure d'argent surtout, et à ses congénères, arséniure d'argent, antimoniure d'argent, etc. Avec ces minerais sont associés assez abondamment le chlorure, le bromure et l'iodure d'argent. Les gisements les plus riches se trouvent au Mexique, au Pérou, au Chili. La Saxe, la Norwége, notre Bretagne, en possèdent aussi, mais non comparables pour la richesse à ceux du nouveau monde. On retire, enfin, une certaine quantité d'argent, le cinquième au plus de la production totale, de minerais complexes exploités en vue de deux métaux différents. C'est ainsi que les galènes argentifères donnent le *plomb d'œuvre*, qui, par la *coupellation*, est dédoublé en litharge et en argent. Nous ne reviendrons pas sur cette partie de la métallurgie, et nous nous occuperons exclusivement des minerais simples, exploités en vue de l'argent seul.

2. **Métallurgie de l'argent. Méthode saxonne.** — Le traitement le plus usité est basé sur l'emploi du mercure, qui dissout l'argent avec facilité. Le minerai est d'abord converti en chlorure d'argent au moyen du sel marin; le chlorure est réduit par un métal plus chlorurable, soit le fer, soit le mercure; enfin le produit final, renfermant l'argent à l'état métallique, est repris par le mercure qui dissout l'argent et forme avec lui un amalgame aisément séparable des boues non métalliques. Par la distillation, l'amalgame se scinde en mercure, qui se volatilise et est recueilli pour d'autres opérations, et en argent métallique, qui reste dans l'appareil distillatoire. Cette méthode par *chloruration* et *amalgamation* a pris naissance en Amérique, d'où on l'a importée en Europe en la modifiant un peu. Aussi décrirons-nous isolément le traitement usité en Europe, ou la *méthode saxonne*, et le traitement encore usité en Amérique, ou la *méthode américaine*.

Dans la méthode saxonne, les minerais d'argent, pauvres en

général, et ne contenant guère que deux à trois millièmes de métal précieux, sont broyés et lavés pour éliminer une partie de la gangue, puis intimement mélangés avec $\frac{1}{10}$ de leur poids de sel marin, et enfin grillés dans un four à réverbère. Sous l'influence de la chaleur et de l'air, une partie du soufre se dégage à l'état d'acide sulfureux, une autre partie devient acide sulfurique et convertit le sel marin en sulfate de soude, tandis que le chlore du sel marin se porte sur les métaux. Tout le sulfure d'argent se trouve ainsi transformé en chlorure. Cette première phase du traitement est la chloruration.

Le minerai chloruré est réduit en poussière aussi fine que possible, puis introduit, avec de l'eau et du fer laminé, dans des tonnes de bois de chêne pouvant tourner autour d'un axe horizontal (fig 72). Un bassin A, situé au-dessus de chacune d'elles, y amène son contenu en minerai chloruré au moyen d'une manche en toile goudronnée C. Une auge E reçoit le contenu de la tonne correspondante à la fin de l'opération, et, par un canal F, déverse ses boues dans une rigole G. On fait tourner l'appareil pendant deux heures, puis on ajoute une quantité de mercure égale à la moitié du poids du minerai, et l'on continue la rotation pendant une vingtaine d'heures. L'*amalgamation* est alors terminée. Le chlore du chlorure d'argent s'est porté sur le fer, et l'argent mis en liberté s'est dissous dans le mercure.

La troisième phase du traitement comprend la *compression* et la *distillation*. On ouvre les tonnes, leur contenu boueux s'écoule dans les auges placés au-dessous. L'amalgame, plus lourd, gagne le fond ; les boues, plus légères, surnagent. On fait écouler celles-ci par le canal F, et l'on recueille l'amalgame, que l'on achève de laver dans des baquets de bois. Pour chasser l'excès de mercure, on comprime l'amalgame à la main dans des sacs de toile ; ou mieux, ce qui met les ouvriers à l'abri du contact dangereux du mercure, on soumet l'amalgame à l'action d'une presse hydraulique, qui fait filtrer le mercure à travers un tampon de bois. La matière solide qui reste, contenant environ 18 d'argent impur pour 82 de mercure, est placée dans des coupes de fer, étagées l'une au-dessus de l'autre sur

un axe vertical C, D (fig. 74), maintenu par un trépied. Ce trépied repose sur le fond d'une cuvette B en fonte et pleine d'eau.
Quand les coupes sont chargées d'amalgame, on recouvre l'ap-

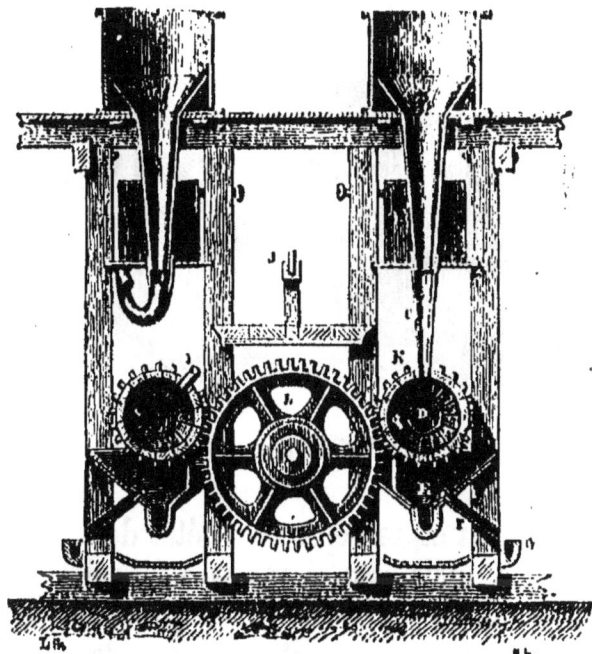

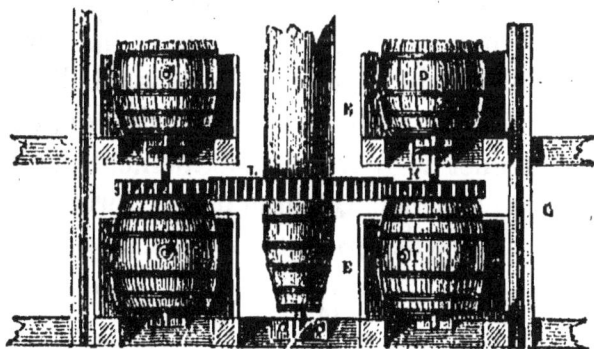

Fig. 72 et 73. — Tonnes d'amalgamation.

pareil d'une cloche mobile en fonte F, dont le bord plonge
dans l'eau de la cuvette. Finalement, on fait du feu autour des
cloches ainsi disposées, dans la région correspondant aux coupes
étagées. Le mercure distille et vient se condenser dans l'eau
froide ; l'argent reste dans les coupes. Cet argent est impur ; il

contient surtout du cuivre et quelques traces d'autres métaux. On lui fait subir plusieurs fontes au contact de l'air ; les métaux

Fig. 74. — Appareil pour la distillation de l'amalgame d'argent.

étrangers s'oxydent et se séparent à l'état de crasses; l'argent, inoxydable, reste, mais associé encore à du cuivre.

3. Méthode américaine. — La rareté du combustible, l'absence de moyens de transport et de voies de communication, font donner la préférence, en Amérique, au procédé d'extraction à froid. Le minerai, réduit en poudre fine, est imprégné d'eau et mélangé avec du sel marin. La pâte est disposée en tas circulaire et aplati ou *tourte*, sur une aire dallée située en plein air. On soumet la tourte au piétinement des mules pour en mélanger les éléments. Quelque temps après, on ajoute du *magistral*, c'est-à-dire des pyrites cuivreuses grillées et converties ainsi en sulfate de cuivre. On procède à un nouveau piétinement. Il se produit du sulfate de soude et du chlorure de cuivre; celui-ci, en réagissant sur le sulfure d'argent, donne naissance à du sulfure de cuivre et à du chlorure d'argent. On ajoute alors au mélange les deux tiers de la quantité de mercure destinée à l'opération. Le piétinement des mules recommence. A mesure que le mercure s'incorpore dans la masse, il réduit le chlorure d'argent en se chlorurant lui-même; la partie non chlorurée dissout l'argent mis en liberté et forme un amalgame. Après un travail de quinze à vingt jours, sous le sabot des mules trottant dans la boue métallique, le mercure a dissous assez d'argent pour cesser de couler. On introduit alors dans la masse les $\frac{2}{3}$ du mercure restant, et, dix jours après, on y ajoute la dernière portion. Deux et même trois mois sont quelquefois nécessaires pour mener à fin cette laborieuse opération. Dans les conditions les plus favorables, on achève en vingt ou vingt-cinq jours. Ce laps de temps est entrecoupé de piétinements et de repos. L'habitude guide les amalgameurs pour déterminer le moment favorable de laisser la tourte en repos ou de la faire piétiner.

Il faut maintenant procéder au *lavage* pour séparer l'amalgame. Le lavage s'exécute dans des cuves de bois ou de maçonnerie, où la matière est agitée par des râteaux mus par un manége. L'amalgame se dépose au fond, et les boues s'écoulent. On filtre l'amalgame à travers une toile, et on le distille dans des appareils analogues à ceux de la méthode saxonne.

La méthode saxonne est infiniment supérieure à la méthode américaine : le rendement en argent est plus grand, et la perte en mercure est sept à huit fois plus faible. Théoriquement, il ne devrait pas même y en avoir du tout, car le mercure est là pour amalgamer et non pour réduire; mais, dans le fait, il y a une perte qui est due à des causes mécaniques. Dans la méthode américaine, à cette perte mécanique vient s'adjoindre la perte de la réduction : une partie du mercure réduit le chlorure d'argent, passe elle-même à l'état de chlorure, et se trouve rejetée avec les boues au moment du lavage. Malgré sa supériorité, la méthode saxonne ne peut être que rarement utilisée en Amérique, à cause de la rareté du combustible. D'ailleurs, tout défectueux qu'il est, le traitement américain est encore celui qui, jusqu'à présent, convient le mieux dans les localités où l'usage en est consacré par une expérience de trois siècles.

4. Propriétés physiques de l'argent. — L'argent est le plus blanc des métaux; il ne le cède guère qu'à l'acier pour l'éclat de son poli. Après l'or, c'est le métal le plus malléable et le plus ductile. Par le martelage, il peut être réduit à l'épaisseur de $\frac{1}{100}$ de millimètre; 1 gramme d'argent peut donner un fil de 2640 mètres de longueur. Un fil de ce métal de 2 millimètres de diamètre ne rompt que sous le poids d'environ 90 kilogrammes. Sa densité est 10,5; elle est plus grande pour le métal fondu; en effet, un morceau d'argent surnage dans un bain du même métal. L'argent fond vers 1000°. A une température plus élevée, il répand des vapeurs qui deviennent abondantes si elles se forment à la température qu'on obtient à l'aide du chalumeau à gaz oxyhydrogène. Dans les ateliers d'affinage, on évite les pertes que la volatilisation du métal pourrait entraîner, en faisant communiquer les fourneaux de fusion avec des chambres de condensation, où les produits gazeux déposent leurs poussières d'argent avant de se rendre dans la cheminée. A l'état de fusion, l'argent dissout l'oxygène sans s'oxyder. Il en absorbe environ vingt-deux fois son volume, et l'abandonne au moment de sa solidification. Aussi, au moment où il passe de l'état liquide à l'état solide, l'argent donne-t-il souvent lieu à une projection de métal encore liquide; l'oxygène dissous se dégage des parties centrales, déchire la couche solidifiée et entraîne avec lui, par une sorte d'éruption, des globules de métal non encore figé. On dit alors que l'argent *roche*. Si l'argent renferme une petite quantité d'or, il perd la propriété de dissoudre de l'oxygène lorsqu'il est en fusion. Il ne roche plus alors en se solidifiant.

5. **Propriétés chimiques.** — L'argent est inoxydable dans l'air à toute température, qualité qui lui fait prendre rang parmi les métaux précieux et lui donne sa valeur dans les transactions sociales. De tous les acides, c'est l'acide azotique qui, même dilué, attaque le plus facilement l'argent. Il se dégage du bioxyde d'azote, et il se forme de l'azotate d'argent. L'acide sulfurique n'agit qu'autant qu'il est concentré et bouillant. Le résultat de l'attaque consiste en sulfate d'argent et en acide sulfureux. L'acide sulfhydrique le noircit superficiellement par la formation d'un sulfure. La teinte noire que prend l'argenterie des ménages et celle des magasins éclairés au gaz de la houille mal purifié, doit être attribuée à cette cause. Il y a, en effet, dans nos habitations, des exhalaisons d'hydrogène sulfuré, spécialement lorsqu'on vide les fosses d'aisance; et, d'autre part, le gaz impur

de l'éclairage en renferme aussi des traces. Les œufs qui ne sont pas d'une fraîcheur irréprochable en contiennent encore; aussi brunissent-ils l'argenterie. L'acide chlorhydrique chaud et concentré attaque superficiellement l'argent, avec formation d'un chlorure insoluble qui protége le reste du métal. Les acides bromhydrique et iodhydrique, ce dernier surtout, l'attaquent avec plus d'énergie. Dans les trois cas, il y a dégagement d'hydrogène. L'action de l'acide chlorhydrique fait pressentir celle du chlorure de sodium. Au contact du sel marin, l'argent se ternit peu à peu par la formation d'une pellicule de chlorure ; aussi, pour les préserver de l'altération, est-on obligé de dorer à l'intérieur les salières en argent. Même sous l'influence de la chaleur, les alcalis restent sans action sur l'argent. Cette propriété explique l'emploi de bassines, de capsules et de creusets d'argent pour la préparation de la potasse et de la soude caustique, ainsi que pour les réactions à chaud en présence des alcalis.

6. **Alliages d'argent.** — L'argent n'est pas employé seul, mais bien allié à du cuivre, qui lui donne plus de dureté. La monnaie d'argent n'est qu'un alliage de cette nature. Si la monnaie était formée d'argent pur, elle s'userait vite ; elle perdrait par le frottement la finesse de ses empreintes. L'addition du cuivre a donc pour but de donner plus de dureté à l'argent, plus de résistance à l'altération par le frottement. Le cuivre n'altère d'une manière appréciable la blancheur de l'argent que lorsqu'il lui est allié dans une proportion assez forte ; toutefois, l'éclat de l'alliage est toujours moindre que celui de l'argent pur. On le lui donne par une opération connue sous le nom de *blanchiment*, opération qui consiste à appauvrir de cuivre la surface de l'alliage. A cet effet, on chauffe la pièce à la température du rouge sombre, puis on la plonge dans de l'eau acidulée avec de l'acide sulfurique ou de l'acide azotique. La chaleur fait oxyder le cuivre qui se trouve dans la couche superficielle; l'acide enlève cet oxyde, et l'argent pur est ainsi mis à nu. La surface est alors d'un blanc mat. Par le frottement, la percussion, le brunissage, le brillant de l'argent reparaît.

Les principaux alliages usités en France sont les suivants :

	Argent.	Cuivre.	Tolérance.
Monnaies.	900. . . .	100. . . .	0,002
Médailles.	950. . . .	50. . . .	0,002
Vaisselle et argenterie..	950. . . .	50. . . .	0,005
Bijouterie.	800. . . .	200. . . .	0,005

La fabrication de ces alliages est soumise à un contrôle par l'État; leur titre est vérifié dans les bureaux de *garantie* et ne doit pas s'écarter, soit en plus, soit en moins, du titre légal, de la fraction désignée sous le nom de *tolérance*. Cette latitude, laissée au fabricant dans d'étroites limites, est nécessitée par l'impossibilité de faire un alliage homogène d'un titre déterminé. La minime fraction de la tolérance est basée sur ce qu'on peut attendre d'exactitude dans une opération pratique.

7. Essai des matières d'argent. Coupellation. — La coupellation, une des opérations les plus ingénieuses que nous ont léguées les anciens chimistes, est basée sur ce que l'argent est inoxydable au contact de l'air à la température de sa fusion, tandis que tous les métaux communs s'oxydent au-dessous de cette température, et, en outre, sur ce que le plomb donne un oxyde très-fusible, litharge, qui pénètre aisément par imbibition dans les terres poreuses, dissout un grand nombre d'oxydes infusibles à la température à laquelle on opère, spécialement l'oxyde de cuivre, et les entraîne avec lui. Supposons que, dans un petit godet en terre très-poreuse, on mette 1 gramme de limaille de cuivre, et que l'on porte la matière à l'incandescence au contact de l'air. Le cuivre s'oxydera; mais comme l'oxyde est infusible, les choses n'iront pas plus loin. Si, au lieu de cuivre, nous employons du plomb pour faire l'expérience, le métal fondra tout d'abord, puis s'oxydera. L'oxyde formé, la litharge, entrera à son tour en fusion et sera absorbée par la masse poreuse du godet. Si l'on faisait l'expérience avec un peu de cuivre et beaucoup de plomb, les deux métaux fondraient et s'oxyderaient. Alors l'oxyde de cuivre, bien qu'infusible par lui-même, se trouvant enveloppé par une masse relativement considérable d'oxyde de plomb fusible, serait entraîné dans l'épaisseur du godet poreux, et les deux oxydes disparaîtraient. Si donc on met dans le godet poreux un fragment d'alliage de cuivre et d'argent et une quantité convenable de plomb, le cuivre et le plomb doivent s'oxyder, et l'argent non. L'oxyde de plomb fusible doit dissoudre l'oxyde de cuivre infusible et l'entraîner avec lui dans la masse poreuse du godet, de sorte que l'argent reste seul en un bouton métallique.

8. **Fourneau de coupellation.** — Le godet destiné à la fusion de l'alliage et du plomb prend le nom de *coupelle*. C'est une petite capsule à parois épaisses, formée avec de la poudre d'os calcinés. La figure 75 en montre une section verticale. La coupelle est introduite dans le *moufle*. C'est un mince vase en

Fig. 75. — Section verticale d'une coupelle.

Fig. 76. — Moufle.

terre cuite, façonné en dessus en une voûte demi-cylindrique, en dessous en un plancher horizontal (fig. 76). Il est fermé en

Fig. 77. — Fourneau de coupellation.

arrière, et librement ouvert en avant. Sur chaque flanc, le moufle est percé d'une fente longitudinale, qui permet l'accès

de l'air dans sa cavité quand il est mis en place dans le fourneau. La figure 77 donne une vue d'ensemble et une section
longitudinale du fourneau de coupellation. Le moufle A contient un certain nombre de coupelles. Il est enveloppé de partout par du charbon incandescent, excepté en avant, où une
porte mobile B ferme son entrée.

9. Marche de l'opération. — Pour dissoudre et entraîner
l'oxyde de cuivre, il faut évidemment une quantité de plomb
d'autant plus grande que le cuivre est lui-même plus abondant
dans l'alliage. On a reconnu expérimentalement que 1 gramme
d'alliage exige les quantités suivantes de plomb, suivant son
titre :

Titre de l'alliage.	Plomb nécessaire à la coupellation de 1 gramme d'alliage.
$\frac{980}{1000}$	4 grammes.
$\frac{900}{1000}$	7 —
$\frac{800}{1000}$	10 —
$\frac{700}{1000}$	12 —
$\frac{600}{1000}$	14 —
$\frac{500}{1000}$ et au-dessous.	15 à 18 —

Il faut donc que, par une opération préalable, l'essayeur détermine approximativement le titre de l'alliage à analyser. Il
parvient en frottant contre une pierre dure et noire, appelée
pierre de touche, divers alliages dont les titres sont connus.
Chacun laisse une trace métallique ou *touche*. On compare ces
touches avec celle que laisse l'alliage à analyser, et, d'après la
similitude plus ou moins exacte des nuances, on juge de quel
alliage à composition connue se rapproche le plus l'alliage à
composition inconnue. L'essayeur sait alors quelle est à peu
près la proportion de plomb qu'il faut employer.

On chauffe d'abord la coupelle dans le moufle. Quand elle
est suffisamment chaude, on y introduit le plomb, qui ne tarde
pas à entrer en fusion et à se couvrir d'une pellicule d'oxyde.
On dépose alors avec précaution sur le plomb fondu la *prise
d'essai*, c'est-à-dire 1 gramme d'alliage enveloppé dans du papier. Celui-ci prend feu, et, par ses gaz réducteurs, ramène la
pellicule d'oxyde de plomb à l'état métallique. Aussi, au con-

tact direct avec le plomb fondu, l'alliage entre-t-il rapidement en fusion pour former avec le plomb un alliage ternaire. Sous l'influence de l'air à haute température qui pénètre dans le moufle par les ouvertures longitudinales, le plomb et le cuivre s'oxydent; l'oxyde du premier se liquéfie et dissout le second et l'entraîne avec lui, par imbibition, dans la coupelle, à mesure qu'ils se forment l'un et l'autre. Le bain métallique diminue donc peu à peu. Sur sa surface se meuvent comme des taches huileuses, qui se dirigent vers les bords du bain et sont absorbées par la coupelle. Ces taches mobiles, mince pellicule de litharge en fusion, deviennent d'un moment à l'autre plus rares; le bain métallique, d'abord plan, prend une forme sphérique. A ce moment de l'opération, le plomb et le cuivre sont presque entièrement absorbés; cependant le globule d'argent est encore recouvert d'un voile de litharge qui décompose la lumière, comme le font les minces lames, et produit des bandes irisées. Ce voile disparaît, et le bouton d'argent, brusquement mis à nu, projette une vive lumière instantanée. A ce signe, appelé *éclair* ou *fulguration*, on reconnaît que l'opération est terminée. Cet éclat, dû à la haute température que vient de développer la combustion du plomb, n'est que passager : l'argent surchauffé retombe à la température du moufle et cesse d'être aussi brillant. On rapproche alors la coupelle de l'ouverture du moufle en évitant un refroidissement trop rapide, qui occasionnerait le *rochage* lors du dégagement de l'oxygène dissous par le métal. Le rochage se traduit par la sortie d'une portion du métal intérieur encore liquide, sous forme d'excroissance arborisée à la surface du bouton. On peut craindre alors la projection d'une partie de la matière dans la coupelle ou même au dehors. L'essai n'est bien réussi que lorsque l'argent forme un bouton arrondi, brillant en dessus, et se détachant bien de la coupelle. C'est ce qu'on nomme le *bouton de retour*. Le poids de ce résidu métallique, comparé au poids primitif, 1 gramme, fournit le titre de l'alliage essayé. Si ce poids est de 850 milligrammes, par exemple, on dit que l'alliage est au titre $\frac{850}{1000}$.

10. Essai par la voie humide. — La coupellation ne

donne le titre des matières d'argent qu'avec une approximation
de 1 à 5 millièmes, parce qu'une partie du métal précieux est
entraînée par la litharge dans la coupelle, ou/bien volatilisée.
L'essai par la voie humide est plus exact. Il est basé sur la propriété des sels d'argent, de donner avec le sel marin un précipité de chlorure d'argent d'une parfaite insolubilité dans l'eau,
ce que ne font pas les autres sels métalliques, spécialement les
sels de cuivre. Supposons une dissolution provenant de l'attaque de l'alliage par l'acide azotique. Cette dissolution renferme
à la fois de l'azotate d'argent et de l'azotate de cuivre. Si l'on
y verse, en quantité suffisante, une dissolution de sel marin,
tout l'argent est précipité à l'état de chlorure, et le cuivre reste
dissous dans la liqueur. Or, pour précipiter un équivalent d'argent pur, il faut un équivalent de sel marin ClNa; ou bien, en
poids, 108 d'argent sont convertis en chlorure par 58,5 de sel
marin. De ces nombres on déduit que, pour précipiter 1 gramme
d'argent pur à l'état de chlorure, il faut 0^{gr},541 de sel marin
pur et sec.

Dissolvons du sel marin pur et sec dans de l'eau distillée, à
raison de 0^{gr},541 de sel pour 1 décilitre d'eau. Cette dissolution prend le nom de *liqueur normale*. Chaque décilitre est
apte à précipiter exactement 1 gramme d'argent pur. Un de ces
décilitres, allongé d'eau de manière à faire 1 litre, est qualifié
de *liqueur décime*. 1 centimètre cube de la liqueur décime précipite donc 1 milligramme d'argent.

Proposons-nous, avec ces liqueurs, de vérifier un alliage monétaire, dont le titre légal doit être de 900 millièmes avec une
tolérance de 2 millièmes. En tenant compte de cette tolérance,
le titre peut se trouver à 898 millièmes tout en restant légal.
Diminuons-le encore de 1 millième, et calculons quel doit être
le poids de la prise d'essai pour contenir 1 gramme d'argent
pur, le titre étant supposé 897. Le poids, évidemment, doit
être en raison inverse du titre. On a ainsi :

$$\frac{x}{1^{gr}} = \frac{1000}{897}.$$

D'où $x = 1^{gr},114$. On détache donc de l'alliage 1^{gr},114 de matière, que l'on introduit dans un flacon avec un peu d'acide azotique. On chauffe au bain-marie jusqu'à parfaite dissolution. On verse alors dans le flacon 1 décilitre de liqueur normale, qui produit un abondant précipité de chlorure d'argent. Deux cas peuvent se présenter : il peut se faire qu'il y ait encore dans la liqueur une certaine quantité d'argent non précipité; ou bien il n'y en a plus. Examinons le premier cas. Dans le liquide, éclairci par le repos, on verse 1 centimètre cube de liqueur décime. Un nouveau précipité apparaît, correspondant à 1 milligramme d'argent. On continue de la sorte jusqu'à ce que l'addition d'un nouveau centimètre cube n'occasionne plus de trouble. Supposons qu'on ait ajouté 4 centimètres cubes de liqueur décime. La quantité d'argent est alors de 1 gramme, correspondant au décilitre de liqueur normale, plus 4 milligrammes, correspondant aux 4 centimètres cubes de liqueur décime. Le rapport de ce poids au poids total de la prise d'essai, ou bien $\frac{1^{gr},004}{1^{gr},114}$, donne le titre de l'alliage, 901 millièmes. Il est d'usage de ne compter que pour un demi le dernier centimètre cube. On conçoit la convenance de cette habitude, en considérant que ce dernier centimètre cube de la liqueur décime peut n'avoir été utilisé qu'en partie. On admet que la moitié seule a servi.

En second lieu, il peut arriver que le liquide ne contienne plus d'argent après l'addition du décilitre de liqueur normale. On le reconnaît à ce que le premier centimètre cube de liqueur décime n'amène pas de trouble. Le titre est alors tout au plus égal à 897 millièmes, ou bien inférieur. Il tombe ainsi au-dessous de la tolérance, et l'alliage n'est pas légalement admissible. Pour en déterminer la valeur exacte, on a recours à la *liqueur décime d'argent*, dont l'emploi est de précipiter le chlore du sel marin en excès. Elle contient 1 gramme d'argent par litre. 1 centimètre cube de cette liqueur correspond ainsi à 1 centimètre cube de la liqueur décime salée. On introduit d'abord dans le flacon à essai 1 centimètre cube de liqueur décime d'argent pour saturer le centimètre cube de liqueur salée versé au début, afin de constater s'il y avait, oui ou non, un excès d'argent. Ainsi ramené à son point de départ, le liquide est additionné de liqueur décime d'argent, centimètre cube par centimètre cube, jusqu'à ce qu'il ne se produise plus de précipité. Au cinquième centimètre cube, supposons, le liquide cesse de se troubler. Pour les motifs énoncés plus haut, ne comptons que pour un demi le dernier centimètre cube. Il est évident que chaque centimètre cube de la liqueur décime d'argent ajouté à la dissolution correspond à 1 milligramme d'argent en moins dans la prise d'essai. Cette prise d'essai, du poids de $1^{gr},114$, contient donc 1 gramme d'argent, correspondant au décilitre de liqueur normale moins $0^{gr},0045$, correspondant aux 4 centimètres cubes et demi de liqueur décime d'argent qu'il a fallu ajouter pour saturer l'excès du liquide salé. Le titre de l'alliage est ainsi $\dfrac{0^{gr},9955}{1^{gr},114}$, ou bien 894 millièmes.

11. Protoxyde d'argent AgO. — Lorsqu'on verse un excès de potasse dans une dissolution d'azotate d'argent, il se forme un dépôt brun clair d'oxyde d'argent hydraté, qui devient anhydre et prend une couleur olive en se desséchant.

C'est un oxyde peu stable à l'état isolé. Il se décompose très-facilement par la chaleur. La lumière le décompose aussi, mais lentement. Mis en contact pendant quelque temps avec du mercure, il abandonne son oxygène pour former un amalgame.

L'oxyde d'argent hydraté est soluble dans l'ammoniaque; aussi ne remarque-t-on aucune décomposition apparente lorsqu'on verse un excès d'ammoniaque dans la dissolution d'un sel d'argent. Si l'on fait digérer de l'oxyde d'argent dans de l'ammoniaque très-concentrée, il se forme une poudre noire, connue sous le nom d'*argent fulminant*. C'est une matière explosive très-dangereuse à manier, qui détone au moindre choc ou par une élévation de température. Il suffit de toucher l'argent fulminant avec une barbe de plume lorsqu'il est sec pour le faire explosionner avec une violence extrême.

Malgré son instabilité, l'oxyde d'argent est une base très-énergique, qui forme avec les acides puissants des sels sans action sur le tournesol.

12. Sulfure d'argent SAg. — Le sulfure d'argent naturel est gris noir; il a de l'éclat et une certaine malléabilité. Il cristallise en octaèdres réguliers ou en cubes. Il est fusible, ce qui permet de le préparer directement en chauffant un mélange de soufre et d'argent. On peut aussi l'obtenir par la voie humide, en décomposant un sel soluble d'argent par un courant d'hydrogène sulfuré. Ainsi préparé, il est noir et pulvérulent ; mais, par la fusion, on peut lui faire prendre l'aspect cristallin. D'ailleurs, il suffit de le frotter dans un mortier d'agate pour lui donner un éclat métallique.

Soumis au grillage, il se décompose en ses éléments; le métal reste, et le soufre se dégage à l'état d'acide sulfureux. Grillé avec du sel marin, il passe à l'état de chlorure avec formation de sulfate de soude; il subit le même changement à froid s'il reste longtemps en contact avec du chlorure de cuivre. Nous avons vu comment on utilise ces deux réactions au sujet de l'extraction de l'argent, la première dans la méthode saxonne, la seconde dans la méthode américaine.

Le sulfure d'argent a beaucoup de tendance à se combiner avec d'autres sulfures, ce qui explique pourquoi presque tous les sulfures métalliques naturels sont plus ou moins argentifères.

13. Chlorure d'argent ClAg. — Le chlorure d'argent naturel accompagne parfois le sulfure, surtout près de la surface du sol. On l'obtient artificiellement en versant dans une dissolution d'azotate d'argent, soit de l'acide chlorhydrique, soit un chlorure. Il se forme un précipité volumineux, blanc, d'apparence caséeuse, qui se rassemble avec facilité, surtout si la liqueur est acide. Ce composé est insoluble dans l'eau et dans l'acide azotique. L'acide chlorhydrique et l'eau salée le dissolvent en faible quantité. Il se dissout aisément dans l'hyposulfite de soude, propriété utilisée en photographie; il se dissout aussi dans l'ammoniaque. Sa dissolution ammoniacale, abandonnée à une évaporation spontanée, le laisse déposer en cristaux octaédriques pareils à ceux du chlorure d'argent naturel.

Le chlorure d'argent est très-sensible à l'action de la lumière. Lorsqu'on l'expose aux rayons du soleil, il devient immédiatement d'un noir violet; à la lumière diffuse, la coloration se manifeste avec plus de lenteur. Le chlorure violet n'est plus entièrement soluble dans l'ammoniaque; la portion qui n'est pas dissoute est de l'argent. La coloration du chlorure d'argent est donc le résultat d'un dédoublement en argent et en chlore. La photographie met à profit cette propriété.

Le chlorure d'argent fond vers 260° en un liquide jaune qui, en se figeant, prend l'aspect de la corne et peut se couper au couteau. C'est alors ce qu'on nomme l'*argent corné*. Chauffé à une température plus élevée, le chlorure d'argent émet des vapeurs, mais d'une tension trop faible pour permettre la distillation.

Le chlorure d'argent est réduit avec une extrême facilité par l'hydrogène naissant. On met dans un verre à expérience du chlorure d'argent, quelques fragments de zinc, de l'eau et un peu d'acide sulfurique. L'hydrogène qui se dégage réduit le chlorure avec formation d'acide chlorhydrique. La matière, d'abord d'un beau blanc, devient d'un gris olivâtre à mesure que l'argent est révivifié. La bouillie métallique ainsi obtenue est d'apparence terreuse, sans aucun des caractères physiques de l'argent, mais elle prend ces caractères par la friction entre deux corps durs.

14. Azotate d'argent AzO^5, AgO. — L'azotate d'argent s'obtient en dissolvant de l'argent dans de l'acide azotique. A défaut d'argent pur, on peut très-bien employer l'alliage monétaire. L'attaque de cet alliage par l'acide azotique donne une liqueur bleue où se trouvent à la fois de l'azotate d'argent et de l'azotate de cuivre. On évapore la dissolution de la pièce de monnaie, et l'on calcine le résidu au rouge sombre. L'azotate de cuivre se décompose avec dégagement de vapeurs rutilantes et résidu d'oxyde de cuivre. L'azotate d'argent, au contraire, éprouve la fusion sans se décomposer. En reprenant par l'eau le produit de cette calcination, on dissout l'azotate l'argent, et l'on élimine l'oxyde de cuivre insoluble.

L'azotate d'argent cristallise en lames incolores, transparentes et rhomboïdales. Il est très-soluble dans l'eau. Il fond sans altération au rouge sombre, mais au rouge vif il se décompose et finit par laisser un résidu d'argent pur. Fondu et coulé en baguettes cylindriques, il constitue la *pierre infernale*, dont les chirurgiens font usage pour cautériser les plaies et ronger les chairs baveuses. L'azotate d'argent est facilement décomposé par les substances organiques, surtout sous l'influence de la lumière. Vient-on à mouiller le doigt avec une dissolution de ce sel, il se produit bientôt une tache d'un noir ardoisé, provenant de l'argent métallique réduit. Quant à l'acide azotique abandonné par le sel décomposé, il agit sur la peau par ses propres énergies et la corrode lentement. Tel est le mode d'action de la pierre infernale. On enlève les taches faites sur la peau par l'azotate d'argent avec une dissolution de cyanure de potassium. Mais ce lavage exige beaucoup de prudence, car le cyanure de potassium est très-vénéneux et pourrait, en s'introduisant dans une insignifiante écorchure, occasionner de graves accidents. On peut remplacer le cyanure par l'iodure de potassium, qui n'a pas les mêmes inconvénients.

Cette propriété de noircir au contact des matières organiques fait employer l'azotate d'argent pour marquer le linge d'une manière indélébile par l'eau, le savon, la lessive. La liqueur à marquer le linge se prépare en dissolvant 2 parties d'azotate d'argent dans 7 parties d'eau distillée, à laquelle on ajoute 1 partie de gomme arabique. Pour mieux voir les lettres que l'on trace, on colore le liquide avec un peu d'encre de Chine. On donne de la fermeté au linge en le repassant, après l'avoir empesé, sur le point où il doit être marqué; et avec une plume trempée dans la liqueur d'argent, ou bien avec un cachet en bois à caractères en relief, on trace la marque sur le tissu. En peu de temps, surtout au soleil, les traits deviennent noirs. La marque au sel d'argent n'est pas ineffaçable : on peut l'enlever en la faisant tremper dans de l'eau de chlore, puis en lavant à l'eau ammoniacale, quand elle a blanchi.

15. Caractères des sels d'argent. — On reconnaît aisément les sels solubles d'argent au précipité qui se forme dans leurs dissolutions quand on y verse soit de l'acide chlorhydrique, soit un chlorure, du sel marin, par exemple. Ce précipité est du chlorure d'argent, reconnaissable à son aspect caséeux, à sa solubilité dans l'ammoniaque, à son insolubilité dans l'acide azotique, à sa coloration en noir violacé sous l'influence des rayons solaires.

Si le sel est insoluble, on le transforme en sel soluble, en azotate, pour recourir à la réaction précédente.

RÉSUMÉ

1. L'argent se trouve dans la nature à l'état natif, mais son minerais le plus important est le sulfure. Les principaux gisements argentifères se trouvent au Mexique et au Pérou.

2. L'extraction de l'argent de son sulfure se fait par deux méthodes principales : la *méthode saxonne* et la *méthode américaine*. Elles sont l'une et l'autre basées sur la transformation du sulfure d'argent en chlorure au moyen du sel marin, sur la réduction de ce chlorure par l'intermédiaire d'un métal plus chlorurable, fer ou mercure, enfin sur la séparation de l'argent des boues métalliques au moyen de l'amalgamation avec le mercure.

3. Dans la méthode saxonne, la chloruration du minerai se fait à chaud dans un four à reverbère, et la réduction du chlorure s'effectue au moyen du fer. Dans la méthode américaine, la chloruration se fait à froid sous l'influence du *magistral*, c'est-à-dire du sulfate de cuivre provenant des pyrites cuivreuses grillées. Enfin, la réduction est opérée par le mercure. Dans les deux méthodes, l'amalgame se scinde en argent et en vapeurs mercurielles par la distillation.

4. Après l'or, l'argent est le métal le plus malléable et le plus ductile. Il fond vers 1000°. Au-dessus de cette température, il répand des vapeurs. Il dissout l'oxygène à chaud et l'abandonne à froid.

5. L'argent est inaltérable à l'air. L'acide azotique le dissout, l'hydrogène sulfuré le noircit. Le sel marin l'attaque superficiellement, ainsi que l'acide chlorhydrique. Les alcalis en fusion ne l'attaquent pas.

6. L'argent est surtout employé à l'état d'alliage avec le cuivre. Le titre d'un alliage est la proportion en millièmes d'argent pur. Le titre de l'alliage monétaire est 900 millièmes, celui de la vaisselle et de l'argenterie de 950 millièmes, celui de la bijouterie de 800 millièmes. La composition de ces alliages est soumise à un contrôle légal dans les bureaux de *garantie*. La *tolérance* est l'écart en plus ou en moins que la loi tolère dans les alliages d'argent, à cause de l'impossibilité où l'on se trouve d'obtenir des alliages homogènes d'un

titre déterminé. La tolérance est de 2 millièmes pour les monnaies, de 5 millièmes pour la bijouterie.

7. L'essai des matières d'argent par la *coupellation* est basé sur ce que le cuivre est oxydable sous l'influence de la chaleur et de l'air, tandis que l'argent ne l'est pas. Il est fondé, en outre, sur ce que l'oxyde de plomb est très-fusible, apte à dissoudre les autres oxydes et à les entraîner avec lui, par imbibition, dans la masse poreuse de la *coupelle.*

8. La *coupelle* est une petite capsule en poudre d'os calcinés. Le *moufle* est un récipient de terre cuite, de forme demi-cylindrique, qu'enveloppe le combustible du *fourneau de coupellation.* On y dispose la coupelle pour soumettre l'alliage à l'action de la chaleur et de l'air.

9. On met dans la coupelle la *prise d'essai* consistant en un gramme de l'alliage à analyser. On ajoute une quantité convenable de plomb et l'on chauffe. Le plomb et le cuivre s'oxydent, l'oxyde de plomb se liquéfie, dissout l'oxyde de cuivre infusible par lui-même, et l'entraîne avec lui dans l'épaisseur de la coupelle. L'argent, non oxydable, reste seul et forme le *bouton de retour.* Le poids de ce bouton métallique comparé au poids de la prise d'essai, donne le titre de l'alliage.

10. Dans l'essai par la *voie humide,* on dissout la prise d'essai au moyen de l'acide azotique. La liqueur, renfermant à la fois de l'azotate d'argent et de l'azotate de cuivre, est additionnée d'une liqueur titrée de sel marin. L'argent est précipité à l'état de chlorure, et le cuivre non. Le titre de l'alliage est déterminé d'après la quantité de liqueur salée nécessaire à la précipitation totale de l'argent. L'essai par la voie humide est plus exact et plus rapide que l'essai par la coupellation.

11. Le protoxyde d'argent s'obtient en décomposant par la potasse une dissolution d'azotate d'argent. Cet oxyde est décomposé par la chaleur. Il est soluble dans l'ammoniaque. C'est une base énergique. *L'argent fulminant,* matière explosive très-dangereuse, résulte de l'action de l'ammoniaque sur l'oxyde d'argent.

12. On prépare le sulfure d'argent en décomposant par l'hydrogène sulfuré une dissolution d'azotate d'argent. Il est décomposé par le grillage. Chauffé avec le sel marin ou mis longtemps en contact avec le chlorure de cuivre, il passe à l'état de chlorure d'argent.

13. Le chlorure d'argent s'obtient toutes les fois qu'on décompose l'azotate d'argent par l'acide chlorhydrique ou par un chlorure soluble. Il est blanc, d'apparence caséeuse, insoluble dans l'eau et l'acide

azotique. Il est soluble dans l'ammoniaque et l'hyposulfite de soude.
Il noircit à la lumière. Le fer, le zinc, le mercure, l'hydrogène naissant, le réduisent.

14. L'argent dissous dans l'acide azotique donne de l'azotate d'argent. Fondu et coulé en crayons, l'azotate d'argent constitue la *pierre
infernale* des chirurgiens. Il est décomposé par les substances organiques. Il noircit la peau. On l'emploie pour marquer le linge.

15. Les sels d'argent solubles sont caractérisés par le précipité de
chlorure d'argent au moyen de l'acide chlorhydrique, du sel marin ou
de tout autre chlorure.

CHAPITRE XXVI

OR

Au = 98,18.

1. Minerais d'or. — Les métaux engagés dans des combinaisons chimiques, qui dissimulent leurs propriétés, ont nécessairement longtemps échappé à l'attention de l'homme; et
lorsqu'enfin une industrie naissante s'est exercée sur ces combinaisons, les difficultés d'extraction ont dû bientôt arrêter les
premiers métallurgistes. En général, la date de l'apparition
d'un métal dans l'industrie humaine est d'autant plus reculée
que l'exploitation du minerai est moins difficultueuse. Tel est
le cas de l'or, disséminé en tous les points du globe, presque
toujours à l'état métallique. Le fer excepté, l'or est le métal
dont la diffusion est la plus grande : on le trouve pour ainsi dire
partout, même à la surface du sol, mais le plus souvent en
quantités excessivement faibles. Son éclat, son poids, son inaltérabilité, sa facile extraction, devaient donc de bonne heure
appeler les recherches de l'homme, d'autant plus que son peu
d'abondance et sa diffusion en faisaient une matière précieuse,
éminemment propre aux échanges. L'or, en effet, est connu

dès la plus haute antiquité et hautement apprécié : tous les monuments historiques l'attestent.

Les filons de quartz blanc, injectés dans les roches granitiques, sont le gisement naturel de l'or. On l'y trouve disséminé en paillettes, en petits cristaux cubiques ou octaédriques, en minces lamelles, en filaments dendritiques. Les fragments d'or d'un volume un peu considérable prennent le nom de *pépites*. Leur poids, habituellement, est de quelques grammes ; mais on signale, comme très-exceptionnelles d'ailleurs, des pépites de 12 et de 50 kilogrammes.

Désagrégées en sables par les agents atmosphériques et entraînées en cet état par les eaux courantes, les roches aurifères ont produit des terrains d'alluvion où les paillettes d'or se trouvent disséminées. C'est dans ces sables que se fait habituellement la recherche de l'or. Divers fleuves de la France, le Rhône, le Rhin, la Garonne, l'Hérault, l'Ariége, roulent dans leurs sables des parcelles du métal précieux, mais en trop petite quantité pour dédommager du travail de la récolte. Les gisements aurifères les plus riches se trouvent en Australie, en Californie, au Mexique, au Brésil, au Pérou, en Sibérie, etc.

2. Extraction de l'or. — La méthode la plus ancienne et la plus simple consiste à laver les sables aurifères dans une sébile en bois, ou mieux dans le vase conique en tôle de la figure 78. On met dans ce vase quelques poignées de sable au-

Fig. 78. — Vase pour le lavage des sables aurifères.

rifère et on le plonge dans l'eau en lui imprimant un mouvement de rotation. A la faveur de ce mouvement et de l'eau, les matières se séparent d'après l'ordre de leur densité ; les paillettes d'or, plus lourdes, gagnent le fond du vase, tandis que les parties non métalliques, plus légères, tournoient encore

dans le liquide. En inclinant le récipient on fait écouler le sable
stérile, et l'or reste au fond, mais souillé encore de **matières
étrangères.**

On abrége le travail en se servant de l'appareil que représente
la figure 79. On verse le sable aurifère ou le minerai pulvérisé

Fig. 79. — Appareil pour le lavage des sables aurifères.

sur la toile métallique A et on l'arrose avec un filet d'eau, tout
en imprimant à l'appareil un mouvement de va-et-vient, au
moyen de deux rouleaux qui le supportent. Le sable grossier
reste sur la toile métallique, les poussières aurifères sont entraînées par l'eau et laissent leurs parcelles d'or contre les re-
bords CC, disposés en travers du fond de l'appareil.

Pour épurer la poudre d'or ainsi obtenue et séparer le métal
du sable qui l'accompagne encore, on le pétrit avec **du mercure.**
L'or se dissout, et les impuretés viennent nager à la surface de
l'amalgame liquide. L'amalgame est exprimé dans une toile
serrée pour séparer l'excès de mercure; enfin la partie solide
qui reste est soumise à la distillation, soit dans des appareils à
cloche analogues à ceux qu'on emploie dans la métallurgie de
l'argent, soit dans de simples cornues en fonte. L'or spongieux
laissé par la distillation est finalement fondu avec une petite
quantité de borax, qui forme une scorie avec les impuretés ter-

reuses qui accompagnent le métal, puis coulé dans des lingotières.

3. **Préparation de l'or pur**. — L'or du commerce n'est
jamais pur; celui des monnaies, par exemple, contient du
cuivre. Pour l'avoir très-pur, on dissout l'or ordinaire dans
l'eau régale, et on évapore la dissolution jusqu'à siccité. On reprend le résidu par l'eau distillée, on filtre le liquide, et on y
ajoute du sulfate de fer. Ce sel, qui a une grande tendance à se
suroxyder, décompose l'eau pour s'emparer de son oxygène;
l'hydrogène qui provient de cette décomposition enlève le chlore
à l'or, qui se précipite sous forme d'une poudre brune très-
divisée. Cette poudre, lavée d'abord avec de l'acide chlorhydrique faible, puis avec de l'eau, et fondue ensuite avec un
peu de borax et de nitre, donne un culot d'or chimiquement
pur.

4. **Propriétés de l'or**. — L'or est d'une belle couleur jaune.
Sa densité est 19,5. Il fond vers 1200°. A l'état de fusion, il
répand une lumière d'un vert bleuâtre, due à l'émission de vapeurs. Il est le plus ductile et le plus malléable des métaux.
Avec 1 gramme d'or, on peut faire un fil de 3000 mètres de
longueur. Par le martelage, il se réduit en feuilles tellement
minces, qu'il en faut 10000 pour faire l'épaisseur de 1 millimètre. Ces feuilles sont perméables à la lumière, qui, en les
traversant, prend une teinte verte.

Dans aucun cas l'or ne s'oxyde à l'air; bien plus, lorsqu'on
est parvenu à l'oxyder par des moyens détournés, son oxyde se
décompose à une température très-basse. De tous les métalloïdes,
il n'y a que le chlore et le brome qui l'attaquent à froid. Les
alcalis n'ont pas d'action sur lui; les acides pareillement. Seule,
l'eau régale le dissout en le transformant en chlorure. Le mercure le dissout aussi à toute température. En somme, l'or est
remarquable entre tous les métaux par sa grande résistance à
l'action chimique. Il doit son prix à cette inaltérabilité.

5. **Alliages d'or**. — L'or peut s'allier avec un très-grand
nombre de métaux. Les alliages les plus importants sont ceux
de cuivre et d'or. Le premier de ces deux métaux rehausse la
couleur du second et lui donne de la dureté. Ces alliages sont

réglés par la loi, comme ceux d'argent. Leur titre est variable, suivant la destination. Voici les titres employés :

	Titre.	Tolérance.
Monnaies....	900 millièmes.	2 millièmes.
Médailles. ..	916 —	2 —
Bijouterie. . .	920 —	3 —
	840 —	3 —
	750 —	8 —

Le titre 750 millièmes est le plus fréquent dans la bijouterie.

6. Essai des matières d'or. — L'analyse d'un alliage d'or et de cuivre peut se faire par la coupellation, en suivant exactement la même voie que nous avons indiquée au sujet de l'argent. L'or, inoxydable, reste dans la coupelle et forme le bouton de retour, tandis que le cuivre est oxydé et entraîné dans la coupelle par la litharge que fournit le plomb ajouté. Mais cette marche n'est pas d'une précision irréprochable, parce qu'une petite quantité d'or peut passer dans la coupelle, parce que, enfin, l'alliage lui-même contient souvent une certaine proportion d'argent. Pour éviter tout inconvénient, on opère comme il suit.

Par une opération préalable, par exemple au moyen des *touchaux*, dont nous allons dire bientôt quelques mots, on détermine approximativement la proportion d'or contenu dans l'alliage. On fait une prise d'essai d'un demi-gramme, et l'on ajoute à cette prise d'essai un poids d'argent égal à 3 fois celui de l'or pur. Le rapport de 4 à 1 entre le poids des deux métaux précieux réunis, et celui de l'or pur contenu dans la prise d'essai, fait désigner cette partie de l'opération sous le nom d'*inquartation*.

Le tout, prise d'essai et argent d'inquartation, est soumis à la coupellation avec la quantité convenable de plomb. Les soins minutieux que demande la coupellation d'un alliage d'argent et de cuivre sont ici inutiles, car le rochage n'est pas à craindre. Le bouton de retour ne contient plus de cuivre : c'est un alliage d'or et d'argent.

On procède alors à ce qu'on appelle le *départ*, c'est-à-dire à la séparation de l'or et de l'argent. A cet effet, le bouton de retour est aplati sous le marteau, et enfin réduit en feuille mince au laminoir. La feuille, roulée en cornet, est introduite dans une fiole avec de l'acide azotique, que l'on porte à l'ébullition. L'argent se dissout, l'or reste inattaqué. Pour que le départ de l'argent s'effectue d'une manière complète, tout en laissant une lamelle d'or d'une cohérence suffisante pour la manipulation, l'expérience a appris que les deux métaux doivent être associés dans le rapport de 3 à 1, ainsi que nous l'avons dit. Le mince cornet d'or qui reste est lavé, recuit dans le moufle, et enfin pesé.

7. **Essai aux touchaux.** — On nomme *touchaux* des baguettes formées d'un alliage d'or et de cuivre, d'or et d'argent, à des titres connus. On les emploie pour l'essai des menus objets de bijouterie, qui ne comportent pas évidemment l'essai par la coupellation. Sur une pierre siliceuse, très-dure et très-noire, *pierre de touche*, on frotte les touchaux, qui laissent une trace métallique. On en fait autant avec l'objet à essayer. On mouille ces traces avec une baguette de verre plongée dans de l'acide azotique contenant un peu d'acide chlorhydrique. Ce qui est cuivre se dissout, l'or seul résiste et laisse une trace d'autant plus prononcée qu'il est plus abondant. De la comparaison des traits métalliques pendant et après l'action de l'acide, un essayeur habitué reconnaît le titre d'un alliage à 1 centième près.

8. **Chlorure d'or Cl³Au².** — Une dissolution d'or dans l'eau régale, évaporée jusqu'à cristallisation, donne de longues aiguilles d'un jaune clair, formées de chlorure d'or et de chlorure d'hydrogène, Cl³Au²,ClH. Ces cristaux, exposés à une température graduellement croissante, fondent en un liquide rouge brun, qui se fige en aiguilles prismatiques d'où l'acide chlorhydrique se trouve chassé. C'est alors du chlorure d'or simple. Ce sel est déliquescent, très-soluble dans l'eau, l'alcool, l'éther. A 160°, la chaleur le décompose en chlore et en sous-chlorure ClAu², poudre verdâtre insoluble dans l'eau. A 250°, la décomposition est complète : le résidu est de l'or métallique. La dissolution de chlorure d'or est décomposée par la lumière ;

en effet, les parois internes des flacons de verre qui contiennent
ce liquide se recouvrent peu à peu d'une couche de métal, et
finissent par se dorer. Les corps réducteurs-décomposent la dissolution de chlorure d'or avec une grande promptitude. Les sels
à base de protoxyde de fer y produisent instantanément un précipité brun d'or très-divisé; le protochlorure d'étain y détermine
un dépôt d'un violet foncé, appelé *pourpre de Cassius*. L'acide
oxalique met en liberté le métal et passe à l'état d'acide carbonique. La peau même paraît réduire le chlorure d'or, du moins
elle est tachée en violet à son contact.

Le chlorure d'or est un *chloracide;* il se combine avec divers
autres chlorures faisant fonction de base. Les chlorosels auri-
ques les plus employés et les mieux définis sont les chlorures
doubles d'or et de potassium, d'or et de sodium, d'or et d'ammonium. Versée dans une dissolution de chlorure d'or, l'ammoniaque liquide donne un précipité jaune qui renferme du
chlore, de l'hydrogène, de l'azote, de l'oxygène et de l'or. Ce
composé détone avec violence lorsqu'on le chauffe. On lui
donne le nom d'*or fulminant*.

9. **Pourpre de Cassius**. — Un médecin de Zurich, André
Cassius, reconnut le premier, en 1668, le précipité violet que
donne le chlorure d'or au contact de l'étain. Ce produit, *pourpre de Cassius*, est aujourd'hui la plus belle couleur carminée,
après vitrification, que l'on emploie pour la peinture sur porcelaine. Pour l'obtenir, on plonge quelques lames d'étain dans une
dissolution de chlorure d'or, neutre autant que possible, et qui
doit être étendu de telle sorte que pour 1 gramme d'or il y ait
4 grammes d'eau. Après quelques instants, il se forme un dépôt floconneux violet. On obtient le même produit, soit en décomposant le chlorure d'or par un mélange de protochlorure et
de bichlorure d'étain, soit en traitant par l'acide azotique un
alliage d'or et d'étain. On considère le pourpre de Cassius
comme une combinaison d'acide stannique et de sous-oxyde
d'or. Mais l'or par lui-même n'étant pas attaquable par l'acide
azotique, il faut en conclure qu'il le devient lorsqu'il est associé à l'étain, parce que son oxyde peut se combiner avec un
autre oxyde, l'acide stannique, qui se forme en même temps.

Sans l'oxydation de l'étain, celle de l'or n'aurait pas lieu au contact de l'acide azotique.

10. Caractères des sels d'or. — Les dissolutions de chlorure d'or, le seul composé soluble de ce métal de quelque importance, se reconnaissent aux caractères suivants :

L'ammoniaque donne lieu à un précipité jaune brun d'or fulminant, qui détone avec une violence extrême.

Un mélange de protochlorure et de bichlorure d'étain y produisent un précipité violet de pourpre de Cassius.

Le sulfate de protoxyde de fer les colore en vert violet, en précipitant de l'or extrêmement divisé.

Ces dissolutions tachent la peau en rouge violacé.

RÉSUMÉ

1. L'or est un des métaux les plus anciennement connus. Il se trouve presque toujours à l'état natif, soit dans les filons quartzeux des roches granitiques, soit dans les sables alluviens, détritus des roches aurifères.

2. En lavant les sables aurifères, on isole les paillettes d'or. La poudre d'or ainsi obtenue est débarrassée des matières étrangères qui l'accompagnent au moyen de l'amalgamation suivie d'une distillation.

3. L'or pur s'obtient en décomposant le chlorure d'or par le sulfate de fer.

4. L'or est jaune par réflexion et vert bleuâtre par transmission. C'est le plus ductile et le plus malléable des métaux. Il fond à 1200° environ. Entretenu en fusion, il émet des vapeurs. Il n'est attaqué que par l'eau régale.

5. L'or est allié au cuivre dans les monnaies, les médailles, la bijouterie. La présence du cuivre rehausse l'éclat de l'or et augmente sa dureté.

6. Pour coupeller un alliage d'or et de cuivre, qui contient fréquemment une certaine proportion d'argent, il faut associer à la prise d'essai une quantité d'argent égale à 3 fois celle de l'or. On coupelle alors à la manière ordinaire. Le bouton de retour, réduit en mince lame, est traité par l'acide azotique, qui dissout l'argent. L'or seul reste et son poids donne le titre de l'alliage.

7. Pour les objets de bijouterie, qui ne comportent pas la coupellation, on a recours à la méthode des *touchaux*.

8. Le chlorure d'or s'obtient en attaquant de l'or par l'eau régale. C'est un corps d'un rouge brun, déliquescent, colorant la peau en rouge violacé. Le chlorure d'or est décomposé par la lumière et par tous les corps réducteurs. Il forme des chlorures doubles ou des chlorosels avec divers autres chlorures, en particulier avec les chlorures alcalins.

9. Le pourpre de Cassius paraît être une combinaison d'acide stannique avec du sous-oxyde d'or. On l'obtient en poudre violette en décomposant une dissolution de chlorure d'or par des lames d'étain. Il sert dans la peinture sur porcelaine pour obtenir les couleurs carminées.

10. Les dissolutions de chlorure d'or se reconnaissent au précipité fulminant qu'elles donnent avec l'ammoniaque ; à la couleur violette qu'elles prennent avec le sulfate de protoxyde de fer ; au précipité de pourpre de Cassius qu'elles donnent avec un mélange de protochlorure et de bichlorure d'étain.

CHAPITRE XXVII

PLATINE

Pt = 98,88.

1. **Minerai de platine**. — Connu depuis longtemps par les mineurs d'Amérique, qui le nommaient *platina*, ou petit argent, à cause de sa coloration qui rappelle celle de ce dernier métal, le platine fut introduit en Europe vers la moitié du dix-huitième siècle. Depuis cette époque, beaucoup de chimistes s'en sont occupés, et, grâce à leurs efforts, ce métal, un des derniers en date, est un puissant auxiliaire de l'industrie à cause de son extrême résistance aux altérations chimiques. Malheureusement, l'exploitation du platine n'est pas encore assez développée pour que son prix soit convenablement réduit, car on n'en extrait guère encore que de deux à trois mille kilogrammes par an.

Le platine se trouve, comme l'or, à l'état natif; rarement sous forme de masses un peu volumineuses ou *pépites*, plus fréquemment sous forme de petits grains, lourds et blancs, disséminés dans des sables alluviens, qui ont la plus grande analogie avec les sables aurifères. Les gisements les plus riches sont dans les monts Ourals, au Brésil, en Colombie. On extrait ces grains, ou *mine de platine*, des sables platinifères par des lavages identiques avec ceux qu'on emploie pour l'extraction de l'or. Le produit de ces lavages renferme du platine associé à d'autres métaux, dont le plus important est l'iridium. On y trouve encore, mais en quantité très-faible, des métaux d'une excessive rareté, tels que le palladium, le rhodium, le ruthénium. On y trouve, enfin, à proportion plus grande, de l'or, de l'argent, du fer, du cuivre, du chrome, du titane, etc. La multiplicité de ces métaux associés dans le même minerai, et l'extrême difficulté de la fusion du platine, ont arrêté longtemps les efforts des métallurgistes pour isoler ce dernier métal.

2. Extraction du platine. Procédé Wollaston. — Après avoir lavé le minerai pour en éliminer la terre, on en sépare toutes les parties magnétiques au moyen d'un barreau aimanté, puis on le soumet à l'amalgamation si l'or et l'argent s'y trouvent en assez forte proportion. On attaque alors le minerai par l'eau régale, le seul dissolvant du platine. Le résidu non attaqué contient de l'iridium, du rhodium, du ruthénium, de l'osmium. La liqueur contient le platine, le palladium et une certaine quantité d'iridium et de rhodium. Dans cette liqueur, convenablement concentrée, on verse une dissolution saturée à froid de sel ammoniac. Il se forme un précipité jaune, qui est un chlorure double de platine et d'ammonium. Ce précipité renferme en outre presque toujours un peu d'iridium, qu'on ne cherche pas à séparer, car, en s'alliant plus tard avec le platine, il lui donne de la dureté et le rend plus facile à être travaillé.

Le chlorure double de platine et d'ammonium est calciné dans un creuset de plombagine. Le sel ammoniac se sublime, le chlorure de platine se décompose et laisse pour résidu une masse spongieuse, grisâtre, peu cohérente, sans éclat métallique, qui est du platine très-divisé. On lui donne les noms d'*éponge de platine*, de *mousse de platine*.

L'éponge de platine est réduite en poussière avec les mains, en prenant toutes les précautions pour qu'il n'y entre pas de corps étrangers, qui empêcheraient plus tard les grains de platine de se souder par la compression. La poudre métallique est passée au tamis, réduite en pâte avec de l'eau, et comprimée en cet état dans un moule en laiton légèrement conique. La compression se fait d'abord avec un piston de bois, puis avec un piston d'acier. Dès que la masse a pris une certaine cohérence, on achève de la comprimer en la soumettant à la presse. Par ce rapprochement forcé, la poussière métallique s'agglutine, se soude, et forme un tout qui peut être manié sans rupture. Le platine ainsi obtenu est chauffé à la température la plus considérable que l'on puisse produire. Les molécules du métal achèvent de se souder, et dès lors le platine peut être martelé, forgé, laminé, et prendre toutes les formes que l'on désire.

3. Fusion directe du minerai de platine. — Pour obtenir, non du platine pur, mais un alliage de ce métal avec le rhodium et l'iridium, alliage dont les qualités sont supérieures à celles du platine seul, on emploie un petit fourneau à réverbère en chaux vive (fig. 80), composé de deux parties mobiles, l'une disposée en coupelle, l'autre taillée en voûte à l'intérieur et servant de couvercle à la première. Un chalumeau à double enveloppe amène dans la cavité du four de l'oxygène par le canal central, et de l'hydrogène, ou plus simplement du gaz de l'éclairage, par l'enveloppe annulaire, de sorte que le mélange des deux gaz ne se fait qu'à l'issue du chalumeau. Des robinets r et r' permettent de régler la dépense du canal à oxygène O et du canal à hydrogène H. On allume le jet gazeux et l'on porte le four au rouge. Par un orifice ménagé dans la paroi supérieure du four, on introduit alors le minerai de platine mélangé avec de menus fragments de chaux vive; puis, par un écoulement convenable des gaz, on élève le plus possible la température en maintenant un léger excès d'oxygène. Le minerai entre en fusion, et tous les métaux étrangers, à l'exception du rhodium et de l'iridium, sont rapidement oxydés. Le cuivre, le

palladium, l'osmium, brûlent et s'échappent en produits volatils par l'ouverture *e;* l'oxyde de fer se combine avec la chaux

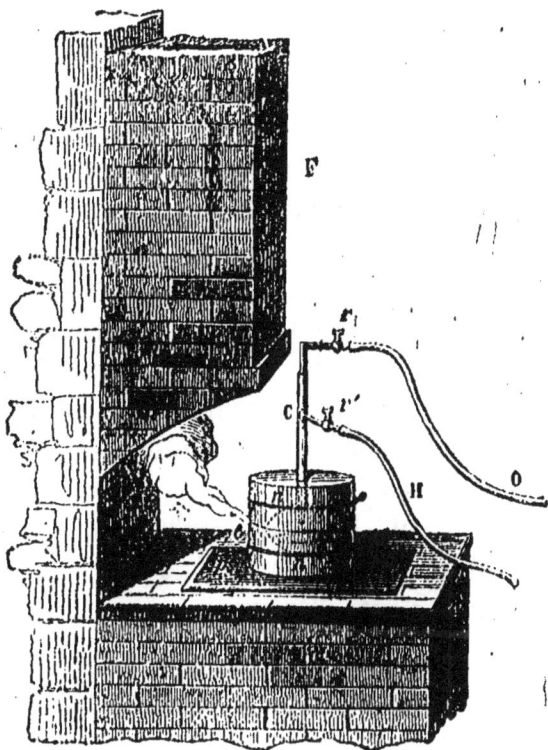

Fig. 80. — Fourneau pour la fusion du platine.

et s'imbibe dans la coupelle. Après ce grillage énergique, il ne
reste plus dans le four qu'un alliage de platine et d'iridium
contenant quelques traces de rhodium. Le métal, parfaitement
fluide, est coulé dans des lingotières.

4. **Propriétés physiques du platine.** — Le platine est
d'un blanc gris. C'est le plus lourd de tous les corps connus. Sa
densité est 21,50. Il occupe le cinquième rang parmi les métaux malléables, et le troisième parmi les métaux ductiles. Lorsqu'il ne contient pas d'iridium, il est moins dur que l'argent.
Chauffé au rouge blanc, il se ramollit et peut alors se forger,
se souder à lui-même comme le fer, le cuivre, l'or, l'argent. Il
est infusible dans nos fourneaux ordinaires les plus énergiques;

mais dans un four de chaux vive chauffé par la combustion d'un mélange d'oxygène et d'hydrogène, où d'oxygène et de gaz de l'éclairage, on peut en fondre par 100 kilogrammes à la fois. Comme l'argent, le platine fondu absorbe l'oxygène et *roche* au moment de sa solidification.

Le platine peut être obtenu à un tel état de division, qu'il serait possible, avec 1 centimètre cube de ce métal, de recouvrir une superficie de 1100 mètres carrés. On prépare du platine très-divisé en décomposant une dissolution de chlorure de platine par une dissolution alcoolique de potasse. Il se dépose une poudre noire qui porte le nom de *noir de platine*.

Le platine possède la propriété de condenser les gaz et de s'échauffer par l'effet de cette condensation. Cette propriété est d'autant plus prononcée que le métal est plus poreux, plus divisé. Elle atteint son plus haut degré dans le noir de platine, elle est moindre dans l'éponge de platine, et moindre encore dans le métal cohérent. Le noir de platine condense de 700 à 800 fois son volume de gaz hydrogène. La chaleur développée par la condensation peut aller jusqu'à l'incandescence. Si on introduit de l'éponge, et à plus forte raison du noir de platine dans un mélange d'hydrogène et d'oxygène, le métal divisé devient incandescent, et les deux gaz se combinent avec explosion. Le même mélange finit par disparaître en se convertissant peu à peu en eau si l'on y tient plongée une lame de platine. Un jet d'hydrogène, dirigé sur de la mousse de platine en présence de l'air, amène l'incandescence du métal et s'enflamme.

Fig. 81.

Le *briquet à hydrogène* est basé sur ce fait. Les vapeurs d'alcool, d'éther, etc., sont lentement brûlées au contact de l'air par l'intervention du platine. Au-dessus d'une lampe à alcool on suspend un fil de platine roulé en spirale (fig. 81). On allume la lampe, et on la laisse brûler jusqu'à ce que le fil de platine soit incandescent. On souffle alors la flamme. Malgré l'extinction de la lampe, la spirale métallique se maintient incandescente et lumineuse. Les vapeurs d'alcool et l'oxygène de l'air se combinent en se condensant dans le métal chaud ; et

e cette combustion résulte assez de chaleur pour maintenir
'incandescence du fil. On peut encore, par l'intermédiaire d'une
ondelle de carton servant de couvercle, suspendre une spirale
e platine dans un verre contenant un peu d'éther. Préalable-
nent rougie à la lampe et plongée en cet état dans l'atmosphère
e vapeur dégagée par l'éther, la spirale se conserve rouge de
u tant qu'il y a de l'air dans le verre.

5. **Charbon et pierre ponce platinés.** — Un moyen éco-
omique de faire jouer au platine son rôle condensateur con-
iste à faire bouillir quelques minutes du charbon de bois en
oudre grossière, ou de la pierre ponce concassée, avec une
issolution de chlorure de platine, et, après avoir séparé la
artie liquide, à calciner la matière au rouge sombre dans un
rouset fermé. Le chlorure de platine, dont le charbon et la
ierre ponce sont imprégnés, se décompose, et il reste ainsi sur
a masse poreuse de ces derniers corps un enduit de platine
rès-divisé, apte à la condensation des gaz. Il est évident que
lus la quantité de platine déposé est considérable, plus grande
ussi est la condensation produite par la ponce et le charbon
latinés. L'oxygène et l'hydrogène du gaz détonant se combi-
ent avec explosion sous l'influence du charbon fortement pla-
iné. Un morceau froid de charbon platiné exposé à un courant
'hydrogène, rougit rapidement et enflamme le gaz. Dans la
apeur d'alcool, le charbon platiné devient incandescent, pourvu
u'il renferme $\frac{1}{200}$ de métal. Lorsqu'il est chaud, il devient
galement incandescent dans un courant de gaz d'éclairage,
nais il ne l'enflamme pas.

6. **Propriétés chimiques du platine.** — L'air et l'eau
ont sans action sur le platine à toute température. Mais, à l'aide
e la chaleur, le soufre, le phosphore, l'arsenic, le bore, le sili-
ium, etc., attaquent ce métal plus ou moins rapidement, se
ombinent avec lui et le rendent soit cassant, soit facilement
usible. Le chimiste ne saurait donc prendre trop de précau-
ions pour empêcher la moindre parcelle de charbon de péné-
rer dans le creuset de platine où il calcine des sels contenant
uelques-uns des éléments que nous venons de citer; car, sous
'influence réductrice du charbon, une portion de ces éléments

pourrait devenir libre, et le creuset serait attaqué. D'ordinaire les chimistes ne chauffent leurs creusets de platine qu'après les avoir renfermés dans un creuset de terre, au fond duquel se trouve une couche de magnésie.

Les acides azotique, sulfurique et chlorhydrique, même lorsqu'ils sont très-concentrés et bouillants, n'attaquent pas le platine. L'eau régale est le dissolvant de ce métal. Le chlore l'attaque aussi, surtout lorsqu'il est très-divisé. Enfin divers oxydes, les alcalis, le bisulfate de potasse, les azotates alcalins, exercent à des degrés divers, sous l'influence de la chaleur, une action sur le platine. Ces faits ne doivent pas être perdus de vue, car dans certaines manipulations il pourrait arriver que des instruments d'un grand prix fussent exposés à des détériorations très-préjudiciables.

7. **Usages du platine.** — L'inaltérabilité du platine par les acides fait employer ce métal pour la construction des alambics où l'on concentre l'acide sulfurique, des capsules et des creusets où doivent se passer des réactions énergiques à haute température ou en présence d'acides puissants. Il est à regretter que le prix élevé de ce métal, 900 francs le kilogramme, empêche de l'employer plus fréquemment en industrie, où il rendrait les plus grands services par son excessive résistance à la chaleur et à l'altération chimique.

8. **Bichlorure de platine** Cl^2Pt. — On obtient ce composé en dissolvant du platine dans l'eau régale. Évaporée à une douce chaleur, la dissolution donne une masse cristalline rouge, qui est une combinaison d'acide chlorhydrique et de bichlorure de platine; enfin un chlorure double. Par l'action de la chaleur, cette masse cristalline se dédouble en acide chlorhydrique, qui est chassé, et en chlorure de platine, qui reste dans la capsule.

Le chlorure de platine est rouge brun. Il est déliquescent, très-soluble dans l'alcool et dans l'eau, qu'il colore en jaune foncé. Sa saveur est styptique. La chaleur le décompose en chlore et en un résidu de platine. C'est un chloracide énergique; il se combine aisément avec la plupart des autres chlorures, faisant par rapport à lui le rôle de base. Il se forme ainsi des chlorures doubles ou chloroplatinates, dont les plus importants sont ceux de potassium et d'ammonium. Tous les deux sont jaunes, cristallisent en octaèdres, sont insolubles dans l'alcool absolu et à peine solubles dans l'eau. La chaleur les décompose : le premier laisse un résidu formé de platine et de chlorure de potassium, le second ne laisse que du platine à l'état spongieux. La formation de ces chloroplatinates jaunes et insolubles est mise à profit pour caractériser les sels de potasse et ceux d'ammoniaque, ou bien encore pour doser ces alcalis. Le chlorure double de platine et de potassium a pour formule Cl^2Pt, ClK ; celui de platine et d'ammonium a pour formule $Cl^2Pt, ClAzH^4$.

9. Caractères des sels de platine. — On reconnaît le bichlorure de platine, le seul sel usuel de ce métal, au précipité jaune qu'il donne avec le sel ammoniac ou le chlorure de potassium, précipité qui est un chlorure double.

RÉSUMÉ

1. Le platine se trouve à l'état natif dans les sables d'alluvion analogues aux sables aurifères. Il est accompagné de divers autres métaux dont les principaux sont l'iridium, le palladium, le rhodium.

2. On isole le platine par l'eau régale. La dissolution additionnée de sel ammoniac laisse déposer un chlorure double de platine et d'ammonium que l'on décompose par la chaleur. Le résidu est une masse grise de platine sans cohérence. C'est l'*éponge de platine*. Celle-ci par la compression, la chaleur et le martelage est amenée à l'état de métal laminé.

3. La fusion directe de la *mine de platine* dans un four en chaux vive chauffé par la combustion d'un mélange d'hydrogène et d'oxygène, donne un alliage d'iridium et de platine.

4. Le platine est le plus lourd des corps connus. Il est infusible à la température de nos meilleurs fourneaux ordinaires. On ne parvient à le fondre en masses un peu considérables que dans le fourneau en chaux vive du précédent paragraphe.

5. Le platine condense les gaz et en provoque la combinaison d'autant plus facilement qu'il est plus divisé. L'éponge de platine, atteinte par un courant d'hydrogène en présence de l'air, devient incandescente et enflamme le gaz. En calcinant du charbon ou de la pierre ponce imprégnés de bichlorure de platine, on obtient le *charbon*

22

platiné ou la *pierre ponce platinée*, corps qui peuvent remplacer l'éponge de platine dans beaucoup d'occasions.

6. Le soufre, le phosphore, l'arsenic, le bore, le silicium, l'eau régale, les oxydes facilement décomposables, le bisulfate de potasse, les azotates alcalins, la potasse et la soude attaquent plus ou moins le platine.

7. On fait avec le platine des alambics pour la concentration de l'acide sulfurique, des capsules et des creusets à l'usage des laboratoires.

8. Le bichlorure de platine s'obtient en dissolvant ce métal dans l'eau régale. C'est un chloracide. Il se combine en particulier avec le chlorure de potassium et le chlorure d'ammonium, et donne des chlorures doubles, jaunes, insolubles dans l'eau.

9. Cette dernière réaction est utilisée soit pour reconnaître les sels de potasse ou d'ammoniaque, soit les sels de platine.

CHAPITRE XXVIII

PHOTOGRAPHIE

1. **Niepce et Daguerre.** — La photographie est l'art d'obtenir des dessins par l'action de la lumière. Dès le commencement de ce siècle, Charles, Wedgwood et Davy utilisaient le chlorure d'argent, qui s'altère facilement et noircit à la lumière, pour obtenir des silhouettes sur du papier. Il fallut bientôt renoncer à ces épreuves informes, impossibles à fixer et à conserver. En 1827, Niepce communique à la Société royale de Londres un mémoire qui doit être considéré comme le premier jalon dans une voie parcourue depuis avec de merveilleux succès. Son procédé était basé sur l'altération qu'éprouve le bitume de Judée sous l'influence prolongée de la lumière. Une lame de plaqué d'argent était enduite de bitume de Judée dissous dans de l'huile de lavande, et exposée pendant une dizaine d'heures à l'image fournie par une lentille dans une chambre

obscure. Il se produisait ainsi un dessin dont les clairs étaient formés par le bitume altéré, et les ombres par les parties du métal mises à nu par une immersion dans l'huile de lavande. En 1829, Daguerre s'associe à Niepce, et, dix ans plus tard, il publie le procédé qui a immortalisé son nom, procédé qui consiste à substituer au vernis de bitume de Niepce une mince couche d'iodure d'argent. En laissant à Niepce la part légitime d'honneur qui lui appartient dans la découverte de la photographie, il faut reconnaître que cet art doit ses prodigieux développements à Daguerre. Le procédé dont celui-ci se servit pour obtenir de si étonnants résultats est resté intact dans ses parties les plus essentielles, et aujourd'hui encore il est le seul que l'on suive pour des images photographiques sur métal. Les modifications qu'on y a introduites ont eu pour but d'en faciliter l'exécution plutôt que d'en changer la nature.

Les procédés de la photographie sur papier, tout en ayant quelques points d'analogie avec ceux de la photographie sur métal, ont néanmoins un caractère particulier et distinctif; et les inspirations de Fox Talbot, à qui l'on doit la découverte de cette branche, n'ont été précédées que par les tentatives informes de Wedgwood, de Davy et de Charles.

Nous avons donc à nous occuper de la *photographie sur métal* ou du daguerréotype, et de la *photographie sur papier*. Nous commencerons par exposer le procédé primitif de Daguerre, ensuite nous dirons les améliorations qu'on y a introduites.

2. **Daguerréotype.** — Une lame d'argent ou de plaqué, étant bien polie, est exposée à la vapeur d'iode jusqu'à ce que sa surface prenne une couleur jaune d'or; elle est ensuite présentée au foyer de la lentille d'une chambre obscure pendant un temps plus ou moins long, selon l'intensité des rayons lumineux. Dans ces circonstances, les parties de l'argent iodé frappées par la lumière subissent une modification à laquelle ne sont pas soumises celles qui sont dans les ombres, tandis que les parties les moins éclairées donnent les demi-teintes plus ou moins accusées, selon la vivacité de la lumière.

Après l'action de la lumière, on n'aperçoit aucune image,

mais elle apparaît aussitôt qu'on expose la surface métallique déjà impressionnée à l'action de la vapeur de mercure : les *clairs* correspondent aux parties frappées par la lumière; les *ombres* aux parties qui ne l'ont pas été.

Cependant l'image n'a pas encore atteint le degré de perfection voulu; car la présence de l'argent iodé qui n'a point subi de modification lui donne un aspect défectueux; mais dès qu'elle est lavée avec une dissolution d'hyposulfite de soude, tous les défauts disparaissent. Ce réactif a la propriété d'enlever l'iodure qui n'a pas été impressionné par la lumière : dès lors le métal, mis à nu, forme les *ombres*, et les parties impressionnées que l'hyposulfite n'attaque pas se trouvent recouvertes d'une infinité de globules de mercure qui leur donnent un aspect blanc et mat tout à la fois : de là les *clairs*.

Ainsi l'iodure d'argent est la substance impressionnable à la lumière; la vapeur du mercure décèle l'image latente; l'hyposulfite de soude la perfectionne et la fixe.

Le procédé, tel que nous venons de l'exposer très-sommairement, est assez long, en ce sens que l'exposition dans la chambre obscure dure parfois plusieurs minutes : les images, quoique parfaites, laissent beaucoup à désirer sous le rapport de la vivacité. D'ailleurs ce procédé ne peut servir aux portraits, vu qu'il est impossible de conserver l'immobilité pendant plusieurs minutes. Les améliorations qu'il réclame sont la vivacité des images et une grande célérité. C'est ce qu'on a obtenu par les moyens suivants.

3. **Substances accélératrices.** — La plaque iodée est exposée pendant quelques secondes aux vapeurs du brome, du chlore ou de divers composés, bromure de chaux, chaux chlorobromée, etc., qui renferment ces deux principes, ou au moins l'un. Il se produit ainsi, sans doute, quelques traces de chlorure ou de bromure d'argent. Toujours est-il qu'après cette exposition aux émanations chlorées ou bromées, la plaque iodée est rendue bien plus impressionnable, et la durée de l'opération à la chambre obscure est considérablement abrégée. Voilà pour la célérité, voici pour l'éclat.

4. **Avivage de l'épreuve.** — L'image fixée par le procédé

primitif de Daguerre est sombre et désagréablement miroitante.
Pour lui donner de la vivacité on a imaginé d'immerger l'é-
preuve déjà terminée dans une dissolution d'hyposulfite de
soude à laquelle on ajoute du chlorure d'or, ou bien dans une
dissolution d'hyposulfite double d'or et de soude. Grâce à cette
innovation, les épreuves daguerriennes, débarrassées de ce mi-
roitage fatigant qui les déparait, acquièrent une vigueur, une
netteté et une solidité irréprochables. Si l'on compare deux
épreuves obtenues, l'une par l'ancien procédé, l'autre par le
nouveau, la première, d'un ton gris bleuâtre, paraît avoir été
exécutée sous un ciel brumeux ; la seconde, par la chaleur de
ses teintes, semble avoir été faite sous un beau ciel du Midi.

Notons bien que tous ces perfectionnements, qui ont laissé si
en arrière les premières épreuves daguerriennes, n'ont apporté
aucun changement fondamental au procédé primitif. On n'a
jamais pu remplacer l'argent par un autre métal, l'iodure d'argent par une autre matière impressionnable, l'hyposulfite de
soude par un autre réactif propre à fixer l'image. Ces trois éléments du procédé de Daguerre ont été améliorés ; jamais chan-
gés.

En résumé, la photographie sur métal, avec les diverses
modifications apportées au procédé primitif, comprend six opérations : 1° exposition de la plaque d'argent aux vapeurs d'iode ;
2° exposition de la plaque iodée aux vapeurs accélératrices du
brome, du chlore, etc. ; 3° exposition de la plaque ainsi préparée à
l'image de la chambre obscure ; 4° exposition aux vapeurs mercurielles qui font apparaître l'image photographique ; 5° lavage
de l'épreuve à l'hyposulfite de soude pour enlever l'iodure d'argent non attaqué ; 6° avivage de l'épreuve au moyen de l'hyposulfite d'or et de soude.

5. **Théorie du daguerréotype.** — Lorsqu'on expose la
plaque d'argent à la vapeur d'iode, il se forme une couche d'iodure d'argent dont l'épaisseur ne dépasse pas un millionième
de millimètre : elle adhère tellement au métal, qu'un frottement assez vif est insuffisant pour l'enlever : exposée à l'irra-
diation de la *chambre obscure*, elle se modifie partout où la
lumière la frappe, et passe à l'état de sous-iodure d'argent. Ce

nouveau corps n'adhère plus au métal, et il peut disparaître par le plus léger frottement. En sortant de la chambre obscure, une plaque daguerrienne est donc recouverte en partie d'iodure d'argent très-adhérent, et en partie de sous-iodure sans adhérence. Lorsqu'on l'expose à la vapeur de mercure, ce métal se fixe seulement à la surface de l'argent qui est recouverte de sous-iodure; il forme alors un amalgame dont l'aspect produit l'effet des *teintes blanches :* les parties de la surface très-adhérentes à l'iodure, n'ayant pas été attaquées par le mercure, constituent les *ombres.* En mettant la plaque *mercurisée* dans l'hyposulfite de soude, on enlève l'iodure d'argent encore intact, et le sous-iodure qui se trouve mêlé pour ainsi dire aux globules mercuriels qui ont adhéré à l'argent. De ce moment, la production de l'image est complète; les *clairs* tiennent à l'amalgame d'argent, les *ombres* à l'argent poli.

Les admirables effets produits par le dernier bain d'hyposulfite de soude et d'or paraissent provenir de ce que l'argent qui forme le fond de l'image est comme bruni par l'or qui le recouvre, tandis que la partie qui représente les clairs, c'est-à-dire la partie amalgamée, s'allie avec l'or, augmente de volume, d'éclat et de solidité : aussi les plaques qui ont subi cette dernière opération peuvent-elles servir à donner des empreintes à la *galvanoplastie.*

6. **Photographie sur papier.** — En 1840, Fox Talbot obtenait le premier des épreuves photographiques sur papier. Sa publication suivit de près celle de Daguerre; mais tandis que cette dernière produisit en très-peu de temps des résultats merveilleux, l'autre resta presque oubliée pendant dix ans. Cette différence paraîtrait étrange si M. Talbot avait imité l'abnégation de Daguerre, en faisant connaître tous les détails de ses procédés. Mais il n'en fut pas ainsi : le public trouvant alors devant lui deux voies ouvertes, l'une, celle de la photographie sur métal, claire et droite, l'autre, celle de la photographie sur papier, un peu obscure et tortueuse; il préféra se lancer dans la première.

Cependant, la photographie sur papier a de grands avantages sur le daguerréotype : premièrement, la simplicité des manipulations; secondement, la facilité de reproduire les épreuves à un nombre illimité; enfin, la part qu'elle fait à l'art. Tout est mécanique dans le daguerréotype; l'opérateur le plus habile se trouve renfermé dans un cercle qu'il ne peut ni élargir, ni rompre, tandis qu'un habile photographe sur papier se sent artiste par le goût dont il fait preuve en choisissant parmi les nombreuses ressources dont il dispose. On ne peut pas comparer une épreuve daguerrienne avec un dessin à la main, mais une belle épreuve faite par un photographe exercé pourrait passer pour l'œuvre d'un peintre.

Il en est de la photographie sur papier comme du daguerréotype : les procédés imaginés par leurs inventeurs n'ont encore éprouvé aucun changement fondamental, mais les modifications qu'on y a successivement introduites ont été des perfectionnements d'une grande portée.

Les matières impressionnables dont dispose le photographe sont l'iodure, le bromure et le chlorure d'argent : les agents qu'on pourrait appeler agents *révélateurs*, et qui jouent le même rôle que le mercure dans le daguerréotype, sont l'acide gallique ou l'acide pyrogallique : les substances destinées à fixer les images sont le bromure de potassium et l'hyposulfite de soude.

Si dans le daguerréotype on se préoccupe de la nature et de la qualité du métal, dans la photographie sur papier on se préoccupe de la nature et de la qualité du papier, d'autant plus qu'il en faut de deux sortes : l'une pour l'*image négative*, l'autre pour l'*image positive*. On appelle *négative* l'image dont les teintes sont en raison inverse des intensités lumineuses, de sorte que les ombres de l'objet correspondent aux clairs de l'image, et réciproquement; on donne le nom de *positive* à l'image qui reproduit l'objet avec ses teintes naturelles.

Toute expérience photographique se compose donc nécessairement de deux opérations : la première donne l'*épreuve négative*; la seconde l'*épreuve positive*.

Les papiers qui servent à ces deux opérations n'étant pas rendus impressionnables par les mêmes réactifs, et subissant des traitements différents, ne sauraient être de la même qualité :

celui destiné à l'épreuve négative sera perméable à la lumière et très-mince; celui destiné à l'épreuve positive aura, au contraire, une certaine épaisseur : il est nécessaire que tous les deux aient une grande finesse et une grande égalité de grain; leur pâte sera homogène et leur texture serrée, pour qu'ils ne s'étendent ni ne se désagrégent lors des diverses immersions qu'ils auront à subir.

7. **Épreuve négative sur papier.** — Le papier convenablement choisi, voici comment on procède pour préparer celui qui est destiné à l'*épreuve négative :* on étend une feuille de ce papier sur une dissolution de 1 partie d'azotate d'argent et de 30 parties d'eau contenue dans un grand vase de verre ou de porcelaine, en évitant surtout de mouiller la surface supérieure. Puis, dès qu'elle commencera à prendre une teinte légèrement bleuâtre, on l'enlèvera et on la laissera égoutter. Alors, pour la faire sécher on la déposera sur une plaque horizontale, la partie mouillée en dessus; une fois sèche, on la plongera, pendant deux à trois minutes, dans un bain de 25 parties d'iodure de potassium, de 1 partie de bromure de potassium, et de 260 parties d'eau distillée; on la lave ensuite à grande eau, et on la fait sécher de nouveau. Ce papier ainsi préparé pourra être conservé pendant des mois à l'abri de la lumière sans perdre sa sensibilité primitive, qui n'est pas très-grande cependant; car, avant de l'exposer à l'action de la lumière, il faut en mouiller la surface avec une liqueur composée de 64 parties d'eau, 11 d'acide acétique cristallisable et 6 d'azotate d'argent. A cet effet, on recouvre de ce liquide une glace polie, et on y dépose le papier négatif, le côté préparé en dessous; après une ou deux minutes, on le recouvre d'un papier à dessiner humide, sur lequel on pose une glace. Comme la surface impressionnable du papier négatif appliquée sur un verre peut recevoir directement l'action de la lumière, on le transporte dans la chambre obscure pour l'y laisser 10 à 20 secondes si le soleil est clair, ou plus longtemps si le ciel est couvert. On retire l'épreuve pour l'étendre sur une glace, le côté impressionné en dessus, et pour la laver avec une petite quantité d'une dissolution contenant 8 parties d'acide gallique, et 100 parties d'eau distillée. Dès ce

moment, l'image apparaît avec une teinte d'un beau roux, qui foncera peu à peu jusqu'au noir le plus intense. On place alors rapidement la glace dans une cuvette, et on la recouvre d'une dissolution de 5 parties de bromure de potassium et de 200 parties d'eau distillée. Après 15 à 20 secondes d'immersion, on lave à grande eau, et on sèche.

Toutes ces opérations, moins celles de la dernière dessiccation, doivent être faites à la lueur d'une faible lampe.

L'épreuve négative ne sera vraiment terminée qu'après qu'on aura rendu le papier plus transparent en l'imbibant de cire fondue. A cet effet, on le saupoudre avec de la raclure de cire vierge, on le recouvre de plusieurs feuilles de papier, qu'on presse avec un fer à repasser assez chaud pour que la cire fonde.

8. **Épreuve positive.** — La préparation du *papier positif* est beaucoup plus simple : on étend la feuille destinée à cet objet à la surface d'un bain de chlorure de sodium, composé de 30 parties de sel et de 100 parties d'eau. Après 3 à 4 minutes de contact, on l'enlève et on la presse avec du papier buvard jusqu'à ce qu'elle n'accuse plus aucune trace d'humidité : on la place ensuite sur une dissolution de 1 partie d'azotate d'argent et de 10 parties d'eau. Au bout de 4 à 6 minutes, on la fait égoutter et on l'étend sur un plan horizontal pour qu'elle sèche. Comme le papier, ainsi préparé, est très-sensible à la lumière, il faut opérer à la lueur d'une faible lampe, et le séchage doit avoir lieu dans l'obscurité la plus profonde.

Quand on veut se servir du papier positif, il faut placer sur lui le papier négatif, l'image tournée de son côté, puis on les emprisonne entre deux glaces ; alors on expose le tout au soleil, prenant soin de présenter à la lumière le verre qui recouvre le papier négatif. L'exposition durera de 15 à 25 minutes, ou un peu plus si la lumière est intense. Du reste, on peut se ménager un moyen de reconnaître le moment où l'expérience est terminée, en faisant déborder de quelques millimètres le papier positif. Lorsque cette partie-là aura pris la couleur vert olive clair, après avoir passé successivement par le rose, le lilas, le violet, le noir intense et le vert olive foncé, on suspendra l'action de la lumière. On transportera les glaces dans l'obscurité, et on immergera dans l'eau l'épreuve positive pendant 10 à 20 minutes, d'où on la retire pour la plonger dans une dissolution d'hyposulfite de soude composée de 1 partie de sel et de 8 d'eau. La dissolution doit contenir, en outre, quelques cristaux d'azotate d'argent. Ce dernier bain la fixera et la perfectionnera.

Tels sont les principaux moyens photographiques proposés par M. Talbot et successivement modifiés par plusieurs photographes. Ce procédé n'a pas encore amené des résultats entièrement satisfaisants : les images positives obtenues au moyen de l'épreuve négative sur papier sont toujours plus ou moins vagues et confuses.

9. **Photographie sur verre albuminé.** — La cause principale de l'imperfection des épreuves par le procédé dont nous venons de parler est inhérente à la texture du papier; aussi M. Niepce de Saint-Victor, neveu de l'inventeur de la photographie, rendit-il à cet art un grand service lorsque, en 1841, il proposa de substituer le verre au papier pour la production des épreuves négatives. Le verre ne joue ici d'autre rôle que de prêter sa surface plane et sa transparence à une couche d'albumine qui, associée à des réactifs, tient lieu de papier négatif. Pour albuminiser un verre on fait dissoudre dans un blanc d'œuf une petite quantité d'iodure de potassium, et l'on bat le tout en neige. Abandonné à lui-même, ce mélange s'éclaircit et revient liquide. On l'étend alors en mince couche sur une lame de verre, et l'on fait sécher. Pour *sensibiliser* la couche albumineuse, développer l'image et la fixer, on procède comme avec le papier.

L'albumine, substituée au papier pour l'épreuve négative, présente deux avantages : le premier, c'est de conserver sa sensibilité pendant des mois entiers, tandis que le papier s'altère après un certain laps de temps; le second, c'est la netteté admirable de ses dessins. Le verre albuminé est incomparable pour la reproduction de la nature morte; toutefois, à cause de sa faible sensibilité, il ne peut servir avantageusement pour les portraits et les scènes animées.

10. **Photographie sur verre collodioné.** — Un peintre-

photographe, M. Legray, proposa vaguement de substituer le collodion à l'albumine ; et, en 1851, un photographe anglais, M. Archer, fit définitivement connaître une méthode complète pour obtenir, au moyen de cette préparation et avec une grande rapidité, des produits aussi beaux et aussi précis que ceux obtenus par l'albumine. La marche à suivre pour obtenir un cliché au collodion est la suivante.

a. Préparation du collodion photogénique. — On introduit peu à peu 5 parties de coton cardé dans un mélange formé de 100 parties d'azotate de potasse en poudre et de 150 parties d'acide sulfurique à 66°. Au bout de 8 minutes, on enlève le coton, on le lave à grande eau pour le débarrasser entièrement de l'acide et du sel, et enfin on le fait sécher au soleil ou à l'air, mais jamais auprès du feu. Si l'on introduit dans un flacon 2 parties du coton préparé comme nous venons de le dire, 100 parties d'éther à 66° aréométriques et 50 parties d'alcool à 56°, tenant en dissolution 1 partie d'iodure de potassium et 1/2 partie de bromure, on aura ainsi le collodion photogénique prêt à servir.

b. Application du collodion sur la glace. — On saisit la glace par un angle, on y verse du collodion photogénique, on l'incline convenablement : lorsque toute la superficie est collodionnée, on renverse l'excédant du collodion dans son flacon. On doit avoir soin de balancer la glace à droite et à gauche pour faire disparaître les rides.

c. Sensibilisation de la glace. — On immerge, pendant 2 minutes environ, ou jusqu'à ce que l'aspect huileux du collodion ait disparu, la glace collodionnée dans un bain composé de 6 parties d'azotate d'argent et de 100 parties d'eau. Il importe que la surface collodionnée soit en dessous.

d. Exposition dans la chambre noire. — La glace, après sa sortie du bain d'argent, est exposée au foyer de la lentille de la chambre noire, et on l'y laisse pendant un temps qui est difficile à déterminer, car sa durée dépend de l'état de l'atmosphère. L'habitude seule peut servir de guide.

e. Préparation du liquide révélateur. — Ce liquide doit être préparé avant de collodionner, et jamais en grande quantité, car il se décompose promptement. Il est composé de 100 parties d'eau, 6 parties d'acide acétique cristallisable, ou d'acide formique, et de 4 parties d'acide pyrogallique. Si cette solution ne communiquait pas à l'épreuve une vigueur suffisante, on la mélangerait, à parties égales, avec une dissolution d'azotate d'argent composée de 100 parties d'eau pour 4 d'azotate d'argent.

Le mélange ne doit être fait qu'au moment de s'en servir.

f. Développement de l'image. — On tient la glace de la main gauche, on la recouvre d'une dissolution d'acide pyrogallique (*e*), dont on verse l'excès dans un verre à bec, pour le répandre de nouveau sur la glace, et ainsi de suite jusqu'à ce que l'image soit bien développée. L'opération terminée, on lave l'épreuve à l'eau.

g. Préparation de la liqueur fixatrice. — La liqueur fixatrice n'est qu'une dissolution d'hyposulfite de soude dans des proportions qui varient selon qu'elle doit servir à fixer les épreuves bien venues, et qu'on veut rendre transparentes, ou bien qu'elle est réservée pour les épreuves un peu faibles auxquelles il faut conserver l'opacité. Dans le premier cas, 100 parties d'eau doivent tenir en dissolution 40 parties d'hyposulfite de soude, dans le second cas, 10 fois moins.

h. Fixation de l'épreuve. — Lorsqu'on fixe au moyen de l'hyposulfite à 40 pour 100, on laisse agir le liquide jusqu'à ce que la couche soit devenue transparente.

Si l'on craint que le cliché se détériore lors du tirage des épreuves positives, on pourra, pendant qu'il est encore humide, le recouvrir avec une solution aqueuse de gomme arabique à 10 pour 100.

Quand on emploie comme liquide fixateur l'hyposulfite à 4 pour 100, il faut prolonger le séjour de la solution sur l'épreuve pendant l'espace de 10 minutes, afin qu'elle soit suffisamment fixée.

C'est ainsi que l'on se procure un cliché qui est au-dessus de tous ceux qu'on obtient au moyen du papier ou du verre albuminé.

11. Théorie des procédés photographiques. — Nous terminerons en donnant la théorie des procédés que nous venons d'exposer. Voyons d'abord les phénomènes qui se rapportent au *cliché*, peu importe qu'il soit en *papier*, en *albumine* ou en *collodion*. Lorsque le cliché est mis au foyer de la chambre obscure, il est déjà pénétré ou enduit d'iodure et de bromure, d'azotate et d'acétate d'argent. Tous ces composés sont altérables à la lumière, et, sous l'influence de cet agent, ils passent à l'état de sous-sels ; peut-être une certaine quantité d'oxyde d'argent, et même d'argent, devient libre aussitôt que l'acide *gallique* ou *pyrogallique* se trouve en contact avec tous ces produits. La décomposition de quelques-uns d'entre eux fait encore de plus grands progrès, car on sait que l'oxyde d'argent et l'acide gallique se décomposent mutuellement, et donnent des produits très-colorés. Le bromure de potassium ou l'hyposulfite de soude, qui servent à fixer l'image, enlèvent tout ce qui est encore impressionnable, et dès lors les parties blanches, autant que les parties noires, se trouvent à l'abri de toute altération ultérieure. Il ne reste plus sur le cliché que de l'argent combiné avec de la matière organique, et dans un état d'inaltérabilité parfaite.

Les phénomènes qui se passent dans le *papier positif* sont encore plus simples : ce papier, au moment où il va servir, se trouve imprégné de chlorure ou d'iodure d'argent, substances, comme on sait, très-sensibles à l'action de la lumière : il noircit donc plus ou moins, suivant l'intensité de cet agent. L'hyposulfite de soude, en enlevant ensuite toute la portion de chlorure ou d'iodure non encore définitivement décomposée, arrête l'action ultérieure de la lumière, et, dès lors, l'image se trouve fixée.

12. **Photographie au charbon.** — La dépense qu'entraîne l'emploi des sels d'argent pour la préparation du papier positif a porté les photographes à rechercher des agents d'un prix moins élevé et en même temps moins altérables. M. Poitevin a proposé la gélatine ou l'albumine mélangée à des poudres colorées : charbon, ocres, plombagine, etc. Sur une feuille de papier qu'une glace supporte, on étend la gélatine intimement mélangée avec la poudre impalpable. La sensibilisation de la feuille s'obtient en plongeant le papier gélatiné dans une dissolution

de bichromate de potasse. La feuille est alors exposée à la lumière sous un cliché négatif obtenu comme précédemment. Sous l'influence des rayons lumineux qui traversent les parties claires du négatif, la gélatine est coagulée par le bichromate de potasse et retient emprisonnée la poudre de charbon qui s'y trouve mélangée; sous les parties obscures du cliché négatif, la coagulation n'a pas lieu, et la poussière colorée peut être enlevée par un lavage ultérieur. L'image se montre alors sur le papier gélatiné aussi nette, aussi riche de ton que la meilleure épreuve au sel d'argent; son prix de revient est moins élevé, et, résultat plus important encore, elle est faite de matières éminemment inaltérables, charbon, ocre, plombagine, etc.

RÉSUMÉ

1. L'invention de la photographie est due à Niepce et Daguerre.

2. Le procédé de Daguerre consiste à exposer au foyer de la lentille de la chambre noire une plaque d'argent iodée, à soumettre ensuite la plaque aux vapeurs mercurielles, et à la laver enfin avec une dissolution d'hyposulfite de soude.

3. On abrége la durée de l'exposition à la chambre obscure en soumettant la plaque iodée aux vapeurs de substances accélératrices, chlore, brome et divers de leurs composés.

4. L'image daguerrienne perd son désagréable miroitement, devient plus riche de ton et plus nette par l'emploi de l'hyposulfite double d'or et de soude.

5. La plaque iodée est une lame d'argent recouverte d'une couche très-mince et très-adhérente d'iodure d'argent. Ce composé passe à l'état de sous-iodure par l'action de la lumière et dès lors n'adhère plus au métal. Il en résulte qu'une lame daguerrienne impressionnée inégalement par la lumière, se trouve enduite de sous-iodure d'argent avec différents états d'adhérence. Si l'on expose cette lame à la vapeur de mercure, celle-ci se fixe sur les parties recouvertes de sous-iodure, forme un amalgame d'argent et donne lieu aux teintes blanches. L'hyposulfite de soude dissout ensuite tout ce qui recouvre la plaque moins l'amalgame. Aux places où se trouve ce dernier correspondent les clairs, à l'argent poli mis à nu correspondent les ombres.

6. Les premières épreuves photographiques sur papier ont été obtenues en 1840 par Fox Talbot.

7. Si l'on expose au foyer d'une chambre noire un papier imprégné de sel d'argent, et qu'on le mouille ensuite avec une dissolution d'acide gallique, on obtient une *épreuve négative*, c'est-à-dire une image dont les ombres correspondent aux clairs de l'objet naturel, et réciproquement, les clairs aux ombres.

8. Cette épreuve négative ou *cliché* permet d'obtenir en aussi grand nombre que l'on veut des *épreuves positives*, dont les ombres et les clairs correspondent aux ombres et aux clairs de l'objet. A cet effet, on superpose le cliché à un papier impressionnable et on l'expose à l'action de la lumière, qui traverse les clairs et se trouve arrêtée par les ombres. Sur le papier impressionnable se reproduit donc l'image du cliché, mais avec un renversement des teintes, ce qui ramène à la distribution des ombres et des clairs de l'objet lui-même.

9. Le verre remplace avantageusement le papier pour le cliché négatif. Il prête sa surface plane et sa transparence à la couche sensible, formée d'albumine et de sel d'argent.

10. La célérité est plus grande en substituant le collodion à l'albumine. L'image négative obtenue sur verre albuminé ou collodionné est ensuite employée à obtenir des images positives sur papier, comme il est dit au paragraphe 8.

11. Lorsque le papier ou le verre impressionnable est exposé au foyer de la chambre obscure, il est imprégné de sels d'argent qui, par l'action de la lumière, passent à l'état de sous-sels. Les acides gallique et pyrogallique prononcent les teintes que la lumière a ébauchées en agissant sur les produits argentiques avec lesquels ils sont mis en contact. L'hyposulfite de soude dissout ensuite tout ce qui n'a pas été impressionné par la lumière. Voilà pour le *cliché* ou *épreuve négative.* — Les réactions sont les mêmes pour l'*épreuve positive.* Le papier est imprégné de chlorure ou d'iodure d'argent. En l'impressionnant à travers le cliché, la lumière y reproduit l'image mais avec des teintes renversées. L'hyposulfite de soude fixe le dessin en enlevant les substances que la lumière n'a pas impressionnées.

12. Les épreuves positives au charbon s'obtiennent en exposant sous un cliché un papier enduit d'un mélange de gélatine et de poudre impalpable de charbon. Ce papier est sensibilisé avec une dissolution de bichromate de potasse. Sur les points atteints par la lumière, la gélatine devient insoluble à la faveur du bichromate et retient la poussière colorée; sur les points non atteints, elle reste soluble. L'image

apparaît donc par un lavage, qui entraîne l'enduit coloré soluble et laisse en place l'enduit coloré insoluble.

CHAPITRE XXIX

POTERIES

1. Acide silicique ou silice. — Si O³. Ce composé est le principe dominant de la famille des silicates, la plus nombreuse du règne minéral. Il constitue la majeure partie des quartz, des agates, des silex, des grès, des sables, etc., si abondamment répandus partout. Il entre dans la composition des roches d'origine ignée, granits, porphyres, syénites, etc., qui se partagent l'écorce terrestre avec les roches de sédiment. Le cristal de roche est de l'acide silicique pur. C'est une matière incolore, transparente, d'aspect vitreux, cristallisant d'ordinaire en prismes à six faces terminés par des pyramides hexagonales. Le cristal de roche est assez dur pour rayer le verre, il est infusible au feu de forge le plus violent que nous sachions produire. Le courant d'une puissante pile et le chalumeau à gaz oxyhydrogène peuvent seuls en fondre des parcelles. Cette résistance à la chaleur se retrouve dans l'acide silicique impur, quartz, silex, etc. Les acides les plus énergiques sont également sans action sur cette substance, à l'exception de l'acide fluorhydrique qui l'attaque facilement. Les alcalis puissants, potasse et soude, se combinent à chaud avec l'acide silicique et donnent des composés salins variés, dont quelques-uns sont solubles dans l'eau. Si l'on fond du sable blanc ou du quartz en poudre avec un excès de potasse caustique ou de carbonate de potasse et qu'on traite par l'eau la masse refroidie, on obtient une dissolution de silicate de potasse, appelée autrefois *liqueur des cailloux*. L'addition d'un acide dans cette liqueur produit un précipité gélatineux d'acide silicique. Récemment précipitée, la silice gélatineuse est soluble dans les alcalis et même dans les acides; mais il suffit de la chauffer pour lui faire reprendre l'insolubilité première. La silice fait partie des mortiers; elle entre dans les poteries et les verres.

2. Origine des argiles. — La minéralogie donne le nom collectif de *feldspath* à des matières qui, pour la fréquence, sont par rapport aux terrains de cristallisation ce que le calcaire est aux terrains de sédiment. On les y trouve partout, tantôt isolées, tantôt associées en roches complexes telles que les granits, etc. Les feldspaths sont des silicates doubles chez lesquels une des deux bases est toujours l'alumine, tandis que l'autre, qui est variable, est alcaline ou alcalino-terreuse. Ainsi l'*orthose*, l'une des espèces feldspathiques, est un silicate double d'alumine et de potasse 3 Si O³, Al²O³ + Si O³, KO. Elle fait partie des divers granits et gneiss, roches principales des grands dépôts de cristallisation.

L'un des caractères des feldspaths est d'éprouver, sous l'influence des agents atmosphériques, une altération telle que les deux bases se séparent en se partageant l'acide silicique d'après des lois particulières, de manière que le silicate primitif se dédouble en deux silicates indépendants.

Les argiles, essentiellement composées de silicate d'alumine, sont le produit auquel, dans la décomposition des feldspaths, l'alumine est échue en partage. Comme indice de leur origine, elles renferment presque toujours des débris feldspathiques; plusieurs d'entre elles contiennent aussi de faibles quantités de silicates alcalins ou alcalino-terreux. Les nombreuses variétés de feldspaths, leur association à un grand nombre d'autres espèces minérales, leur présence dans des roches de nature diverse, les actions complexes qui ont provoqué leur décomposition, les différentes influences qu'ont subies ultérieurement les produits de ces mêmes décompositions, leur transport par les eaux et leurs mélanges accidentels, expliquent pourquoi les argiles, quoique ayant toutes peut-être la même origine, se présentent néanmoins avec des compositions si diverses.

3. Propriétés et classification des argiles. — Les argiles délayées dans l'eau forment une pâte plus ou moins liante, selon leur nature et leur degré de pureté. Cette pâte, en se desséchant, se contracte et se fendille; elle n'abandonne toute son eau qu'à une température élevée.

Toutes les argiles sont hydratées; elles ne deviennent anhydres qu'à une température supérieure à 100°, et quelquefois à la chaleur rouge. Dans cet état, elles happent à la langue, parce qu'elles lui enlèvent le liquide qui l'humecte. Les argiles seraient généralement incolores si elles ne contenaient pas une certaine proportion d'oxyde de fer; elles seraient toutes infusibles si un excès de cet oxyde, et quelquefois la chaux, ne leur ôtaient cette propriété. Celles qui sont infusibles se contractent et diminuent de volume lorsqu'on les soumet à l'action d'une forte chaleur : elles éprouvent alors ce que l'on appelle le *retrait*. C'est sur cette propriété qu'est fondé le *pyromètre de Wedgwood.*

Les argiles sont attaquées par les acides puissants, et par les dissolutions alcalines concentrées. Les premiers leur enlèvent de l'alumine; les secondes, de la silice. Lorsqu'elles ont été légèrement calcinées, elles se laissent attaquer avec plus de facilité par ces mêmes agents, tandis qu'elles résistent à leur action quand elles ont été préalablement exposées à une température très-élevée. L'argile la plus pure est celle que l'on appelle *kaolin,* ou *terre à porcelaine.* Elle provient de la décomposition de l'orthose, silicate double d'alumine et de potasse.

On appelle *plastiques* les argiles onctueuses au toucher, et formant avec l'eau une pâte tenace très-liante et longue qui, sans fondre, acquiert une grande dureté par la chaleur. Les argiles plastiques les plus connues en France sont celles de Dreux, de Montereau, de Forges-les-Eaux et de Gournay. Elles servent à la fabrication des poteries réfractaires.

On appelle *smectiques* les argiles qui, bien qu'onctueuses, ne forment avec l'eau qu'une pâte peu ductile, et fusible à la température des fours à porcelaine. Elles sont employées dans les arts pour le dégraissage, et le foulage des draps : aussi les connaît-on vulgairement sous le nom de *terre à foulon.*

Les argiles facilement fusibles, à cause de la chaux ou de l'oxyde de fer qui les accompagnent, et qui sont douées néanmoins d'un peu de plasticité et d'onctuosité, portent le nom d'*argiles figulines*. Elles sont employées dans la fabrication des poteries grossières à pâte poreuse et rougeâtre, dans celle des statues et des vases, dits de terre cuite, pour les jardins. Vanves, Arcueil et Vaugirard en fournissent des quantités considérables.

Les *marnes* ne sont que des argiles intimement associées à du carbonate de chaux, et pouvant se déliter sous l'influence de l'eau.

Enfin, les *ocres* sont des argiles siliceuses colorées en rouge par de l'oxyde de fer anhydre, ou en jaune par de l'oxyde de fer hydraté.

4. **Classification des poteries.** — Pour l'intelligence de ce que nous allons dire sur les poteries, nous diviserons les argiles en deux classes : les *infusibles* et les *fusibles*. La première comprendra les *kaoliniques* et les *plastiques*; la seconde, les *figulines* et les *marneuses*. Cette classification, toute technique, implique, pour ainsi dire, celle des poteries; en effet, parmi ces dernières, il en est qui résistent à de hautes températures, sans se ramollir : telles sont les *porcelaines*, les *grès*, les *faïences fines*; d'autres, au contraire, comme les *faïences ordinaires* et les *terres cuites*, se frittent avec une grande facilité. Toutes ces poteries, quels que soient leurs caractères et leurs propriétés, se composent essentiellement d'argile, mais jamais d'argile seule. En voici le motif.

Qu'on suppose une argile proprement dite, dépourvue de toute matière étrangère : pétrie avec de l'eau, elle formera une pâte qui, sans se déchirer, se laissera étendre en plaques minces, façonner à la main en tous sens, mouler et travailler. Mais lorsqu'on voudra la cuire pour lui donner de la dureté, elle se gercera à cause de son grand *retrait*. On évitera cet inconvénient en ajoutant à l'argile quelque matière qui avec l'eau ne fasse point pâte, et qui par la cuisson ne se contracte pas : le quartz, le sable, la craie, le feldspath, sont dans ce cas.

C'est pour cela que dans la fabrication des poteries on n'emploie jamais l'argile seule : tantôt, lorsqu'elle est trop plastique, on y ajoute des matières maigres ; tantôt des matières plastiques, quand elle est trop maigre ; ou bien des fondants, si elle est réfractaire, et même de l'argile pure, si elle est trop fusible. Dans tous les cas, on doit obtenir une pâte douée de cette plasticité moyenne qui lui permettra de prendre toutes les formes, sans que la cuisson la contracte au delà de certaines limites. En outre, il faut que cette pâte, une fois cuite, ait les propriétés particulières au genre de poterie auquel elle appartient.

Si pour la confection de quelques espèces de poterie on ne se sert que d'argile, c'est que les matières étrangères qui l'accompagnent accidentellement lui communiquent les qualités qu'elle doit avoir pour donner directement le produit que l'on cherche.

Ainsi, toute pâte céramique doit être essentiellement composée d'un élément *plastique* et d'un élément *antiplastique* ou *dégraissant*.

Les pâtes cuites se divisent en deux grandes classes : les *pâtes poreuses* et les *pâtes demi-vitrifiées*. A la première appartiennent les faïences et les terres cuites ; à la seconde, les porcelaines et les grès.

Comme les pâtes poreuses se laissent pénétrer par l'eau, il est nécessaire de les recouvrir d'un enduit ou vernis imperméable ; et comme, d'un autre côté, les poteries demi-vitrifiées ont la surface un peu rugueuse, et sont par conséquent salissantes, on les recouvre aussi d'un vernis, quoiqu'elles soient imperméables de leur nature[1].

On voit donc que l'étude des poteries est inséparable de celle des vernis ou *couvertes*.

Les couvertes céramiques sont composées de matières fusibles et vitrifiables ; transparentes et incolores pour les poteries fines, opaques et généralement colorées pour les poteries ordinaires. Leurs qualités indispensables sont l'imperméabilité et la dureté.

---

[1] Il ne faut pas attaché un sens absolu à cette division des poteries en *poreuses-perméables*, et en *demi-vitrifiées-imperméables*. La porcelaine et le grès non vernissés laissent quelquefois suinter l'eau, bien que leur cassure soit demi-vitreuse.

A quoi servirait la première sans la seconde? Une couverte qui se laisse entamer par le couteau perd par cela même son imperméabilité, en ce sens qu'elle permet aux liquides de pénétrer dans l'intérieur de la masse par les solutions de continuité.

En résumé, toutes les poteries se composent d'un élément *plastique* et d'un élément *dégraissant;* elles sont poreuses ou demi-vitrifiées, suivant les proportions de leurs éléments, et la température de la cuisson. Le vernis est donc destiné à rendre les unes imperméables et à donner du poli à la surface des autres.

Cela posé, passons à l'examen sommaire des différentes poteries, en commençant par la porcelaine qui, entre toutes, est la meilleure et la plus belle.

5. Découverte de la porcelaine dure en Europe. — L'invention de la porcelaine en Europe se rattache à une anecdote assez singulière. Au commencement du dix-huitième siècle, un maître de forges, passant près d'Aue (Saxe), vit que les pieds de son cheval enfonçaient dans une terre blanche et mate, dont il avait peine à se tirer. Il eut l'idée d'employer cette terre comme poudre à perruque, à la place de la farine de froment. Cet essai réussit. Böttger, qui, sous les auspices de l'Électeur de Saxe, poursuivait inutilement la découverte de la porcelaine, ignorant cette innovation dans la toilette, demanda à son valet de chambre pourquoi sa perruque était plus lourde que d'ordinaire. La réponse lui donna l'occasion de voir une matière terreuse blanche et plastique, qu'il essaya pour ses recherches. Il atteignit ainsi le but auquel il visait en vain depuis plusieurs années, car la nouvelle poudre à perruque n'était que du *kaolin* ou terre à porcelaine.

Telle est l'origine de la fameuse porcelaine dure de Saxe, qui, la première de cette espèce, fut fabriquée en Europe.

Soixante ans plus tard, la femme d'un pauvre chirurgien de campagne, nommé Darnet, remarqua dans un ravin des environs de Saint-Yrieix, près de Limoges, dans la Haute-Vienne, une terre onctueuse qu'elle présuma pouvoir être propre au savonnage du linge : dans cette supposition elle la fit voir à son mari. Celui-ci, soupçonnant dans cette terre une tout autre nature, la montra à un M. Villaris, pharmacien à Bordeaux, qui ayant cru reconnaître le kaolin, s'empressa d'en envoyer un échantillon à Macquer. Les soupçons du pharmacien bordelais se trouvèrent fondés, car en juin 1769 Macquer présenta à l'Académie des sciences des pièces de porcelaine qui avaient été fabriquées à Sèvres avec l'argile blanche onctueuse de Saint-Yrieix. Cette découverte anéantit le monopole de la Saxe, et assura à la France une fabrication qui, de progrès en progrès, est devenue une de nos plus belles industries.

6. Composition de la porcelaine dure de Sèvres. — La porcelaine dite *dure* est semblable à celle que les Chinois fabriquent depuis cent quatre-vingt-cinq ans avant l'ère chrétienne. En effet, ce peuple appelle *petunzé* ce que nous appelons feldspath, et nomme *kaolin* l'argile feldspathique. Or, les missionnaires nous ont appris que le kaolin et le petunzé sont les principaux éléments de la porcelaine chinoise, tandis que ceux de la porcelaine européenne sont le feldspath et son argile. Nous donnons dans le tableau ci-dessous la composition élémentaire de la porcelaine actuelle de Sèvres, et un exemple des proportions des matières premières qui servent à sa confection.

MATIÈRES EMPLOYÉES.		FOURNISSANT			
POIDS.	DÉSIGNATION.	SILICE.	ALUMINE.	CHAUX et MAGNÉSIE	POTASSE et SOUDE.
64 kil.	Argile de kaolin argileux.	35,52	26,20	0,70	1,28
16	Sable de kaolin caillouteux.	12,50	2,13	0,15	0,76
18	Sable de kaolin argileux.	10,02	6,17	0,72	0,97
0,10	Sable d'Aumont.	0,16	»	»	»
2,00	Chaux (= 5,22 craie).	»	»	2,93	»
100,00		58,00	34,50	4,50	3,00

Composition constante de la pâte.

On remarquera que la composition élémentaire de la pâte est toujours constante, et que les proportions des matières premières, dont elle est formée, sont variables.

Le *Traité des arts céramiques*, tome I, p. 267, de Brongniart, donne six compositions de pâtes faites à Sèvres en six années successives : elles sont parfaitement semblables sous le rapport de leurs éléments, mais très-différentes sous le rapport des matières premières qui ont servi à les établir.

Les produits feldspathiques, que de temps en temps on retire des carrières, renferment toujours les mêmes éléments, mais les proportions de ceux-ci peuvent varier d'une manière notable : aussi voit-on, dans le tableau précédent, des désignations de kaolin qui indiquent les variations de sa nature. Cette matière a toujours la même origine ; mais lorsqu'elle est mêlée à des quantités très-différentes de débris feldspathiques, sa composition ne peut pas être constante.

Le *kaolin argileux* n'est autre chose que la partie la plus divisée et la plus pure d'un kaolin, déjà pur lui-même.

Le *kaolin caillouteux* est encore la même argile, mais naturellement mêlée à des fragments de feldspath quartzeux, dont les dimensions sont assez fortes pour les faire reconnaître à première vue.

La partie la plus lourde qui a été séparée par lévigation est ce qu'on nomme *sable de kaolin*. Cette matière est presque entièrement formée de feldspath et de quartz ; aussi contient-elle plus d'alcali que l'argile.

La bonne porcelaine exige que l'on recherche avec soin non-seulement la même composition élémentaire, mais encore une association telle des principes plastiques, dégraissants et fondants, que la pâte qui en résulte réunisse, après cuisson, toutes les qualités essentielles de ce genre de poterie : or, on ne peut atteindre à ce résultat qu'en s'éclairant par l'analyse préalable des matières premières.

Si nous nous sommes appesanti quelque peu sur cette particularité de la fabrication, c'est moins pour le fait en lui-même que pour faire connaître la méthode rationnelle, depuis longtemps adoptée à Sèvres, qui donne toujours une pâte de même nature. Cet exemple n'a pas, que nous sachions, beaucoup d'imitateurs ; car, au lieu de suivre la voie des analyses, les porcelainiers préfèrent s'en remettre aux caprices du hasard,

Description très-sommaire de la fabrication de la porcelaine dure. — Les matières premières sont préparées séparément soit par lévigation, soit par broyage au moyen de meules. Mêlées en proportion convenable dans de grandes cuves, on les amène à l'état de bouillie claire pour donner plus d'homogénéité à ce mélange, qu'on rend plus ferme en l'introduisant dans des sacs de toile soumis à une légère pression. La pâte, au sortir des sacs, ne pourrait pas être employée ; il faut la faire *vieillir*. On y parvient :

1° En la gardant sous l'eau pendant plus d'un an ;

2° En la faisant pétrir à pieds nus, et en lui donnant la forme de cylindres grossiers, qu'on divise ensuite en petits copeaux appelés *tournassures ;*

3° En mêlant avec la pâte faite depuis un an, les tournassures de pâtes déjà employées.

Ces deux dernières opérations n'ont d'autre but que de donner plus d'homogénéité à la pâte ; ce qui se comprend parfaitement. Quant à la première, il sera bon d'entrer dans quelques détails nécessaires à son intelligence.

Les pâtes abandonnées pendant longtemps dans l'eau deviennent noires, dégagent de l'hydrogène sulfuré, subissent ce que l'on appelle *pourriture.* Cela est dû non-seulement à la très-petite quantité des matières organiques qu'elles renferment, mais encore à la quantité de l'eau qui les recouvre, car on a observé que moins l'eau est pure, plus la pourriture est rapide.

Quoi qu'il en soit, la matière organique se détruit par une combustion spontanée ; les traces de sulfates dissous dans l'eau se transforment en sulfures que l'acide carbonique ambiant décompose en donnant naissance à de l'hydrogène sulfuré. C'est la formation de ce gaz dans l'intérieur de la pâte elle-même que Brongniart considérait comme la cause d'un mouvement uniforme dans toute la masse, équivalent à des mouvements imprimés mécaniquement, et qui même les surpasse, parce qu'il agit sur les plus petites parties, et n'en laisse aucune dans la même place. Par le mot *vieille,* en céramique, on ne veut pas désigner toujours une pâte préparée depuis longtemps, mais une pâte assez homogène pour se prêter sans inconvénient au *façonnage.*

On façonne la pâte suivant la forme qu'on veut donner à l'objet qu'on a l'intention de reproduire. Pour cela, on emploie tantôt le tour (fig. 82), tantôt le moulage par pression ou par

Fig. 82. — Tour du potier.
A, ébauchage; B, tournassage.

coulage : certaines pièces réclament le concours des trois procédés. Dans tous les cas, il faut que chaque pièce non cuite soit de dimensions plus grandes que celles qu'elle doit avoir après la cuisson. Le rapport du retrait est, du reste, connu pour chaque pâte.

Les objets de porcelaine sont très-humides lorsqu'ils sortent des mains de l'ouvrier; on les laisse sécher pendant quelques

jours, dans l'atelier de confection avant de leur faire subir une
première demi-cuisson, ayant pour but de les amener à l'état
que l'on appelle *dégourdi*. A cet effet, on les renferme dans des
étuis de terre réfractaire qu'on nomme *cazelles* ; on les porte
ensuite dans la partie supérieure du four, où elles séjournent
pendant toute la durée d'une cuisson. La température à laquelle
les pièces se trouvent exposées est assez forte pour expulser complétement l'eau, et pour leur faire prendre une certaine consistance, mais pas assez pour les cuire ; aussi, à l'état de *dégourdi*, la porcelaine est-elle poreuse, très-happante à la langue,
perméable à l'eau, enfin elle est bonne à être *mise en couverte*.

En langue céramique, mettre en couverte signifie appliquer à
la surface de la porcelaine un enduit fusible et vitrifiable que
l'on appelle *couverte ou émail*.

La matière qui sert à émailler ou à glacer la porcelaine est le
véritable *petunzé* des Chinois, que les minéralogistes désignent
sous le nom de *pegmatite*. C'est du feldspath naturellement mêlé
à du quartz en proportions approximativement égales. Ce minerai fond à une température un peu inférieure à celle de la cuisson complète de la pâte : si bien que, restant fondu pendant
quelque temps, il s'étale également à la surface de la pièce et y
adhère sans la pénétrer : il forme ainsi avec la pâte un tout soli-
daire qui, bien que formé de deux matières distinctes superposées, peut se dilater et se contracter sans que sa surface se
fendille ou se gerce.

Avant d'appliquer la couverte, on dispose les choses de la manière suivante : d'abord on pulvérise la pegmatite après l'avoir
étonnée [1], puis on la suspend dans de l'eau dont on a augmenté
la densité par l'addition d'un peu de vinaigre, et dans laquelle
on plonge pour un instant la pièce *dégourdie*. Si les dimensions

[1] *Étonner* signifie jeter dans l'eau froide un minéral chauffé jusqu'à
l'incandescence. C'est une opération que l'on fait subir aux minéraux trop
durs pour être pulvérisés directement. Le changement rapide de température qu'éprouvent les pierres lorsqu'on les étonne, détermine un fendillement général qui facilite la pulvérisation de la masse entière. C'est ainsi
que l'on procède pour pulvériser le quartz, le feldspath et une foule de
matières minérales d'une grande dureté.

des pièces à mettre en couverte sont considérables, on a recours à des moyens qui varient suivant les formes, et qu'il serait trop long de décrire. Dans tous les cas, la durée de l'immersion des petites pièces est, pour ainsi dire, instantanée; pour les grandes, elle ne dépasse pas 25 secondes.

Au sortir du bain, la pièce se trouve entourée d'un liquide tenant en suspension la pegmatite divisée : l'eau est absorbée promptement, et la surface reste enduite d'une couche de matière vitrescible ayant la même épaisseur sur tous les points. Si, pour des motifs d'ornementation, on est obligé de faire des *réserves*, on recouvre d'un mélange de suif et de cire fondus les parties qu'on ne veut pas émailler, puis on procède à l'immersion. Si l'on veut que, dans certaines parties de la surface, la glaçure soit moins épaisse, on les imbibe d'eau avant de plonger la pièce ; ou bien encore, en supposant la pièce déjà mise en couverte, on brosse les parties qui doivent être moins émaillées.

Quelquefois les pièces sont cuites avant d'être recouvertes de glaçure : dans ce cas, l'immersion n'est plus praticable parce que la pâte a perdu sa porosité. On applique alors la couverte soit au pinceau, soit par arrosement.

Les pièces mises en couverte sont renfermées de nouveau dans les *cazettes* et placées dans le four où elles doivent être définitivement cuites. Cette opération s'appelle *encastage*; elle doit être faite avec beaucoup de précaution, sous peine d'avoir des produits défectueux.

Les fours à porcelaine sont des cylindres verticaux dits *fours à alandiers*, parce qu'à leur base et sur leur pourtour sont accolés plusieurs foyers à flamme renversée, nommés alandiers. Il y a des fours à deux ou trois étages : c'est dans un de ces derniers que, depuis 1842, on cuit la porcelaine dure à Sèvres.

Les deux étages inférieurs seulement ont à leur base des alandiers disposés circulairement; l'étage supérieur est chauffé par la chaleur perdue, et sert à amener la porcelaine à l'état de dégourdi; il n'est pas voûté, et il se prolonge en prenant la forme de cheminée. Ces trois étages communiquent entre eux par des carneaux.

La figure 83, empruntée au grand ouvrage de Brongniart, suffit à donner une idée de cet appareil.

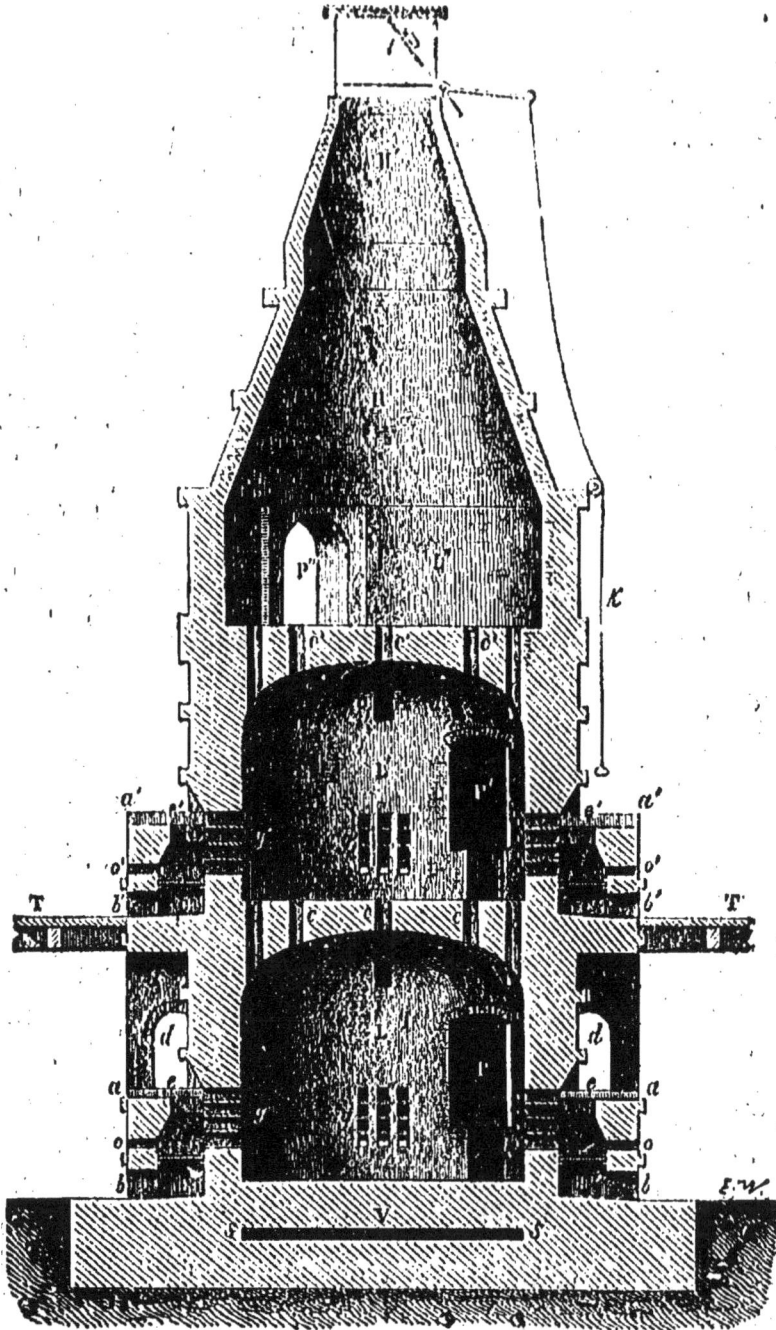

Fig. 83. — Four à porcelaine.

Telle est la disposition générale d'un four à porcelaine ; mais elle peut être quelque peu modifiée, suivant qu'on chauffe au bois ou à la houille.

Dans ce dernier cas, le nombre des alandiers est plus considérable : ainsi un four, marchant au bois avec six alandiers, doit en avoir dix pour cuire à la houille.

On chauffe d'abord l'étage inférieur : la flamme des alandiers se renverse en vertu du tirage, pénètre dans la chambre voûtée, se fait jour entre les cazettes empilées, et passe par les carneaux de la voûte dans l'étage supérieur. Lorsque la cuisson est terminée, on ferme les alandiers et l'on commence le feu dans l'étage au-dessus, qui, se trouvant déjà chaud, atteint son maximum de température avec une dépense moindre de combustible.

On surveille la marche du feu et de la cuisson par des *visières* et des *montres*.

Les *visières* sont des ouvertures réservées dans diverses parties du four ; elles sont bouchées par de longs tampons creux de terre cuite fermés extérieurement par une plaque de verre. C'est au

LÉGENDE.

sVs	espace vide au-dessous du sol du four, pour donner issue à l'humidité par des canaux qui s'ouvrent dans la halle du four.
f, f, f', f'	foyers des alandiers a, a, a', a' : la flamme divisée par les cloisons g, g, g, g', g', g' en briques réfractaires entre dans les laboratoires L, L'.
C, C, C', C'	cendriers.
e, e, e', e'	espaces où se met le bois pendant le grand feu.
o, o, o', o'.	ouvertures qu'on bouche avec un tampon de terre cuite.
b, b, b', b'	bouches inférieures des alandiers a, a, a' ouvertes au commencement du feu.
c, c, c....c', c', c'...	carneaux de sortie des produits de la combustion.
r, r'	montants de briques qui portent le poids des alandiers du deuxième étage a', b', percés par des voûtes d, d.
P, P', P"	portes des trois étages : celles des deux étages inférieurs sont murées pendant la cuisson, et celle de l'étage supérieur est de fer.
TT	plancher du second étage, au niveau du seuil de la porte P' du laboratoire L'.
L"	laboratoire du troisième étage.
HH'	prolongement verticale du laboratoire L" ou cheminée du four.
t	trappe de fer ou bascule pour régler le tirage du four.
K	chaîne de la trappe t.

travers de cette plaque qu'il est aisé de voir l'état d'incandescence du four.

Vis-à-vis des visières se trouvent des tessons de porcelaine identique à celle que l'on cuit; ils sont supportés par de petites mottes de terre réfractaire. On les appelle *montres*, ou *pyroscopes*, parce qu'ils servent à indiquer la marche du feu et le degré de la cuisson. A cet effet, on ouvre de temps en temps les visières, et, à l'aide d'une longue tringle de fer, on en retire une *montre*; à l'aspect de la glaçure, on juge du point de la cuisson générale. Lorsqu'on croit celle-ci assez complète, on *couvre*, c'est-à-dire on cesse de faire du feu, et l'on bouche les alandiers pour empêcher l'entrée de l'air froid. Dès que le four sera refroidi et qu'on pourra y entrer sans être incommodé, on l'ouvre et l'on défourne.

La porcelaine parfaitement cuite doit avoir sa surface bien glacée et bien unie, sans points saillants, sans ondulations ni picotage; elle doit être d'un blanc de lait, égal de ton et sans tache. Ses moulures ne doivent pas être empâtées par la couverte; elle doit être imperméable aux liquides et presque à l'air; sa translucidité sera laiteuse; elle résistera sans se briser à des changements brusques de température; son émail sera assez dur pour ne pas se dépolir par le frottement d'instruments de fer et d'acier; enfin, sa cassure doit être à demi vitreuse.

8. **Nature de la poterie qu'on appelle porcelaine tendre.** — La fabrication de la *porcelaine tendre française* a précédé l'introduction de la porcelaine dure que nous venons de décrire : délaissée pendant longtemps, elle reprend faveur aujourd'hui, et à la manufacture impériale sa fabrication marche concurremment avec celle de la porcelaine dure. Les nouveaux procédés étant, à quelques légères modifications près, les mêmes que ceux qui donnèrent les belles porcelaines tendres anciennes, c'est à ces derniers que se rapportera ce que nous allons dire sur ce sujet.

Les deux espèces de porcelaine tendre, anglaise et française, quoique semblables par quelques caractères physiques, diffèrent entre elles sous le rapport de leur composition : aussi désigne-t-on la première sous la dénomination de *naturelle*, et la seconde sous celle d'*artificielle*.

En jetant les yeux sur le tableau suivant, on pourra s'expliquer ces deux dénominations.

COMPOSITION DE LA PORCELAINE TENDRE ANGLAISE [1].		COMPOSITION DE L'ANCIENNE PORCELAINE TENDRE FRANÇAISE.		
Kaolin argileux lavé.	11	Fritte composée de. .	Nitre fondu. . . 22,0	
Argile plastique.	19		Sel gris. 7,2	
Quartz.	21		Alun. 3,6	
Os calcinés (phosphate de chaux).	49		Soude d'Alicante. 3,6	75
	—		Gypse. 3,6	
	100		Sable de Fontainebleau. . . 60,0	
		Craie.		17
		Marne calcaire d'Argenteuil. .		8
				—
				100

COUVERTE.		COUVERTE.	
Feldspath.	42,8	Sable calciné de Fontainebleau	27
Minium (oxyde de plomb).	10,0	Silex calciné.	11
Quartz.	8,0	Litharge (oxyde de plomb). .	38
Borax non calciné.	18,7	Carbonate de soude.	9
Verre à cristal.	20,5	Carbonate de potasse.	15
	100,0		100

On voit que la porcelaine tendre anglaise est composée de matériaux céramiques, et constitue une pâte à deux éléments : l'un *plastique*, l'autre *dégraissant*. La porcelaine tendre de Sèvres n'est qu'un verre (silicate alcalin), dont la transparence est affaiblie par l'addition d'une quantité assez forte de chaux argileuse. Aussi la pâte anglaise étant plastique se façonne-t-elle aisément : l'ancienne pâte française ne l'était aucunement, et exigeait, pour être façonnée, un travail pénible et souvent pernicieux ; circonstance qui en détermina plus tard l'abandon. Aujourd'hui on a introduit à Sèvres des modifications telles que la préparation de cette pâte n'a plus les inconvénients d'autrefois.

La porcelaine tendre anglaise tient presque également et de la porcelaine dure et de la faïence fine : elle se distingue de la première, parce qu'elle est fusible et que sa glaçure est plom-

[1] Cette composition n'est qu'un exemple. Elle varie selon les habitudes des fabriques.

bifère; de la seconde, par le motif qu'elle est transparente, et
que son émail est plus dur. On l'appelle *tendre*, ainsi que l'ancienne porcelaine de Sèvres, à cause qu'elle ne résiste pas à une
température aussi élevée que la porcelaine dure; en effet, la
chaleur qui amène la porcelaine dure à l'état de dégourdi, suffit
pour cuire la porcelaine tendre. En outre, son vernis se laisse
rayer par l'acier, et fond facilement. C'est probablement à cette
dernière circonstance qu'est dû l'éclat de ses peintures. On conçoit, en effet, que des couleurs vitrifiables, cuites sur une espèce
de cristal, s'y glacent et s'y assimilent mieux que sur du feldspath
qui ne se ramollit qu'à une température très-élevée, et ne contracte avec les couleurs qu'une simple adhérence. Il est certain
que les peintures sur porcelaine tendre sont très-brillantes; mais
à part cette particularité, une pareille poterie ne rendra jamais
autant de services que la porcelaine dure. Une pâte qui, tout en
prenant les formes les plus déliées, brave les plus hautes températures, l'emportera toujours, pour l'usage, sur une pâte aisément fusible, et dont la couverte est facilement attaquable.

9. **Grès cérames communs.** — Les *grès cérames* diffèrent
de la porcelaine en ce qu'ils ne sont pas translucides; mais ils
sont, comme elle, demi-vitrifiées, durs et presque imperméables.
Malheureusement ils ne résistent pas aux changements brusques
de température : sans cela, on pourrait appeler le grès cérame
la *porcelaine du pauvre*.

On en distingue de deux sortes : les *communs* et les *fins*.

La pâte des grès communs se compose d'argile plastique non
lavée et *dégraissée* ou *amaigrie* par du sable quartzeux ; elle est
très-liante et se façonne aisément par le moulage ou sur le tour.
Les pots à beurre, les bouteilles, les tourilles se font par ce dernier moyen; on moule les bonbonnes, les cornues et les tubes.

Le grès cérame doit être cuit à peu près à la même température que celle de la porcelaine. Les fours ont la forme d'un
demi-cylindre couché, à sole horizontale ou inclinée (fig. 84).

La dessiccation des pièces qui sortent des mains de l'ouvrier
se fait à l'air libre, sans autre précaution que celle de les mettre
à l'abri de la pluie.

L'*encastage*, lorsqu'on le pratique, est exécuté comme celui de la porcelaine, à cela près que les cazettes sont de la même matière que le grès lui-même.

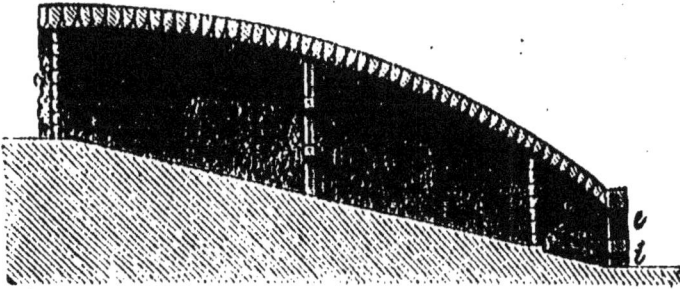

Fig. 84. — Four à grès cérame.

a   foyer.
b . cloison à claire-voie formée de poteries de grès cassées.
e   bouche du foyer.
i   cendrier.
dd' laboratoire du four où se trouvent les pièces à cuire.
c   cloison qu'on nomme fenêtre, destinée à tamiser la chaleur en séparant les produits de la combustion.
o   cloison, pareille à *b*, par où s'échappent dans l'atmosphère les produits de la combustion.

Cette poterie étant considérée comme imperméable, et ne servant pas comme objet de luxe, on ne la met pas d'ordinaire en couverture. Néanmoins, lorsque la température du four est à son maximum, on a l'habitude d'y jeter à plusieurs reprises une certaine quantité de sel marin humide. Cette substance se volatilise, sa vapeur se décompose en présence de la vapeur d'eau et au contact des parois argileuses de la poterie ; il se dégage alors du gaz chlorhydrique, et la surface des pièces se recouvre d'un silicate de soude. Ce composé se combine avec le silicate d'alumine (argile) de la pâte, et forme un double silicate fusible qui est la cause de cette espèce de lustre propre aux grès ordinaires.

Quelquefois les grès communs ne sont pas lustrés, mais ils sont recouverts d'une véritable glaçure qu'on leur applique par aspersion, par immersion ou par saupoudrage. Dans tous les cas, la couverte est ordinairement formée de scories de forges ou de laves volcaniques fusibles, et même d'ocre jaune.

10. Grès cérames fins. — Les grès cérames fins diffèrent essentiellement par la composition de leur pâte et par celle de leur glaçure. En effet, la pâte de cette poterie renferme toujours un fondant feldspathique. Bien que sa composition varie suivant les localités, néanmoins, d'après Brongniart, elle se réduit aux principes suivants :

COMPOSITION FONDAMENTALE DU GRÈS CÉRAME FIN.

Argent plastique (de Dreux).	25
Kaolin argileux (de Saint-Yrieix).	25
Feldspath (de Saint-Yrieix).	50
	100

Le prix assez élevé de cette poterie permet une préparation et un façonnage soigné de la pâte. La cuisson se fait dans des fours cylindriques verticaux à alandiers, ayant une certaine ressemblance avec les fours à porcelaine (fig. 85).

Souvent cette poterie ne reçoit aucune glaçure. D'autres fois on se contente d'enduire l'intérieur des cazettes avec un mélange de sel marin, de potasse et de minium : ce mélange se volatilise pendant la cuisson, et vitrifie la surface des pièces. On emploie aussi une glaçure vitro-plombeuse que l'on applique par immersion ou par arrosement sur le grès déjà cuit, qu'on expose de nouveau à une chaleur suffisante pour fondre le vernis.

Voici la composition d'une de ces glaçures :

GLAÇURE VITRO-PLOMBEUSE POUR LE GRÈS CÉRAME FIN.

Feldspath.	35
Sable quartzeux.	25
Minium (oxyde de plomb).	20
Potasse.	5
Borax anhydre.	15
	100

Les pièces recouvertes de vernis vitro-plombeux peuvent être richement décorées. C'est à Wedgwood que cette fabrication doit ses plus importants progrès.

La mode et la versatilité du goût ne feront prévaloir le grès cérame fin sur la porcelaine que d'une manière transitoire; mais le grès cérame ordinaire est destiné, à cause de la modicité do son prix, à rendre à l'industrie des services qu'on ne doit pas attendre de la porcelaine. En Angleterre, l'usage s'en étend

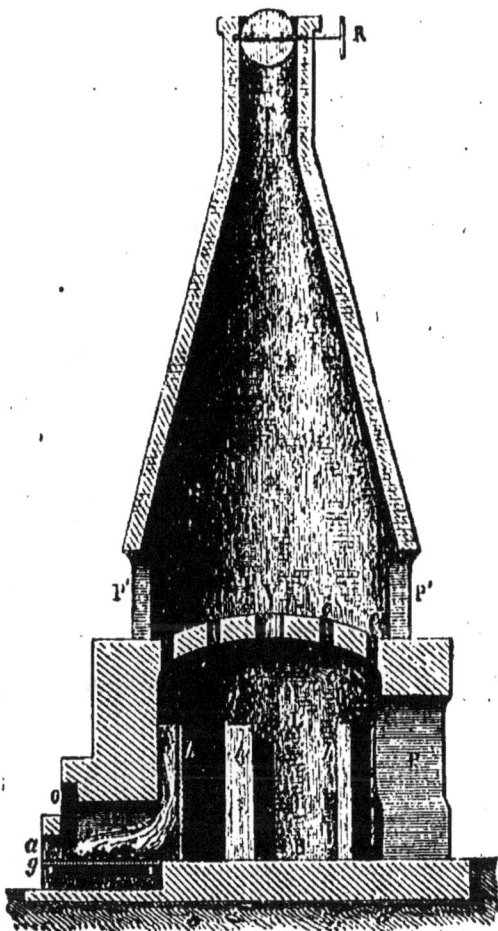

Fig. 85. — Four à grès cérames fins, marchant à la houille.

L   laboratoire.
B   sole du laboratoire.
F   foyer.
a   bouche du foyer.
d   cendrier.
g   grille.
o   ouverture pour la charge de la houille.
V   voûte avec ses carneaux o, c, o, c.
P   porte du laboratoire.
h, h, h   cheminées particulières de chaque foyer s'arrêtant environ aux deux
          tiers inférieurs du laboratoire.
P'P   porte du cône de la cheminée.
T   tuyau de la cheminée.
R   registre.

tous les jours. Les grands récipients de transport, les tuyaux de conduite pour les eaux, les ustensiles de chimie, capsules, tubes, cylindres, entonnoirs, cornues, robinets, etc., sont en grès cérame. Il faut l'avouer, la France semble ne pas avoir encore bien compris tout le parti qu'on peut tirer de cette espèce de poterie.

11. Faïences. — C'est vers la fin du dix-huitième siècle que l'Angleterre fabriqua, pour la première fois, une poterie dense et sonore, à texture fine et à pâte opaque, recouverte d'un vernis cristallin plombifère.

Cette poterie diffère de la porcelaine et du grès en ce qu'elle n'est pas vitrifiée ni translucide. Elle est connue sous le nom de *faïence fine*. Essentiellement composée d'argile plastique lavée et de quartz, elle contient quelquefois de la chaux : alors elle forme une variété qu'on appelle *terre de pipe*.

Voici des formules pour la composition de diverses faïences :

COMPOSITION DE LA FAÏENCE FINE CALCIFÈRE (terre de pipe).		COMPOSITION DE LA FAÏENCE FINE NON CALCIFÈRE (faïence cailloutée).	
Argile plastique,	85,4	Argile plastique,	87
Silex,	13,0	Silex,	13
Chaux,	1,6		100
	100,0		

GLAÇURE POUR LA TERRE DE PIPE.		GLAÇURE POUR LA FAÏENCE CAILLOUTÉE.	
Feldspath calciné,	7	Sable quartzeux,	30
Sable,	30	Minium,	45
Minium, (oxydes de plomb)	30	Carbonate de soude,	17
Litharge, (oxydes de plomb)	27	Nitre,	2
Borax,	3	Bleu de cobalt,	0,001
Cristal,	3		100,001
	100		

La préparation des pâtes de ces deux poteries, leur façonnage, leur mise en couverte, leur encastage et les fours qui servent à leur cuisson, sont, à peu de chose près, les mêmes que ceux de la porcelaine. Nous croyons donc utile de nous y arrêter.

Les faïences communes ou émaillées sont plus anciennes en Europe que les grès et les porcelaines. Lucca della Robbia fabriquait déjà, au commencement du quinzième siècle, de la poterie connue en Italie sous le nom de *majolica*, aujourd'hui l'orgueil des collections par son mérite artistique. Environ deux siècles plus tard, cette fabrication était presque anéantie, lorsque Bernard Palissy la fit revivre avec un grand éclat; mais, comme ce potier célèbre emporta ses procédés dans la tombe, ses héritiers continuèrent encore pendant quelques années à fabriquer par routine; ensuite cette belle industrie dégénéra de nouveau. Aujourd'hui on ne fait plus, avec de la faïence commune, que des vases de cuisine destinés à aller au feu, des carreaux de revêtement, des fourneaux et des poêles.

On fabrique deux espèces de faïence émaillée, dont les pâtes sont toujours opaques, fusibles, colorées ou blanchâtres, à texture lâche, à cassure terreuse, recouvertes d'un émail opaque, brun et plombifère pour l'une, blanc et stannifère pour l'autre.

COMPOSITION DE LA FAÏENCE ÉMAILLÉE DE PARIS.

	Brune.	Blanche.
Argile plastique d'Arcueil lavée. . .	30.	8
Marne argileuse verdâtre.	32.	36
Marne calcaire blanche.	10.	28
Sable impur marneux jaunâtre. . .	28.	28
	100	100

ÉMAIL POUR LA FAÏENCE BRUNE.

Minium.	52
Manganèse.	7
Poudre de brique fusible.	41
	100

ÉMAIL POUR LA FAÏENCE BLANCHE.

Calcine composée	d'oxyde de plomb.	33	44	oxyde d'étain.	82	47
	d'oxyde d'étain. .	77		oxyde de plomb	18	
Minium.		2		. . . .		»
Sable.		44		. . . .		47
Sel marin.		8		. . . .		3
Soude d'Alicante.		2		. . . .		3
		100				100

Cette espèce de poterie peut aller sur le feu et son émail est peu ou point altérable. La faïence brune est préférée pour les usages domestiques ; la blanche sert principalement pour faire les carreaux, les poêles, et pour les plaques de cheminées.

12. **Poterie commune.** — On ne doit pas confondre la faïence commune ou *poterie émaillée*, avec la poterie *ordinaire vernissée*. Cette dernière a une pâte homogène, fusible, opaque, colorée, à texture poreuse. Elle est recouverte d'un vernis transparent plombifère.

COMPOSITION D'UNE PATE A POTERIE COMMUNE VERNISSÉE.

Argile plastique non lavée.	80
Sable siliceux un peu marnifère. . . .	20
	100

COMPOSITION DU VERNIS.

	Jaune.	Brun.	Vert.
Minium.	70.	64.	65
Argile plastique.	16.	15.	16
Sable siliceux.	14.	15.	16
Bioxyde de manganèse. . .	»	6.	»
Battitures de cuivre rouge. .	»	»	3
	100	100	100

Le mérite de ces poteries est d'être d'un prix très-modique et d'aller sur le feu sans se casser ; mais leur vernis plombifère est souvent altérable et peut même nuire à la santé en donnant des sels vénéneux avec les acides et les corps gras des matières alimentaires.

13. **Terres cuites.** — Sous le nom générique de *terres cuites*, on comprend les produits céramiques ordinaires non recouverts de vernis : ainsi les *briques*, les *tuiles*, les *réchauds*, les *fourneaux*, les *tuyaux de conduite* et *de drainage*, les *pots à fleurs*, les *formes à sucre*, etc., appartiennent à cette catégorie.

Tous ces produits ont une pâte d'une texture lâche et poreuse, quelquefois hétérogène, peu dure, se laissant rayer par l'acier. Ils sont peu cuits : frappés, ils rendent un son sourd. Exposés à une haute température, ils n'acquièrent ni la texture compacte, ni la dureté du grès cérame ; ils n'ont presque jamais de glaçure.

Leur pâte est composée généralement d'argile figuline ou de marne argileuse dégraissée soit avec du sable, soit avec du ciment, ou bien encore avec des escarbilles ou autres matières grossières. Lorsque, par exception, ils portent un vernis, celui-ci est toujours plombifère. C'est le cas des tuiles de Hollande et des conduits d'eau.

Les terres cuites sont faites à la main ou au moyen de moules grossiers. La température de leur cuisson s'étend depuis la simple dessiccation au soleil jusqu'à celle qui serait presque suffisante pour faire cuire le grès cérame.

Nous devrions maintenant parler de la décoration des poteries ; mais, comme souvent on en décore qui sont recouvertes d'un vernis de nature vitreuse, nous nous occuperons d'abord du verre.

RÉSUMÉ

1. L'acide silicique ou silice, soit libre, soit combiné, est très-abondant dans la nature. Il entre dans la composition des roches d'origine ignée. A l'état de pureté, il constitue le cristal de roche. L'acide silicique est infusible au feu le plus violent de nos forges.

2. Les argiles paraissent provenir de la décomposition des roches feldspathiques, silicates doubles d'alumine et d'une autre base variable. Le silicate d'alumine est l'élément essentiel des argiles.

3. Les principales variétés des argiles sont : le kaolin, argile pure provenant de la décomposition de l'orthose, silicate double d'alumine et de potasse, les argiles plastiques, les argiles smectiques ou terre à foulon, les argiles figulines, les marnes, les ocres.

4. Les poteries se divisent en deux classes, dont la première comprend les porcelaines, les grès cérames, les faïences fines, et la seconde les faïences ordinaires et les terres cuites. Les poteries du premier groupe ne se ramollissent pas quoique exposées à de hautes températures ; celles du deuxième groupe se frittent assez facilement. Toute pâte céramique est nécessairement composée d'un principe plastique qui est l'argile et d'un principe dégraissant qui empêche le retrait et le fendillement. Ce dernier rôle est dévolu au sable. La couverte est un vernis vitrifié qui rend la poterie imperméable. Les

couvertes céramiques sont composées de matières fusibles et vitrifiables, transparentes et incolores pour les poteries fines, opaques et généralement colorées pour les poteries ordinaires.

5. En France, le principal gisement de *kaolin* ou *terre à porcelaine* se trouve dans la Haute-Vienne, près de Limoges.

6. La *porcelaine dure* est composée de kaolin, de sable quartzeux et de chaux. La base de l'émail qui recouvre la porcelaine dure est un feldspath quartzeux appelé *pegmatite* ou *petunzé*.

7. La cuisson de cette poterie exige une très-haute température.

8. La pâte de la *porcelaine tendre* anglaise est un silico-phosphate de chaux et d'alumine; celle de la *porcelaine tendre* française est un silicate alcalino-calcaire, une sorte de verre.

9. Le *grès cérame* commun est composé d'argile plastique non lavée et de sable quartzeux. Il n'est pas translucide, mais il est à demi vitrifié comme la porcelaine.

10. Le *grès cérame* fin est formé d'argile fine bien lavée, de kaolin et de feldspath. Sa glaçure, quand il en a une, est de nature vitro-plombeuse. Il n'est pas translucide, il est demi-vitrifié, sa pâte est fine et homogène.

11. La *faïence fine* diffère de la porcelaine et du grès en ce qu'elle n'est ni vitrifiée ni translucide. Elle est composée d'argile plastique lavée et de quartz. Quand elle renferme de la chaux, elle porte le nom de *terre de pipe*. La faïence fine est infusible et a toujours une glaçure, car sa pâte est très-perméable.

La *faïence commune* ou *émaillée* a une pâte opaque, colorée. Elle est recouverte d'un vernis opaque ou *émail* tantôt brun et plombifère, tantôt blanc et stannifère.

12. Les *poteries ordinaires vernissées* ont une pâte fusible, opaque, colorée, poreuse, composée de marne argileuse, d'argile figuline et de sable. Leur vernis est un silicate d'alumine et de plomb. Ce vernis, attaquable par les corps gras et les acides, peut devenir parfois dangereux.

13. Les pâtes ordinaires à texture lâche, non sonores, et sans glaçure, sont appelées *terres cuites*.

CHAPITRE XXX

VERRES

1. Nature des verres. — Les verres sont des combinaisons d'acide silicique avec des bases variables, potasse, soude, chaux, oxyde de plomb, oxyde de fer, alumine. Le verre ordinaire à gobeleterie et à vitres est un silicate double de soude et de chaux ; le verre fin ou cristal est un silicate double de potasse et d'oxyde de plomb ; le verre à bouteilles contient des silicates de soude, de potasse, de chaux, d'alumine et d'oxyde de fer. Le verre est transparent et fragile ; il présente un éclat particulier connu sous le nom d'éclat vitreux. Sa densité varie avec sa composition : dans les verres les plus denses dominent les silicates métalliques ; dans les moins denses les silicates terreux. Exposé à une température convenable, le verre se ramollit, puis éprouve la fusion visqueuse. Ramolli par la chaleur, il possède une plasticité qui permet de lui faire acquérir telle forme que l'on veut.

2. Dévitrification. — Lorsqu'on le soumet pendant un temps plus ou moins long à une température voisine de son point de fusion, le verre perd sa transparence, devient très-dur, moins fusible, moins fragile, plus résistant aux variations de température ; en un mot il se *dévitrifie* sans changer de composition. Il porte alors le nom de *porcelaine de Réaumur*. On obtient du verre dévitrifié en soumettant, pendant vingt-quatre à quarante-huit heures, au ramollissement une feuille de verre à vitre ou mieux un morceau de verre à glace. La feuille dévitrifiée ressemble à une mince plaque de porcelaine. La cassure fait voir des aiguilles opaques, ténues et serrées, parallèles les unes aux autres et perpendiculaires à la surface du verre. Dans quelques cas très-rares, la cassure saccharoïde remplace la cassure fibreuse ; quelquefois même elle prend l'aspect de l'émail.

On a vainement cherché à introduire dans l'industrie le verre dévitrifié. La déformation que les objets éprouvent pendant une longue exposition à la température du ramollissement, et la dépense en combustible, ont empêché de tirer parti de cette remarquable propriété du verre.

3. Trempe et recuit du verre. — Chauffé jusqu'à la fusion et refroidi brusquement, le verre subit une trempe ou arrangement moléculaire forcé, qui le rend très-cassant. Les *larmes bataviques* et les *flacons de Bologne* en sont des exemples.

Les larmes bataviques sont des gouttes de verre fondu qu'on a laissées tomber dans l'eau; elles ont la forme d'un ovoïde allongé qui se termine par une pointe effilée. Lorsqu'on vient à casser la queue, toute la masse se réduit en poussière avec une légère détonation.

Les flacons de Bologne sont d'épaisses fioles que l'on a refroidies brusquement. Ils volent en éclats lorsqu'on laisse tomber dans leur intérieur un corps dur capable de les rayer. Cet effet provient de ce que les molécules intérieures sont maintenues dans un état anormal par celles de la surface. Si l'on vient à affaiblir en un point quelconque la résistance intérieure, l'équilibre général est troublé et la masse se pulvérise avec bruit.

A cause de sa fragilité et de sa mauvaise conductibilité pour la chaleur, le verre casse si, après l'avoir chauffé, on le refroidit brusquement. Dans leur fabrication rapide, les objets en verre passent sans transition de la température du four où la matière est en fusion, à la température de l'air ambiant: ils éprouvent ainsi une trempe qui compromet leur solidité au point de les mettre hors d'usage. Si l'on ne remédiait à cette trempe inévitable, les objets en verre éprouveraient, à un moment ou l'autre, des ruptures spontanées sans causes apparentes. On corrige ce défaut par le *recuit*. Les pièces terminées et encore rouges sont exposées dans de longues galeries chauffées par la chaleur perdue des fourneaux. Elles y sont graduellement déplacées des parties chaudes vers les parties les moins chaudes, de manière que leur refroidissement s'effectue avec beaucoup de lenteur. C'est à un recuit insuffisant qu'il faut attribuer les ruptures dont les entonnoirs de chimie, les cheminées des lampes, etc., nous donnent assez fréquemment des exemples.

4. **Propriétés chimiques des verres.** — L'air sec n'a que peu ou point d'action sur le verre. Il n'en est pas de même de l'air humide. L'eau tend à le dédoubler en silicate alcalin soluble et en silicates insolubles. C'est ainsi que le verre à vitre est altéré, surtout par l'eau bouillante. Il est rare que l'eau tenue en ébullition pendant longtemps dans un vase de verre ne devienne alcaline ; elle le devient d'autant plus promptement que la température et la pression sont plus élevées. Les verres blancs, finement pulvérisés et traités par l'eau bouillante cèdent à l'eau de 5 à 10 pour 100 de leur poids de matières solubles. L'action de l'humidité se fait principalement remarquer sur les verres très-riches en alcalis ; l'eau atmosphérique en attaque peu à peu la surface et les ternit en leur donnant un aspect irisé, nébuleux. L'élimination d'une partie du silicate alcalin est cause de cette détérioration que l'on constate surtout dans les verres antiques et même dans les verres à vitre modernes exposés à une humidité persistante.

Si le verre est attaquable par l'eau, à plus forte raison l'est-il par les acides qui tous tendent à lui enlever une partie des bases qu'il renferme. Le verre à bouteilles présente un exemple remarquable de cette action, car les sels acides du vin suffisent pour l'altérer. Les acides sulfurique et chlorhydrique attaquent toute sorte de verre lorsqu'ils agissent à la température rouge. L'acide fluorhydrique le corrode avec une énergie spéciale que l'on met à profit pour la gravure sur verre.

Peu de verres résistent à l'action prolongée des carbonates alcalins dissous et à plus forte raison à celle des alcalis caustiques. Dans l'un et l'autre cas, le verre se ternit parce qu'il perd de l'acide silicique.

Ainsi l'eau tend à dédoubler les verres en silicate soluble et en silicate insoluble ; les acides tendent à lui soustraire les bases, les alcalis à lui soustraire l'acide. Le verre qui, en vertu de sa composition convenablement dosée, présente une plus grande résistance à ces diverses causes d'altération, est le meilleur.

Lorsqu'on laisse refroidir très-lentement du verre fondu, on observe que ses éléments se groupent de deux manières différentes. On peut constater le même fait en examinant la cassure d'un verre artificiellement dévitrifié. On y remarque, en effet, dans le milieu vitreux, une multitude d'aiguilles cristallines qui partent des deux surfaces et vont se rencontrer au centre. On voit que, soit par le refroidissement lent de la massse fondue, soit par l'effet d'une température élevée longtemps soutenue, il s'opère une espèce de *liquidation;* les silicates les moins fusibles et cristalisables se figent les premiers et se séparent ainsi des autres silicates plus fusibles, dépourvus de la faculté de cristalliser.

Ce que nous venons de dire rappelle singulièrement les *alliages,* et il faut voir dans le verre un assemblage de silicates définis, dont une partie sert de dissolvant à l'autre. Ajoutons que de tous les silicates dont le verre est formé, les terreux et les métalliques ont seuls le pouvoir de cristalliser; quant aux silicates alcalins, non-seulement ils ne cristallisent pas, mais avant de se figer ils passent par tous les états pâteux intermédiaires; en d'autres termes, ils subissent la fusion visqueuse comme les acides phosphorique, borique, etc., etc. Or, les silicates alcalins, étant attaqués par l'eau et les acides, ne peuvent pas, quoique très-vitrifiables, faire du verre par eux-mêmes: il faut donc les associer à d'autres silicates qui leur donnent la faculté de résister aux agents chimiques, en recevant en échange celle de la *vitrescibilité.* Ainsi, les silicates alcalins donnent au verre la transparence et l'homogénéité ; les silicates terreux et métalliques, la dureté, l'inaltérabilité et la fusion difficile.

5. Classification des verres. — On peut diviser les verres en deux classes : dans la première se trouvent les *cristaux* dont la base est alcalino-plombeuse; dans la seconde sont les *verres proprement dits,* dont la base est alcalino-terreuse. Ceux-ci se subdivisent en *verres à base de soude,* et en *verres à base de potasse.*

Le tableau suivant nous renseignera sur la composition de ces différents verres.

	VERRE DE BOHÊME.	CROWN-GLASS.	VERRE A GLACES.	VERRE A VITRES.	VERRE A BOUTEILLES.	CRISTAL.	FLINT-GLASS.	STRASS.	ÉMAIL.
Silice.	76,0	62,8	76,00	69,65	45,6	61,0	42,5	38,2	31,6
Potasse. . . .	15,0	22,1	»	»	6,1	6,0	11,7	7,8	8,3
Soude.	»	»	17.50	15,22	»	»	»	»	»
Chaux.	8,0	12,5	3,75	13,51	28,1	»	0,5	»	»
Alumine. . . .	1,0	2,0	2,75	1,82	14,0	»	1,8	1,0	»
Oxyde de fer. .	»	»	»	»	6,2	»	»	»	»
— de mang..	»	0,6	»	»	»	»	»	»	»
— de plomb..	»	»	»	»	»	33,0	43,5	53,0	50,3
— d'étain..	»	»	»	»	»	»	»	»	9,8
	100,0	100,0	100,00	100,00	100,0	100,0	100,0	100,0	100,0

6. Verre de Bohême. — Ce verre est remarquable par sa limpidité, sa dureté et sa faible densité. Les matières qui servent à sa préparation sont choisies et apprêtées avec un soin extrême. Bien que sa fabrication ait lieu surtout en Bohême et aux environs de Venise, néanmoins on en fait en France, notamment à Walsh, Saint-Louis et Baccarat. A cause de sa forte proportion de silice, le verre de Bohême est difficilément fusible ; il résiste d'ailleurs très-bien à la plupart des agents chimiques. Aussi est-il de qualité supérieure pour la fabrication des ustensiles de laboratoire. Les matières premières qui entrent dans sa composition sont les suivantes :

Quartz.	100
Potasse.	50 à 60
Chaux.	15 à 20
Acide arsénieux. . . .	$\frac{1}{4}$ à $\frac{1}{2}$
Nitre.	0 à 1

La présence de l'acide arsénieux dans les matières premières et son absence dans le verre lui-même, exigent quelques éclaircissements. Comme l'acide arsénieux est facilement réductible, il fait passer à l'état de peroxyde de fer les faibles traces de protoxyde qui se trouvent dans les matériaux employés et qui donneraient au verre une teinte verdâtre ; pour la même raison, il fait disparaître la teinte jaune que prend le verre lorsque le four fume. En effet, cette teinte jaune provient du charbon, de la fumée; or, l'acide arsénieux contribue par son oxygène à brûler ce corps et dès lors la coloration disparaît. Enfin, l'acide arsénieux facilite l'affinage du verre, car l'agitation qu'il imprime à la masse fondue en se volatilisant, favorise la sortie des bulles gazeuses qui, sans cela, persisteraient et rendraient le verre défectueux. Le nitre joue le même rôle que l'acide arsénieux. La fusion des matières s'effectue dans des pots ou creusets recevant chacun de 55 à 70 kilogrammes de composition. Le four A (fig. 86) est elliptique et voûté. Après avoir circul' autour des

Fig. 86. — Four à verre de Bohême.

creusets, la flamme gagne un second four B où se fait le recuit des pièces. Pour amener la fusion des matières il faut au moins dix-huit heures d'un feu très-vif.

7. **Crown-glass.** — Le *crown-glass* se rapproche, par sa composition, du verre précédent : il en diffère, toutefois, en ce qu'il est moins siliceux. Cette variété de verre est réservée pour la confection des lentilles qui, réunies aux lentilles faites avec le flint-glass, constituent les objectifs achromatiques. Le crown-

glass doit être d'une limpidité parfaite, exempt de stries et de bulles, ét même, lorsqu'il est vu en grandes masses, il doit être complétement incolore. Il n'y a que peu de temps que la France en produit de véritablement beau, grâce aux efforts de MM. Guinand et Bontemps. On tâchera de faire comprendre toutes les difficultés qui se rattachent à la parfaite fabrication de ce verre, en parlant du flint-glass.

. 8. **Verre à glaces et verre à vitres.** — Le *verre à glaces* et le *verre à vitres* renferment de la soude au lieu de potasse : aussi ont-ils une couleur verdâtre que les autres verres n'ont pas.

Comme le *verre à glaces* contient moins de chaux que le *verre à vitres*, il est plus fusible que ce dernier; mais, en revanche, il est moins dévitrifiable. Plus un verre contient de principes terreux, plus il est prompt à se dévitrifier. Le verre à bouteilles en est un exemple.

Le verre à glaces doit avoir une grande transparence et ne présenter ni bulles, ni nœuds, ni stries.

Le *verre à vitres* est celui dont la consommation est la plus grande : en effet, suivant qu'il est plus ou moins incolore, il sert à fabriquer les vitres de croisées, les globes, les cylindres, les vitres à estampes; il sert à garnir les portières des voitures et à confectionner des objets de gobeleterie de qualité inférieure. Parmi les matières premières qui entrent dans sa composition, on remarque le sulfate de soude. Ce sel est décomposé, pendant la cuisson, par l'acide silicique et le charbon. Ce verre serait très-sensiblement verdâtre si on ne le décolorait pas au moyen d'arsenic, ou d'oxyde de manganèse.

9. **Verre à bouteilles.** — Le *verre à bouteilles* doit sa couleur verte à la forte proportion d'oxyde de fer qu'apportent les matières premières destinées à sa confection. En voici la liste : pas une d'elle n'est dépourvue de fer.

MATIÈRES PREMIÈRES DU VERRE A BOUTEILLES.

Sable ocreux.	100
Soude de varech	40 à 60
Cendres neuves.	30 à 40
Charrées (cendres lavées).	150 à 180
Argile ocreuse.	80 à 100
Fragments de bouteilles.	100 à 150

Le verre à bouteilles est le seul où l'on introduise directement de l'alumine, ou du moins une matière (l'argile) qui en contient: dans tous les autres verres, elle se trouve accidentellement, et provient surtout des creusets. Le verre à bouteilles est peu alcalin, aussi se dévitrifie-t-il avec facilité, et d'autant plus promptement qu'il est plus riche en alumine.

10. **Cristal.** — Autant on néglige le choix des matières qui entrent dans la composition du verre à bouteilles, autant on apporte de soin pour choisir les matières destinées à former du *cristal*.

On confectionne cette espèce particulière de verre en fondant ensemble du sable très-pur, du minium et du carbonate de potassium affiné. Lorsqu'on se sert de houille pour chauffer le fourneau, la fusion doit être faite dans des creusets fermés, sortes de cornues auxquelles on aurait enlevé le col, et qu'on appelle *creusets à moufle* (fig. 87). On ne fond dans des creusets ouverts que si l'on chauffe avec du bois.

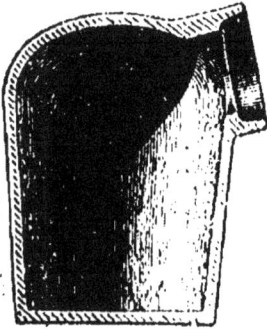
Fig. 87. — Coupe d'un creuset à moufle.

11. **Flint-glass.** — Le *flint-glass* est une espèce de cristal dont la confection exige de grands soins. Il est employé, conjointement avec le crown-glass, pour les instruments d'optique.

Deux lentilles accolées, l'une de *flint*, l'autre de *crown*, convergent également tous les rayons colorés, de sorte que l'image qui se forme à leur foyer est dépourvue de ces franges irisées qui sont inévitables lorsqu'on observe avec une lentille simple.

Les conditions indispensables pour que ces deux sortes de verres puissent servir à cet objet, sont une parfaite homogénéité et une absence complète de coloration, de stries, de bulles et de nébulosités laiteuses. Or, il est difficile de réaliser ces conditions sur des masses aussi considérables que celles qui sont nécessaires pour la confection de certains instruments d'optique.

M. Guinand père fut le premier qui, en France, parvint à surmonter une grande partie des difficultés, en brassant le verre en fusion au moyen d'un outil de la même matière que le creuset (fig. 88). Le brassage, répété plusieurs fois, facilite le dégagement des bulles gazeuses et rend la masse parfaitement homo-

Fig. 88. — Coupe d'un fourneau contenant un creuset à moufle où l'on brasse le verre fondu au moyen d'une tige d'argile réfractaire.

O, creuset à moufle.
i, cylindre de terre réfractaire.
u tige de fer dont l'extrémité recourbée est engagée dans le cylindre i et lui sert de manche.

gène. On juge de l'homogénéité d'une grande masse de *flint* et de *crown* en taillant des facettes parallèles et en regardant au travers de la masse entière.

Autrefois, l'Angleterre avait seule le privilége de fabriquer ces deux espèces de verre ; aujourd'hui, la France, grâce aux travaux de MM. Guinand fils et Bontemps, lui fait une heureuse concurrence.

12. Strass. — Le *strass* est un cristal dont la préparation demande autant de soins que celle du *flint*. C'est le plus dense et le plus réfringent de tous les verres : aussi est-il exclusivement employé à la fabrication des pierres précieuses artificielles, et particulièrement des diamants. Il suffit de quelques millièmes de certains oxydes métalliques pour lui faire prendre des teintes d'un effet magnifique.

Voici quelques exemples de la composition de pierres précieuses artificielles dans lesquelles la proportion du strass est 1000 :

Topaze.	Oxyde de fer.	10
Rubis.	Oxyde de manganèse.	25
Émeraude.	Oxyde de cuivre. . .	8
	Oxyde de chrome. .	0,2
Saphir	Oxyde de cobalt. . .	15
Améthyste.	Oxyde de manganèse.	8
	Oxyde de cobalt. . .	5
	Pourpre de Cassius..	0,2
Aigue marine. . . .	Verre d'antimoine. .	7
	Oxyde de cobalt. . .	4

Les pierres précieuses artificielles ont atteint en France un degré inespéré de perfection. Il ne leur manque que la dureté pour être complétement semblables aux pierres naturelles, défaut qu'on est parvenu à faire disparaître en collant à leur surface, lorsque le montage le permet, une feuille mince enlevée à une pierre incolore naturelle de peu de valeur.

13. Émail. — L'*émail* est un cristal rendu opaque au moyen de certains oxydes métalliques, et particulièrement de l'oxyde d'étain. Quelquefois on parvient au même résultat à l'aide du phosphate de chaux (os calcinés).

Si l'on introduit des oxydes colorants dans la composition de l'émail blanc, on obtient les *émaux colorés*.

14. Fabrication du verre à vitres. — Le travail du verre s'exécute par deux procédés, le *soufflage* et le *moulage*. Pour terminer ces notions sur le verre, nous allons donner un exemple de l'un et de l'autre procédé.

Le premier s'applique à la fabrication du verre à vitres. Dans un même fourneau se trouvent plusieurs creusets pleins de verre fondu, chacun desservi par un souffleur et son aide, placés sur une estrade B à 3 mètres environ du sol et en face de *l'ouvreau* par où se puise le verre dans le creuset A (fig. 89). L'outil de

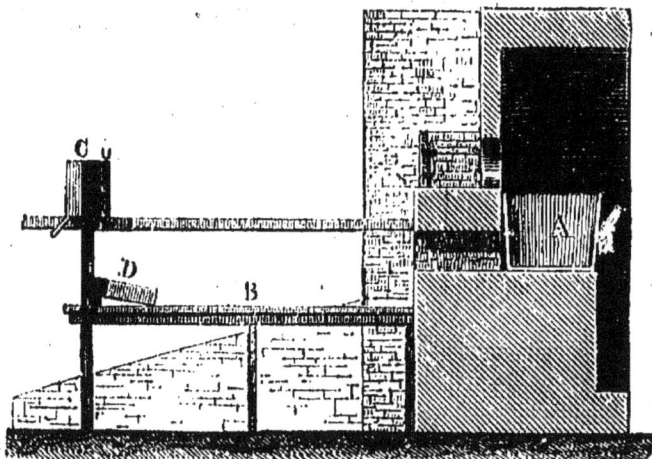

Fig. 89. — Four pour la fabrication du verre à vitres.

l'ouvrier souffleur est la *canne* ou tube en fer muni à une extrémité d'une enveloppe de bois qui, par sa mauvaise conductibilité, permet de manier l'outil sans se brûler (fig. 90). L'aide

Fig. 90. — Canne du verrier.

chauffe à l'ouvreau l'autre extrémité ou le *nez* de la canne, puis la plonge dans le creuset. Il recueille ainsi une certaine quantité de verre pâteux qu'il façonne et qu'il arrondit en tournant et retournant la masse vitreuse dans un bloc creux de bois mouillé D. Cela fait, il réchauffe le verre à l'ouvreau et la canne passe entre les mains du souffleur. Celui-ci souffle d'abord légèrement dans la canne; la masse de verre s'enfle comme une bulle de savon au bout d'une paille, et, tiraillée par la pesanteur, prend la forme d'une poire. Maintenant, la canne est relevée, l'ouvrier souffle le verre au-dessus de la tête. L'ampoule s'affaisse un peu

sur elle-même et gagne en largeur. Le souffleur abaisse de nouveau la canne, il la balance de droite à gauche et de gauche à
droite, à la manière d'un battant de cloche ; à plusieurs reprises,
il souffle plus fortement. Par l'action de la pesanteur qui
l'allonge et du souffle qui la distend, la masse de verre finit
ainsi par prendre la forme cylindrique. La figure 91 reproduit

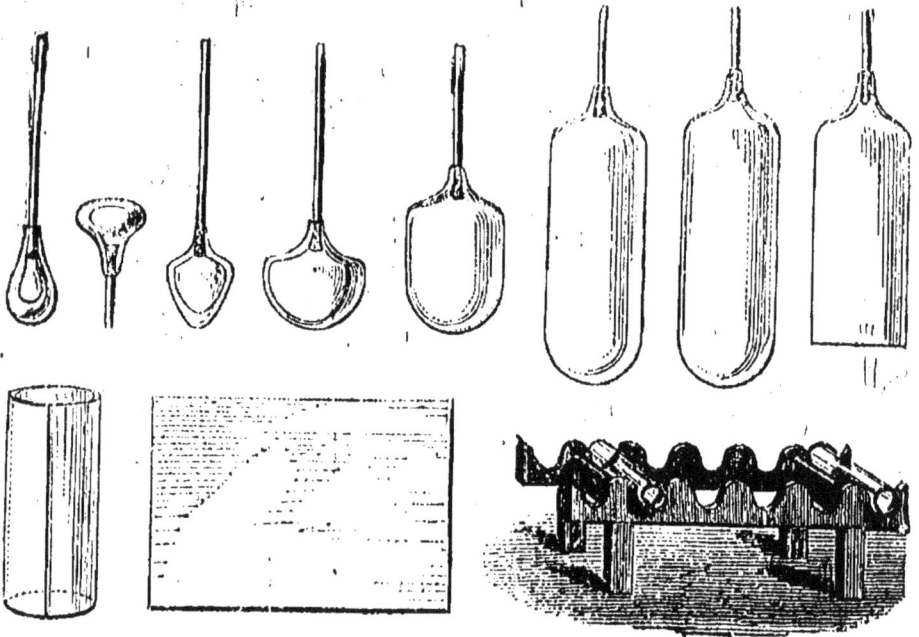

Fig. 91. — Fabrication du verre à vitres.

les formes successives que revêt le verre soufflé. Le cylindre final
se termine par une calotte sphérique qu'il faut faire disparaître.
A cet effet, la pièce est présentée à l'ouvreau pour en ramollir
le bout ; puis percée au sommet de sa calotte sphérique avec
une pointe de fer. Par le balancement, l'ouverture s'élargit et la
calotte disparaît. Le cylindre rigide est alors placé sur un chevalet de bois creusé en gouttières (fig. 91). On touche la pièce
avec un fer froid aux points où elle adhère à la canne. Une
cassure se déclare sur la ligne brusquement refroidie, et le cylindre est séparé de l'outil. Il reste à enlever la calotte qui le
termine encore. On entoure cette calotte d'un fil de verre très-
chaud et l'on touche avec un fer froid la ligne chauffée. Cela

suffit pour amener une rupture circulaire qui détache la calotte. Il reste ainsi sur le chevalet un manchon de verre ouvert aux deux bouts. Pour fendre ce manchon, on promène d'un bout à l'autre de sa longueur, une pointe de fer rougie ; puis l'on touche l'un des points chauffés avec le doigt mouillé. Les manchons fendus sont portés au fourneau d'*étendage* pour être ramollis à un point convenable, puis dépliés et étendus avec une règle de fer sur une plaque en fonte placée dans le four en face de l'ouvreau.

15. Fabrication des bouteilles. — La canne chargée d'une quantité convenable de verre pâteux est passée au souffleur qui donne à la masse vitreuse la forme d'un œuf terminé par un col. La pièce est alors ramollie dans le four puis introduite dans un moule en bronze ou en terre. En soufflant avec force, l'ouvrier distend le verre et lui fait occuper la capacité du moule. Après ce travail, le fond de la bouteille est encore plat. Par la compression avec l'angle d'une petite feuille rectangulaire de tôle, ce fond plat est refoulé à l'intérieur sous forme de mamelon conique. Un filet de verre fondu appliqué sur le col de la pièce, donne le collet de la bouteille. Le cachet que portent certaines bouteilles est obtenu avec un disque de verre pâteux appliqué sur la panse et imprimé avec une pièce gravée en fer.

16. Décoration du verre. — Ce sujet se rattache à la décoration de la poterie, qui ne s'effectue qu'après l'application du vernis sur la pièce. Or le vernis n'étant qu'une espèce de verre ou de cristal, il est évident que les deux procédés de décoration doivent avoir quelque chose de commun.

Pour la coloration des matières vitreuses il existe deux méthodes : on applique les couleurs à la surface du verre, comme on les appliquerait sur une toile, ou bien elles font partie de la masse même du verre. Dans le premier cas, les verres sont *peints*, dans le second, ils sont *teints*.

Si l'on fond du verre blanc avec un oxyde métallique colorant, on obtient une masse vitreuse uniformément colorée.

L'oxyde de chrome (Cr^2O^3) ou celui de cuivre (CuO) donnent le *vert*.

L'oxyde de cobalt (CoO) donne le *bleu*.

Le sesquioxyde de manganèse (Mn²O³) produit le *violet*.

Le protoxyde de cuivre (Cu²O) ou le pourpre de Cassius (composé d'or, d'étain et d'oxygène) donnent le *rouge*.

Le sesquioxyde de fer (Fe²O³), l'oxyde d'antimoine (Sb²O³) et l'oxyde d'argent (AgO) servent pour le *jaune*.

Si l'on plonge dans cette masse un tube de fer, ayant à son extrémité du verre incolore, et qu'on y souffle, on aura un objet dont la surface extérieure seule est teinte. C'est ainsi que l'on fait les *verres doublés*. Une pareille décoration n'a rien d'artistique ; c'est une véritable teinture.

Mais lorsqu'on dépose sur le verre, à l'aide du pinceau, plusieurs oxydes colorants vitrifiables, en ayant soin de les harmoniser, on fait alors de véritable peinture.

Il en est de même pour la poterie. Qu'on suppose un vase de porcelaine dont le fond serait bleu ou noir, ou gris, ou vert, ou rose, ou brun, ou jaune[1], et qui porterait des fleurs ou des figures, ce vase serait teint et peint à la fois : sa couverte aurait été colorée, ou avant d'être appliquée, ou bien pendant la cuisson ; les autres dessins auraient été faits sur la couverte déjà teinte et cuite, ensuite ils auraient été cuits à leur tour.

Remarquons jusqu'à quel point l'analogie peut aller : pour teindre le verre, il faut une température élevée, puisqu'il est nécessaire qu'il fonde ; pour fixer les couleurs à sa surface, il faut une température moins forte, car il suffit qu'elles glacent et adhèrent. Aussi, dans le premier cas, se sert-on de fours à fusion, et dans l'autre de *moufles*. Or, les couleurs de fond, sur porcelaine, sont fixées au *grand feu*, et les peintures le sont au *feu de moufle*.

La *moufle* est une chambre en terre, emprisonnée dans un fourneau à réverbère. On met dans cette chambre les différents

---

[1] Les couleurs que l'on appelle *de grand feu*, qui servent à teindre la couverte, et qui cuisent à la même température qu'elle, sont en nombre très-restreint. Les *bleus* sont formés par de l'oxyde de cobalt, les *noirs* par de l'oxyde d'urane ou d'iridium ou de manganèse ; les *gris* par du chlorure de platine ; les *verts* par de l'oxyde de chrome ; les *roses* par de l'or ; les *bruns* par de l'oxyde de fer ; les *jaunes* par de l'oxyde de titane.

objets, pour cuire les couleurs dont ils sont décorés (fig. 92 et 93).

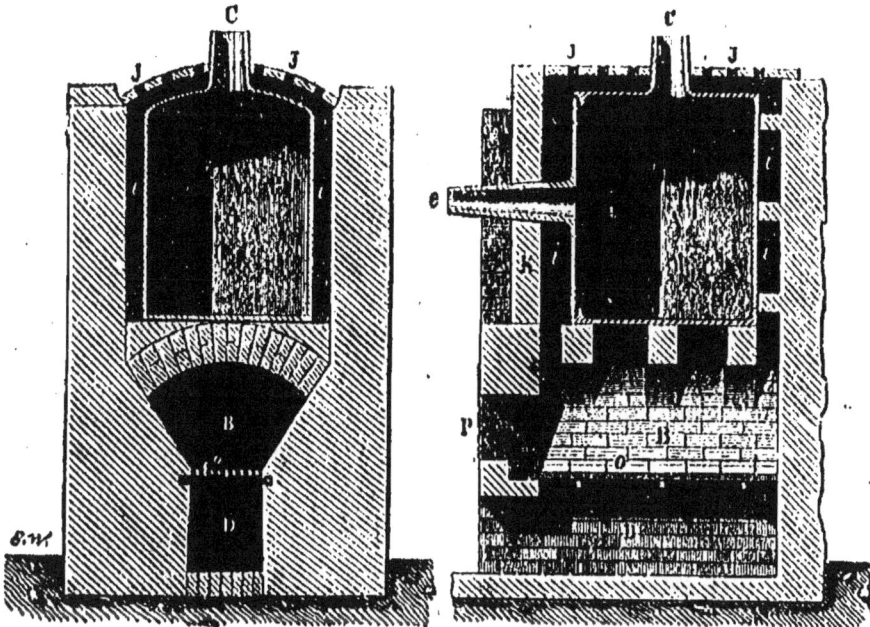

Fig. 92 et 93. — Coupe d'un four à moufle.

AA   laboratoire où sont déposés les objets qu'on doit cuire.

BB   foyer.

CC   tuyau d'appel qui perce le milieu de la voûte de la moufle, et qu donne issue aux vapeurs qui se forment dans le laboratoire pendant la cuisson.

DD   cendrier.

e   douille moulée d'une pièce avec la porte de la moufle; elle sert de visière, et pour introduire le pyromètre.

K   mur qu'on élève quand la porte est mise, pour que la partie antérieure de la moufle soit chauffée autant que les autres parties.

i i i i   espace libre par où passent la flamme en léchant les parois de la moufle.

J, J, J, J   ouvertures pratiquées dans la voûte qui recouvre la moufle, et qui livrent passage aux produits de la combustion.

P   porte du foyer.

o   grille.

Dans ces appareils la température ne peut jamais être assez élevée pour exercer une influence quelconque sur la pâte de la la poterie, ou sur sa couverte.

Dans les moufles où l'on cuit les peintures sur verre, la température est assez modérée pour ne pas ramollir le verre lui-même. Du reste, au moyen de pyromètres et de montres colorées, on suit la marche du feu aussi bien qu'on le fait dans la cuisson de la porcelaine.

L'ornementation des poteries est plus variée et offre plus de ressources que celles des verres. Ainsi, par exemple, on peut superposer à une pâte céramique ayant déjà une nuance particulière, une autre pâte à nuance différente, puis mettre le tout en *couverte*. On a alors ce que l'on appelle des *engobes* ; c'est-à-dire des effets de couleurs, sans qu'il y ait ni teinture ni peinture. On ne pourrait pas en faire autant avec du verre.

Sur les poteries aussi bien que sur les verres, on applique des métaux, tels que le platine, l'or et l'argent ; mais pour les verres, la couche métallique doit avoir une certaine épaisseur. Aussi les *lustres* ne sont-ils applicables qu'aux poteries.

Les *lustres* diffèrent des ornements métalliques proprement dits, non-seulement parce que leur épaisseur est infiniment plus faible, mais parce qu'ils n'ont pas besoin de brunissage.

Les *poteries lustrées* sortent des moufles avec tout leur éclat, tandis que les parties des verres ou des poteries recouvertes de métaux sont ternes, et doivent être brunies.

Les métaux s'appliquent à leur état naturel ; ils ne sont que très-peu divisés ; une huile volatile, mêlée quelquefois d'un fondant leur sert de véhicule.

Les métaux qui servent à produire les *lustres* sont toujours à l'état de combinaison chimique. Le lustre d'*or* est fait avec de l'oxyde d'or ammoniacal ; celui de *platine*, avec du chlorure de ce métal. Le lustre que l'on appelle *bourgos*, est fait avec du sulfure d'or ; le lustre à reflets *cantharides*, avec du chlorure d'argent, etc.

RÉSUMÉ

1. Le verre est un silicate alcalin, potassique ou sodique, associé à un autre silicate, terreux ou plombique.

2. A la température du rouge sombre longtemps soutenue, le verre se *dévitrifie* ; il prend l'aspect de la porcelaine, il devient plus dur et moins fusible.

3. Refroidi brusquement, le verre éprouve une sorte de *trempe* et

acquiert une grande fragilité. Le *recuit* fait disparaître ce défaut. Après leur fabrication, tous les objets en verre sont soumis au recuit dans les verreries.

4. Tous les verres, à la longue, sont plus ou moins altérés par les influences atmosphériques et deviennent irisés, parce que leur silicate alcalin est peu à peu dissous par l'humidité de l'air. Le verre peut être considéré comme une association de silicates terreux ou métalliques *cristallisables* et de silicates alcalins *vitrescibles*. A ces derniers sont dues la transparence et l'homogénéité; aux autres, la dureté, la fusion difficile.

5. Les *cristaux* sont des silicates alcalino-plombeux; les *verres proprement dits* sont des silicates alcalino-terreux. Ces derniers se divisent en *verres à base de potasse* et en *verres à base de soude*.

6. Le *verre de Bohême* est le plus beau des verres ordinaires, à cause de sa transparence et de sa légèreté. Sa supériorité tient au soin qu'on apporte dans le choix des matières premières.

7. Le *crown-glass* est moins riche en silice que le verre de Bohême. Il doit être limpide, incolore, sans stries, car il sert à la fabrication des lentilles pour l'optique.

8. Les *verres à glaces et à vitres* contiennent de la soude au lieu de potasse. Les ingrédients des verres à vitres sont moins bien choisis que ceux des verres à glaces.

9. Le *verre à bouteilles* doit sa couleur verdâtre à une assez forte proportion de protoxyde de fer. C'est la seule variété de verre qui renferme de l'alumine, en outre de la chaux, de la silice et des alcalis.

10. Le *cristal* est composé de silice, de potasse et d'oxyde de plomb, le tout choisi avec une grande attention.

11. Le *flint-glass* est une variété de cristal, employée en optique concurremment avec le crown-glass. Sa masse doit être d'une limpidité et d'une homogénéité parfaites.

12. Le *strass* est un cristal fabriqué avec autant de soin que le flint-glass. C'est le plus réfringent de tous les verres, aussi est-il employé à la fabrication des pierres précieuses artificielles.

13. L'*émail* est un cristal rendu opaque par de l'oxyde d'étain. Les diverses colorations sont dues à la présence d'oxydes métalliques colorants.

14. Le verre à vitres est façonné par le *soufflage*. Du verre pâteux appendu au bout d'un tube de fer ou *canne* est façonné en cylindre par l'action du souffle et de la pesanteur. Ce cylindre est fendu suivant sa longueur, puis déployé et aplati.

15. Les bouteilles sont obtenues par le *soufflage* et le *moulage* à la fois.

16. La peinture sur verre est faite par application ou par assimilation des couleurs avec la masse du verre. Dans le premier cas, le verre est *peint;* dans le second cas, il est *teint.* La décoration des poteries, spécialement de la porcelaine, a les plus grands rapports avec la dé-coration du verre.

FIN.

TABLE DES MATIÈRES

MÉTAUX

CORBEIL. — IMPRIMERIE DE CRÉTÉ FILS.

LIBRAIRIE CLASSIQUE ET D'ÉDUCATION
DE CH. DELAGRAVE
58, RUE DES ÉCOLES, PARIS.

◗◖◗

AURORE

CENT RÉCITS SUR DES SUJETS VARIÉS

LECTURES COURANTES

A L'USAGE DES ÉCOLES ET DES INSTITUTIONS DE DEMOISELLES

Par J.-HENRI FABRE

Ancien élève de l'École normale primaire de Vaucluse,
Docteur ès sciences.

1 volume in-12 avec vignettes, cartonné : 1 fr. 50

Aurore, nous l'osons assurer, est digne de trouver auprès du public le même accueil qu'en a reçu le **Livre d'Histoires** qui est arrivé promptement à sa *cinquième édition,* et dont le succès va toujours croissant. Le **Livre d'Histoires** commence par un conte à dormir debout que débite la vieille mère Ambroisine. Les enfants sont bientôt fatigués de ce merveilleux incohérent et vide qui n'amuse un instant leur imagination que pour heurter leur bon sens. Les contes de fées les ennuient, et ils demandent des *histoires vraies.* C'est alors que l'oncle Paul fait à ses neveux une suite de récits interrompus par les questions et le babil des enfants. Il leur parle tour à tour des fourmis, de la vapeur, de l'orage, des abeilles, des astres, des champignons, de la pluie, du beau temps et de mille autres choses! Il donne à ses jeunes auditeurs le *parce que* des *pourquoi* qui se pressent sur leurs lèvres. Il fait leur éducation morale en même temps que leur instruction scientifique avec une parfaite bonhomie. Il les charme, les touche et leur révèle peu à peu les imposantes harmonies de l'Univers.

C'est le même esprit qui a présidé à la rédaction d'Aurore. M. J.-Henri FABRE met en scène une excellente tante Aurore et ses trois nièces, Augustine, Claire et Marie. Assises autour de la table de travail, les jeunes filles écoutent avec une curiosité bien naturelle les intéressants récits que leur fait leur tante : celle-ci n'a pas de peine à les captiver par des légendes telles que celles de *Cérès*, de *Triptolème*; par des récits historiques sur *les Gaëls primitifs, les Gaulois, les Francs, le Baptême de Clovis, les six bourgeois de Calais, Jeanne d'Arc*; par des causeries scientifiques sur la voûte du ciel : *la terre, les ascensions en ballon, le volume et la distance du soleil, le jour et les heures, l'année, le calendrier, les nuages, le son, les planètes, le paratonnerre, la respiration*, etc., etc.; par des descriptions géographiques comme *les glaciers, la mer, les volcans, le voyage autour du monde*, etc.; par des entretiens d'histoire naturelle sur *le ver à soie, l'aurochs, le castor, les insectes et les fleurs, les plantes vénéneuses, le bouturage et la greffe, les nids, les végétaux et l'atmosphère*, etc., etc.

Le langage d'Aurore est simple et familier, quel que soit le sujet traité ; il reste constamment à la portée des jeunes filles pour leur faire accepter la dose de vérité scientifique qu'elles peuvent supporter, et dévoiler peu à peu à leurs regards surpris et charmés les merveilles cachées du monde réel.

M. J.-Henri FABRE est en effet un vrai savant qui se fait humble pour révéler aux enfants et aux illettrés les plus merveilleuses découvertes de la science. C'est un vulgarisateur de premier ordre, qui, dans un style d'une forme irréprochable et avec un rare bonheur d'expression, rend sensibles aux enfants les mystérieuses lois de la nature et, leur en découvrant les harmonies providentielles, touche, développe, élève insensiblement leur âme par la contemplation de la sagesse infinie qui régente l'Univers.

Aurore est, dans toute l'acception du mot, un *Livre de lectures courantes*. Ce que l'on est en droit de demander avant tout à un ouvrage de cette nature, n'est-ce pas la simplicité dans l'exposition, la variété dans le choix des sujets, une forme toujours attrayante sans que le fond cesse jamais d'être instructif? S'il en est ainsi, nous pouvons affirmer que toutes ces qualités, qui, d'une manière générale, caractérisent le talent de M. J.-Henri FABRE, se retrouvent au plus haut degré dans Aurore, et en font un livre de lectures courantes véritablement digne de ce nom.

L'auteur semble avoir eu plus particulièrement en vue les filles que les garçons dans la désignation de son ouvrage et le choix de ses personnages, mais un simple coup d'œil jeté sur la *table des matières* prouve suffisamment que ce volume sera employé avec un égal profit pour les élèves des deux sexes.

CH. DELAGRAVE.

TABLE DES MATIÈRES

COURS COMPLET
D'INSTRUCTION ÉLÉMENTAIRE

PUBLIÉ SOUS LA DIRECTION

De M. RIQUIER, Proviseur du Lycée de Saint-Quentin,

ET DE

M. l'Abbé COMBES, du Clergé de Bordeaux, chanoine honoraire de la Guadeloupe.

Ce Cours vient de recevoir de l'Académie française le prix Montyon
Et a obtenu l'Approbation de plusieurs Évêques, Archevêques et Cardinaux.

I
PETIT COURS
A L'USAGE DE L'ENFANCE

HISTOIRE ET MYTHOLOGIE
Format in-18, cartes et vignettes.

Histoire Sainte (RIQUIER et COMBES) . . . . » 80
Histoire Ancienne (RIQUIER) . . » 80
Histoire Grecque (RIQUIER) . . » 80
Histoire Romaine (RIQUIER) . . 1 25
Mythologie (TIVIER et RIQUIER) . » 80
Histoire de France (RIQUIER) . . 1 25
Histoire de l'Église (RIQUIER et COMBES). (*Sous presse*.) . . . » »

En préparation :
Histoire du moyen âge.
Histoire des temps modernes.
Géographie.

II
COURS ÉLÉMENTAIRE
A L'USAGE DE LA JEUNESSE

HISTOIRE ET GÉOGRAPHIE
Format in-18, cartes et vignettes.

Histoire Sainte (RIQUIER et COMBES) 1 25
Histoire Ancienne (RIQUIER) . 1 »
Histoire Grecque (RIQUIER) . 1 25
Histoire Romaine (RIQUIER) . . 1 50
Mythologie (TIVIER et RIQUIER) . 1 25
Histoire de France (RIQUIER) . . 1 50
Histoire de l'Église (RIQUIER et COMBES). (*Sous presse*.) . . . » »

En préparation :
Histoire du moyen âge.
Histoire des temps modernes.
Géographie.

LANGUE FRANÇAISE
3 vol. format in-12.

Cours de Langue française, avec de nombreux exercices empruntés aux meilleurs écrivains, par M. B. BERGER, inspecteur de l'instruction primaire à Paris, officier de l'instruction publique :
Degré élémentaire. *Théorie et exer-*

cices. . . . . » 80
Degré intermédiaire. *Théorie et exercices*. 1 25
Degré supérieur (*sous presse*). . » »

LITTÉRATURE
4 volumes, format in-18 (portraits), par M. DELTOUR, docteur ès lettres, ancien professeur de rhétorique au Lycée Saint-Louis, inspecteur d'académie à Paris, et M. TIVIER, professeur de littérature française à la faculté de Besançon :
Principes de Composition et de Style (M. DELTOUR) . . . . . » »

En préparation :
Histoire des littératures anciennes.
Histoire de la littérature française.
Histoire des littératures étrangères.

SCIENCES
7 volumes format in-18, figures et vignettes, par M. J.-Henri FABRE, docteur ès sciences :
Physique 1 50
Astronomie 1 50
Arithmétique 1 50
Chimie 1 50
Botanique 1 50
Géologie (*sous presse*) . . . . . » »

En préparation :
Zoologie.

III
COURS SUPÉRIEUR
à l'usage
DES CLASSES SUPÉRIEURES
DES LYCÉES ET AUTRES ÉTABLISSEMENTS
D'INSTRUCTION SECONDAIRE

Principes de Composition et de Style, par M. DELTOUR, docteur ès lettres, ancien professeur de rhétorique au Lycée Saint-Louis, inspecteur d'académie à Paris, 1 volume in-12, cartonné . . . . » »

En préparation :
14 volumes, format in-12, cartes, vignettes, portraits.

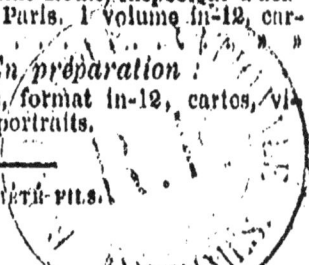

CORBEIL. — Typ. et stér. de CRÉTÉ FILS.

www.ingramcontent.com/pod-product-compliance
Lightning Source LLC
Chambersburg PA
CBHW060524220326
41599CB00022B/3416